大学生数学建模

竞赛指南（修订版）

主　编　肖华勇

副主编　周吕文　赵　松

电子工业出版社

Publishing House of Electronics Industry

北京·BEIJING

内 容 简 介

本书是《大学生数学建模竞赛指南》一书的修订版,是一本指导大学生全方位备战数学建模竞赛的辅导书。本书从多角度介绍了数学建模及相关竞赛的背景知识,按照参赛流程解答数学建模竞赛的常见问题,介绍了数学建模竞赛中常用的软件,讲解数学建模的常用模型,精选典型赛题进行详解;邀请获奖学生和优秀指导教师分享成功经验,介绍参加数学建模竞赛过程中常用的网站。

本书在解答数学建模竞赛中的常见问题时,不仅解答组建团队、赛前准备和时间安排等问题,还解答了文献检索、撰写论文及论文排版的相关问题,旨在使读者对数学建模的整个流程有非常清晰的认识。

本书不仅介绍历年数学建模竞赛中常用的方法,分析相关的赛题,还详解实现的程序代码,让学生真正做到学以致用,而不是纸上谈兵。本书还邀请获奖学生和优秀指导教师,从不同的角度分享比赛中的成功经验,为参赛学生和教师提供不同角度的参考。

本书主要面向参加数学建模相关竞赛的大学生和指导教师,可以作为数学建模竞赛的辅导教程;也可供数学建模爱好者、应用数学和数学模型的教育工作者选用。

图书在版编目(CIP)数据

大学生数学建模竞赛指南 / 肖华勇主编. —修订本. —北京:电子工业出版社,2019.5
ISBN 978-7-121-35572-1

Ⅰ. ①大… Ⅱ. ①肖… Ⅲ. ①数学模型-高等学校-教学参考资料 Ⅳ. ①O22

中国版本图书馆 CIP 数据核字(2018)第 253906 号

责任编辑: 张瑞喜
印　　刷: 中国电影出版社印刷厂
装　　订: 中国电影出版社印刷厂
出版发行: 电子工业出版社
　　　　　北京市海淀区万寿路 173 信箱　邮编　100036
开　　本: 787×1092　1/16　印张: 24.25　字数: 575 千字
版　　次: 2015 年 4 月第 1 版
　　　　　2019 年 5 月第 2 版
印　　次: 2023 年 11 月第 8 次印刷
定　　价: 55.00 元

前言
PREFACE

近几年来，数学建模竞赛已成为大学生参与的热门竞赛。每年一届的中国大学生数学建模竞赛已成为全国高校规模最大的基础性学科竞赛，也是世界上规模最大的数学建模竞赛。大学生数学建模竞赛正以其独特的魅力吸引着各种专业、各种背景的老师和学生参与。

数学建模竞赛不仅是一项比赛，也是一种过程，一种理念，更是一种哲学。数学建模的主要目的是指导学生用建模的方法解决实际问题。在实际应用中，有些问题或许已经能够用已有的算法和公式来求解，但更多的问题没有固定答案，而且无法用简单的数学算法和公式来解决，因而，数学建模方法便是解决问题的有效途径。数学建模所培养的思维方式与技能，对于大学生在将来的工作中或读研生涯中都会起到很大的帮助。对于工作或研究过程中的新问题，数学建模的思维方式与技能可以帮助学生快速地了解问题的背景，并由定性的分析转至定量的计算，从而给出比较有建设性的结论和指导性的意见。数学建模在企业的生产经营中有着举足轻重的地位，它在解决企业的运营成本、经济效益和社会效益等实际问题中发挥了重要作用；数学建模在对培养学生的科研能力方面有着其他专业课程无法替代的重要作用。在建立模型的学习过程中，学生需要查阅大量的文献资料，将实际问题抽象成数学模型，通过设计算法、模拟求解、撰写论文等，迅速提升学生们的实践能力，特别是做科学研究和撰写论文的能力。

本书通过对常用数学建模方法的讲解和实际问题的分析，培训学生思考、归纳、分析、创新的能力和技艺，同时也旨在帮助学生在大学生数学建模比赛中获得好成绩。

本书不只简单地介绍数学模型和案例，还全面地介绍数学建模和数学建模竞赛中的各个环节，包括团队组建时间安排、模型建立、程序实现以及论文写作，让参赛者对数学建模和竞赛有一个全面的认识，并能在比赛中做到运筹帷幄。

结合历年数学建模竞赛中的赛题，本书不仅介绍方法，列举并分析与比赛相关的案例，还给出并讲解实现的程序代码，让参赛者真正做到学以致用，而不是纸上谈兵。

本书邀请了近几年国赛和美赛中表现最优秀的参赛队来分析当年的赛题，讲述他们的模型和模型的程序实现，并分享比赛中的成功经验。让参赛的读者在全面了解国赛和美赛最优秀论文的同时，吸取成功者的经验。

本书还邀请了全国优秀指导教师来分析平时数学建模教学活动以及比赛前后指导过程中的经验，帮助年轻的数学建模老师更好地扮演指导教师这一角色。

本书由肖华勇担任主编，周吕文、赵松担任副主编。本书共分 6 章，第 1 章由谭欣欣、刚家泰和汪晓银编写；第 2 章由周吕文编写；第 3 章由周吕文、任立峰编写；第 4 章由肖华勇、周吕文编写；第 5 章由李文然、肖华勇、周吕文、熊风、舒毅潇、张家华编写；第 6 章由谭欣欣、肖华勇、周登岳、熊风编写。全书由周吕文、赵松统稿，肖华勇进行终审。

作为本书的总策划，数学家网站（原校苑数学建模论坛 www.mathor.com）积极地协调了各方面资源，使得本书得以顺利出版。在本书编写过程中，大连大学数学建模工作室的指导老师和学生（尤其是何玮、李祥、冯舒婷、沈治强等同学），不仅参与了具体工作，还给予我们很多支持和鼓励，在此表示感谢。另外本书的顺利编写和出版，还离不开谭忠、王钰聪、刘世尧、韩志斌、丁文超、李晶玲、董瑶、李蔓蔓、郑小娟、宋彦丽、徐平、邓赛、张哲、杨晓、张晶、师建鹏、李淑娟、刘思思、刘雅珊、秦国振等人的支持，在此表示感谢。

本次修订，除对第 3 章～第 5 章进行了新的内容补充，还对全书内容进行了仔细更正和完善。书中可能仍有疏漏和不妥之处，欢迎大家批评指正，衷心希望广大读者与任课教师提出宝贵的意见和建议，以便再版时修正。读者可以发邮件到 book@mathor.com 与我们交流。

编者

2019 年 5 月 6 日

目录
CONTENTS

第1章　数学建模基本知识

1.1　数学建模简介

1.1.1　什么是数学建模

提到数学，也许你的脑海里会浮出这样一幅画面：鸦雀无声的教室，监考老师用警惕的目光扫视着全场，考生们分秒必争，疯狂地写下心中那一道道数学难题的答案。

那什么是"数学建模"？

数学建模是指对现实世界的某一特定对象，为了特定的目的，做出一些重要的简化和假设，运用适当的数学工具得到一个数学结构，用它来解释特定现象的现实性态，预测对象的未来状况，提供处理对象的优化决策和控制，设计满足某种需要的产品等。

你玩过"人鬼过河"的游戏吗？三个人和三个鬼要过河，只有一条船，船上最多可以乘两个人或两个鬼或一人一鬼，但河岸上鬼的数量不能大于人的数量，否则人会被鬼所吞噬。那么，怎样合理设计过河路线才能保证这三个人安全渡到河的对岸呢？显然这是一个锻炼人的逻辑思维的游戏，也许你会一遍遍地尝试，寻找合理的过河方法。而它，从逻辑思维角度分析就是一道数学建模题目。因此，我们可以通俗地说，数学建模是生活中的智力游戏。

你喜欢旅游吗？你想把全中国的每个省市的名胜景点都走一遍吗？那么怎样设计一条旅行路线才能让我们的行程最短，所需费用最少呢？或许你会打开百度地图，一遍遍地计算，寻找最短行程。但是走进数学建模的世界，你会发现只需要在电脑上敲出几行代码，做一个小程序，就可以轻松地计算出最短距离。这就是数学建模里面著名的"TSP"问题。显然，我们也可以说数学建模是帮助我们解决生活中的小问题，让我们更好地享受生活。

你们班有 60 人，现有一个出国留学的名额，那么你能够拥有这个机会的可能性有多少？也许你会不假思索地给出答案：1/60。也许你的答案是正确的，但是从数学建模的角度分析，你的答案就不是那么有说服力了，因为你忽略了事情的前提条件。考虑到每个同学的家庭经济状况及同学的性别、年龄、意愿等诸多因素，你出国留学的概率又会是多少呢？数学建模可以帮助我们解决这些学习或工作中的问题。

讲述了这三个生活中常见的小事，不知你对建模是否有了更进一步的了解。从理论上讲，数学建模，虽名曰数学，但又与纯数学竞赛有着天壤之别。它既不是纯粹的数学竞赛，也不是纯粹的计算机竞赛，而是涉及多学科、多领域，考查学生处理实际问题的综合能力。

它不像考试，更像是一个课题小组在规定的时间内完成一项任务。

郑州大学的石东洋教授解释道："数学建模就是以各学科知识为基础，利用计算机和网络等工具，来解决实际问题的一种智力活动。它既不是传统的解题，也不同于其他赛事，而是更重视应用与创新，以及动手能力的考查。"

随着社会的发展，数学在社会各领域中的应用越来越广泛，不仅运用于自然科学的各个领域，而且渗透到经济、军事、管理及社会活动的各个领域。但社会对数学的需求并不只是需要专门从事数学研究的人才，而且需要在各部门中从事实际工作的人善于运用数学的思维方法来解决他们每天面临的大量的实际问题。对于生活中复杂的实际问题，发现其内部规律，用数学语言将其描述出来，进而把这个复杂的实际问题转化为一个简化的数学问题，这就是数学模型，建立数学模型的过程就是数学建模。当然，复杂的实际问题中有许多因素，在建立模型中不可能毫无遗漏地将其全部考虑在内，只考虑其中最主要的因素就可以了，这样就可以用数学工具和数学方法去解答工作生活中的实际问题。

那么你见过数学建模竞赛的场面是什么样的吗？它和常规的数学竞赛一样两个小时一张试卷吗？当然不是。有人这样描述：全国乃至世界范围内的大学生，来自不同学院、不同专业的建模爱好者们，三人一队，一起参加历时三天三夜或四天四夜的建模比赛。他们有的在娴熟地操作着电脑，聚精会神地凝视着电脑屏幕上的一篇篇文献；有的两眼紧紧盯着屏幕上来回滚动的数字和符号，仿佛在看武侠小说、侦探片、世界杯；有的则在堆积如山的建模书里翻来覆去地搜索着。每位建模者都有对赛题的独特观点和见解，他们彼此交流，只为找到自己建模思路中的某个"元件"，从而完善自己的建模大厦。当然，数学建模竞赛并没有一个固定的答案，完成数学建模赛题的关键在于团队的创新能力。而人的创造力是没有顶峰的，每个团队都应竭尽全力，没有最好，只有更好。因此每年全国评出的优秀答卷几乎都有不足之处，这并不奇怪，因为答卷的优秀与否是相对而言的。

数学建模的益处当然不仅仅在于比赛的过程使人增长知识，开阔视野，更在于对我们日后的学习或工作也有很大帮助。中国科学院攻读空间物理博士学位的一位建模爱好者说："我目前的工作是分析卫星数据，从中抽取相关物理规律。这是个非常烦琐的过程，并且还需要学习一些计算机语言、编程序、看大量英文文献、和导师及一些专家合作讨论。可以说，在数学建模活动中锻炼的这几年，让我对目前的这些困难能够应付自如。"

毕业后走入工作岗位的一位建模爱好者这样描述："目前我在一家大型电子商务公司做平台运营，负责七个店铺在四个平台中的日常销售。电子商务中无数的数据之间相互影响、相互依托，让我更乐于用建模的思维去思考因子之间的相关性，进行客户的行为分析、地域分析，分析访客量、浏览量、转化率对成交金额的影响，提升店铺 DSR 评分，提高转化率，促进成交金额，使我在平凡的工作中表现得更加自信，在复杂的数据之间更加从容。"

21 世纪以来，人类已经进入到以计算机、网络、数码、光纤、多媒体为主要标志的信息时代，定量化、数字化的技术得到了飞速发展，并应用于各个领域，培养应用型数字人才已迫在眉睫。数学建模，不仅丰富了大学生的课余生活，开拓了他们的视野，让全国乃至世界的大学生站在同一个平台上角逐，更为他们以后顺利走入工作岗位奠定了基础。

现在，你该知道什么是数学模型和数学建模了吧！从错综复杂的实际问题中，经过合理的分析、假设，抓住主要矛盾、忽略次要矛盾，得到一个用数学的符号和语言描述的表达式，这就是数学模型。综合运用所学知识，选择适当的方法加以解决就是数学模型的求解。这种从实际中提出问题、建立数学模型到模型求解的完整过程就是数学建模。

1.1.2　初等数学模型案例

数学模型是将现象加以归纳、抽象的产物，它源于现实，又高于现实；只有当数学建模的结果经受住现实对象的检验时，才可以用来指导实际，完成实践—理论—实践这一过程。

现实世界中有很多问题，它的机理比较简单，一般用静态、现态、确定性模型描述就能达到建模的目的，基本上可以用初等数学模型的方法来构造和求解模型。

初等数学模型中的大多数问题都是很早就提出来了，这些问题简直像天方夜谭似的极其有趣，表面上看无从下手。而数学建模则是将原型进行适当的简化、提炼而构成的一种原型代替物。这种代替物并不是原型原封不动的复制品。原型有各个方面和各种层次的特征，模型只反映了与某种目的有关的那些方面和层次的特征，从而达到解决某个具体问题的目的。

例 1：人、猫、鸟、米均要过河，船上除 1 人划船外，最多还能运载 1 物，而人不在场时，猫要吃鸟，鸟要吃米，问人、猫、鸟、米应如何过河？

模型假设

人、猫、鸟、米要从河的南岸到河的北岸，由题意，在过河的过程中，两岸的状态要满足一定条件，所以该问题为有条件的状态转移问题。

模型建立

我们用（w,x,y,z），w,x,y,z=0 或 1，表示南岸的状态，例如（1,1,1,1）表示它们都在南岸，（0,1,1,0）表示猫、鸟在南岸，人、米在北岸；很显然有些状态是允许的，有些状态是不允许的，用穷举法可列出全部 10 个允许状态向量，(1,1,1,1)(1,1,1,0)(1,1,0,1)(1,0,1,1)(1,0,1,0)(0,0,0,0)(0,0,0,1)(0,0,1,0)(0,1,0,0)(0,1,0,1)。

模型求解

将 10 个允许状态用 10 个点表示，并且仅当某个允许状态经过一个允许决策仍为允许状态，则这两个允许状态间存在连线，从而构成一个图，如图 1-1 所示。在其中寻找一条从（1,1,1,1）到（0,0,0,0）的路径，这样的路径就是一个解，可得下述路径图。

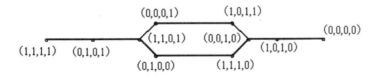

图 1-1

由图 1-1 可见，以上两个解都是经过 7 次运算完成的，均为最优解。

模型推广

这里讲述的是一种规格化的方法，所建立的多步决策模型可以用计算机求解，从而具有推广的意义，适当地设置状态和决策，确定状态转移律，建立多步决策模型，是有效解决很广泛的一类问题的方法。

例 2：某新婚夫妇急需一套属于自己的住房。他们看到一则房产广告："名流花园之高尚住宅公寓，供工薪阶层选择。一次性付款优惠价 40.2 万元。若不能一次性付款也没关系，只付首期款为 15 万元，其余每月 1977.04 元等额偿还，15 年还清（公积金贷款月利息为 3.675‰）。问贷款额为多少？

模型假设

贷款期限内利率不变；银行利息按复利计算。

符号定义

A（元）：贷款额（本金）；n（月）：货款期限；r：月利率；B（元）：月均还款额；C_k：第 k 个月还款后的欠款。

模型建立

模型为：$C_k = (1+r)C_{k-1} - B$ $\qquad k = 1, 2, \cdots, n$

将该递推数列变形为：

$$C_k - \frac{B}{r} = (1+r)\left(C_{k-1} - \frac{B}{r}\right) \qquad k = 0, 1, 2, \cdots, n$$

利用等比数列得到一般项公式为：

$$C_n - \frac{B}{r} = \left(A - \frac{B}{r}\right)(1+r)^n$$

由 $C_n = 0$ 有：

$$A = \frac{B}{r} - \frac{B}{r}(1+r)^{-n} = \frac{B}{r} \cdot \frac{(1+r)^n - 1}{(1+r)^n}$$

模型求解

带入：$n = 180$、$r = 0.003675$、$B = 1977.04$

则：$A = 260000$（元）（因每月还款 1977.04 只能精确到分，实际计算结果为 259999.4 元）。

例 3：世界纪录的赛跑数据如表 1-1 所示。

表 1-1

距离 x（m）	100	200	400	800	1000	1500
时间 t	9.95"	19.72"	43.86"	1'42.4"	2'13.9"	3'32.1"

研究运动员跑过的距离长度是怎么影响其成绩的？

模型假设

运动员的成绩仅与跑过的距离长度相关，即不考虑运动员的自身差异及场地、环境等差异的影响。

模型建立

在坐标系上将数据对应的点一一标出来，如图 1-2 所示，这些点大致分布在一条直线附近，猜想两者之间有线性关系。

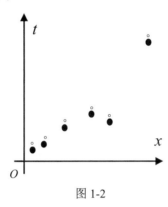

图 1-2

模型修正

由于数据点并不严格在一条线上，设想其误差由长度以外的其他因素所导致，因此，模型修改为

$$t_i = f(x_i) + \varepsilon_i = a + bx_i + \varepsilon_i$$

模型求解

利用二元函数最小值的方法，不难求得：

$$b = \frac{\sum\limits_{i=1}^{n} x_i t_i - n\bar{x}.\bar{t}}{\sum\limits_{i=1}^{n} x_i^2 - n\bar{x}^2} \, 0.1455$$

$$a = \bar{t} - b\bar{x} - = -9.99$$

$$t = -9.99 + 0.1455x$$

例 4：投掷铅球的最佳角度问题。

用数学方法研究体育运动是从 20 世纪 70 年代开始的。1973 年，美国的应用数学家 J·B·开勒发表了赛跑的理论，并用他的理论训练中长跑运动员，取得了很好的成绩。几乎同时，美国的计算专家艾斯特运用数学和力学，并借助计算机研究了当时铁饼投掷世界冠军的投掷技术，从而提出了他自己的研究理论，据此改进了投掷技术的训练措施，并使这位世界冠军在短期内将成绩提高了 4 m。这些都说明了数学在体育训练中发挥着越来越明显的作用。

在铅球投掷训练中，教练关心的核心问题是投掷距离。而距离的远近主要取决于两个因素：速度和角度。在这两个因素中，哪个更为重要呢？

模型假设

铅球投掷训练涉及的变量很多，为简化问题，我们在下面的模型中，将不考虑铅球运动员在投掷区域内身体的转动，只考虑铅球的出手速度与投射角度这两个因素。并作如下假设：

（1）忽略铅球在运行过程中的空气阻力作用；

（2）投射角度与投射初速度是相互独立的两个量；

（3）将铅球视为一个质点。

模型建立

先考虑铅球从地平面以初速度 v 和角度 θ 投掷出的情形。如图 1-3 所示，铅球在点 P 处落地。

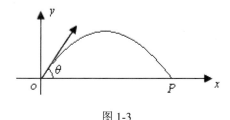

图 1-3

先来求铅球的运动方程。

设铅球在时刻 t 的动点坐标为 (x, y)，得运动方程：

$$\begin{cases} x = v\cos\theta \cdot t \\ y = v\sin\theta \cdot t - \dfrac{1}{2}gt^2 \end{cases}$$

消去方程中的参变量 t，得到关于 x, y 的关系式：

$$y = \frac{g}{2v^2\cos^2\theta}x^2 + \tan\theta \cdot x$$

为了求出铅球落地处的坐标，只需令 y=0，解得：

$$x_1 = 0, \quad x_2 = \frac{2v^2\sin\theta\cos\theta}{g} = \frac{v^2\sin 2\theta}{g}$$

其中 x_1 是铅球起点的坐标，x_2 是铅球落地时点 P 的坐标。

若 v 固定，则投掷距离是投射角 θ 的函数。当 $\theta = 45°$ 时，投掷距离达到最大值，这时的投掷距离为 $\dfrac{v^2}{g}$。这就是说，按 45° 角投掷时，投掷的距离最远。

然而，上述模型与实际是有差距的。这是因为，铅球不是从地面上出手的，而是从一定的高度处出手的。因而上面的方程应调整为：

$$\begin{cases} x = v\cos\theta \cdot t \\ y = v\sin\theta \cdot t - \frac{1}{2}gt^2 + h \end{cases}$$

消去 t，得到：

$$y = -\frac{g}{2v^2\cos^2\theta}x^2 + \tan\theta \cdot x + h$$

令 $y=0$，得方程：

$$-\frac{g}{2v^2\cos^2\theta}x^2 + \tan\theta \cdot x + h = 0$$

解之得：

$$x_{1,2} = \frac{v^2\sin 2\theta}{2g} \pm \sqrt{(\frac{v^2\sin 2\theta}{2g})^2 + \frac{2v^2h\cos^2\theta}{g}}$$

舍去负根，得到点 P 的坐标为：

$$x = \frac{v^2\sin 2\theta}{2g} + \sqrt{(\frac{v^2\sin 2\theta}{2g})^2 + \frac{2v^2h\cos^2\theta}{g}}$$

即铅球的射程为：

$$\frac{v^2\sin 2\theta}{2g} + \sqrt{(\frac{v^2\sin 2\theta}{2g})^2 + \frac{2v^2h\cos^2\theta}{g}}$$

数值模拟：

取 $g=10 \text{ m/s}^2$，$h=1.6 \text{ m}$，利用这一公式，列表给出速度与角度对投掷距离的影响，如表 1-2 所示。

表 1-2

速度 v（m/s）	角度 α	距离 x（m）
11.5	47.5	14.929
11.5	45.0	15.103
11.5	42.5	15.182
11.5	41.6	15.189
11.5	40.0	15.169
11.5	38.0	15.092
11.5	36.0	14.960
11.0	41.6	14.032
12.0	41.6	16.395

从表 1-2 可以看出，当 $v=11.5 \text{ m/s}$ 时，最佳角度为 41.6°（可用微积分知识得到）。当角度在 38° 到 45° 之间变化时，产生的距离差是 0.097 m，角度 $\frac{45-38}{38} \approx 16\%$ 的偏差引起距离 0.06% 的偏差。速度从 11 m/s 变到 12 m/s 引起了距离从 14.032 m 到 16.359 m 的偏差，也就是说，速度 9% 的增加导致了距离 16.8% 增加。这个结果表明，教练在训练运动员时，

应集中主要精力来增加投掷的初始速度。

模型评价

（1）上面的模型比较粗糙，还有许多因素没有考虑到，例如运动员的身体转动，投掷者的手臂长度，肌肉的爆发力、铅球的质量，等等。加上以上诸因素后，得出的公式自然会更精确，但处理起来复杂得多。

（2）关于速度与角度的偏差百分率的计算，是否可以比较还值得商榷。

（3）铅球投掷问题的数学模型，可以应用于铁饼、标枪或篮球投篮等投掷问题，读者不妨用类似上面的方法进行研究。

当实际问题需要我们对所研究的现实对象提供分析、预报、决策、控制等方面的定量结果时，往往都离不开数学的应用，而建立数学模型则是这个过程的关键环节。

1.1.3 数学建模的基本步骤与论文写作

1.1.3.1 数学建模的基本步骤

通过以上几个例子，我们发现，建立数学模型的基本步骤就是解决一个实际问题的基本步骤。由于实际问题的背景、性质、建模的目的等方面不同，因此，建模要经过哪些步骤并没有固定的模式和标准。数学建模的基本步骤包括以下 7 个主要部分。

1. 模型准备及问题分析

当看到竞赛题目时，首先，需要剖析问题，抓住问题本质和主要因素，确定问题的关键词，查阅资料和文献，了解问题的实际背景、相关数据或相关研究进展情况，获得关键资料，并初步确定研究问题的类型。竞赛的问题都是来自实际生活中的各个领域，并没有固定的方法和标准的答案。所以，要明确问题中所给的信息点，把握好解决问题的方向和目的，仔细分析问题关键词和数据信息，可适当补充一些相关信息和数据（具有一定权威性），为接下来的模型建立奠定基础。

2. 模型假设

竞赛题目都是来自实际生活，所涉及的方面较广，受影响的因素较多，而在建模过程中不可能面面俱到，故需结合问题的实际意义，适当地将一些因素简化，但不能对问题主要因素影响太大。抓住问题关键、忽略次要因素，进行合理化的简要假设，这是为建模过程中排除一些较为难处理的情况，使建立的模型更趋优化和合理，也是评价一个模型优劣的重要条件。

3. 模型建立

通过所做的分析和假设，结合相关的数学基本原理和理论知识，将实际问题转化为数学模型，可以用数学语言、符号进行描述和表示问题的内在现象和规律。结合相关学科的专门知识，根据所提供的要求和信息，建立一个关于问题中主要变量与主要因素间的数学规律模型，可以以数学方程式、图形、表格、数据和算法程序等形式表示。但在建模过程中应多创新，不要一味效仿，可以将多个知识点进行穿插和结合，如基于 K-means 的粒子群改进算法。还可以在算法程序上进行改进和优化，体现模型的创新性。

4. 模型求解

在模型求解过程中，会用到传统的数学方法，如解方程、公式证明、统计分析等，但目前更广泛使用的是数学软件和计算机技术，如 MatLab、Lingo、SPSS 等，有时还需要掌握一门编程语言。所以需要具备针对实际问题学习新知识的能力，灵活应用新知识并将其与实际问题结合以对模型求解。

5. 结果分析与检验

对所求的结果，针对问题的实际情况和意义进行分析。可以通过误差分析、灵敏度分析，来表现模型解决实际问题的效果及实际应用的范围。通过误差分析，可以适当调整模型，或提出出现误差的可能原因或解决的方案；灵敏度分析是针对某些主要参数的，可以确定模型中主要变量和参数的误差允许范围。有时需要通过将所得数据进行方差、标准差、t 检验或 f 检验等。通过分析和检验，充分表现模型的合理性和可行性。

6. 论文写作

数学建模比赛，不仅需要我们利用各种数学、物理、智能算法等来解决问题，还需要将研究成果撰写成论文，以电子版形式上交。按照数学建模的基本步骤，建立一个恰当的数学模型并求解，使参赛者清晰明了地表达解题思路，以展示自己能力，也是评委评定一篇论文好坏的依据。所以完成一篇高质量的竞赛论文不仅能展示自我才能，也能为竞赛加分。

7. 模型应用

以上是将实际问题转化为数学模型进行求解并证明。在进行大量研究和演绎后，最终还需将其回归到实际，看其是否具有合理性和可行性，这需要用实际信息或数据进行验证。

以下为三种数学建模基本步骤，可根据个人所需对各个部分进行调节，如表 1-3 所列。

表 1-3

一	二	三
1. 摘要	1. 摘要	1. 摘要
2. 问题重述	2. 问题的提出与重述、问题的分析	2. 问题的叙述、背景的分析
3. 问题的分析	3. 变量假设	3. 模型的假设、符号说明
4. 模型假设	4. 模型建立	4. 模型建立
5. 符号说明	5. 模型求解	5. 模型求解
6. 模型建立	6. 模型分析与检验	6. 模型检验
7. 模型求解	7. 模型的评价与推广	7. 模型评价
8. 结果分析、验证、模型检验及修正	8. 参考文献	8. 参考文献
9. 模型评价	9. 附录	9. 附录
10. 参考文献		
11. 附录		

1.1.3.2 数学建模的论文写作

下面按照第一种数学建模基本步骤，就论文写作部分进行详细叙述。

1. 摘要

摘要是一篇建模比赛论文的整体面貌，评委对论文第一轮评审就是通过对摘要进行筛选，所以对于每个参赛队来说，写好摘要，是获奖较为重要的一步，也是论文进一步得到评委审批的关键。

摘要的字数一般在 400~800 字，但其内容却包含了参赛队对题意理解、模型类型、建模思路、采用的求解方法及求解思路、算法特点、灵敏度分析、模型检验、主要数值结果和结论等。

在摘要下面一行，还需列出 3~5 个关键词，用来彰显竞赛论文的主要内容。

2. 问题重述（或问题的提出与重述）

通过自己对题意的理解，用自己的语言重新描述问题。如果问题本身很简短，可以抄题，一般情况下不建议抄题。需要时，可以结合问题的背景简明扼要地说明解决问题的意义所在。

3. 问题分析

需要抓住题目的关键词和主要目的及要求，分析要中肯、确切。依据的原理要明确，描述要简明扼要，可列出关键步骤，切记不要冗长，烦琐。对问题的分析，可以作为第三部分，也可以将其针对每个问题写在模型建立中。建议采用流程图，使思路表述更清晰。

4. 模型假设

在对问题进行分析后，针对问题的主要因素，舍弃次要因素的影响，采用假设的方式，使我们解决的问题简化，模型更合理化。这部分内容，可以单独写，也可以在模型的建立时根据所需要情况再进行描述。

5. 符号说明

对模型使用的变量加以说明，以简要的文字表述各字母的意义，其中各个主要符号的大小写、英语和阿拉伯文字，要与正文中的符号一致。符号说明太多时，建议采用表格形式。有时可将其分布在模型的建立中。

6. 模型建立

明确题意后，简述基本思路。首先，简要介绍利用的基本原理和基本思想，再进行构建基本模型，如数学表达式、构建方案、构造图、算法流程图等，要明确说明解题的思路，有逻辑性、合理性、可行性，叙述完整。结合实际问题，改进和完善基本模型，使其能有效地解决问题。

7. 模型求解

采用蚁群算法、模拟退火、遗传算法、元胞自动机、蒙特卡洛等一些智能算法时，要简要写明算法步骤，要阐明使用理由。计算时将一些必要的步骤列出来，不用将中间的计算过程一一列出。

8. 模型检验

在模型求解后，采用一些方法进行检验。可以采用原始数据和查找的数据处理效果进行对比检验；也可以采用对结果的 t 检验、f 检验等，若误差较大时，可分析原理，进行改进或修正。

9. 模型评价和推广

这里需要强调的是，衡量一个模型的优劣在于它的应用效果，而不是采用了多么高深的数学方法。进一步说，如果对于某个实际问题，我们用初等数学的方法和高等数学的方法建立了两个模型，它们的应用效果相差无几，那么受到人们欢迎并采用的一定是前者而非后者。

模型推广，可以采用将原题要求进行扩展，进一步讨论模型的实用性和可行性；还可以提出问题的展望。

10. 参考文献

论文提及或是直接引用的文献、引用数据的出处等，需要在这部分进行罗列。常用的文献表述形式如下[1]：

（1）公开发表的杂志。

［序号］作者，文章名字［文献类型］，刊物名，出版年，出版单位，卷号（期号），起止页码。

如：［5］李海芳，杨红云，张英等. 四氧化三铁/单壁碳纳米管磁性复合纳米粒子分散固相微萃取—高效液相色谱法测定牛奶中的香精添加剂［J］. 色谱，2014，(4)413～418.

（2）公开出版的书籍。

［序号］作者，书名［M］，版次，出版地，出版单位，出版年；起止页码.

如：［3］唐焕文，贺明峰. 数学模型引论［M］. 北京：高等教育出版社，2001.

（3）网页资料类。

［序号］作者，资源标题，网址，访问时间（年月日）。

如：能斯特方程，http://baike.baidu.com/view/404720.htm?fromtitle=能斯特方程式&fromid=1214555&type=syn，2014-11-28.

英文写作也有这样的要求，一般我们可以采用上述格式。

其中的参考文献类型标识字母有：J—期刊、M—专著、N—报纸、C—论文集、D—学士论文、P—专利、R—报告、S—标准。

11. 附录

这部分不属于论文的正文内容，是一些很重要的计算过程、算法程序，以及一些数据表格等。

古训有云：读万卷书，行万里路。一个优秀的学习者不仅要掌握理论上的知识，更应将所学的知识应用到实际中，不断在实践中提升自我。

1.2 数学建模竞赛

1.2.1 美国大学生数学建模竞赛

纵观历史，我们不难发现，任何一项成熟、成功的技术一定会进入培养人才的教育领域。因此数学教学必须自觉贯彻素质教育的精神，使同学们不仅学到许多重要的数学概念，方法和结论，而且领会到数学的精神实质和思想方法，掌握数学这门学科的精髓，使数学成为他们手中得心应手的武器，终身受用不尽。

正是由于认识到培养应用型数学人才的重要性，而传统的数学竞赛不能担当这个任务。在美国一些有识之士开始探讨组织一项应用数学方面的竞赛。并在 1985 年举办了第一届美国大学生数学建模竞赛。

美国大学生数学建模竞赛分为 MCM（Mathematical Contest in Modeling）和 ICM（Interdisciplinary Contest in Modeling）两种。MCM 始于 1985 年，由美国数学及其应用联合会（COMAP）和美国国家安全局（NSA）联合主办。2013 年起，由 COMAP 主办，美国工业与应用数学学会（SIAM）、美国运筹学和管理科学学会（INAFORMS）、美国数学协会（MAA）及中国工业与应用数学学会（CSIAM）协办。MCM 为专业性较强的数学建模竞赛，包括 A、B 两道题目。1999 年 COMAP 推出了交叉学科建模竞赛（ICM），赛题在原来 MCM 的 A、B 两题基础上，增加了 C 题（ICM）。2015 年 ICM 新增了环境科学类的题目，2016 年 MCM 和 ICM 又分别增加了一个题目，MCM 包括 A、B、C 三题，ICM 包括 D、E、F 三题。竞赛的宗旨是鼓励大学生运用所学的知识（包括数学知识及其他方面的知识）去参与解决实际问题。这些实际问题并不限于某个特定领域，可以涉及非常广泛的、并不固定的范围。竞赛对数学知识要求不深，一般没有事先设定的标准答案，但留有充分余地供参赛者发挥其聪明才智和创造精神，促进应用型人才的培养。

MCM/ICM 每年举办一届，在每年的二月份举行，历时 4 天 4 夜 96 小时。由三人组成一队，每队有一名指导老师。MCM/ICM 面向全球的大学生，参赛队伍通过网络报名，每队交纳 100\$报名费，缴费成功后每队将生成唯一的参赛队号。在参赛期间，队员们可以充分发挥想象力，查阅任何图书或互联网上的资料，利用计算机、软件等外部资源，就指定的问题完成从建立模型、求解、验证到论文撰写的全部工作。竞赛中唯一的禁令，就是在竞赛期间不得与队外任何人（包括指导教师）讨论赛题。

竞赛结果以论文的形式交付。美国大学生数学建模竞赛没有事先设定的标准答案，评卷的标准为：假设的合理性，建模的创造性，结果的正确性以及论文表述是否清晰。专家在评卷时并不对论文给出分数也不采用通过、失败这种记分，而只是将论文分成一些级别：Outstanding（特等奖），Meritorious（一等奖），Honorable Mention（二等奖），Successful Participation（成功参赛奖）。其中，绝大多数队伍能够获得成功参赛奖以上的奖项，一等奖、二等奖、成功参赛奖的比例分别控制在 15%、30%、50% 左右，而特等奖及特等奖提名奖（2010 年起设立）的评选相当严格，获奖队伍也相对较少，特等奖一般不超过 20 队。表 1-4 所示是美国大学生数学建模竞赛近十年来总参赛队数及各个等级的获奖比例统计。

表 1-4

年份	参赛队数	特等奖	提名奖	一等奖	二等奖	成功参赛	获奖比例
2005	828	13	—	13.4%	34.3%	50.7%	98.5%
2006	972	16	—	17.5%	31.0%	49.9%	98.4%
2007	1222	16	—	13.5%	34.7%	50.4%	98.6%
2008	1542	12	—	13.9%	42.3%	42.9%	99.1%
2009	2049	11	—	16.1%	21.6%	61.8%	99.5%
2010	2610	13	18	18.2%	25.4%	54.6%	98.2%
2011	3528	14	28	14.2%	32.1%	51.9%	98.2%
2012	5026	17	21	10.6%	33.6%	55.0%	99.1%
2013	6593	16	20	14.8%	30.9%	53.7%	99.4%
2014	7768	19	17	10.1%	32.6%	56.8%	99.5%
2015	9773	19	23	9.9%	32.6%	56.8%	99.3%
2016	12446	27	37	12.3%	39.3%	46.9%	99.0%
2017	16928	27	46	8.9%	38.0%	51.6%	98.9%
2018	20602	33	45	9.8%	36.2%	50.6%	96.9%

参加美国大学生数学建模竞赛，有利于学生知识、能力和素质的全面培养，既丰富、活跃了广大同学的课外活动，也为优秀学生脱颖而出创造了条件。每个参加 MCM/ICM 并获得成功参赛奖以上奖项的队伍及其指导老师都将获得一张证书，部分特等奖论文将于同年刊登在美国著名的数学杂志 UMAP 上。近年来，一些特等奖获奖学生还获得现金奖励并被邀请参加专业学会的年会作报告，不少大学愿意提供奖学金给优秀的队员去该校读应用数学方面的研究生。第一届 MCM 时，仅有美国 70 所大学 90 支队伍参加，到 1992 年，仅仅 7 年，已有包括美国的大学在内的 189 所大学的 292 支队伍参加。在某种意义下，美国大学生数学建模竞赛已经成为一项国际性的竞赛，近三十年来吸引了大量世界著名高校参赛，包括哈佛大学、普林斯顿大学、麻省理工学院、清华大学等国际名校。

随着美国大学生数学建模竞赛的影响力越来越大，得到越来越多的学校和单位认可。1989 年，我国大学生首次参加美国大学生数学建模竞赛。到 1996 年，我国已经有 39 所大学 115 支队伍参加，复旦大学和中国科技大学首次取得两项特等奖。特别是自 2009 年开始，COMAP 取消了每个学校或机构只允许 7 支队伍参加的限制（2009 年以前每个学校或机构 MCM 只能 4 支队伍参加，ICM 只能 3 支队伍参加），来自全世界的参赛队伍增长速度加快，同年我国共有 1624 支队伍参加竞赛。我国的参赛队数也从最初的 4 队增加至 2018 年的 20062 队，其中包括来自清华大学、北京大学、浙江大学、上海交通大学等知名高校的学生参与此项赛事。我国参赛队伍在竞赛中所占比例越来越大，而且呈逐年增长的趋势，2005 年—2014 年的十年，我国的具体参赛情况如图 1-4 所示。

借鉴美国大学生数学建模竞赛在培养学生创新能力，提高学生实践技能，拓展学生知识面所起的作用，1994 年起，我国拥有了自己的大学生数学建模竞赛。

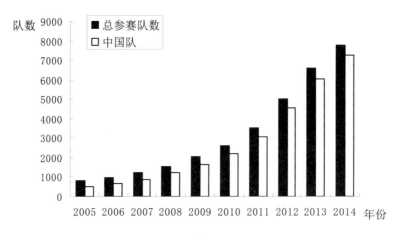

图 1-4

1.2.2 中国大学生数学建模竞赛

1988 年 6 月，北京理工大学叶其孝教授在美国讲学期间向美国大学生数学建模竞赛发起者和负责人 Fusaro 教授了解这项竞赛的情况，商讨中国学生参赛的办法和规则。1989年，我国大学生（来自清华大学、北京大学、北京理工大学 3 所学校的 4 支队伍）首次参加美国大学生数学建模竞赛。经过一段时间的参与之后，老师和学生普遍认为数学建模竞赛能够使大学生多方面的能力得到锻炼，比如提高了大学生理论联系实际及思考问题的能力，锻炼了大学生从互联网上查阅文献、收集资料的能力，提高他们的文字表达水平，培养了他们同舟共济的团队精神和多方协调的组织能力，等等。而这些能力的锻炼会使他们终身受益。1989 年以来，我国越来越多的大学生参与了美国大学生数学建模竞赛，历年来都取得了较好的成绩。

1990 年 6 月，Fusaro 教授访问北京和上海，作了有关美国大学生数学建模竞赛的报告，并与叶其孝、姜启源教授等讨论了中国数学建模竞赛的组织工作。1992 年，由中国工业与应用数学学会组织了我国首届大学生数学建模联赛，教育部领导及时发现并扶植培育了这一新生事物，决定从 1994 年起，由教育部高教司和中国工业与应用数学学会共同举办中国大学生数学建模竞赛，每年一届（2012 年起，教育部高教司不再参与主办该项赛事，由中国工业与应用数学学会主办）。

1993 年，中国大学生数学建模竞赛仅有 16 省市、101 所院校的 429 队参加。此后，每年参与竞赛的学校和参赛队伍呈现快速增长的趋势。2002 年 7 月，竞赛组委会与高等教育出版社签订协议并获得赞助，将这场竞赛正式命名为"高教社杯中国大学生数学建模竞赛"。2010 年 9 月，全国及来自新加坡、澳大利亚共 1197 所院校参加了这次竞赛，这是首次有外国大学生参加本项竞赛。该竞赛英文名称为当代大学生数学建模竞赛（China Undergraduate Mathematical Contest in Modeling，简称为 CUMCM）。图 1-5 和图 1-6 所示分别为从 1993 年到 2014 年参赛院校总数和参赛总队数随年份的变化图。

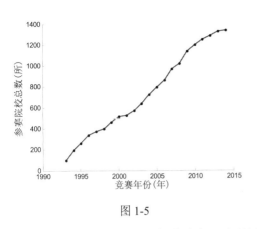

图 1-5

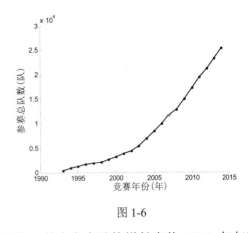

图 1-6

从图中可以发现，两条曲线都呈急剧上升趋势，其中参赛院校增长率从 2010 年起渐趋缓慢，且院校总数已达 1300 之多，说明参赛院校已接近饱和，该比赛已经在高校普及；而参赛总队数的年增长率却逐渐增大，说明越来越多的大学生积极地参与进来。从 1993 年 16 省市 101 所院校的 429 队，到 2017 年来自全国各地及澳大利亚的 1418 所院校、36375 支队伍，该比赛已经走过 25 个年头，它的规模以年均 25% 以上的速度增长，已经成为目前全国乃至世界高校规模最大的一项大学生课外科技活动之一。

那么，它究竟有怎样的魅力，吸引了全国这么多的大学生积极参与？国内知名数学建模专家，清华大学教授，竞赛组委会秘书长姜启源教授在阐述竞赛思路时说：这项竞赛让学生面对一个从未接触过的实际问题，运用数学方法和计算机技术加以分析、解决，他们必须开动脑筋，拓宽思路，充分发挥想象力和创造力，从而培养了学生的创新意识及主动学习、独立研究的能力。从空洞探测、锁具装箱、最优投资组合、灾情的巡视路线、空中交通管理到 DNA 分子排序、血管的分支，这些问题没有现成的答案，没有固定的求解方法，没有指定的参考书，没有规定的数学工具与手段，而且也没有已经成型的数学问题，从建立数学模型开始就要求同学自己进行思考和研究。这就可能让学生亲口尝一尝梨的滋味，亲身去体验一下数学的创造与发现过程，培养他们的创造精神，意识和能力，取得在课堂里和书本上无法代替的宝贵经验。同时，这一切又是以一个小组的形式进行的，对培养同学的团队意识和协作精神必将大有益处。因而也培养了学生的合作精神。通过竞赛，许多取得优异成绩的学生的科研能力明显提高，毕业时受到用人单位欢迎，不少还被免试推荐到国内外高校继续攻读硕士研究生或硕博连读。

中国高等教育学会会长、时任教育部副部长周远清在 2010 年高教社杯中国大学生数学建模竞赛颁奖仪式上对这项赛事给予了高度的评价：成功的高等教育改革实践，久盛不衰的一个学科赛事。他指出这个赛事有三个特点：第一是涉及不同学科的一个赛事；第二是培养学生的知识、能力、素质相结合的一个赛事；第三，这个赛事是竞赛与教学改革密切结合的赛事。中国大学生数学建模竞赛组委会主任李大潜院士在这次颁奖仪式上说道：数学建模不仅是数学走向应用的必经之路，而且是启迪数学心灵的必胜之途，它在应用数学学科中占有特殊重要的地位。同学们通过参加数学建模的实践，亲自参加了将数学应用于实际的尝试，亲自参与发现和创造的过程，取得了在课堂里和书本上所无法获得的宝贵经验和亲身感受，必然启迪他们的数学心智，促使他们更好地应用数学、品味数学、理解数学和热爱数学，在知识、能力及素质三方面得到迅速的成长。可以毫不夸张地说，数学建模的教育及数学建模竞赛活动是这些年来规模最大也是最成功的一项数学教学实践改革，面向所有专业的大学生，是对教育素质的重要贡献。这个活动得到愈来愈多同学的参与和欢迎，不断向前发展，绝不是偶然的。

"一次参赛，终身受益"是许多参赛同学的共同感受。中国大学生数学建模竞赛以通信的形式进行，每 3 名大学生组成一队。在 3 天时间内可以自由地收集资料，调查研究，使用计算机、软件和互联网，但不得与队外任何人（包括指导教师在内）以任何方式讨论赛题。竞赛要求每队完成一篇用数学建模方法解决实际问题的科技论文。竞赛评奖以论文假设的合理性、建模的创造性、结果的正确性以及文字表述的清晰程度为主要标准。

中国大学生数学建模竞赛的竞赛宗旨：创新意识，团队精神，重在参与，公平竞争。

中国大学生数学建模竞赛的指导原则：扩大受益面，保证公平性，推动教学改革，提高竞赛质量，扩大国际交流，促进科学研究。

本竞赛一般在每年 9 月中旬某个周末（周五 8：00 至下周一 8：00，连续 72 小时）举行。

竞赛不分专业，但分本科、专科两组：本科组竞赛所有大学生均可参加，专科组竞赛只有专科生（高职、高专生）可以参加。

学生可向本校教务部门咨询参赛事宜，如有必要也可直接与竞赛全国组委会或各省（市、自治区）赛区组委会联系。

评奖规则：

（1）各赛区组委会聘请专家组成评阅委员会，评选本赛区的一等、二等奖（也可增设三等奖），获奖比例一般不超过三分之一，其余凡完成合格答卷者可获得成功参赛证书。

（2）各赛区组委会按全国组委会规定的数量将本赛区的优秀答卷送全国组委会。全国组委会聘请专家组成全国评阅委员会，按统一标准从各赛区送交的优秀答卷中评选出全国一等奖、二等奖。

1.2.3　其他数学建模竞赛简介

数学作为一门基础学科和一种精髓的科学语言，在工程技术，其他学科以及各行各业中所起到的作用也愈来愈受到重视。数学技术已成为高技术的一个极为重要的组成部分和思想库。"高技术本质上是一种数学技术"的观点已为愈来愈多的人们所认同。随之也迎来了应用数学方面竞赛的热潮。

1.　MathorCup 高校数学建模挑战赛

MathorCup 高校数学建模挑战赛（以下简称挑战赛）是由中国优选法统筹法与经济数学研究会主办，数学家网站承办的面向国内外高校学生的科技竞赛活动。挑战赛坚持学会创始人华罗庚教授数学与行业应用实际紧密结合的思想，通过面向实际问题的数学建模竞赛活动，拓宽挖掘与培养优秀人才的渠道，搭建展示高校学生基础学术训练的平台，鼓励广大学生踊跃参加课外科技活动，提高学生运用理论知识解决社会实际问题的能力，在扩大学生科研视野的同时，培养其创造精神及合作意识。

挑战赛时间通常在每年的 4—5 月份，主要特色在于与企业实际问题结合，除了从企业中征集赛题外，每年暑期会举办"数学建模在企业中的应用研讨会"，邀请学术界和企业界的嘉宾分享数学建模解决实际问题的案例与心得。

2018 年挑战赛共吸引来自清华大学、浙江大学、上海交通大学、加利福尼亚大学洛杉矶分校（UCLA）、香港大学、香港中文大学等国内外 3200 余支队伍参赛，竞赛规模和质量均得到空前提高，是目前国内最具特色的数学建模活动。

网址：http://www.mathorcup.org/

2.　全国大学生电工数学建模竞赛

"中国电机工程学会杯"全国大学生电工数学建模竞赛（简称"电工杯数学建模竞赛"）是由中国电机工程学会电工数学专业委员会与全国大学生电工数学建模竞赛组委会共同发起的，面向全国高等院校学生的一项学科竞赛活动。竞赛意在培养学生运用数学理论和方法解决电气工程领域相关问题的能力，提高学生的创新意识。

电工杯数学建模竞赛 2003 年开始举办，在中国电机工程学会的指导下，得到了全国各高等学校的鼎力支持，竞赛举办至今已产生了广泛的影响。2018 年举办的第七届竞赛已有 256 所高校的近 17800 名学生参赛。

该项赛事每两年举行一次，奇数年举行。以队为单位参赛，每队 3 人，专业不限，参赛队伍在指定的 3 天（通常在每年的 11 月末）内完成竞赛。竞赛题目一般源自电工、近代数学及经济管理等方面实际问题，共有 A、B 两道赛题。参赛者要根据题目要求，完成一篇包括模型的假设、建立和求解、算法的设计和计算机实现、结果的分析和检验、模型的改进等方面的论文。评比标准以假设的合理性、建模的创造性、结果的可行性和文字描述的清晰度为主。竞赛的要求和评比标准与中国大学生数学建模竞赛类似。

3.　研究生类数学建模竞赛

（1）　全国研究生数学建模竞赛。

全国研究生数学建模竞赛由教育部学位办和单位与研究生教育发展中心主办，是学位中心主办的"全国研究生创新实践系列活动"主题赛事之一。全国研究生数学建模竞赛是面向全国在读硕士研究生的科技竞赛活动，意在激发研究生群体的创新活力和学习兴趣，提高研究生建立数学模型和运用计算机解决实际问题的综合能力，拓宽知识面，培养创新精神和团队合作意识，促进研究生中优秀人才的脱颖而出、迅速成长，推动研究生教育改革，增进各高校之间，以及高校、研究所与企业之间的交流合作。

2004 年举办了第一届全国研究生数学建模竞赛，2006 年被列为教育部研究生教育创新计划项目之一。2017 年全国各地以及来自美国加州大学圣克鲁兹分校硅谷学院、英国谢菲尔德大学，伦敦大学学院、新加坡南洋理工大学等著名高校的 11834 支队伍，35502 名研究生报名参赛。

竞赛时间一般定于每年 9 月中下旬举行，竞赛题目来源于实际问题，共 A、B、C、D、

E、F 六道赛题，参赛者任选一题。竞赛规则参照中国大学生数学建模竞赛的规则。

网址：http://gmcm.seu.edu.cn/

（2）河北省研究生数学建模竞赛。

河北省研究生数学建模竞赛是由河北省人民政府学位委员会办公室主办的面向研究生的科技竞赛活动。该赛事旨在激发研究生群体的创新活力和学习兴趣，提高研究生建立数学模型和运用互联网信息技术解决实际问题的综合能力、创新精神、团队合作意识，促进各研究生培养单位间的交流与合作。

该项赛事从 2018 年开始举办，河北省各研究生培养单位在读研究生均可参加，省外高校也可报名参赛。研究生以队为单位参赛，每队 3 人，专业不限。参赛各队不要求指导老师，由研究生自主参加，旨在突出研究生自主创新。竞赛内容一般来源于工程技术和管理科学等方面经过适当简化加工的实际问题。竞赛时间一般在每年的 5 月举行。

竞赛不要求参赛者预先掌握深入的专门知识，适合我国多数学科研究生的水平，使参赛队伍在规定时间内有充分发挥聪明才智和创新精神的余地，而且一般要先建立数学模型并用计算机求解，但不要求在此期间内能完全解决问题。参赛者应根据题目要求，完成一篇包括模型的假设、建立和求解、计算方法的设计和计算机实现、结果的分析和检验、模型的改进等方面的论文。竞赛评奖以假设的合理性、建模的创造性、结果的正确性和文字表述的清晰程度为主要标准，并特别重视创新性和实用性。

4. 美国高中数学建模竞赛

美国高中数学建模竞赛（High School Mathematical Contest in Modeling）简称 HiMCM。始于 1999 年，由美国工业与应用数学学会（SIAM）和美国运筹学会（ORSA）发起，美国数学及其应用数学联合会（COMAP）主办的一项面向高中生的科技竞赛活动。竞赛得到了美国国家科学基金会（NSF）、运筹和管理科学研究所（INFORMS）、美国数学协会（MAA）和美国全国数学教师委员会（NCTM）的资助。

这项竞赛借鉴了美国大学生数学建模竞赛的模式，结合中学生的特点进行设计，竞赛队最多由 4 名高中生组成，配备一位指导老师，在指定的 17 天（通常由 11 月第一周的星期五开始）内，由参赛队自己选定的连续 36 个小时完成竞赛。赛题分 A、B 两题，均源于实际问题，赛题为来自现实生活中的 A、B 两个实际问题，参赛队任选一题，最终以论文的形式上交。竞赛的其他要求和论文评比标准与美国大学生数学建模竞赛相同。

网址：http://www.comap.com

5. 各地区数学建模竞赛

（1）华中地区大学生数学建模邀请赛。

华中地区大学生数学建模邀请赛是由湖北省工业与应用数学学会主办，由华中地区数学建模联盟会发起并组织开展，以"提高华中地区数学建模能力、发展并壮大数学建模事业"为宗旨。竞赛目的在于，提高学生独立分析问题、建立数学模型、运用计算机技术模拟解决实际问题、论文写作等的综合能力，提高各高校大学生数学建模水平，加强各高校数学建模能力。

竞赛从 2008 年开始举办，竞赛时间大约在每年 5 月份，竞赛题目一般来源于实际问题，共 A、B 两道赛题。参赛对象主要针对华中地区高校的在校大学生，同时也欢迎非华中地区高校在校大学生报名参加。参赛队伍由 2～3 名具有正式学籍的在校大学生组成，参赛者从中任选一题完成论文。

（2）五一数学建模联赛。

五一数学建模联赛是由江苏省工业与应用数学学会、中国矿业大学、徐州市工业与应用数学学会联合主办，中国矿业大学理学院协办及数学建模协会筹办的面向苏北及全国其他地区的跨校、跨地区性数学建模竞赛，目的在于更好地促进数学建模事业的发展，扩大中国矿业大学在数学建模方面的影响力；同时，给全国广大数学建模爱好者提供锻炼的平台和更多的参赛机会，鼓励广大学生踊跃参加课外科技活动，开拓知识面，培养创造精神及合作意识。

2003 年 3 月份，中国矿业大学数学建模协会便开始组织筹划苏北地区首届数学建模联赛，因非典未能顺利举行。自 2004 年 5 月 1 日—5 月 4 日成功举办"首届苏北数学建模联赛"以来，参赛规模在不断扩大，现已经有 31 个省市地区的 4000 多支队伍参加。

参赛队由三名具有正式学籍的在校大学生（本科或专科）组成，参赛队从 A、B、C 题中任选一题完成论文，本科组和专科组分开评阅。竞赛按照中国大学生数学建模竞赛的程序进行。网上报名，报名时间为每年 4 月 1 日—4 月 29 日，竞赛时间为 5 月 1 日—5 月 4 日。苏北数学建模联赛组委会聘请专家组成评阅委员会，评选标准是，一等奖占报名人数的 5%、二等奖占 15%、三等奖占 25%，如果有突出的论文将评为竞赛特等奖，凡成功提交论文的参赛队均获成功参赛奖。

（3）东北三省数学建模联赛。

东北三省数学建模联赛是由黑龙江、吉林、辽宁三省高校联合发起的面向大学生、研究生的赛事。发起这一赛事的目的是进一步普及数学建模教育，培养学生应用数学知识解决实际问题的能力，激发学生学习数学的积极性。

联赛从 2006 年开始举办，竞赛时间大约在每年 4 月 25 日 8：00 至 5 月 8 日 15：00，竞赛题目一般来源于实际问题，共 A、B、C、D 四道赛题。参赛队伍由三名具有正式学籍的在校大学生（本科或专科）或研究生组成，参赛者从中任选一题完成论文，本科组、专科组和研究生组分开评阅。竞赛规则参照中国大学生数学建模竞赛的规则。

（4）华东杯数学建模竞赛。

华东杯数学建模竞赛是一项由复旦大学数学科学学院发起，华东地区数学建模联盟组织开展的竞赛。竞赛意在激励学生学习数学的积极性，开拓知识面，提高学生独立分析问题、建立数学模型、运用计算机技术模拟解决实际问题、论文写作等综合能力，鼓励广大青年学生在基础及应用学科研究中推陈出新，促进数学教育改革，培养学生的创造精神及合作意识，塑造同学们的科创意识与团队精神，为同学们将来能更好地走上社会、服务社会打下坚实的基础。

竞赛从 1999 年开始举办，在全国高校中享有较高声誉。竞赛题目一般来源于工程技术和管理科学等学科领域经过适当简化加工的实际问题，共 A、B、C 三道赛题。参赛对象必须为在校大学生，选手以队为单位参赛，每队不超过 3 人，专业不限，参赛者从中任选一题完成论文。竞赛规则参照中国大学生数学建模竞赛的规则。

6. 各学会组织的数学建模竞赛

（1）APMCM 亚太地区大学生数学建模竞赛。

APMCM 亚太地区大学生数学建模竞赛是由河北省现场统计学会和数学家共同主办的科技竞赛，旨在进一步普及数学建模知识，强化学生应用数学知识解决社会、自然的相关问题，并增强计算机的理论和编程能力，为亚太地区学生提供良好的数学建模家园，并为学生创造更多参加数学建模竞赛的机会。

2010 年举行了首届 APMCM 亚太地区大学生数学建模竞赛，竞赛时间大约在每年的 11 月或 12 月，参赛对象为亚太地区高校全日制在校本科生、研究生。以队为单位参赛，每队 3 名学生。竞赛题目共 A、B、C 三道以中文和英文的格式给出，参赛者任选一题，提交一份英文论文。

竞赛由最初的几十支队伍扩大到 2018 年的 3198 支队伍，吸引了来自亚太地区的 366 所高校参赛。竞赛颁奖典礼期间，通常举办"数学建模教学与培训研讨会"。

网址：http://www.apmcm.org

（2）"认证杯"数学建模网络挑战赛（TZMCM）。

"认证杯"数学中国数学建模国际赛由内蒙古自治区数学学会和全球数学建模能力认证中心共同主办，数学中国和第五维信息技术有限公司协办的省级数学建模活动。数学中国成功获得全球数学建模能力认证中心的授权，其目的是激励学生培养数学建模的能力，明确数学建模能力要求及范围，为数学建模社会效益化积累人才。

该挑战赛从 2008 年起举办，赛题一般来自工程技术和管理科学等方面经过适当简化加工的实际问题，共 A、B、C、D 四道赛题，其中 D 仅限中学组\专科组选做，本科组不可选做。竞赛分为"建模基础"和"模型改进"，时间分别在每年的 4 月中旬和 5 月中旬，其他要求与中国大学生数学建模竞赛相同。

网址：http://www.tzmcm.cn/index.html

1.3 数学建模活动与能力培养

一滴甘露能滋润一个生命，一抹阳光能温暖人的心房，一段不凡的经历可铸就人的辉煌。

在数学建模这个平台上，"建模人"用心书写着自己的人生之路。流过的汗水代表拼搏，喜悦的泪水象征成功；激烈的辩论是探求知识，真诚的合作滋润你我……

无数次的比赛带给他们无数次惊喜，而无数次喜悦的背后又有多少局外人难以想象的艰辛；无数次的比赛磨砺了他们的意志，也丰富了他们的人生经历。在这个平台上，他们学会了学习，这种学习是融知识与应用于一体的学习；他们学会了思考，这种思考是集理论与实践于一体的思考；他们学会了合作，这种合作是他们成功的助推器，在合作中促进了成功，也在合作中产生了友谊；他们拥有了一种心态，这种心态是他们成功的基石，因为他们胜而不骄，败而不馁；他们没有"力拔山兮气盖世"的豪言壮语，却有着"路漫漫其修远兮，吾将上下而求索"的精神；他们没有惊天动地的经历，却有着在遇到困难时将"建模"进行到底的勇气。

本节我们主要从以下三个方面讲述数学建模活动与能力培养的关系：数学建模对学生就业、升学以及出国的帮助；企业对待数学建模活动的态度；数学建模活动对参赛者将来从事科研和工作的影响。

1.3.1　数学建模与就业、升学、出国

学习数学建模能够接触到各种数学软件，如 MatLab、SAS、Lingo 等；能够拓宽解决问题的思路与方法；能够提高解决实际问题的创新能力、动手能力以及科研能力；能够体验撰写论文流程；能够锻炼学生的抗压耐压能力。因此，学习了数学建模特别是参加了国内外的数学建模大赛，至少让别人明白你已基本具备了上述能力。

一个人具备了这些能力，就有了实际工作的能力。在就业市场上，很多单位特别需要有思想能动手还能吃苦耐劳的工作者；在中国当前大学教学教育中真正具备这些能力的学生并不为多数。建模学生正是以他们的博学多才、敢想敢干、坚强意志而深受用人单位青睐。以华中农业大学为例，自 2005 年以后该校数学建模成绩突飞猛进。只要参加过数学建模的学生都找到了很好的工作。阿里巴巴、百度、搜狐、华为、腾讯、京东等企业均有他们的学生。

学习数学建模，不仅能够学习到很多建模、处理数据的方法，更能培养一个学生思考问题、解决问题的良好习惯。无论是自然科学还是社会科学甚至是人文科学等，抽取问题背景和解决的问题，剩下的都会或多或少地归结为数学问题。数学是任何学科科学研究的基础和工具。一个学生一旦掌握这种研究问题的方法和意识，那么他在科学研究中就会容易取得成就。作为高校和研究生导师，也非常愿意录取到这样的学生。很多参赛学生本科毕业后进入国内外著名高校深造。

1.3.2　企业中的数学建模问题

近年来，中国经济高速发展，中国与世界发达国家的差距越来越小。经济市场化、全球化的步伐越来越快。数据信息的海量化和复杂化程度越来越高，企业在高速变化的全球经济中面临的竞争和挑战将会很大，但同时机会也很多。如何科学地进行决策，以获取最大的利润是企业的生存之本。作为一个企业，需要在市场竞争分析、消费需求分析、生产优化控制、运输储存、产品开发、资源管理以及人员调配等诸多环节进行系统优化，而这些优化是离不开数学建模的。随着大数据时代的到来，企业更需要大数据处理的能力，而大数据的处理需要有硬件和软件，而软件就是数学建模和相应配套的计算方法。

数学建模正是教给学生如何运用数学知识建立企业生产决策中所需要的数学模型，并编写相应的计算方法。具备这些能力的学生无疑是企业所需要的。数学建模人才的培养与社会需求紧密相连，因而具有旺盛的生命力。

企业中的数学建模大致可分为五大问题。一是预测预报问题，包括产品销售、交易期望、生产前景等。二是评价与决策，包括实施方案的风险评估、项目的选择、绩效的评价等。三是分类与判别，包括消费群体的分类、产品归属的判别等。四是关联与因果分析，包括产品质量控制、市场营销等。五是优化与控制，包括生产流程控制、产品定价、工程预算、规划设计等。

数学建模的问题本身就来自应用，来自企业。学习好数学建模无疑能够在企业的生产活动中发挥重要的作用。掌握了这种技术的人也无疑将掌握企业的命脉。

1.3.3　数学建模对科研和工作的影响

数学在生活中无处不在，数学的能力考查并不仅仅是单纯数学知识层面深浅的考查，更多的是数学思维能力，应用能力的考查。数学建模的实践，就是引导学员们发现实现生活当中的数学规律，学会应用数学方法去解决生活当中的问题，从而使自己的思维能力得到很好的锻炼。

所以说，数学建模学习到的其实是一种技能，一种可以伴随人一生的思维能力。包括逻辑思维能力，逆向思维能力，创新能力，快速自学能力，文字表达能力，以及团队协作能力，等等。

数学建模的学习，培养了学生"学数学，用数学"的意识和能力，包括查阅资料的能力、文献综述的能力、模型建立的能力、问题分析的能力、计算编程的能力、科研写作的能力。

有了这些能力，学生就有了创新能力和动手能力，就有了较高的科研潜能和素质，也同时具备了较强的工作能力。科研工作需要一个肯吃苦、善思考、勤动手、能反思等素质的人来担当。数学建模的培养就是为了培养这些素质，因而学习数学建模就是为了培养工作能手和科学骨干。

本章参考文献

[1]　杨光惠，刘合财.浅谈数学建模竞赛论文写作[J].黔南民族师范学院学报，2009，(3)73～94.

第2章　数学建模中的团队合作

本章主要介绍比赛中有关团队合作的一些要点和比赛中的一些技巧，主要内容有团队的组建和分工；比赛前和比赛中的时间安排；文献管理器 Zotero 的使用；论文各部分的撰写要点，以及论文排版工具 LaTeX。

2.1　组建团队

数学建模比赛不仅涉及数学，同时还涉及到编程、写作以及其他学科的相关知识。参加数学建模比赛，最重要的是队伍的团结和配合。在比赛中，团队中的三人会有分工，各成员负责的任务侧重点不一样。一种最常见的分工方式是：写手、程序员和第三人。写手主要负责论文的大部分写作，程序员则主要负责程序的编写和其他数值工作，第三人则处理其他的一些琐碎杂事，并协助其他两队员完成他们的工作。然而分工有时也并不太可能非常明确，比如在比赛中，写手也可能参与程序的编写，而程序员也可能会负责部分论文的写作。但每个部分都要有一个主要的人负责，大家要最终听那个负责人的，省去不必要的争论。最好的队伍不是三个人都是建模高手，而是三个人都能独当一面，互相又认可彼此的优势。不过团队的所有队员都应该共同参与问题背景的研究，模型的建立，摘要的写作及论文的最终修改。

在参加竞赛前每一名队员应考虑清楚自己在团队中扮演什么样的角色，承担什么责任。本节中将分别阐述建模比赛中分工的三种角色需要注意的问题。

2.1.1　程序员

数学建模竞赛特别强调用计算机编程解决实际问题的能力，尤其最近几年。比如 2014 年 MCM 的 A 题 "除非超车否则靠右行驶的交通规则"，几乎所有特等奖论文都运用了计算机编程模拟出不同的交通规则。复杂的数学模型需要计算机来实现计算或预测，这些程序可能长至数千行，也可能短至数行。因此参赛队中必须要有至少一名程序员，程序员需要非常熟悉计算机编程。要能够选择适当的算法将数学模型转化为计算机语言，根据不同的方案或参数计算出结果，并比较各方案或参数。对于程序员来讲，主要需要用程序实现以下工作。

- 数据的可视化：将计算结果以曲线、曲面、直方图等形式展现，使其更直观地呈现问题、模型和结论。如果程序员主要使用 C/C++，Java 等不方便出图的语言，那么程序员可能还得借助于其他计算机语言或软件，MatLab，Python，Mathematic，Gnuplot，Microsoft Excel 等都可以很好地实现数据的可视化。

- 数值算法：程序员需要掌握一些常用的数值算法，诸如插值、拟合、求线性方程组、求解微分方程数值解。幸运的是，MatLab 等语言包含有各种各样的内置函数，能够非常方便地实现这些数值算法。比如可以直接调用 interp1 函数来实现插值。
- 高级算法：程序员还需要掌握一些数学建模中常用的模型和算法的程序实现方法，如动态规划等优化算法，图论算法，蒙特卡罗算法，图像处理算法，元胞自动机方法等。这些算法赛前不准备是没有办法在比赛中很好运用的，因此在赛前每个常用的算法都最好自己去编程实现一下。

程序员最好选择一种或两种自己最熟悉的语言，并且所选择语言能够完成以上工作。MatLab，Python，Mathematic 都是不错的选择，这些语言既能够实现算法，又能够可视化数据。虽然比赛中并不限制使用的计算机语言种类和种数，但笔者还是建议同一个参赛队最好能统一使用一种或两种语言，以使代码具有较好的重用性。在程序的编写过程中，应注意以下几点。

- 模块化：将长的代码尽量拆成短的函数，以方便程序的快速调试通过。比赛时，宝贵的时间用来长时间调试是不值得的。
- 参数化：在主程序的头部定义好每个参数，以方便测试不同的方案或参数（只要更换参数值即可）。
- 易读性：程序中的变量名最好有具体意义，比如表示距离的变量名可以定义为 dist（distance 的缩写）。程序关键部分也要有恰当的注释。

编程方面的能力和习惯不是一朝一夕可以练就的，一个人只需要掌握一门语言就行了。

2.1.2　写手

虽然程序员负责的工作是至关重要的，但是最终写出程序的东西并不意味着完成。各参赛队最终提交的作品是论文，不在论文中表述，就不会对比赛结果产生任何作用。论文是评委能够看到的成果，也是评委评判的唯一根据。所以写手的水平直接决定了获奖的高低，重要性不言而喻。论文的写作可以说是数学建模竞赛中最重要的工作，写作甚至比解决问题本身更为重要。正如一位特等奖作者在给我的邮件中写道 "A well written paper is more important than groundbreaking results."（笔者通俗地译为：结果好，不如论文写得好）。

在数学建模竞赛有限的时间里（美国大学生数学建模竞赛 4 天，中国大学生数学建模竞赛 3 天），自始至终都应伴随着写作。论文的正式写作应尽早开始。许多参赛队往往低估了论文写作所需时间，几乎大半时间花在了模型建立和模型求解上，最后论文的写作草草了事。这样自然是写不出条理清晰的好论文的。论文的初稿越早完成越好，论文的完整初稿应该在比赛结束前一天完成（中国大学生数学建模竞赛则至少提前一个晚上完成论文的初稿），留一天的时间用于论文的修改润色和摘要的写作。

论文必须写得清楚明了，要呈现的内容要尽量简练而准确地表达出来，特别是在美国大学生数学建模竞赛中。水平高的写手可以使复杂的模型看起来更简单清楚。作为写手，其目标就是使一切尽可能简单，逻辑清晰。写手时刻要从评委，也就是论文阅读者的角度考虑问题，在全文中形成一个完整的逻辑框架。要善于适当地利用图表公式把模型和结果以最清晰的方式展现在论文中。

虽然论文的写作由专人负责，但论文的最终修改和完成应该是所有队员都要参与的。团队中的每个人都需要评判论文的每一个部分，在做评判的时候不掺杂个人色彩。完全没有个人色彩的写作是很困难的，但竞赛却要求这样。作为写手，你需要写一大堆文字，然后让队友们评判，并得到反馈，再修改，反复多次。

作为准备，参赛队员，特别是写手最好多阅读近些年竞赛的特等奖论文，这是非常重要的。这是唯一的一个渠道来感知什么样的论文才是好论文。要想写出好的数学建模论文，首先得知道什么样的论文在评委们的眼中是好论文。当你阅读完一篇特等奖论文后，尝试分析评委们的观点，总结这篇论文为何得到了评委的认可。

对于写手，还需要掌握一种排版工具，笔者推荐使用 LaTeX 作为写作的工具。关于 LaTeX 的使用，将在本章第 5 节中介绍。当然，对于没有使用过 LaTeX 或者不太熟悉 LaTeX 的写手，笔者并不建议把时间浪费在调试 LaTeX 上。Microsoft Word，Open office 等也都是不错的选择。

2.1.3　第三人

编程与写作是在竞赛中取得好成绩的基石，但是还有许多其他重要的工作。为了让团队获得较好的成绩，所有队员都必须全力以赴。

第三人的第一个大的工作就是资料检索。找到尽可能多的相关问题的资料，尽可能多的解决问题的方法。为了能够在竞赛中应用，资料检索通常是非常具体的。从数学书籍中挖掘出一些能够在计算机上应用的东西。到所知的数值分析算法库，寻找能够用到的东西，并完成文献的整理。第三人还应该参与写作，作为写手的辅助，帮助写手完成论文的写作。第三人不仅是论文的读者、评论者，而且应该是论文的主要合作完成者。

如果可能，第三人也要能够编写程序，如果一支队伍中有两个人具有编程能力，那是一个非常不错的组合。

2.1.4　团队合作

在数学建模竞赛中，一个成功的团队必须使得每个人在每一分钟都能发挥作用。这一点尤其要提醒团队中的低年级成员。如果你是一个大一或大二的学生，并且团队中有一名或者两名高年级的成员，当其高年级成员表现得像专家一样的时候，那么寻找一条为团队做贡献的途径并不容易。你必须时刻保持参与，因为在短短的三四天中有太多的工作需要做，如果没有你，或者你仅仅开了一半的油门，你的团队都不太可能很好地完成比赛。如果你发现自己正处于这种状态下，你应该找到你的队友们，并直截了当地问他们："我应该做些什么？我如何能为团队做出贡献？"。

如果你是一个团队中的高年级成员，不要事事亲力亲为。与你的队友一起工作，不要担心把工作授权给别人。如果你是一个大一或大二的学生，你应该做什么？在团队中，你应该扮演一个怎样的角色？

首先你要保证你可以理解你的团队建立模型的每一个细节处的数学知识。假设你的队友们想出了一些高级的算法来解决问题，要在论文中表述他们的想法，可以尝试让他们向你解释每一件事，直到你能真正听懂听明白为止。别忘了，你有可能会以新手的角度来看待问题，所以不管你是不是论文撰写者，都要为论文把关。寻找一些你认为不合理的，逻辑混乱的、表述含糊、不清楚的地方、然后做出一些质疑，直到被改正。低年级的同学往往更适合做一个团队的质疑者。为什么要做这一步？这是什么意思？这个方程从何而来？你们最终的论文，应该和一本教科书的风格一致，应该把你们使用的方法教给读者。而评估一本教科书的最好办法，就是拿给新同学来看，看看他们是否能完全理解。不要让你的队友敷衍你：如果他们不能给你清楚的解释，那同样不能期望他们在论文中能够表达清楚。

2.1.5　赛前模拟

赛前模拟是非常重要的，特别对于初次参加比赛的同学。赛前模拟绝不是为了押题。首先，赛前模拟能提前发现比赛中可能会出现的问题，并想好应对的方案，以避免在比赛时再浪费时间来应对；另一方面能够磨合团队的合作，发现各自的长短处，以便在比赛中实现更好的分工和合作。

最迟在参赛前一个月就应把队伍组好了，以便有充足的时间进行赛前模拟。这一个月的时间就是三个人一起做往年的赛题。先不要看相应的特等奖论文，要自己动手，把整个流程都走一遍，最好把文章都完全写出来。待整个流程都走完后，再看特等奖论文，找找自己的论文和特等奖论文的差距。这一个月一定要保持一个良好的竞技状态，到真正参赛的时候才能拿出最好的水平。新加坡国立大学的王皓（2007 年 MCM 特等奖获得者）在给我的邮件中曾说过：“我们当年参赛前一个月，每周做一套之前的题，做了三套，手感就来了。比赛在星期五，我们头一个星期日做完最后一套模拟题，给自己放了四天的假，养精蓄锐，最后参赛的时候整体的状态非常好。”从一个特等奖队的成长中可以看出，赛前模拟是非常有必要的，而且能够使团队的水平迅速提高。

2.2　时间安排

数学建模比赛时间有限，一个合理的时间分配是非常重要的。这里我们以四天的美国大学生数学建模竞赛为例，给出一种比较合理的时间安排。

2.2.1　赛前准备

在比赛前，各参赛队应该准备好比赛可能会用到的东西，而不是在比赛过程中再去准备。参赛队应该准备好以下几方面：

- 食物：赛前要准备好比赛中吃的东西，可以多买一些自己喜欢吃的食物和饮料。由于比赛可能需要熬夜，因此干粮，水果等也是必不可少的。
- 计算机：提前清理一下计算机，保证计算机以最佳状态运行。安装并设置好各种数学软件。通过代理等手段实现翻墙，保证计算机能够顺利访问 Google 等网站。

- 书籍和论文：最好准备一些常用的书籍，除高等数学，线性代数，概率论等课本外，可以准备一些编程，模型，算法方面的书。虽然备了不一定要用，但是放在那里总归是心里踏实。对于平时读过的特等奖论文，最好也打出几篇来，在写作时可以参考，特别是写摘要的时候。
- 数据库：准备好查找文献的期刊网入口，无论中文的知网，维普网，还是英文的 SCI，Springer 等都要提前找到，总之不要影响在比赛中查找文献。

2.2.2　第一天：开始比赛

在比赛的第一天，拿到赛题后面临的第一个问题就是选题。参赛队需要在较短的时间内从 A，B，C 或 D、E、F 六题中选择一题进行解答。A、B、C 题属于 MCM，D、E、F 题属于 ICM。在读完全部赛题并对问题有一定的背景认识后，参赛队应该根据队员各种技能的优势和兴趣选择合适的赛题。如果队员在选题上的意见一致，那么就可以开始进入做题阶段。如果选题意见不一，那么可以花两三个小时对各问题的背景做进一步的了解（通过文献检索和阅读），再行定夺。

首要任务是仔细读题，并进行头脑风暴，列出能想到的所有可能的解题方案。仔细读完赛题后不要急于讨论，每个队员对问题都必须有一个独立的思考，有一些原创的想法更好。每个队员都对问题经过独立思考后，再进行小组讨论。然后开始问题的正式研究，检索与当前问题相关的文献。阅读相关的文献将有助于你对问题的正确认识，并以正确的方式思考问题。第一天的整个晚上，你们需要认真努力地研究问题，建立模型，编写程序。

2.2.3　第二天：建立模型

第二天应该是四天中最关键的一天。这一天的绝大部分时间将花在问题的研究，模型的建立和程序设计上。并开始写作。应该在第二天完成问题的大部分解答，并尽可能早地开始写作。尽可能在当晚从模型中获得一些初步结果。

2.2.4　第三天：写作和修改

第三天应该花在结果的求解和论文的主体写作上。基于第二天晚上得到的初步结果，花一天时间来改进方法并重新计算结果。在第三天，团队应该共同写作完成论文的主体部分。写手可以为其他成员指派任务以更快地完成论文的写作。直到大部分写作完成，所有程序编写完成后才能睡觉。

2.2.5　第四天：写作和润色

第四天的早晨应该已经完成了所有程序（没有新程序要编写了）。队员继续完善论文的其他部分，如你发现论文的某些不足时，你可以尝试一些改进方案来避免这些缺点。第四天的下午就应该完成论文的初稿，并且打印出来仔细修改。到晚上，所有结果和论文都应该完成，并开始着手写摘要。

第四天晚上到第五天早晨结束比赛前，这段时间大部分用来写摘要，即使你还有一些工作没有完成，这时也得停下来。如果时间剩余，再润色一下论文，完善一下附录。当论文和摘要全部完成后，再给论文定一个标题。

2.3 文献管理器

在数学建模比赛中，通常会涉及大量的文献管理和引用。为了方便文献的管理和引用，常常会使用到文献管理工具。常用的文献管理器有 Endnote 和 Zotero 等，这里我们重点介绍 Zotero。Zotero 是开源的文献管理工具，可以方便地收集、组织、引用和共享文献。由安德鲁·W·梅隆基金会，斯隆基金会以及美国博物馆和图书馆服务协会资助开发。

2.3.1 Zotero 的安装和配置

从 http://www.zotero.org 下载 zotero 安装文件及浏览器插件，浏览器插件支持 Chrome、Firefox 和 Safari。

如果你使用 Word 排版，那么你还需要从网上（网址：https://www.zotero.org/support/word_processor_integration ）下载并安装 Word 支持包。这将在 Word 的加载项中增加一个如图 2-1 所示的图标。

图 2-1

在 http：//www.zotero.org 上注册账号，并在 Zotero 软件的工具—首选项—同步的操作中登录账号，登录之后，保存在 Zotero 文献库中的文献条目和笔记目录将同步到网络。

2.3.2 文献条目的保存

Zotero 的最大优点是能够对在线文献数据库网页中的文献条目直接抓取。

如我们打开数据库中的某篇文献的网页，在安装有 Zotero 的 Firefox 或 chrome 的地址栏末端会出现一个论文或书籍标志。单击这个标志，即可将当前页面中的文献条目保存到 Zotero 中。

如果你访问的页面包含多篇文献，比如 Google 学术论文，在安装有 Zotero 的 Firefox 或 chrome 的地址栏末端会出现一个文件夹标志，单击文件夹后，可选择一篇或多篇文献条目保存，如图 2-2 所示。

图 2-2

2.3.3　文献分类

Zotero 中的所有文献条目都保存在我的文献库中，这些文献条目可以划分到不同的文献分类中，使文献条目的保存更具条理性。通过单击如图 2-3 所示的图标可以增加一个文献分类。

图 2-3

2.3.4　文献引用

如果你使用 MS Word 来作为论文排版工具，你会发现在 Word 的加载项中有一些 Zotero 的相关图标。

如果你想在 Word 文档中引用一篇 Zotero 文献库中的文献，可单击右图 2-4 所示的图标。如果这是该文档第一次插入文献，你需要选择文献的格式。

图 2-4

在论文的末尾，我们需要生成引用过的文献列表，这里可单击如图 2-5 所示图标。

图 2-5

如果你使用 LaTeX 来作为论文排版工具，你可以从 Zotero 中直接导出所需要的 BibLaTeX 文件，操作方法是：选中一篇或多篇文献条目，右击后选择导出条目，选择导出格式为 BibLaTeX 即可导出 bib 格式的文件。

2.4　撰写论文

2.4.1　标题（Title）

论文的标题是给评委的第一印象，要以最恰当，最简明的词语反映论文中最重要的特定内容的逻辑组合。对于往年的数学建模特等奖论文，标题的确定通常有以下几种方式：

- 以所使用的主要方法或模型来构造论文标题。如 2014 年 MCM 的 A 题，一篇特等奖论文的题目为 "Freeway Traffic Model Based on Cellular-Automata and Monte-Carlo Method"；再如 2012 年 ICM，一篇特等奖论文的题目为 "Crime Ring Analysis with Electric Networks"。

- 以结论来构造论文标题。如 2014 年 MCM 的 A 题，一篇特等奖论文的题目为 "Keep Right to Keep Right"；再如 2004 年 MCM 的 A 题，一篇特等奖论文的题目为 "Not such a small whorl after all"。

- 直接以赛题的题目或要解决的问题作为论文的标题。如 2014 年 MCM 的 A 题，一篇特等奖论文的题目为"The Keep Right Except To Pass Rule"；再如 2003 年 MCM 的 B 题中，一篇特等奖论文的题目为 "The Gamma Knife Problem"。

- 以幽默的方式构造标题，吸引评委。如 2003 年 MCM 的 A 题，一篇特等奖论文的题目为 "You Too Can Be James Bond"；再如 2007 年 MCM 的 A 题，一篇特等奖论文的题目为 "When Topologists Are Politicians"。

以上四种论文标题的界线有时也并不明确。比如"When Topologists Are Politicians"，不仅以幽默的方式构造标题，同时也暗含了论文中所使用的主要方法为拓扑学。读者可以根据实际情况选择一种标题的确定方法或几种标题的确定方法的组合来确定数学建模论文的标题。

2.4.2 摘要（Summary）

摘要无疑是论文中最重要的部分。摘要应该最后书写。再重申一遍：在论文的其他部分还没有完成之前，不应该书写摘要。一个理想的时间安排是把交卷前一天的时间拿出来书写摘要。

摘要应该使用简练的语言叙述论文的核心观点和主要思想。如果你有一些创新的地方，一定要在摘要中说明。同时，你必须把一些数值的结果放在摘要里面，例如："我们的最终算法执行效率较一个简单的贪婪算法提高 67.5%，较随机选择算法提高 123.3%"。

必须把所有的核心观点包含在摘要里面，但是简洁是非常重要的。一般情况下半页左右比较合适，绝对不要超过 2/3 页。

摘要（甚至是整篇文章），应该由整个团队合作完成。一种实现方式是，每个队员单独花一个小时（至少）时间写一个自认为最好的摘要。然后，大家聚到一起，相互阅读这些摘要。再经一番讨论后，共同完成摘要。

2.4.3 引言（Introduction）

在引言中，可以按照你自己对问题的理解重述问题。从一个建模问题中，几乎都可以找到不同的"模型"来进行解决。赛后当你阅读其他参赛队的论文时，会惊讶地发现你们解决问题的方法非常不一样，甚至，有的时候你会发现你们解决的问题也是截然不同的！

因此，你在引言中要将你对问题的理解，以及你的工作所要解决的问题表述清楚。为了确保所有成员都赞同你对问题的理解，以及要做的工作，可以写出引言并由所有队员阅读直到意见达成一致。在引言中也可以阐述一些问题的背景，或者展示一些你在研究问题过程中学到的东西。需要注意的是，评判你们论文的是数学教授，如果不展示出你们理解如何用教科书上的方法来解决这个问题，他们可能会不爽。无论你最终是选择教科书上的方法还是某些更有创造性的方法，在引言中都需要提及传统教科书上的方法，这样，这些教授便会知道你是个做作业的好孩子。

引言通常应该在比赛第一天首先书写。它可以确保团队所有成员的工作同步。

2.4.4　模型（The Model）

数学模型的目的在于对真实世界的预测，并帮助你更好地理解真实的世界。论文主体的第一个部分通常用来描述模型。绝大多数问题，都可细分为三个部分：模型、解决方案和验证方法。基于一定的目标，需要建立一种模型或方法来实现这些目标。这些目标可以是找出最佳的交通规则，也可以是预测海平面的上升。数学模型的目的在于预测出不同方案将引发的结果。比如对于最佳交通规则问题，需要预测不同交通规则给出的流量和安全性，比较后最终评定出最佳交通规则。

优秀的论文一般会包含一系列的模型，从最简单的模型到较复杂的模型和更真实的模型。对于任何一个问题，首先应该尝试建立一个非常简单的模型，简单到用笔和纸就能求解。一般来说，复杂的模型都呈现于计算机中，所以我们面临的挑战是将程序代码翻译成文字，使得每一步都能自圆其说。对于一些连续问题的建模，建议要对如何求解微分方程有一个清楚的理解。比如对于动物种群的问题，我们期望能够写出微分方程来正确地描述捕食者和猎物种群之间的关系，然后进行数值积分求解微分方程。一般来说，对于离散问题，你需要熟悉如何产生具有不同性质的随机数集合，这对于构建用于检测算法及测试数据集的模型很有帮助。

2.4.5　解决方案（The Solutions）

解决方案是论文的第二个部分。在这一部分中，你需要描述数据处理方法，用于处理由第一个部分的"模型"产生的数据。这一部分实际上说明了你是如何解决问题的。你必须准备一个以上的解决方案。为了证明你有一个漂亮的方案，你需要有一个参照物，即一些可以与你的解决方案相比较的方案。你可以先从最简单、最常见的方案入手，然后逐步提炼和完善，直到找到一个最好的解决方案。

一般情况下，对于离散的问题，最简单的解决方案可能就是随机选择。

在这一部分中，你需要证明你已经对问题进行了彻底的探讨，并且已经尝试了许多不同的解决方案。即使你一开始就使用了最佳解决方案，然后尝试了一些其他的方案，在论文的书写中，你仍然应该从最根本的解决方案入手，然后逐步细化，最终达到你的最佳解决方案。如果你尝试了更先进的算法，但它的效率并不理想，也要把它放在论文中！用来表示你已经从不同的角度进行了尝试，即使你最好的解决方案并不是最复杂、最有趣的一个。在现实生活中，情况往往就是这样！

2.4.6　方案的比较（Solution Comparison Methods）

有的时候，问题中会清楚地描述目标要求，以便于你构建算法的验证方法。比如2003MCM 问题 B "伽马刀治疗方案"。题目中明确要求给出一种伽马刀治疗方案来切除至少 90%的肿瘤部分。这里你需要做的只是将所有解决方案的结果与 90%进行简单的比较，看看差别有多大。

然而，数学建模中还经常需要做一些决定来确定如何比较不同方案的结果。比如对于 2014MCM 问题 A "除非超车否则靠右行驶的交通规则"。对于不同的规则，会得到不同的流量和安全性。这时你需要确定一种权衡流量和安全的方法，来比较不同交通规则的优劣。

对于很多问题来说，会有很多方法来比较不同的解决方案，最好用多种方法来评价它们。评价方法应该由大家一起自由讨论。

2.4.7 结果（Results）

在这里，你需要表述测试结果。这一部分应该被特别关注，因为你已经将论文的其他部分表述完成了。如果可能的话，你可以提供大量的数据来支持你的结论。你的模型是不是将不同类型的数据集进行了整合？你的算法是如何做的？一般来说，这一部分将会以一些用到的参数结尾，这些参数出现在模型、解决方案和测试方法中。你应该尝试尽可能大的参数空间。在这一部分你要证明你已经采用了一个成熟的方法来处理问题，并且你已经尽可能地考查了问题的所有方面。

具体数据的展示是比较困难的。提供一些图表是最好的手段。但如果你彻底探讨了模型、解决方案和测试方法中出现的每一个参数，你将会有大量的数据需要罗列。

你应该以表格的形式来罗列数据，但不要指望评委会看这些表格。你需要在表格下面写一段解释性的文本，指出数据总的发展趋势，异常情况和整体结果。

重要提示：许多参赛队仅仅建立了一个模型，提出了一种解决方案，运行了一个检测方法，给出了结果后就结束了。这是不够的。你必须要进行多次测试，要确定你的解决方案是稳定的，它可以适应一些微小的环境变化，你可以给参数一个微小的变化，调试你的代码，使它依然能返回正确的结果。让评委看到你的解决方案是灵活和稳定的，或者诚实地承认你的算法在一些特殊的情况下不能使用。这样你的论文会显得非常全面。

2.4.8 结论—模型评价—改进方案（Conclusions-S&W-Future Work）

首先，提出你的基本结论，即使你已经在上一个部分中提出过。如："从整体上看，A 方案的执行效率优于 B 方案 34%，优于 C 方案 67%"。

你需要用一些数字来概括所有的事情，提出一种方法来对数据进行某种平均，并从中提取少量的关键数字来对算法优劣排名。如果在结果里，你已经提到"算法 A 整体上看优于算法 B，而算法 B 也有自己的一些优点"，那么在结论部分中，你要摒弃前面的说法，直接说"A 是最好的"，这也需要放在摘要当中，表明你已经得到了具体而全面的结论。

模型评价这一部分是解释算法、说明需要改进之处的一个比较好的位置。推荐用项目符号列表。除了概括性的文字以外，不用过多地解释优缺点。结果部分中的主要观点也要在这里提及，同时提到模型的缺点，以及任何限制性的假设。

为了证明你处理问题的方法是成熟的，可以提出改进方案。例如，如果可以花数月时间继续研究这个问题，你会做些什么工作？是不是还有一些你想到的非常棒的算法，但还没有来得及在计算机上实现？竞赛是有时间限制的，所以此处可以显示你对问题的整体把握。

2.4.9　参考文献（References）

不要忘记注明任何你用到的参考资料。当你在书中和网页上搜寻到有价值的东西时，要做些简单的笔记。虽然有时你会想出一些原创的点子，但大多情况下你要做的是改进现有的模型和想法来使其适应当前的问题。在你的论文中，必须在引用到文献的地方加上类似于"[1]"的标记，并在论文的结尾列出所有参考文献。

当你用到别人的想法或模型，却没有列在参考文献中，这叫剽窃，这是一个非常严重的问题。即使你没有抄文字，只是想法，那也算剽窃。如果评委们认为你的论文涉嫌剽窃，那后果可不仅仅是你的论文获不了奖。需要一提的是，在 2007 年的美国大学生数学建模竞赛中，中国某高校参赛队的作品在初审时被评为特等奖，后因涉嫌剽窃，被取消了参赛资格，并给予通告。

2.4.10　论文的结构

首先需要注意的是，评委需要在短时间内评阅大量的论文。在论文初审时（这一步将淘汰一半数量的论文，这些论文被评为"Successful Participant"），对于每篇论文的评定，评委只有 5 分钟的时间。这意味着初审时评委只会阅读论文的摘要，并粗略地浏览一下全文，然后将论文分成两堆。就这样，一半的论文被淘汰，并且再无翻身的可能。更糟糕的是，在第二轮的评审中，评审你的论文的时间仍然只有五分钟左右。只有经过前两轮的淘汰，你的论文才会被仔细阅读。这就意味着你的首要目标是顺利通过两个五分钟的评审。

除了摘要（文章最重要的部分），比较容易得到评委注意的部分还包括各小节标题、项目符号列表、表格、图形和数字。不要出现大的、不间断的文本，它们会使文章变得枯燥无味，而且可能永远都不能被完全读完。你应该使文字简练、易读，文本应该被规则性地断开，通过标题、列表、数字、图表……使论文变成有趣的东西。

1.　小节的标题（Section）

每个小节的标题都是非常重要的。如果你去掉文章中的所有正文，各小节标题读起来就像一个大纲。评委是会详细看标题的，通过它评委可以了解到文章的流程（它应该和摘要中提到的整体思路相一致）。你至少应该安排两层的标题，即标题和子标题（二级标题），这会很容易把你的文章分成很多小块，每一块都会有明确的作用和目标。尽量不要出现一段或者两段没有标题的情况。它不仅可以使你的论文适合略读，还有利于明确文章主题，防止跑题。例如以下内容：

- Summary
- Introduction
  -Assumptions
- The Models
  -CoordinateSystemsandDefinitions
- InterpolationAlgorithms

　　　　-Method1–Proximity

　　　　-Method2–Density Mean

　　　　-Method3–TrilinearInterpolation

　　　　-Method4–PolynomialInterpolation

　　　　-Method5–Hybrid Algorithms

- Testingand Results
- StrengthsandWeaknesses
- Future Work
- References

因此，最好给你的数学建模论文做一个目录，把所有小节的标题都列在一页纸上，方便评委快速了解论文的结构。

2. 项目符号列表

为了清楚地显示一些要点，可以将这些要点用项目符号列表的方式呈现出来，例如以下两种项目符号列表：

- They break up blocks of texts, making reading less tedious.
- They emphasize important ideas.
- They are easily noticed when skimming.

（1）打破大块文本，减少阅读的乏味感。

（2）强调重要的思想。

（3）当略读的时候，容易得到关注。

读者可根据需要选用有无编号的项目符号列表。

3. 表格（Tables）和图（Figures）

如果你编写了一个能够正常运行的计算机程序，不要浪费它！输入不同的参数值，运行多次。然后以图（如果你能）或者表格的形式组织并展示数据。对于图表，即使评委不加以细读，也能留下深刻的印象。图表可以证明你有大量的数据来支持你的结论，你已经对问题中出现的参数进行了彻底的探讨。

一张图胜过千言万语。图在模型部分非常有用，可以展示你是如何处理问题的。图是显示数据的非常好的方式。

2.5　论文排版

美国大学生数学建模竞赛必须同时提交纸质版和电子版两种形式的论文。电子版通常为 Adobe PDF 文档或者 MS Word 文档。论文的版式是论文的门面，因此论文排版的美观程度也影响论文的评审。但这并不意味着花费大量时间来排版是值得的，笔者认为选择 LaTeX 或 MS Word 都可以，只要排出来的论文不影响阅读就可以。

MS Word 相对比较简单，是"所见即所得"的文字排版软件。绝大多数读者都有使用 MS Word 的经验，本书对于 MS Word 的排版知识不做介绍。

LaTeX 是一种基于 TEX 的排版系统，由美国计算机学家 Leslie Lamport 在 20 世纪 80 年代初期开发。LaTeX 非常适用于生成高印刷质量的科技和数学类文档，能够生成复杂表格和数学公式。与 MS Word 不同，LaTeX 不是"所见即所得"的文字排版软件，它是一种标识语言，可配置性极高，短时间系统地学习 LaTeX 并不太可能。不过，书写 MCM 论文的话最基本的配置和命令就足够了。网络上有一些开源的 MCM 论文模版，读者可以基于这些模版快速地排出精美的 MCM 论义。由于 LaTeX 能够生成排版精美的 PDF 文档，因此很多指导老师都推荐使用 LaTeX 来书写 MCM 论文。本节仅介绍 LaTeX 基本命令，读者如果希望了解更多 LaTeX 相关知识，可以参考"一份不太简短的 LaTeX2"介绍"[5]。

2.5.1　LaTeX 软件的安装和使用

LaTeX 文档是扩展名为.tex 的纯文本文档，比如 main.tex。建立 LaTeX 文档可以使用文档编辑软件，也可以使用文字处理软件并保存为纯文本格式。LaTeX 文档必须经过编译才能生成 PDF 文档。

推荐 Windows 中文读者使用 CTEX 软件（包括文档编辑软件 WinEdt），CTEX 软件支持中英两种语言，可以从 http：//www.ctex.org/免费获得。WinEdt 中可通过在工具栏内单击 TeX 选项，然后单击 PDF 选项，再单击 PDFLaTex 选项来由 TEX 文件编译生成 PDF。如果文档含有交叉索引，则需要将文档编译两次才能获得正确的索引。Linux 用户可使用 TexLive，TexLive 可以从 https：//www.tug.org/texlive/免费获得。Linux 用户可以通过 pdfLaTeX 命令在终端进行编译。

LaTeX 命令的格式是：以反斜杠(\)作为标示符，其后是指令，再后面是包含在花括号({})中的参数。以百分号(%)开头的行为注释行，不参与编译。

2.5.2　简单示例

在 LaTeX 中首先要知道的命令是\documentclass。\documentclass 命令用于指定文档的类型，文档的类型可以为 article，book，beamer 等，其基本用法如下：

\documentclass[选项]{文档类型}

下面给出一个简单的文档例子，排版效果如图 2-6 所示，具体命令如下：

```
\documentclass[a4paper,11pt]{article}
\usepackage{amsmath, amssymb}
\title{\LaTeX}
\author{Joe}
\date{January 25, 2015}
\begin{document}
\maketitle
\LaTeX{} is a document preparation
system for the \TeX{} typesetting
program.
\end{document}
```

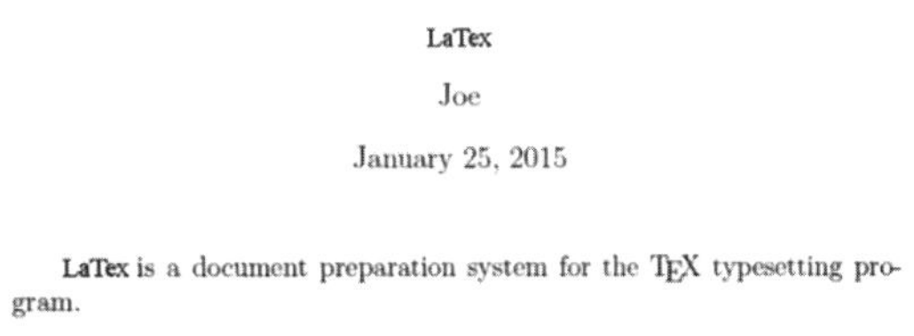

LaTex

Joe

January 25, 2015

LaTex is a document preparation system for the TEX typesetting program.

图 2-6

命令\usepackage 用于载入宏包，amsmath 及 amssymb 宏包提供数学排版的许多功能以及各种数学符号。命令\author 用于指定文档的作者，\title 用于指定文档的标题。\date 命令用于指定日期。\begin{document} 和 \end{document} 用于指定文档正文的开始和结束。\maketitle 用来生成文章标题、作者和日期。

2.5.3 小节生成

文档一般都有多个层次结构，在 LaTeX 中\section，\subsection，\subsubsection 可生成不同层次的结构。这些命令会自动生成小节标题。下面给出一个简单的例子。排版效果如图 2-7 所示，具体命令如下：

```
\subsection{subsection}\label{sec:
sub}
Thisisthesubsection\ref{sec: sub}.
```

6.4 subsection

This is the subsection 6.4.

图 2-7

以上例子中\label 命令用于标记，\ref 用于引用。这种交叉引用的方式同样适用于图表，在后面的例子中会涉及。

2.5.4 公式输入

LaTeX 中的数学表达式必须在数学模式下输入，同行排列的数学表达式在两个美元符号($)之间，独立成行的数学表达式在\[和\]之间，如果要使独立成行的数学表达式自动带有编号，则数学表达式应在\begin{equation}和\end{equation}之间，下面给出几个公式的例子，排版效果如图 2-8 所示，具体命令如下：

```
A inline equation is shown as $E =
m\cdot c^{2}$, a display equation
with number is shown as equation
(\ref{eq:EMC})
\begin{equation}\label{eq:EMC}
E = m \cdot c^{2}
\end{equation}
and a display equation without
number is shown as follow
\[ E=m\cdot c^{2} \]
```

A inline equation is shown as $E = m \cdot c^2$, a display equation with number is shown as equation

$$E = m \cdot c^2$$

and a display equation without number is shown as follow

$$E = m \cdot c^2$$

图 2-8

2.5.5 项目符号列表

为了清楚地显示一些要点，可以将它们用项目符号列表的方式呈现出来。LaTeX 中的 itemize 环境和 enumerate 环境是两种最常用的项目符号列表。下面给出两种项目符号列表的例子，排版效果如图 2-9 所示，具体命令如下：

```
Itemize 环境:
\begin{itemize}
\item 观点 1
\item 观点 2
\item 观点 3
\end{itemize}
Enumerate 环境:
\begin{enumerate}
\item 情况 1
\item 情况 2
\item 情况 3
\end{enumerate}
```

Itemize 环境:

- 观点 1
- 观点 2
- 观点 3

Enumerate 环境:

- 情况 1
- 情况 2
- 情况 3

图 2-9

2.5.6　图片插入

在 LaTeX 中插入图片，需要在 figure 环境下用\includegraphics。如果想并列排图，可以借助 minipage 环境。下面给出插入图片的实例。排版效果如图 2-10 所示，具体命令如下：

```
一个图例见图\ref{fig:01}，两图并排见
图\ref{fig:02}和图\ref{fig:03}
\begin{figure}[!htb]
\centering
\includegraphics[width=0.6\textwi
dth]{fig01.pdf}
\caption{图 1 标题}\label{fig:01}
\end{figure}

\begin{figure}[!htb]
\begin{minipage}[t]{0.5\linewidth
}
\centering
\includegraphics[width=0.8\textwi
dth]{fig02.pdf}
\caption{图 2 标题}\label{fig:02}
\end{minipage}
\begin{minipage}[t]{0.5\linewidth
}
\centering
\includegraphics[width=0.8\textwi
dth]{fig03.pdf}
\caption{图 3 标题}\label{fig:03}
\end{minipage}
\end{figure}
```

一个图例见图 1，两图并排见图 2 和图 3

图 1 标题

图 2 标题

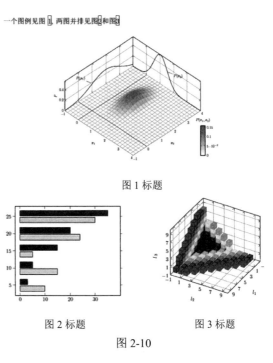

图 3 标题

图 2-10

以上实例中\centering 用于使图片居中，\caption 用于生成图片的标题。

2.5.7　表格插入

在 LaTeX 中插入表格，需要在 table 环境中。下面给出插入表格的实例，排版效果如图 2-11 所示，具体命令如下：

```
见表\ref{tab:name}.
\begin{table}[!htb]
\centering
\caption{Table
example}\label{tab:name}
\begin{tabular}{|c|c|c|c|c|}
\hline
& A & B & C & D \\  \hline
X & 1 & 2 & 3 & 4 \\  \hline
Y & 5 & 6 & 7 & 8\\  \hline
\end{tabular}
\end{table}
```

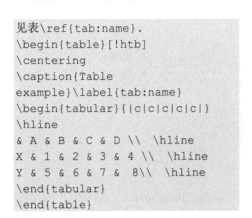

见表 1.

表 1: Table example

	A	B	C	D
X	1	2	3	4
Y	5	6	7	8

图 2-11

2.5.8　引用文献

LaTeX 中可以使用 BibTeX 来管理参考文献，BibTeX 使用数据库的方式来管理参考文献，BibTeX 文件的后缀名为 bib。先来看一个例子。在 biblo.bib 文件中，一条参考文献对应一个记录，由一个唯一的 ID 描述，下面给出两条参考文献的程序：

```
@article{IDname01,
author = {作者, 多个作者用 and 连接},
title = {标题},
journal = {期刊名},
volume = {卷20},
number = {页码},
year = {年份}

@book{ IDname02,
author ={作者},
year={年份2008},
title={书名},
publisher ={出版社名称}
```

第一行@article 告诉 BibTeX 这是一个文章类型的参考文献。还有其他格式，例如 book, booklet, conference, inbook, incollection, inproceedings, manual, misc, mastersthesis, phdthesis, proceedings, techreport, unpublished 等等。接下来的"IDname01"，就是你在正文中应用这个条目的名称，这个名称可以随便取，但每个文献的名称必需唯一。为了在 LaTeX 中使用 BibTeX 数据库，必须先做下面三件事情。

（1）设置参考文献的类型（bibliography style），标准的为 plain：

```
\bibliographystyle{plain}
```

将上面的命令放在 LaTeX 文档的\begin{document}后边。

（2）标记引用（Make citations）。当你在文档中想使用引用时，插入 LaTeX 命令：

```
\cite{引用文章名称}
```

"引用文章名称"就是前边定义在@article 后面的名称。

（3）告诉 LaTeX 生成参考文献列表。在 LaTeX 文档结束前输入：

```
\bibliography{bibfile}
```

这里 bibfile 就是你的 BibTeX 数据库文件 biblo.bib。

此时在编译 TEX 文档时，需要先用 LaTeX 编译.tex 文件，生成一个.aux 的文件，再用 BibTeX 编译.bib 文件，再次用 LaTeX 编译.tex 文件，这个时候在文档中已经包含了参考文献，但此时引用的编号可能不正确，最后用 LaTeX 编译.tex 文件。如果一切顺利的话，编译之后所有东西都已正常了。值得注意的是.bib 文件需和.tex 文件放于同一目录下。

本章参考文献

[1]　K.S.Cline.SecretsoftheMathematicalContestinModeling.
https：//www.carroll.edu/kcline/mcm.pdf.

[2]　BrianCamley,PascalGetreuer,BradleyKlingenberg.TheQuestoftheMCM.
http：//www.math.pitt.edu/～rubin/mcm_guide_colorado.pdf.

[3]　2015 美国数学建模 LaTeX 模版更新|LaTeX 工作室.http：//www.LaTexstudio.net/2015-mcm-LaTex-template-update/.

[4]　HMCmath：HMCICM/MCMinformation.https：//www.math.hmc.edu/mcm/.

[5]　TobiasOetiker.一份不太简短的 LaTex2e 介绍.http：//www.ctan.org/tex-archive/info/lshort/chinese.

第3章 软件快速入门

3.1 MatLab 快速入门

3.1.1 引言

MatLab 是 Matrix Laboratory "矩阵实验室" 的缩写。MatLab 语言是由美国的 Clever Moler 博士于 1980 年开发的，初衷是为解决 "线性代数" 课程的矩阵运算问题。1984 年由美国 Math Works 公司推向市场，历经多年的发展与竞争，现已成为国际公认的最优秀的工程应用开发环境。MatLab 功能强大、简单易学、编程效率高，深受广大科技工作者的欢迎。

在数学建模竞赛中，由于只有短短的三到四天，而论文的评判不仅注重计算的结果更注重模型的创造性等很多方面，因此比赛中把大量的时间花费在编写和调试程序上只会喧宾夺主，是很不值得的。使用 MatLab 可以在很大程度上方便计算、节省时间，使我们将精力更多地放在模型的完善上，所以是较为理想的。

这里快速地介绍一下 MatLab 与数学建模相关的基础知识，并列举一些简单的例子，很多例子都源于国内外的数学建模赛题。希望能帮助同学们在短时间内方便、快捷地使用 MatLab 解决数学建模中的问题。当然要想学好 MatLab 更多地依赖自主学习，一个很好的学习 MatLab 的方法是查看 MatLab 的帮助文档。

如果你知道一个函数名，想了解它的用法，你可以用 "help" 命令得到它的帮助文档：

```
>>help 函数名
```

如果你了解含某个关键词的函数，你可以用 "lookfor" 命令得到相关的函数：

```
>>lookfor 函数名
```

例如 help sum 命令将输出 sum 函数的帮助信息，其他一些可能有用的帮助命令有 "info"，"what" 和 "which" 等。这些命令的详细用法和作用都可以用 help 获得。MatLab 中还提供很多程序演示实例，这些例子可以通过 "demo" 获得。

3.1.2 变量

MatLab 程序的基本数据单元是数组，一个数组是以行和列组织起来的数据集合，并且拥有一个数组名。标量在 MatLab 中也被当作数组来处理，它被看作只有一行一列的数组。数组可以定义为向量或矩阵。向量一般用来描述一维数组，而矩阵往往用来描述二维或多维数组。数组中的任何元素都可以是实数或者复数；在 MatLab 中，$\sqrt{-1}$ 是由 "i" 或 "j" 来表示的，前提是用户没有预先重新定义 "i" 或 "j"。MatLab 中，数组的定义要用 "[]" 来括起来，数组中同一行元素间以空格或逗号 "," 隔开，行与行之间由分号 ";" 隔开。

下面给出实数，复数，行向量，列向量和矩阵的定义及赋值方式。

```
实数        >> x = 5
复数        >> x = 5 + 10i 或者>> 5 + 10j
行向量      >> x = [1 2 3] 或者>> x = [1, 2, 3]
列向量      >> x = [1; 2; 3]
3×3 矩阵     >> x = [1 2 3; 4 5 6; 7 8 9]
```

需要注意的是，一个数组每一行元素的个数必须完全相同，每一列元素的个数也必须完全相同。对于复数的输入，虚部前的系数和"i"或"j"之间不能有空格，如-1+2 i 是不对的，而-1+2i 或-1+i*2 才是有效的输入方式。

1.　固定变量

前面我们说，如果用户没有预先重新定义"i"或"j"，则"i"或"j"表示 $\sqrt{-1}$。在 MatLab 中还有几个常见的固定变量，如果用户没有预先重新定义，这些固定的变量有着自身的意义。

```
pi          π
i, j        √-1
inf         ∞
ans         默认变量
```

NaN 是 not a number 的缩写，像 0/0，inf*inf 等情况的计算会产生非数；ans 是 answer 的缩写，如果不定义变量，MatLab 会将运算结果放在默认变量 ans 中。

2.　复数运算

MatLab 中提供了一些复数运算的函数，这里列出一些重要的复数运算函数。

```
复数输入     >>x=3+4j
实部        >>real(x)⇒3
虚部        >>image(x)⇒4
模长        >>abs(x)⇒5
共轭复数     >>conj(x)⇒3-4i
幅角        >>angle(x)⇒0.9273
```

3.　向量，矩阵的快捷生成

创建一个小数组用一一列举出元素的方法是比较容易的，但是当创建包括成千上万个元素的数组时则不太现实。在 MatLab 中，向量可以通过冒号":"方便快捷地生成，用两个冒号按顺序隔开"第一个值"，"步增"和"最后一个值"就可生成指定的向量。如果步增为 1，则可以省略掉步增和一个冒号，比如：

```
>>x=1:0.5:3  ⇒ [1.0 1.5 2.0 2.5 3.0]
>>y=1:3  ⇒ [1 2 3]
```

向量的快捷生成还可以调用函数 linspace，linspace 函数只需给出向量的第一个值，最后一个值和等分的个数就可以生成指定的向量。转置运算符（单引号）"'"可以用来将行向量转置为列向量，或更加复杂的矩阵的转置。

```
>>x=[1:2:5]'  ⟹  x=[1;3;5]
```

对于特殊的向量和矩阵，MatLab 提供了一些内置函数来创建它们。例如，函数 zeros 可以初始化任何大小的全为零的数组。如果这个函数的参数只是一个标量，将会创建一个方阵，行数和列数均为这个参数。如果这个函数有两个标量参数，那么第一个参数代表行数，第二个参数代表列数。

```
>>x=zeros(2)   ⟹   x=[0 0; 0 0]
>>x=zeros(2,3)  ⟹  x=[0 0 0; 0 0 0]
```

类似的内置函数还有 ones，eye，用法与 zeros 一致。函数 ones 产生的数组包含的元素全为 1；函数 ones 用来产生单位矩阵，只有主对角线的元素为 1。

4. 获取向量/矩阵中的元素

通过指定元素所在的行和列，可以获得矩阵中指定的一个或多个元素。比如可以用以下语句获得矩阵 A=[1 2 3; 4 5 6; 7 8 9]的第 1 行的第 3 列的元素：

```
>>x=A(1,3)  ⟹  x=3
```

可以用以下语句获得矩阵 A 的第 2 行所有元素：

```
>>y=A(2,:)  ⟹  x=[4 5 6]
```

其中的冒号"："表示"所有列"的意思。A 矩阵的前两行前两列组成的矩阵可通过以下语句获得：

```
>>z=A(1:2,1:2)  ⟹  z=[1 2 ; 4 5]
```

3.1.3 矩阵和数组运算

针对矩阵和数组，MatLab 有一系列的算术运算、关系运算和逻辑运算。

1. 算术运算

矩阵的基本数学算术主要有加法、减法、乘法、右除、左除、指数和转置运算，运算符号如下：

+ 加法运算

− 减法运算

* 乘法运算

/ 右除运算

\ 左除运算

^ 指数运算

' 转置运算

　　这些运算的法则都与线性代数中相同。如果矩阵 A 与矩阵 B 相乘，则必须满足 A 的列数等于 B 的行数，否则 MatLab 会报错。对于左除和右除运算，$x=A\backslash b$ 是 $Ax=b$ 的解，而 $x=b/A$ 是 $xA=b$ 的解。

　　上面介绍的矩阵运算中的乘除运算都不是针对同阶数组对应分量的运算，而 MatLab 中还有针对同阶数组对应分量的运算，这种称为数组的运算，也称点运算。点运算包括点乘，点除和点乘方。

.* 乘法运算

./ 右除运算

.\ 左除运算

.^ 指数运算

以下给出一个例子来说明矩阵运算和数组运算的区别：

```
>>A=[1 2 ; 3 4]
A=
12
34
>>B=A×A
B=
710
1522
>>C=A.×A
C=
1  4
916
```

2.　关系运算

　　关系运算是用来判断两同阶数组（或者一个是矩阵，另一个是标量）对应分量间的大小关系。在 MatLab 中关系运算包括以下操作：

```
<  小于
<= 小于等于
>  大于
>= 大于等于
== 等于
~= 不等于
```

　　若参与运算的是两个矩阵，关系运算是将两个矩阵对应元素逐一进行关系运算，关系运算的结果是一个同维数逻辑矩阵，其元素值为只含 0（假）和 1（真）。若参与运算的一个是矩阵，另一个是标量，则是矩阵中每个元素与该标量进行关系运算，最终产生一个同维数逻辑矩阵，其元素值为只含 0（假）和 1（真）。例如：

```
>>B=[2 1 3 5 4]
>>C=A>B    %C=[1>2,3>1,4>3,2>5,5>4]
C=
0 1 1 0 1
```

```
>>D=A<=3    %D=[1<=3,3<=3,4<=3,2<=3,5<=3]
D=
1 1 0 1 0
```

需要注意的是=和==的差别：前者是赋值运算；后者是关系运算符"等于"，判断是否相等。

3. 逻辑运算

MatLab 的基本逻辑运算符为：&（与），|（或），～（非）。参与逻辑运算的是两个同维数矩阵；或者一个是矩阵，另一个是标量。若参与运算的是两个矩阵，逻辑运算是将两个矩阵对应元素逐一进行逻辑运算，逻辑运算的结果是一个同维数逻辑矩阵，其元素值为只含 0（假）和 1（真）。若参与运算的一个是矩阵，另一个是标量，则是矩阵中每个元素与该标量进行逻辑运算，最终产生一个同维数逻辑矩阵，其元素值为只含 0（假）和 1（真）。例如：

```
>>A=[1 3 4 2 5];
>>B=[2 1 3 5 4];
>>C=(A>B)&(A<=3)
C=
0 1 0 0 0
```

逻辑运算常与 MatLab 中的程序控制结构语句（如 if，while 等）相结合。

4. 常用数学函数

MatLab 中包括了大量的内置函数，这些函数的组合可以很方便地完成很多复杂的功能。下面给出常用的数学函数：

sin 正弦；asin 反正弦

cos 余弦；acos 反余弦

tan 正切；atan 反正切

cot 余切；acot 反余切

exp 指数函数；sqrt 平方根

log 自然对数；log10 以 10 为底的对数

abs 绝对数；sign 符号函数

min 取小；max 取大

sum 求和

以上这些函数大多（除 min，max 和 sum）也是针对矩阵对应元素逐一进行函数的运算，比如：

```
>>theta=0:pi/3:pi
theta=
0 1.0472 2.0944 3.1416
>> sin(theta)
ans =
0 0.8660 0.8660 0.0000
```

3.1.4　控制结构语句

在 MatLab 中，常用的控制结构语句主要是 if 结构和 for 结构。if 语句有 3 种格式：

（1）单分支 if 语句，其格式如下。

当条件成立时，则执行语句组，执行完之后继续执行 if 语句的后继语句；若条件不成立，则直接执行 if 语句的后续语句：

```
if 条件
    语句
end
```

（2）双分支 if 语句，其格式如下。

当条件成立时，执行语句组 1，否则执行语句组 2，语句组 1 或语句组 2 执行后，再执行 if 语句的后续语句：

```
if 条件
    语句组 1
else
    语句组 2
end
```

（3）多分支 if 语句。

其格式如下。多分支 if 语句用于实现多分支选择结构，可以代替 switch 语句：

```
if 条件 1
    语句组 1
elseif 条件 2
    语句组 2
……
elseif 条件 n
    语句组 n
else
    语句组 n+1
end
```

循环结构 for 语句的格式如下：

```
for 循环变量=表达式 1：表达式 2：表达式 3
    循环体语句
end
```

其中表达式 1 的值为循环变量的初值，表达式 2 的值为步长，表达式 3 的值为循环变量的终值。步长为 1 时，表达式 2 可以省略。"表达式 1：表达式 2：表达式 3"还可用一向量或矩阵替代，执行过程是依次将矩阵的各列元素赋给循环变量，然后执行循环体语句，直至各列元素处理完毕。下面给出一个例子来说明 if 和 for 语句的用法：

```
%计算 10 以内的奇数和
tot=0;
```

```
for i=1:10
        if mod(i,2); tot=tot+i; end
end
```

在 MatLab 编程中，采用循环语句会降低其执行速度，因此如果可以用内置函数或数组或矩阵的运算实现的功能，尽量不用循环语句，例如以上程序可以由以下语句实现：

```
tot = sum(1:2:10);
```

其他控制结构语句还有 while，switch，continue，break，return 等，请读者自己了解这些控制结构语句。

3.1.5 MatLab 文件

MatLab 有一系列的文件来存储程序、数据、图像等。本节主要介绍用于保存 MatLab 程序脚本的 M 文件、M 函数文件和 FIG 图形文件。

1. M 文件和 M 函数文件

当用户要运行的指令较多时，直接从键盘上逐行输入指令比较麻烦，而命令文件可以较好地解决这一问题。用户可以将一组相关指令编辑在同一个文件中，即从指令窗口工具栏的新建按钮或选择菜单 File：New：M-File 进入 MatLab 的程序编辑器窗口，以编写自己的 M 文件；运行 M 文件时，只需单击工具栏中的运行按键或在命令窗口中输入文件名字，MatLab 就会自动按顺序执行文件中的命令。如图 3-1 所示就是一个文件名为 main.m 的 M 文件。

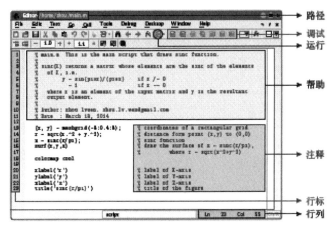

图 3-1

需要注意的是：
- M 文件名只能是字母，下画线和数字的组合，且只能以字母开头。M 文件名也不要与 MatLab 内置函数名相同。
- 在 MatLab 中，"%" 为注释符，%后的语句用于注释，不会被执行。
- 以 ";" 结尾的 MatLab 命令语句，将不会在命令窗口中输出该语句的运行结果。

M 文件中有一种特殊的文件，这种文件除注释外以 function 开头，我们称这样的文件为 M 函数文件。M 函数文件用得更为广泛，它具有参数传递功能，可以很方便地在命令窗口或其他脚本文件中进行调用。M 函数文件的文件格式如下：

```
function[输出1,输出2, ……]=函数名(输入1,输入2,……)
%函数的一些说明
MatLab 语句1;
……
MatLab 语句n;
```

需要注意的是：函数文件的变量是局部变量，运行期间有效，运行完毕就自动被清除；M 函数文件名必须与函数名一致，即 M 函数文件必需保存成"函数名.m"。下面给出一个 M 函数的例子，该 M 函数是用来把角度转化为弧度的函数，M 函数名为"ang2rad.m"。

```
function rad=ang2rad(ang)
%ANG2RAD：这是一个把角度转化为弧度的函数
rad=ang/180*pi;
```

有了这个函数，我们就可以在需要把角度转化为弧度的地方直接调用这个 M 函数，比如：

```
>>theta=0:60:180
theta=
0  60  120  180
>>ang2rad(theta)
ans=
0  1.0472  2.0944  3.1416
```

2.　FIG 文件

MatLab 最强大的功能之一是作图，用 MatLab 作图后，可以把图存成 FIG 文件。图 3-2 所示是 MatLab 作图后显示出来的图形窗口。通过 File：Save 可以把图存成"图名.fig"的文件。FIG 文件保存了图形的所有信息，方便以后的编辑，以及转存为其他格式的图片。如果需要，也可以从 FIG 文件中获得图形的相关数据。

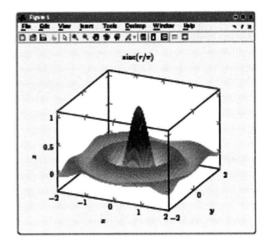

图 3-2

3.1.6　作图

MatLab 中包括了大量的二维和三维的作图函数。本节简单地介绍 MatLab 二维作图命令及三维作图命令。

1. 二维作图命令

MatLab 中最常用也是最基本的二维作图命令为 plot，plot 函数是针对向量或矩阵的列来绘制曲线的。调用 plot 函数的常用格式有以下几种：

- plot(x)：当 x 为一向量时，以 x 元素的值为纵坐标，x 的序号为横坐标值绘制曲线；当 x 为一实矩阵时，则以其序号为横坐标，按列绘制每列元素值相对于其序号的曲线；当 x 为 $m×n$ 矩阵时，就有 n 条曲线。
- plot(x, y)：以 x 元素为横坐标值，y 元素为纵坐标值绘制曲线。
- plot(x, y1, x, y2,…)：以公共的 x 元素为横坐标值，以 y1，y2…元素为纵坐标值绘制多条曲线。

值得注意的是，在上面的用法中，还可额外指定颜色，用点形或线形来区分不同的数据组。下面给出一个简单的实例，如图 3-3 所示。

```
%画 sin 和 cos 曲线
x=-2*pi:0.1:2*pi;
y1=sin(x);
y2=cos(x);
plot(x, y1,'-b');
hold on
plot(x, y2,'-r');
xlabel(' x ')
ylabel('y')
 text(0,0,'(0,0)')
legend('sin(x)','cos(x)')
```

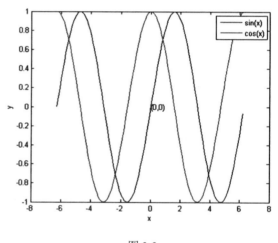

图 3-3

以上程序中 plot(x,y1,'-b')画出一条 y=sin x 的曲线，其中参数'-b'指定了曲线为蓝色实线。更多参数选项见表 3-1 所示。在上面的程序中还用到了一些常用命令，更多常用的命令如下所列：

xlabelx 坐标轴标签；

ylabely 坐标轴标签；

title 在图上方加标题；

grid on/grid off 开启/关闭网格；

text 在指定位置标文本；

axis 控制 x 坐标和 y 坐标的范围；

hold on/hold off 开启／关闭保持当前图形，允许多个图形叠加于同一坐标系。

表 3-1

颜　　色		点　　　　形				线　　形	
b	蓝	.	点	^	向上三角形	-	实线
g	绿	o	圆	<	向左三角形	:	点线
r	红	x	叉号	>	向右三角形	-.	点画线
c	青			加号	p	五角星	--	虚线
m	紫	*	星号	h	六角形		
y	黄	s	正方形				
k	黑	d	菱形				
w	白	v	向下三角形				

除了 plot 外，还有一些常用的二维作图命令，下面给出这些命令的列表，见表 3-2。请读者自行查找帮助文档来了解它们的用法。

表 3-2

命　　令	功　　能
loglog	使用对数坐标系绘图
semilogx	横坐标为对数坐标轴
semilogy	横坐标为线性坐标轴
polar	极坐标图
bar	直方图
errorbar	误差棒图
pie	制饼图
hist	统计直方图

2. 三维作图命令

与二维曲线作图函数 plot 相对应，MatLab 提供了 plot3 函数，可以在三维空间中绘制三维曲线，它的格式类似于 plot，不过多了 z 方向的数据。这里不再详述其调用格式，给出一个实例图（图 3-4）供读者学习。

```
t=0:pi/50:10*pi;
x=sin(t);
y=cos(t);
z=t;
plot3(x,y,z,'b-');
title('Helix');
xlabel('sin(t)');
ylabel('cos(t)');
zlabel('t');
text(0,0,'Origin');
grid on
```

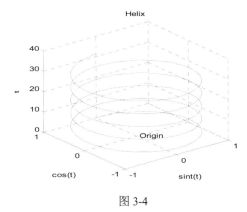

图 3-4

除了三维空间曲线，三维作图中还有三维曲面作图。用于绘制三维曲面的函数主要有 mesh 和 surf。在用 mesh 和 surf 绘制三维曲面时，常伴随着函数 meshgrid 的使用，meshgrid 是 MatLab 中用于生成网格采样点的函数，生成绘制 3-D 图形所需的网格数据。下面给出 surf 绘制曲面的实例，如图 3-5 所示。

```
%画曲面 z=sin(x)*cos(y)
[x,y]=meshgrid(-pi:0.1:pi);
z=sin(x).*cos(y);
surf(x,y,z)
xlabel('x')
ylabel('y')
zlabel('z')
title('sinx siny')
```

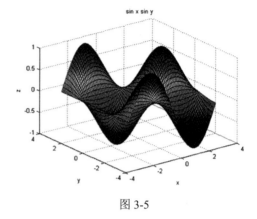

图 3-5

在以上程序中，先用 meshgrid 函数产生在 x-y 平面上的二维的网格数据，再以一组 z 轴的数据对应到这个二维的网格，即可用 surf(x,y,z)画出三维的曲面。

3.2 Lingo 入门

3.2.1 Lingo 基础知识讲解

1. Lingo 基本概念

Lingo 是 Linear Interactive and General Optimizer 的缩写，即"交互式的线性和通用优化求解器"，由美国 LINDO 系统公司（Lindo System Inc.）推出，用于求解非线性规划，及一些线性和非线性方程组的求解等，功能十分强大，是求解优化模型的最佳选择。其特色在于内置建模语言，提供有十几个内部函数，允许决策变量是整数（即整数规划，包括 0-1 整数规划），方便灵活，而且执行速度非常快。能方便与 Excel、数据库等其他软件交换数据。

2. Lingo 函数

Lingo 有 9 种类型的函数：

① 基本运算符：包括算术运算符、逻辑运算符和关系运算符。

② 数学函数：三角函数和常规的数学函数。

③ 金融函数：Lingo 提供的两种金融函数。

④ 概率函数：Lingo 提供的与概率相关的函数。

⑤ 变量界定函数：这类函数用来定义变量的取值范围。

⑥ 集操作函数：这类函数为对集的操作提供帮助。

⑦ 集循环函数：遍历集的元素，执行一定操作的函数。

⑧ 数据输入输出函数：这类函数允许模型和外部数据源相联系，进行数据的输入/输出。

⑨ 辅助函数：各种杂类函数。

（1）基本运算符。

这些运算符是最基本的，或许可以认为它们不是一类函数。事实上，在 Lingo 中它们是非常重要的。

① 算术运算符。

算术运算符是针对数值进行操作的。Lingo 提供了 5 种二元运算符：

＾乘方

× 乘

／除

＋ 加

－ 减

Lingo 唯一的一元算术运算符是取反函数"－"。

这些运算符的优先级由高到低为：

高 －（取反）

＾

×／

低 ＋－

运算符的运算次序为从左到右按优先级高低来执行。运算的次序可以用圆括号"（）"来改变。

② 逻辑运算符。

在 Lingo 中，逻辑运算符主要用于集循环函数的条件表达式中，控制在函数中哪些集成员被包含，哪些被排斥。在创建稀疏集时用在成员资格过滤器中。

Lingo 有 9 种逻辑运算符：

#not#否定该操作数的逻辑值，＃not＃是一个一元运算符。

#eq# 若两个运算数相等，则为 true；否则为 flase。

#ne#若两个运算符不相等，则为 true；否则为 flase。

#gt#若左边的运算符严格大于右边的运算符，则为 true；否则为 flase。

#ge#若左边的运算符大于或等于右边的运算符，则为 true；否则为 flase。

#lt#若左边的运算符严格小于右边的运算符，则为 true；否则为 flase。

#le#若左边的运算符小于或等于右边的运算符，则为 true；否则为 flase。

#and#仅当两个参数都为 true 时，结果为 true；否则为 flase。

#or#仅当两个参数都为 false 时，结果为 false；否则为 true。

这些运算符的优先级由高到低为：

高 #not#

#eq# #ne# #gt# #ge# #lt# #le#

低 #and# #or#

字母缩写辅助：g:greater，l:less，e:equal，t:than，n:not

③ 关系运算符。

在 Lingo 中，关系运算符主要用在模型中，用来指定一个表达式的左边是否等于、小于等于或者大于、大于等于右边，形成模型的一个约束条件。关系运算符与逻辑运算符#eq#、#le#、#ge#截然不同，前者是模型中该关系运算符所指定关系的为真描述，而后者仅仅判断该关系是否被满足：满足为真，不满足为假。

Lingo 有三种关系运算符："="">="和">="。Lingo 中还能用"<"表示小于等于关系，">"表示大于等于关系。Lingo 并不支持严格小于和严格大于关系运算符。然而，如果需要严格小于和严格大于关系，比如让 A 严格小于 B：

$$A<B$$

那么可以把它变成如下的小于等于表达式：

$$A+\varepsilon<=B$$

这里 ε 是一个小的正数，它的值依赖于模型中 A 小于 B 多少才算不等。

下面给出以上三类操作符的优先级：

高#not#   –（取反）

　　^

　　*　/

　　+ -

　　#eq#　#ne#　#gt#　#ge#　#lt#　#le#

　　#and#　#or#

低　<=　=　>=

（2）数学函数。

Lingo 提供了大量的标准数学函数：

@abs(x) 返回 x 的绝对值；

@sin(x) 返回 x 的正弦值，x 采用弧度制；

@cos(x) 返回 x 的余弦值；

@tan(x) 返回 x 的正切值；

@exp(x) 返回常数 e 的 x 次方；

@log(x) 返回 x 的自然对数；

@lgm(x) 返回 x 的 gamma 函数的自然对数；

@sign(x) 如果 $x<0$ 返回-1，否则，返回 1；

@floor(x) 返回 x 的整数部分，当 $x>=0$ 时，返回不超过 x 的最大整数，当 $x<0$ 时，返回不低于 x 的最大整数；

@smax($x1,x2,...,xn$)返回 $x1$，$x2$，…，xn 中的最大值；

@smin($x1,x2,...,xn$)返回 $x1$，$x2$，…，xn 中的最小值。

（3）金融函数。

金融函数主要用于计算净值。包括以下两个函数：

```
@FPA(I, N)
```

返回后面情形下的总净现值：单位时段利率为 I，从下个时段开始连续 N 个时段支付，每个时段支付单位费用。计算公式为：

$$@FPA(I, N) = \frac{1}{I}\left(1 - \left(\frac{1}{1+I}\right)^N\right)$$

@FPL(*I*，*N*)

返回后面情形下的净现值：单位时段利率为 *I*，从下个时段开始的第 *N* 个时段支付的费用。

（4）概率函数。

① @pbn(*p,n,x*)

二项分布的累积分布函数。当 *n* 和（或）*x* 不是整数时，用线性插值法进行计算。

② @pcx(*n,x*)

自由度为 *n* 的 x^2 分布的累积分布函数。

③ @peb(*a,x*)

当到达负荷为 *a*，服务系统有 *x* 个服务器且允许无穷排队时的 Erlang 繁忙概率。

④ @pel(*a,x*)

当到达负荷为 *a*，服务系统有 *x* 个服务器且不允许排队时的 Erlang 繁忙概率。

⑤ @pfd(*n,d,x*)

自由度为 *n* 和 *d* 的 *F* 分布的累积分布函数。

⑥ @pfs(*a,x,c*)

当负荷上限为 *a*，顾客数为 *c*，平行服务器数量为 *x* 时，有限源的 Poisson 服务系统的等待或返修顾客数的期望值。*a* 是顾客数乘以平均服务时间，再除以平均返修时间。当 *c* 和（或）*x* 不是整数时，采用线性插值法进行计算。

⑦ @phg(*pop,g,n,x*)

超几何（Hypergeometric）分布的累积分布函数。pop 表示产品总数，*g* 是正品数。从所有产品中任意取出 *n*（*n*≤pop）件。pop，*g*，*n* 和 *x* 都可以是非整数，这时采用线性插值法进行计算。

⑧ @ppl(*a,x*)

Poisson 分布的线性损失函数，即返回 max(0,*z-x*)的期望值，其中随机变量 *z* 服从均值为 *a* 的 Poisson 分布。

⑨ @pps(*a,x*)

均值为 *a* 的 Poisson 分布的累积分布函数。当 *x* 不是整数时，采用线性插值法进行计算。

⑩ @psl(*x*)

单位正态线性损失函数，即返回 max(0,*z-x*)的期望值，其中随机变量 *z* 服从标准正态分布。

⑪ @psn(*x*)

标准正态分布的累积分布函数。

⑫ @ptd(*n,x*)

自由度为 *n* 的 *t* 分布的累积分布函数。

⑬ @qrand(seed)

产生服从(0,1)区间的拟随机数。@qrand 只允许在模型的数据部分使用，它将用拟随机数填满集属性。通常，声明一个 $m×n$ 的二维表，m 表示运行实验的次数，n 表示每次实验所需的随机数的个数。在行内，随机数是独立分布的；在行间，随机数是非常均匀的。这些随机数是用"分层取样"的方法产生的。

⑭ @rand(seed)

返回 0 和 1 间的伪随机数，依赖于指定的种子。典型用法是 $U(I+1)$=@rand[$U(I)$]。注意，如果 seed 不变，那么产生的随机数也不变。

（5）变量界定函数。

变量界定函数实现对变量取值范围的附加限制，共 4 种：

@bin(x) 限制 x 为 0 或 1；

@bnd(L,x,U) 限制 $L≤x≤U$；

@free(x) 取消对变量 x 的默认下界为 0 的限制，即 x 可以取任意实数；

@gin(x) 限制 x 为整数。

在默认情况下，Lingo 规定变量是非负的，也就是说下界为 0，上界为+∞。@free 取消了默认的下界为 0 的限制，使变量也可以取负值。@bnd 用于设定一个变量的上下界，它也可以取消默认下界为 0 的约束。

（6）集操作函数。

Lingo 提供了几个函数帮助处理集。

① @in(set_name,primitive_index_1[,primitive_index_2,…])

如果元素在指定集中，返回 1；否则返回 0。

② @index([set_name,]primitive_set_element)

该函数返回在集 set_name 中原始集成员 primitive_set_element 的索引。如果 set_name 被忽略，那么 Lingo 将返回与 primitive_set_element 匹配的第一个原始集成员的索引。如果找不到，则产生一个错误。

③ @wrap(index,limit)

该函数返回 j=index-k*limit，其中 k 是一个整数，取适当值保证 j 落在区间[1, limit]内。该函数相当于 index 模 limit。该函数在循环、多阶段计划编制中特别有用。

④ @size(set_name)

该函数返回集 set_name 的成员个数。在模型中明确给出集大小时最好使用该函数。它的使用使模型更加数据中立，集大小改变时也更易维护。

（7）集合循环函数。

集合循环函数是指对集合上的元素（下标）进行循环操作的函数。一般用法如下：

@function(set_operator (set_name|condition:expression))

其中 set_operator 部分是集合函数名（见下），set_name 是数据集合名，expression 部分是表达式，|condition 部分是条件，用逻辑表达式描述（无条件时可省略）。逻辑表达式中可以用三种逻辑运算符（#AND#（与），#OR#（或），#NOT#（非））和六种关系运算符

（#EQ#（等于），#NE#（不等于），#GT#（大于），#GE#（大于等于），#LT#（小于），#LE#（小于等于））。

常见的集合函数如下：

@FOR (set_name：constraint_expressions)

对集合(set_name)的每个元素独立地生成约束,约束由约束表达式（constraint_expressions）描述；

@MAX(set_name：expression)

返回集合上的表达式(expression)的最大值；

@MIN(set_name：expression)

返回集合上的表达式(expression)的最小值；

@SUM(set_name：expression)

返回集合上的表达式(expression)的和；

@SIZE(set_name)

返回数据集 set_name 中包含元素的个数；

@IN(set_name，set_element)

如果数据集 set_name 中包含元素 set_element 则返回 1，否则返回 0。

（8）输入和输出函数。

输入和输出函数可以把模型和外部数据，比如文本文件、数据库和电子表格等连接起来。

① @file 函数

该函数从外部文件中输入数据，可以放在模型中的任何地方。该函数的语法格式为 @file('filename')。这里 filename 是文件名，可以采用相对路径和绝对路径两种表示方式。@file 函数对同一文件的两种表示方式的处理和对两个不同的文件处理是一样的，这一点必须注意。

把记录结束标记（～）之间的数据文件部分称为记录。如果数据文件中没有记录结束标记，那么整个文件被看作单个记录。注意：除了记录结束标记外，模型的文本和数据同它们直接放在模型里是一样的。

我们来看一下在数据文件中的记录结束标记连同模型中@file 函数调用是如何工作的。当在模型中第一次调用@file 函数时，Lingo 打开数据文件，读取第一个记录；第二次调用 @file 函数时，Lingo 读取第二个记录，等等。文件的最后一条记录可以没有记录结束标记，当遇到文件结束标记时，Lingo 会读取最后一条记录，然后关闭文件。如果最后一条记录也有记录结束标记，那么直到 Lingo 求解完当前模型后才关闭该文件。如果多个文件保持打开状态，可能就会导致一些问题，因为这会使同时打开的文件总数超过允许同时打开文件的上限 16。

当使用@file 函数时，可把记录的内容（除了一些记录结束标记外）看作替代模型中@file('filename')位置的文本。这也就是说，一条记录可以是声明的一部分、整个声明或一系列声明。在数据文件中注释被忽略。注意：在 Lingo 中不允许嵌套调用@file 函数。

② @text 函数

该函数被用于把数据部分解输出至文本文件中，可以输出集成员和集属性值。其语法为

@text(['filename'])

这里 filename 是文件名，可以采用相对路径和绝对路径两种表示方式。如果忽略 filename，那么数据就被输出到标准输出设备（大多数情形都是屏幕）。@text 函数仅能出现在模型数据部分的一条语句的左边，右边是集名（用来输出该集的所有成员名）或集属性名（用来输出该集属性的值）。

我们把用接口函数产生输出的数据声明称为输出操作。输出操作仅当求解器求解完模型后才执行，执行次序取决于其在模型中出现的先后。

③ @ole 函数

@ole 是从 Excel 中引入或输出数据的接口函数，它是基于传输的 OLE 技术。OLE 传输直接在内存中传输数据，并不借助于中间文件。当使用@ole 时，Lingo 先装载 Excel，再通知 Excel 装载指定的电子数据表，最后从电子数据表中获得 Ranges。为了使用 OLE 函数，必须有 Excel 5 及其以上版本。OLE 函数可在数据部分和初始部分引入数据。

@ole 可以同时读集成员和集属性，集成员最好用文本格式，集属性最好用数值格式。原始集每个集成员需要一个单元(cell)，而对于 n 元的派生集每个集成员需要 n 个单元，这里第一行的 n 个单元对应派生集的第一个集成员，第二行的 n 个单元对应派生集的第二个集成员，依此类推。

@ole 只能读一维或二维的 Ranges（在单个的 Excel 工作表中），但不能读间断的或三维的 Ranges。Ranges 是自左而右、自上而下来读的。

④ @ranged(variable_or_row_name)

为了保持最优基不变，变量的费用系数或约束行的右端项允许减少的量。

⑤ @rangeu(variable_or_row_name)

为了保持最优基不变，变量的费用系数或约束行的右端项允许增加的量。

⑥ @status()

返回 Lingo 求解模型结束后的状态：

0　GlobalOptimum（全局最优）

1　Infeasible（不可行）

2　Unbounded（无界）

3　Undetermined（不确定）

4　Feasible（可行）

5　InfeasibleorUnbounded（通常需要关闭"预处理"选项后重新求解模型，以确定模型究竟是不可行还是无界）

6　LocalOptimum（局部最优）

7　LocallyInfeasible（局部不可行，尽管可行解可能存在，但是 Lingo 并没有找到）

8　Cutoff（目标函数的截断值被达到）

9　NumericError（求解器因在某约束中遇到无定义的算术运算而停止）

通常，如果返回值不是 0、4 或 6 时，那么解将不可信，几乎不能用。该函数仅被用在模型的数据部分来输出数据。

⑦ @dual

@dual(variable_or_row_name)返回变量的判别数（检验数）或约束行的对偶（影子）价格（dualprices）。

（9）辅助函数。

① @if(logical_condition,true_result,false_result)

@if 函数将评价一个逻辑表达式 logical_condition，如果为真，返回 true_result，否则返回 false_result。

② @warn('text',logical_condition)

如果逻辑条件 logical_condition 为真，则产生一个内容为'text'的信息框。

3.　Lingo 注意事项

（1）Lingo 中模型以"MODEL："开始，以"END"结束，对于简单的模型，这两个语句都可以省略；

（2）Lingo 中每行后面均增加了一个分号"；"；

（3）所有符号都需在英文状态下输入；

（4）min=函数、max=函数，表示求函数的最小、最大值；

（5）Lingo 中变量不区分大小写，变量名可以超过 8 个，但不能超过 32 个，需以字母开头；

（6）用 Lingo 解优化模型时已假定所有变量非负，如果想解除这个限制可以用函数 @free(x)，这样 x 可以取到任意实数；

（7）变量可以放在约束条件右端，同时数字也可以放在约束条件左边；

（8）Lingo 模型语句由一系列语句组成，每一个语句都必须以"；"结尾；

（9）Lingo 中以"!"开始的是说明语句，说明语句也以"；"结束。

3.2.2　Lingo 实例

1.　简单线性规划求解

目标函数最大值：

$$\max z = 4x_1 + 3x_2$$

约束条件：

$$\begin{cases} 2x_1 + x_2 \leqslant 10 \\ x_1 + x_2 \leqslant 8 \\ x_2 \leqslant 7 \\ x_1, x_2 \geqslant 0 \end{cases}$$

Lingo 程序如下：

```
model:
    max=4*x1+3*x2;
    2*x1+x2<10;
    x1+x2<8;
    x2<7;
end
```

注：Lingo 中 "<" 代表 "<="，">" 代表 ">="。

Lingo 中默认的变量都是大于等于 0 的，不用显式给出。

求解结果：$z=26$，$x_1=2$，$x_2=6$

2. 整数规划求解

$$\text{Max} \quad z = 40x_1 + 90x_2$$

$$\begin{cases} 9x_1 + 7x_2 \leqslant 56 \\ 7x_1 + 20x_2 \leqslant 70 \\ x_1, x_2 \geqslant 0 \end{cases}$$

Lingo 程序如下：

```
model:
    max=40*x1+90*x2;
    9*x1+7*x2<56;
    7*x1+20*x2<70;
    @gin(x1);@gin(x2);
end
```

求解结果：$z=340$，$x_1=4$，$x_2=2$

3. 0-1 规划求解

$$\text{Max} \, f = x_1^2 + 0.4x_2 + 0.8x_3 + 1.5x_4$$

$$3x_1 + 2x_2 + 6x_3 + 10x_4 \leqslant 10$$

$$x_1, x_2, x_3, x_4 = 0 \ \text{或} \ 1$$

Lingo 程序如下：

```
model:
    max=x1^2+0.4*x2+0.8*x3+1.5*x4;
    3*x1+2*x2+6*x3+10*x4<10;
    @bin(x1);@bin(x2);
    @bin(x3);@bin(x4);
end
```

求解结果：$f=1.8$，$x_1=1$，$x_2=0$，$x_3=1$，$x_4=0$

4. 非线性规划求解

$$\min \quad z = |x_1| - 2|x_2| - 3|x_3| + 4|x_4|$$

$$\begin{cases} x_1 - x_2 - x_3 + x_4 = 0 \\ x_1 - x_2 + x_3 - 3x_4 = 1 \\ x_1 - x_2 - 2x_3 + 3x_4 = -\dfrac{1}{2} \end{cases}$$

Lingo 程序如下：

```
model:
    max=@abs(x1)-2*@abs(x2)-3*@abs(x3)+4*@abs(x4);
    x1-x2-x3+x4=0;
    x1-x2+x3-3*x4=1;
    x1-x2-2*x3+3*x4=-1/2;
@free(x1);@free(x2);
@free(x3);@free(x4);
end
```

求解结果：$z = 1.25$，$x_1 = 0.25$，$x_2 = 0$，$x_3 = 0$，$x_4 = -0.25$

5. 指派问题

某两个煤厂 A_1，A_2 每月进煤数量分别为 60t 和 100t，联合供应 3 个居民区 B_1，B_2，B_3。3 个居民区每月对煤的需求量依次分别为 50t，70t，40t，煤厂 A_1 离 3 个居民区 B_1，B_2，B_3 的距离依次分别为 10km，5km，6km，煤厂 A_2 离 3 个居民区 B_1，B_2，B_3 的距离分别为 4km，8km，12km。问如何分配供煤量使得运输量（即 t·km）达到最小？

设：煤厂进煤量 s_i，居民区需求量为 d_i，煤厂 i 距居民区 j 的距离为 L_{ij}，煤厂 i 供给居民区 j 的煤量为 g_{ij}。

那么可以列出如下优化方程式：

$$\min = \sum_{j=1}^{3} \sum_{i=1}^{2} g_{ij} \times L_{ij}$$

$$\sum_{i=1}^{2} g_{ij} = d_j \qquad (j = 1, 2, 3)$$

$$\sum_{j=1}^{3} g_{ij} \leqslant s_i \qquad (i = 1, 2)$$

```
model:
sets:
supply/1,2/:s;
demand/1,2,3/:d;
link(supply,demand):road,sd;
endsets
data:
road=10,5,6,
   4,8,12;
```

```
d=50,70,40;
s=60,100;
enddata
[obj]min=@sum(link(i,j):road(i,j)*sd(i,j));
@for(demand(i):@sum(supply(j):sd(j,i))=d(i));
@for(supply(i):@sum(demand(j):sd(i,j))<s(i));
end
```

结果：

```
MIN=940
SD(1,1)=0,SD(1,2)=20,
SD(1,3)=40,SD(2,1)=50,
SD(2,2)=50,SD(2,3)=0
```

6. 图论问题

求出图 3-6 所示的最小费用和最大流量，以及在最小费用下的最大流量和最大流量下的最小费用。其中 (x, y) 中 x 表示流量，y 表示费用。

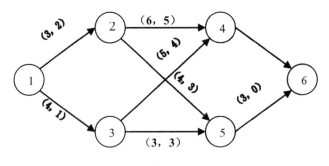

图 3-6

（1）求最小费用。

解法一：稀疏矩阵 0-1 规划法。

假设图中有 n 个原点，现需要求从定点 1 到 n 的最短路线。设决策变量为 f_{ij}，当 $f_{ij}=1$，说明弧 (i,j) 位于定点 1 至定点 n 的路线上；否则 $f_{ij}=0$，其数学规划表达式为：

$$\min \sum_{i=1}^{n}\sum_{j=1}^{n} w_{ij}f_{ij}$$

约束条件，源点只有一条路线出去，终点只有一条路线进来，其余各点进去的和出去的路线相等，表达式如下：

$$\sum_{j=1}^{n} f_{ij} - \sum_{j=1}^{n} f_{ji} = \begin{cases} 1 & i=1, \\ -1 & i=n, \\ 0 & i \neq 1,n \end{cases}$$

Lingo 程序如下：

```
model:
sets:
node/1..6/;
road(node,node)/1,2,1,3,2,4,2,5,3,4,3,5,4,6,5,6/:w,f;
endsets
data:
w-2,1,5,3,4,3,0,0;
enddata
n=@size(node);
[obj]min=@sum(road(i,j):w(i,j)*f(i,j));
@for(node(i)|i#ne#1#and#i#ne#n:@sum(road(i,j):f(i,j))=@sum(road(j,i):f(
j,i)));
@sum(road(i,j)|i#eq#1:f(i,j))=1;
!下面这个条件可以省略,这个条件包含在上面的条件中了;
!因为如果满足上面所有的条件,指向终点的路线只有且仅有一条;
@sum(road(j,i)|i#eq#n:f(j,i))=1;
end
```

结果:

```
Min=4, f(1,3)=1, f(3,5)=1, f(5,6)=1
```

解法二:求源点到任意点的最小费用,动态规划法。

求 1→6 的最小费用,只要求 1→4+4→6 和 1→5+5→6 中的最小费用,以同样的方法向上推,求 1→4 的最小费用只要求出 1→2+2→4 和 1→3+3→4 中的最小费用即可。可以归纳出如下的表达式:

$$L(1) = 0$$
$$L(i) = \min_{j \neq i}\big(L(j) + c(j,i)\big), \quad i \neq 1$$

Lingo 程序如下:

```
model:
sets:
node/1..6/:L;
road(node,node)/1,2,1,3,2,4,2,5,3,4,3,5,4,6,5,6/:c;
endsets
data:
c=2,1,5,3,4,3,0,0;
enddata
L(1)=0;
!求一点到任意点的最小费用;
@for(node(i)|i#gt#1:L(i)=@min(road(j,i)|j#ne#i:(L(j)+c(j,i))));
end
```

结果:

```
L(1)=0,L(2)=2,L(3)=1,L(4)=5,L(5)=4,L(6)=4
```

解法三：邻接矩阵法。

如果 $\left(v_i, v_j\right) \in E$，则称 v_j 与 v_i 邻接，具有 n 个顶点的图的邻接矩阵是一个 $n \times n$ 阶矩阵 $A = \left(a_{ij}\right)_{n \times n}$，其分量为

$$a_{ij} = \begin{cases} 1, & \left(v_i, v_j\right) \in E \\ 0, & \text{其他} \end{cases}$$

n 个顶点的赋权图的赋权矩阵是一个 $n \times n$ 阶矩阵 $\boldsymbol{W} = \left(w_{ij}\right)_{n \times n}$，其分量为

$$w_{ij} = \begin{cases} w\left(v_i, v_j\right), & \left(v_i, v_j\right) \in E \\ \infty, & \text{其他} \end{cases}$$

只需将动态规划的条件改一下即可。

$$L(1) = 0$$
$$L(i) = \min_{j \neq i}\left[L(j) + a(i, j) \times w(i, j)\right], \quad i \neq 1, \quad a(i, j) \neq 0$$

Lingo 程序如下：

```
model:
sets:
node/1..6/:L;
road(node,node):a,w;
endsets
data:
a=0,1,1,0,0,0,
0,0,0,1,1,0,
0,0,0,1,1,0,
0,0,0,0,0,1,
0,0,0,0,0,1,
0,0,0,0,0,0;
w=9,2,1,9,9,9,
9,9,9,5,3,9,
9,9,9,4,3,9,
9,9,9,9,9,0,
9,9,9,9,9,0,
9,9,9,9,9,9;
enddata
L(1)=0;
!求一点到任意点的最小费用;
@for(node(i)|i#gt#1:L(i)=@min(road(j,i)|
j#ne#i#and#a(j,i)#ne#0:(L(j)+w(j,i))));
end
```

结果：

```
L(1)=0,L(2)=2,L(3)=1,L(4)=5,L(5)=4,L(6)=4
```

（2）求最大流量。

$$\max v_f \quad v_f = \sum_{j=2}^{n} f_{1j}$$

$$\sum_{j=1}^{n} f_{ij} - \sum_{j=1}^{n} f_{ji} = \begin{cases} v_f & i=1 \\ -v_f & i=n \\ 0 & i \neq 1, n \end{cases}$$

同样也可以用三种方法求解，这里只给出邻接矩阵的解法，因为邻接矩阵最容易扩展到多个点，且邻接矩阵用其他的软件非常容易得到。

Lingo 程序如下：

```
model:
sets:
node/1..6/;
road(node,node):w,a,f;
endsets
data:
a=0,1,1,0,0,0,
0,0,0,1,1,0,
0,0,0,1,1,0,
0,0,0,0,0,1,
0,0,0,0,0,1,
0,0,0,0,0,0;
w=0,3,4,0,0,0,
0,0,0,6,4,0,
0,0,0,5,3,0,
0,0,0,0,0,7,
0,0,0,0,0,3,
0,0,0,0,0,0;
enddata
max=vf;
@sum(road(i,j)|i#eq#1:f(i,j))=vf;
!用下面的表达也可以;
!@sum(node(i):f(1,i))=vf;
@for(node(i)|i#gt#1#and#i#ne##@size(node):@sum(node(j):f(i,j)*a(i,j))=@s
um(node(j):f(j,i)*a(j,i)));
@for(road(i,j):f(i,j)<w(i,j));
!用下面的表达也可以;
!@for(road: @bnd(0,f,w));
end
```

结果：

```
Vf=5,F(1,2)=1,F(1,3)=4,F(2,5)=1,F(3,4)=4,F(4,6)=4,F(5,6)=1
```

（3）最大流量下的最小费用。

用上面的方法得到的最大流量的算法只是其中的一种，而不是所有的走法，所以需要找出最优解，其中最小费用或者最短路径是最常见的两类。

这里求最大流量下的最小费用，先要求出最大流量，然后设流量为已知条件，再求出最小费用就可以了。最大流量用前面的方法已经求出来了，约束条件和上面的一样，这里用 f_{ij} 表示现流量，x_{ij} 表示最大流量，即容量。

目标函数：

$$\min \sum_{i=1}^{n} \sum_{j=1}^{n} w_{ij} \operatorname{sgn}(f_{ij})$$

约束条件，源点流出去的流量是最大流量，终点流进的也是最大流量，其余各点进去的和出去的路线相等，表达式如下：

$$\sum_{j=1}^{n} f_{ij} - \sum_{j=1}^{n} f_{ji} = \begin{cases} vf & i = 1, \\ -vf & i = n, \\ 0 & i \neq 1, n \end{cases}$$

对应的流量要小于容量：

$$f_{ij} \leqslant x_{ij}$$

这里可以由上一问求出 vf=5

Lingo 程序如下：

```
model:
sets:
node/1..6/;
road(node,node)/1,2,1,3,2,4,2,5,3,4,3,5,4,6,5,6/:w,x,f;
endsets
data:
w=2,1,5,3,4,3,0,0;
x=3,4,6,4,5,3,7,3;
enddata
n=@size(node);
[obj]min=@sum(road(i,j):w(i,j)*f(i,j));
@for(node(i)|i#ne#1#and#i#ne#n:@sum(road(i,j):f(i,j))=@sum(road(j,i):f(
j,i)));
@sum(road(i,j)|i#eq#1:f(i,j))=5;
@sum(road(j,i)|i#eq#n:f(j,i))=5;
@for(road(i,j):f(i,j)<x(i,j));
End
```

结果：

```
Min=23
F(1,2)=1,F(1,3)=4,F(2,5)=1,F(3,4)=2
F(3,5)=2,F(4,6)=2,F(5,6)=3
```

（4）最小费用下的最大流量，标志 i 为流量，标志 j 为费用，表示 i 到 j 的现流量。数学规划表达式如下：

目标函数：

$$\max v_f \quad v_f = \sum_{j=2}^{n} s_{1j}$$

$$\sum_{j=1}^{n} s_{ij} - \sum_{j=1}^{n} s_{ji} = \begin{cases} v_f & i=1, \\ -v_f & i=n, \\ 0 & i \neq 1, n \end{cases}$$

这里最小费用等于 4，有如下约束条件：

$$\sum_{i=1}^{6} \text{sgn}(s_{ij}) y_{ij} = 4 \text{ sgn 符号函数，所有经过的路径的费用为 4。}$$

$s_{ij} \leqslant x_{ij}$ 所有的现流量小于容量。

Lingo 程序如下：

```
model:
sets:
node/1..6/;
road(node,node):x,y,s;
endsets
data:
x=0,3,4,0,0,0,
0,0,0,6,4,0,
0,0,0,5,3,0,
0,0,0,0,0,7,
0,0,0,0,0,3,
0,0,0,0,0,0;
y=9,2,1,9,9,9,
9,9,9,5,3,9,
9,9,9,4,3,9,
9,9,9,9,9,0,
9,9,9,9,9,0,
9,9,9,9,9,9;
enddata
!max=vf;
!@sum(road(i,j)|i#eq#1: s(i,j))=vf;
!用下面的表达也可以;
n=@size(node);
MAX=@sum(node(i):s(i,n));
@for(node(i)|i#gt#1#and#i#ne#n:@sum(node(j):s(i,j))=@sum(node(j):s(j,i)));
@sum(road(i,j):@sign(s(i,j))*y(i,j))=4;
@for(road(i,j):s(i,j)<x(i,j));
@for(road:@gin(s));
!用下面的表达也可以;
!@for(road:@bnd(0,s,x));
end
```

结果：

```
MAX=1
S(1,3)=1,S(3,5)=1,S(5,6)=1
```

第4章　常用模型与算法

4.1　图论

图论中最基本的概念是顶点。在实际问题中，许多对象都可以当作顶点，如公交网络中的各个站点可以是顶点，参加比赛的各队可以看作是顶点，环球旅游时经过的各个城市可以看作是顶点。

顶点组成的集合称为顶点集，记作 V；顶点之间的连接称为边，边组成的集合称为边集，记作 E。这样一个图就由 (V, E) 组成，记作 $G = (V, E)$。通常 G 的顶点集用 $V(G)$ 表示，G 的边集用 $E(G)$ 表示。如果图中的定点赋予顶点和边具体的含义和权，这样该图就称为网络。这时该网络可表示为 $N = (V, E, W)$，W 由任意两点之间的距离构成权重矩阵[1]。

如在研究环球旅游时，各城市构成顶点，城市之间的连接构成边，城市之间的距离就是这两点间边的权重。

如果边的连接是有方向的，称为有向图；如果边之间的连接是无向的，则称为无向图。对一个实际问题，到底应该考虑为无向图还是有向图，需要根据实际问题与背景来区分。如考虑环球旅游问题，各城市之间连接可当作无向图来研究。研究参赛队伍的排名时，两队之间的胜败是需要区分的，这时要考虑为有向图。

在实际问题中，许多问题都可以抽象为图论模型进行求解。在数学建模竞赛中，不少问题最终也可以利用图论中的知识求解。在历年的竞赛中，如全国数学建模竞赛中 1993B 的足球队排名问题，1994B 的锁具开箱问题，1998B 的洪灾巡视问题，2011B 的交巡警平台问题，还有电工杯数学建模竞赛中 2005B 的比赛项目排序问题。这些赛题中部分或全部使用到图论的知识进行求解。

本节分为五个部分，每个部分尽量从实用出发，讲解少量的知识，然后利用相关知识求解实际问题，并结合赛题进行讲解。在求解时给出相应的程序，便于读者上手操作。

4.1.1　图论中 TSP 问题及 Lingo 求解技巧

旅行售货商问题（Traveling Salesman Problem，TSP），也称为货郎担问题。最早可以追溯到 1759 年 Euler 提出的骑士旅行问题。1948 年，由美国兰德公司推动，TSP 成为近代组合优化领域的一个典型难题。它已经被证明属于 NP 难题。

用图论描述 TSP，给出一个图 $G = (V, E)$，每边 $e \in E$ 上有非负权值 $w(e)$，寻找 G 的 Hamilton 圈 C，使得 C 的总权 $W(C) = \sum_{e \in E(C)} w(e)$ 最小[1][2]。

几十年来，出现了很多近似优化算法，如近邻法、贪心算法、最近插入法、最远插入法、模拟退火算法以及遗传算法。这里，我们介绍利用 Lingo 软件进行求解的方法。

问题 1　设有一个售货商从 10 个城市中的某一个城市出发,去其他 9 个城市推销产品。10 个城市相互距离如表 4-1 所示。要求每个城市到达一次且仅一次后，回到原出发城市。问他应如何选择出行路线，使总路程最短。

表 4-1　　　　　　　　　　（距离：km）

城市 距离 城市	1	2	3	4	5	6	7	8	9	10
1	0	7	4	5	8	6	12	13	11	18
2	7	0	3	10	9	14	5	14	17	17
3	4	3	0	5	9	10	21	8	27	12
4	5	10	5	0	14	9	10	9	23	16
5	8	9	9	14	0	7	8	7	20	19
6	6	14	10	9	7	0	13	5	25	13
7	12	5	21	10	8	13	0	23	21	18
8	13	14	8	9	7	5	23	0	18	12
9	11	17	27	23	20	25	21	18	0	16
10	18	17	12	16	19	13	18	12	16	0

我们采用线性规划的方法求解。

设城市之间距离用矩阵 d 来表示，d_{ij} 表示城市 i 与城市 j 之间的距离。设0-1矩阵 X 用来表示经过的各城市之间的路线。设：

$$x_{ij} = \begin{cases} 0 & \text{若城市} i \text{不到城市} j \\ 1 & \text{若城市} i \text{到城市} j, \text{且} i \text{在} j \text{前} \end{cases}$$

考虑每个城市后只有一个城市，则：

$$\sum_{\substack{j=1 \\ j \neq i}}^{n} x_{ij} = 1, \quad i = 1, \cdots, n$$

考虑每个城市前只有一个城市，则：

$$\sum_{\substack{i=1 \\ i \neq j}}^{n} x_{ij} = 1, \quad j = 1, \cdots, n;$$

但仅以上约束条件不能避免在一次遍历中产生多于一个互不连通回路。

如对 $n = 6$，下面矩阵表达的方案满足前面两个约束，即每行每列和为1。但该方案结果为 $1 \rightarrow 2 \rightarrow 3 \rightarrow 1$，$4 \rightarrow 5 \rightarrow 6 \rightarrow 4$。即节点 1,2,3 构成子圈；节点 4,5,6 构成子圈，不符合条件。

$$X = \begin{bmatrix} 0 & 1 & 0 & 0 & 0 & 0 \\ 0 & 0 & 1 & 0 & 0 & 0 \\ 1 & 0 & 0 & 0 & 0 & 0 \\ 0 & 0 & 0 & 0 & 1 & 0 \\ 0 & 0 & 0 & 0 & 0 & 1 \\ 0 & 0 & 0 & 1 & 0 & 0 \end{bmatrix}$$

为此我们引入额外变量 $u_i(i=1,\cdots,n)$，附加以下充分约束条件：

$$u_i - u_j + nx_{ij} \leqslant n-1, \qquad 1 < i \neq j \leqslant n;$$

该约束的解释：

如 i 与 j 不会构成回路，若构成回路，有：

$x_{ij}=1$，$x_{ji}=1$，则：

$u_i - u_j \leqslant -1$，$u_j - u_i \leqslant -1$，从而有：

$0 \leqslant -2$，导致矛盾。

如 i，j 与 k 不会构成回路，若构成回路，有：

$x_{ij}=1$，$x_{jk}=1$，$x_{ki}=1$ 则：

$u_i - u_j \leqslant -1$，$u_j - u_k \leqslant -1$，$u_k - u_i \leqslant -1$ 从而有：

$0 \leqslant -3$，导致矛盾。

其他情况以此类推。

于是我们可以得到如下的模型：

$$\min Z = \sum_{i=1}^{n} \sum_{j=1}^{n} d_{ij} x_{ij}$$

$$s.t. \begin{cases} \sum_{\substack{i=1 \\ i \neq j}}^{n} x_{ij} = 1, & j = 1,\cdots,n \\[3mm] \sum_{\substack{j=1 \\ j \neq i}}^{n} x_{ij} = 1, & i = 1,\cdots,n \\[3mm] u_i - u_j + nx_{ij} \leqslant n-1, & 1 < i \neq j \leqslant n \\[2mm] x_{ij} = 0 \text{或} 1, & i,j = 1,\cdots,n \\[2mm] u_i \text{为实数}, & i = 1,\cdots,n \end{cases}$$

该模型的 Lingo 程序如下：

```
!TSP question;
MODEL:
SETS:
city/1..10/:u;
link(city,city):d,x;
ENDSETS
DATA:
d= 0  7  4 58612131118
   7  0  3109145141717
   4  3  0 59102182712
   5 10  5 01491092316
   8  9  91407872019
   6 14 10 9701352513
  12  5 21108130232118
```

```
13  14 8 9752301812
11  17 27 2320252118016
18  17 12 1619131812160;

ENDDATA
 MIN=@SUM(link:d*x);
 @for(city(j);@sum(city(i)|j#ne#i:x(i,j))=1); !城市 j 前有一个城市相连;
 @for(city(i):@sum(city(j)|j#ne#i:x(i,j))=1); !城市 i 后前有一个城市相连;
 @for(link(i,j)|i#NE#j#and#i#gt#1:u(i)-u(j)+10*x(i,j)<=9);
@FOR(link:@BIN(x));
End
```

结果：

```
X(3,2)=1,X(4,1)=1,X(4,3)=1,X(6,5)=1,X(7,2)=1,X(7,5)=1,X(8,6)=1,X(9,1)=1,
X(10,8)=1,X(10,9) =1。
```

其他全为 0。

其最短路线为 1-4-3-2-7-5-6-8-10-9-1，最短距离为 77 km。

问题 2　比赛项目排序问题（2005 年电工杯数学建模竞赛 B 题）。

全民健身计划是 1995 年在国务院领导下，由国家体委会同有关部门、各群众组织和社会团体共同推行的一项依托社会、全民参与的体育健身计划，是与实现社会主义现代化目标相配套的社会系统工程和跨世纪的发展战略规划。现在，以全民健身为主要内容的群众性体育活动蓬勃开展，举国上下形成了全民健身的热潮，人民群众健康水平不断提高，同时也扩大了竞技体育的社会影响，提高了竞技体育水平。现在各级、各类、各种运动比赛比比皆是，这不但提高了全民的身体素质，而且使一批运动员脱颖而出，成为运动健将，为国家争得了荣誉。

在各种运动比赛中，为了使比赛公平、公正、合理地举行，一个基本要求是：在比赛项目排序过程中，尽可能使每个运动员不连续参加两项比赛，以便运动员恢复体力，发挥正常水平。

（1）表 4-2 是某个小型运动会的比赛报名表。有 14 个比赛项目，40 名运动员参加比赛。表中第 1 行表示 14 个比赛项目，第 1 列表示 40 名运动员，表中"＃"号位置表示运动员参加此项比赛。建立此问题的数学模型，并且合理安排比赛项目顺序，使连续参加两项比赛的运动员人次尽可能地少。

（2）文件"运动员报名表"中给出了某个运动比赛的报名情况。共有 61 个比赛项目，1050 人参加比赛。请给出算法及其框图，同时给出合理的比赛项目排序表，使连续参加两项比赛的运动员人次尽可能地少。

（3）说明上述算法的合理性。

（4）对"问题 2"的比赛排序结果，给出解决"运动员连续参加比赛"问题的建议及方案。

表 4-2

项目\运动员	1	2	3	4	5	6	7	8	9	10	11	12	13	14
1		#	#						#				#	
2								#			#	#		
3		#		#						#				
4			#					#				#		
5										#			#	#
6					#	#								
7												#	#	
8										#				#
9		#		#						#	#			
10	#	#		#			#							
11		#		#									#	#
12								#		#				
13					#					#				#
14			#	#			#							
15		#						#				#		
16									#		#	#		
17					#									#
18							#					#		
19			#							#				
20	#			#										
21									#					#
22		#			#									
23							#					#		
24							#	#					#	#
25	#	#								#				
26					#									#
27						#					#			
28		#						#						
29	#										#	#		
30				#	#									
31						#		#				#		
32							#			#				
33				#		#								
34	#		#										#	#
35					#	#						#		
36				#			#							
37	#								#	#				
38						#		#		#				#
39					#			#	#				#	
40						#	#			#			#	

问题 1 解答：

若项目 i 和项目 j 相邻,可以计算出同时参加这两个项目的人数,作为 i 和 j 的距离 d_{ij}。

则问题转化为求项目 1 到项目 14 的一个排列，使相邻距离之和最小。我们采用 TSP 问题求解。但由于开始项目和结束项目没有连接，可考虑引入虚拟项目 15，该虚拟项目与各个项目的距离都为 0。

距离矩阵 D 的求法：

该报名表用矩阵 $A_{40\times14}$ 表示。

$$a_{ij} = \begin{cases} 1 & \text{第}i\text{个人参加项目}j \\ 0 & \text{第}i\text{个人不参加项目}j \end{cases}$$

则 $d_{ij} = \sum_{k=1}^{40} a_{ki} \cdot a_{kj} \qquad i \neq j, i,j,=1,2,\cdots,14$

$d_{ii} = 0 \qquad i=1,2,\cdots,14$

另外 $d_{i,15}=0, d_{15,i}=0 \qquad i=1,2,\cdots,15$

由于问题 1 中 40 个运动员参加 14 个项目的比赛是 word 表，可将其复制到 Excel 表中，然后将#替换为 1，将空格替换为 0，形成 0-1 表，并复制到数据文件 table1.txt 中。问题 2 中 1050 个运动员参加的 61 个项目比赛的 Access 数据库中的表保存为 Excel 表，然后在表中将#替换为 1，将空格替换为 0，形成 0-1 表，并复制到数据文件 table2.txt 中。

在 MatLab 中编制如下程序 B2005.m 形成距离矩阵：

```
load table1.txt;
a=table1;

[m,n]=size(a);
d=zeros(n+1,n+1);   %定义距离矩阵;

for i=1:n
for j=1:n
  for k=1:m
  d(i,j)=d(i,j)+a(k,i)*a(k,j);   %计算不同项目之间距离
  end
end
end

for i=1:n+1
    d(i,i)=0;
end

 %输出文件
 fid=fopen('d:\lingo12\dat\dis1.txt','w');
for i=1:n+1
 for j=1:n+1
  fprintf(fid,'%1d ',d(i,j));
  end
fprintf(fid,'\r\n');
end
 fclose(fid);
```

输出的距离矩阵 D 为 dis1.txt：

```
0 2 1 2 0 0 1 0 1 2 1 1 1 1 0
2 0 1 4 1 0 1 1 1 3 1 0 2 1 0
1 1 0 1 0 0 0 3 1 1 0 2 2 1 0
2 4 1 0 1 1 2 1 0 2 1 0 1 1 0
0 1 0 1 0 2 0 1 1 1 0 1 1 2 0
0 0 0 1 2 0 1 2 1 1 1 2 1 2 0
1 1 0 2 0 1 0 1 1 1 0 2 2 1 0
0 1 3 1 1 2 1 0 1 2 1 4 2 2 0
1 1 1 0 1 1 1 1 0 1 1 1 3 1 0
2 3 1 2 1 1 1 2 1 0 1 0 0 3 0
1 1 0 1 0 1 0 1 1 1 0 3 1 1 0
1 0 2 0 1 2 2 4 1 0 3 0 1 0 0
1 2 2 1 1 1 2 2 3 0 1 1 0 4 0
1 1 1 1 2 2 1 2 1 3 1 0 4 0 0
0 0 0 0 0 0 0 0 0 0 0 0 0 0 0
```

Lingo 程序 B2005.lg4：

```
!第一个问题的求解的程序:
!比赛项目排序问题;
model:
sets:
  item / 1.. 15/: u;
  link( item, item):dist,x;
endsets
  n = @size( item);
data:    !距离矩阵;
dist=@file('d:\lingo12\dat\dis1.txt'); !文件路径;
 !输出为1的变量;
@text()=@writefor(link(i,j)|x(i,j)#GT#0:' x(',i,',',j,')=',x(i,j));
enddata

 MIN=@SUM(link:dist*x);
 @for(item(j):@sum(item(i)|j#ne#i:x(i,j))=1); !点 j 前有一个点相连;
 @for(item(i):@sum(item(j)|j#ne#i:x(i,j))=1); !点 i 后前有一个点;
!保证不出现子圈;
 @for(link(i,j)|i#NE#j#and#i#gt#1:u(i)-u(j)+n*x(i,j)<=n-1);
@FOR(link:@BIN(x));!定义 X 为 0-1 变量;
end
```

其中数据文件dis1.txt在MatLab程序B2005.m中输出。

Lingo12求解结果为：

目标值z=2

```
x(1,8)=1    x(2,6)=1    x(3,11)=1  x(4,13)=1  x(5,1)=1    x(6,3)=1    x(7,5)=1
x(8,15)=1    x(9,4)=1              x(10,12)=1  x(11,7)=1    x(12,14)=1  x(13,10)=1
x(14,2)=1  x(15,9)=1
```

由于 15 是虚拟项，去掉后对应序列为 9-4-13-10-12-14-2-6-3-11-7-5-1-8-9，则项目排序如下，其中箭头上所示数字为连续参加相邻两个项目的运动员数。

$$9 \xrightarrow{\ 0\ } 4 \xrightarrow{\ 1\ } 13 \xrightarrow{\ 0\ } 10 \xrightarrow{\ 0\ } 12 \xrightarrow{\ 0\ } 14 \xrightarrow{\ 1\ } 2$$

$$\xrightarrow{\ 0\ } 6 \xrightarrow{\ 0\ } 3 \xrightarrow{\ 0\ } 11 \xrightarrow{\ 0\ } 7 \xrightarrow{\ 0\ } 5 \xrightarrow{\ 0\ } 1 \xrightarrow{\ 0\ } 8$$

即有两名运动员连续参加比赛。

题 2 解答与题 1 相同，只是项目变成 61 个，引入虚拟项目后变为 62 个，运动员为 1050 名。模型建立同题 1。在题 1 中的 MatLab 程序中只需要将表 table1.txt 改为 table2.txt，输出数据文件将 dis1.txt 改为 dis2.txt 就可以了。

在 Lingo 程序中将项目数由 15 修改为 62，使用的数据文件由 15 改为 62，同样可以运行，只是运行时间较长，本程序在 Lingo12 中大约运行 6 分钟左右。原始数据文件 table2.txt 和 MatLab 输出的距离矩阵 dis2.txt，由于数据较大这里不列出，可参见附录。

Lingo 程序如下：

```
!第二个问题的求解的程序:
!比赛项目排序问题;
model:
sets:
  item / 1.. 62/: u;
  link( item, item):dist,x;
endsets
  n = @size( item);
data:   !距离矩阵;
dist=@file('d:\lingo12\dat\dis2.txt'); !文件路径;
 !输出为1的变量;
@text()=@writefor(link(i,j)|x(i,j)#GT#0:' x(',i,',',j,')=',x(i,j));
enddata

 MIN=@SUM(link:dist*x);
 @for(item(j):@sum(item(i)|j#ne#i:x(i,j))=1); !点 j 前有一个点相连;
 @for(item(i):@sum(item(j)|j#ne#i:x(i,j))=1); !点 i 后前有一个点;
!保证不出现子圈;
 @for(link(i,j)|i#NE#j#and#i#gt#1:u(i)-u(j)+n*x(i,j)<=n-1);
@FOR(link:@BIN(x));!定义 X 为 0-1 变量;
end
```

Lingo12 求解结果为：

目标值 z=5

x(1,19)=1	x(2,44)=1	x(3,50)=1	x(4,25)=1	x(5,20)=1	x(6,15)=1
x(7,42)=1	x(8,59)=1	x(9,35)=1	x(10,3)=1	x(11,54)=1	x(12,21)=1
x(13,32)=1	x(14,41)=1	x(15,40)=1	x(16,57)=1	x(17,22)=1	x(18,9)=1
x(19,60)=1	x(20,6)=1	x(21,10)=1	x(22,37)=1	x(23,14)=1	x(24,51)=1
x(25,13)=1	x(26,27)=1	x(27,29)=1	x(28,17)=1	x(29,24)=1	x(30,58)=1
x(31,12)=1	x(32,56)=1	x(33,47)=1	x(34,23)=1	x(35,46)=1	x(36,45)=1
x(37,30)=1	x(38,49)=1	x(39,31)=1	x(40,48)=1	x(41,1)=1	x(42,52)=1
x(43,38)=1	x(44,4)=1	x(45,7)=1	x(46,62)=1	x(47,55)=1	x(48,34)=1
x(49,26)=1	x(50,36)=1	x(51,16)=1	x(52,18)=1	x(53,39)=1	x(54,43)=1	x(55,5)=1
x(56,11)=1	x(57,53)=1	x(58,61)=1	x(59,28)=1	x(60,8)=1	x(61,2)=1
x(62,33)=1					

由于62是虚拟项，去掉后对应序列为：

33—47—55—5—20—6—15—40—48—34—23—14-41—1—19—60—8—59—28—
17—22—37—30—58—61—2—44—4—25—13—32—56—11—54—43—38—49—
26—27—29—24—51—16—57—53—39—31—12—21—10—3—50—36—45—7—
42—52—18—9—35—46

可以验证，其中 d(14,41)=1, d(51,16)=1, d(31,12)=1, d(10,3)=1, d(45,7)=1。其余相邻两个项目比赛没有两名运动连续参加比赛。即有 5 名运动员连续参加比赛。

另外，该问题解不唯一，单目标值都为5。

x(1,41)=1	x(2,61)=1	x(3,10)=1	x(4,44)=1	x(5,55)=1	x(6,20)=1
x(7,45)=1	x(8,60)=1	x(9,18)=1	x(10,21)=1	x(11,54)=1	x(12,31)=1
x(13,32)=1	x(14,23)=1	x(15,6)=1	x(16,57)=1	x(17,28)=1	x(18,52)=1	x(19,1)=1
x(20,5)=1	x(21,12)=1	x(22,17)=1	x(23,34)=1	x(24,51)=1	x(25,4)=1
x(26,27)=1	x(27,29)=1	x(28,59)=1	x(29,24)=1	x(30,37)=1	x(31,39)=1
x(32,56)=1	x(33,62)=1	x(34,48)=1	x(35,9)=1	x(36,50)=1	x(37,22)=1
x(38,49)=1	x(39,13)=1	x(40,15)=1	x(41,14)=1	x(42,7)=1	x(43,38)=1	x(44,2)=1
x(45,36)=1	x(46,35)=1	x(47,33)=1	x(48,40)=1	x(49,26)=1	x(50,3)=1
x(51,16)=1	x(52,42)=1	x(53,25)=1	x(54,43)=1	x(55,47)=1	x(56,11)=1
x(57,53)=1	x(58,30)=1	x(59,8)=1	x(60,19)=1	x(61,58)=1	x(62,46)=1

4.1.2 最短路线算法及在建模中的应用

图论中的最短路线问题（包括无向图和有向图）是一个基本且常常碰见的问题。主要的算法有 Dijkstra 算法和 Floyd 算法。其中 Dijkstra 算法是求出指定两点之间的最短路线，算法复杂度为 $O(n^2)$；Floyd 算法是求出任意两点之间的最短路线，算法复杂度为 $O(n^3)$。其中 n 为顶点数。

1. Dijkstra 算法[1]

假定给出一个网络 $N = (V, E, W)$，现在要求出任意点 i 到任意点 j 之间的最短路线，算法描述如下：

（1）给出初始点集合 $P = \{i\}$，剩余点集合 $Q = \{1, 2, \cdots, n\} - P$。初始 i 点到各点的直接

距离 $U_r = w_{ir}(r = 1, 2, \cdots, n)$ 。

（2）在 Q 中寻找到 i 点距离最小的点 k ，使得 $U_k = \min\limits_{r \in Q}\{U_r\}$ ，并且

$$P \bigcup \{k\} \to P, \quad Q - \{k\} \to Q$$

（3）对 Q 中每个 r ，如果 $U_k + w_{kr} < U_r$ ，则

$$U_k + w_{kr} \to U_r$$

然后返回（2）直到找到 j 点为止。

注：步骤（2）和（3）实际上是每找到一个到 i 点距离最小的点 k ，就更新一次从 i 点出发，通过集合 P 中点到达 Q 中点的最小距离。

该算法经过 $n-1$ 次循环结束。在整个算法过程中，步骤（2）最多做 $\frac{1}{2}(n-1)(n-2)$ 次比较，步骤（3）最多做 $\frac{1}{2}(n-1)(n-2)$ 次加法和比较，总的计算量是 $O(n^2)$ 阶。因此这个算法是一个有效算法。

2. Floyd 算法[1]

（1）根据已知的部分节点之间的连接信息，建立初始距离矩阵 $B(i, j)$ 。

$$(i, j = 1, 2, \cdots, n)$$

（2）进行迭代计算。对任意两点 (i, j) ，若存在 k ，使 $B(i, k) + B(k, j) < B(i, j)$ ，则更新

$$B(i, j) = B(i, k) + B(k, j)$$

（3）直到所有点的距离不再更新停止计算。则得到最短路线距离矩阵 $B(i, j)$ ，$(i, j = 1, 2, \cdots n)$ 。

算法程序为：

```
for k=1:n
for i=1 :n
   for j=1:n
      t=B(i,k)+B(k,j);
      if t<B(i,j)  B(i,j)=t; end
      end
   end
end
```

问题 1　灾情巡视路线问题（CUMCM1998B 部分）[3]

图 4-1 为某县的乡（镇）、村公路网示意图，公路边的数字为该路段的公里数。今年夏天该县遭受水灾，为考察灾情，组织自救，县领导决定，带领有关部门负责人到全县各乡（镇）、村巡视。巡视路线指从县政府所在地出发，走遍各乡（镇）、村，再回到县政府所在地的路线。若分三组（路）巡视，试设计总路程最短且各组尽可能均衡的巡视路线。

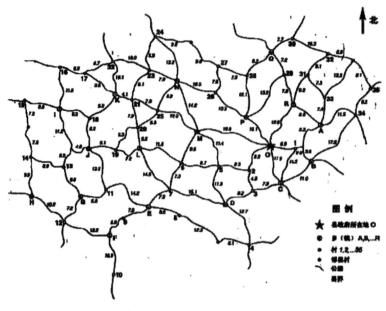

图 4-1

本题给出了某县的公路网络图，要求的是在不同的条件下，灾情巡视的最佳分组方案和路线。将每个乡（镇）或村看作一个图的顶点，各乡（镇）、村之间的公路看作此图对应顶点间的边，各条公路的长度（或行驶时间）看作对应边上的权，所给公路网就转化为加权网络图，问题就转化为图论中称之为旅行售货商问题，即在给定的加权网络图中寻找从给定点 O 出发，行遍所有顶点至少一次再回到点 O，使得总权（路程或时间）最小。

本题是旅行售货商问题的延伸——问题。

本题所求的分组巡视的最佳路线，也就是 m 条经过同一点并覆盖所有其他顶点且边权之和达到最小的闭链。该问题是三个旅行售货商问题。众所周知，旅行售货商问题属于 NP 完全问题，即求解没有多项式时间算法。

鉴于此，一定要针对问题的实际特点寻找简便方法，对于规模较大的问题可使用近似算法来求得近似最优解。

在本题中首先用图论中 Floyd 算法求出 G 中任意两个顶点间的最短路线，并构造出完全图 $G' = (V, E'), \forall (x, y) \in E', \omega(x, y) = \min d_G(x, y)$。

下面是较为详细的解答。

问题转化为在给定的加权网络图中寻找从给定点 O 出发，走遍所有顶点至少一次再回到点 O，使得总权（路程或时间）最小，即最佳旅行售货商问题。对三组巡视路线，设计总路程最短且各组尽可能均衡。

在加权图 G 中求顶点集 V 的划分 V_1，将 G 分成 3 个生成子图 $G[V_1]$，$G[V_2]$，$G[V_3]$，使得

① 顶点 $O \in V_i$，$i = 1, 2, 3$。

② $\bigcup_{i=1}^{3} V_i = V(G)$。

③ $\dfrac{\max\limits_{i,j}|\omega(C_i)-\omega(C_j)|}{\max\limits_{i}\omega(C_i)}\leqslant\alpha$ ，其中 C_i 为 V_i 的导出子图 $G[V_i]$ 中的最佳旅行售货商回路，

$\omega(C_i)$ 为 C_i 的权（总路程），$i,j=1,2,3$ 。

④ $\displaystyle\sum_{i=1}^{3}\omega(C_i)=\min$ ——总路程最小。

定义　称 $\alpha_0=\dfrac{\max\limits_{i,j}|\omega(C_i)-\omega(C_j)|}{\max\limits_{i}\omega(C_i)}$ 为该分组的实际均衡度，α 为最大允许均衡度。

显然 $0\leqslant\alpha_0\leqslant 1$ ，α_0 越小，说明分组的均衡性越好。取定一个 α 后，α_0 与 α 满足条件③的分组是一个均衡分组，满足条件④ 表示总巡视路线最短。

此问题包含两方面：a. 对顶点分组，b. 在每组中求（单个售货商）最佳旅行售货商回路。

因单个售货商的最佳旅行售货商回路问题也不存在多项式时间内的精确算法，而图中节点数较多，为 53 个，我们只能去寻求一种较合理的划分准则，对图 4-1 进行初步划分后，求出各部分的近似最佳旅行售货商回路的权，再进一步进行调整，使得各部分满足均衡性条件③。

从 O 点出发去其他点，要使路程较小应尽量走 O 点到该点的最短路线。

利用 Floyd 算法中同时求出各点从 O 点出发的前点，将每点和它对应的前点连接起来，得到如图 4-2 所示的树状图。该图可以看作从 O 点出发由 6 条树干构成的树。

由上述分组准则，我们找到两种分组形式如下。

分组 1：（⑥，①），（②，③），（⑤，④）

分组 2：（①，②），（③，④），（⑤，⑥）

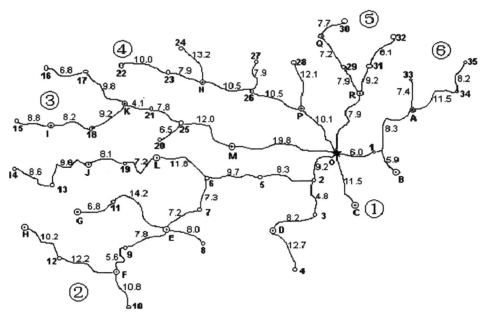

图 4-2

分组 1 中①和⑥构成的一组点太少，显然这导致与其余两组差异太大，故考虑分组 2。

对分组 2 中每组顶点的生成子图，采用优化算法求出最优解及相应的巡视路线，如表 4-3 所示。

在后边的附录 1 中 MatLab 程序 B98.m 输出三条线路的距离矩阵 B98G1.txt，B98G2.txt 和 B98G3.txt，便于 Lingo 调用进行优化计算。

表 4-3

分　组	线　　路	线路长度	总 长 度
1	O-->C-->3-->D-->4-->8-->E-->9-->F-->10-->12-->H-->14-->13--> G-->11-->J-->19-->L-->7-->6-->5-->2-->O（23 个点）	237.5	554.1
2	O-->P-->28-->27-->26-->N-->24-->23-->22-->17-->16--> 15-->I-->18-->K-->21-->20-->25-->M-->O（19 个点）	191.1	
3	O-->R-->29-->Q-->30-->32-->31-->33-->35-->34-->A-->B-->1-->O（13 个点）	125.5	

该分组的均衡度：

$$\alpha_0 = \frac{\omega(C_1) - \omega(C_2)}{\max\limits_{i=1,2,3} \omega(C_i)} = \frac{237.5 - 125.5}{237.5} = 47.16\%$$

从结果看该分法的均衡性很差。

为改善均衡性，将第 1 组中的顶点 C，2，3，D，4 分给第 3 组，重新分组后的近似最优解见表 4-4，调整后的分组树状图如图 4-3 所示，其中黑色为第 1 组，黄色为第 2 组，红色为第 3 组。

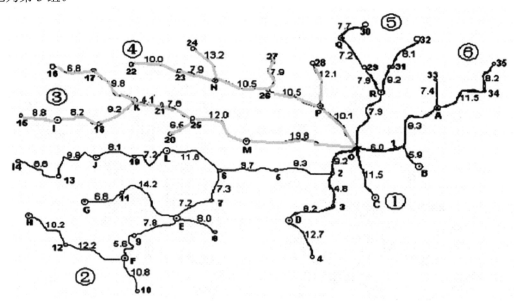

图 4-3

这里给出计算 n 个点之间最优巡视线路的模型。

设两个点之间距离用矩阵 d 来表示，d_{ij} 表示点 i 与点 j 之间的距离。设 0-1 矩阵 X 用来表示经过的各点之间的路线。设：

$$x_{ij} = \begin{cases} 0 & \text{若} i \text{不到} j \\ 1 & \text{若} i \text{到} j, \text{且} i \text{在前} j \end{cases}$$

目标函数为 $\min z = \sum_{i,j=1}^{n} d_{ij} x_{ij}$

约束满足：

考虑每个点后只有一个点，则：

$$\sum_{\substack{j=1 \\ j \neq i}}^{n} x_{ij} = 1, \quad i = 1, \cdots, n$$

考虑每个点前只有一个点，则：

$$\sum_{\substack{i=1 \\ i \neq j}}^{n} x_{ij} = 1, \quad j = 1, \cdots, n$$

但仅以上约束条件不能避免在一次遍历中产生多于一个互不连通回路，为此我们引入额外变量 $u_i \ (i=1,\cdots,n)$，附加以下充分约束条件：

$$u_i - u_j + n x_{ij} \leqslant n-1, \quad 1 < i \neq j \leqslant n$$

于是我们可以得到如下的模型（实现程序见附录 2 的 Lingo 程序 B98.lg4）：

$$s.t. \begin{cases} \min \quad z = \sum_{i,j=1}^{n} d_{ij} x_{ij} \\ \sum_{\substack{i=1 \\ i \neq j}}^{n} x_{ij} = 1, \quad j = 1, \cdots, n \\ \sum_{\substack{j=1 \\ j \neq i}}^{n} x_{ij} = 1, \quad i = 1, \cdots, n \\ u_i - u_j + n x_{ij} \leqslant n-1, \quad 1 < i \neq j \leqslant n \\ x_{ij} = 0 \text{或} 1, \quad i,j = 1, \cdots, n \\ u_i \text{为实数}, \quad i = 1, \cdots, n \end{cases}$$

利用该模型可以计算出当选定一组点后的最优路线。

调整后分组 1 对应距离矩阵为 B98N1.txt，分组 3 对应距离矩阵为 B98N3.txt。

表 4-4

分　组	线　　路	线路长度	总 长 度
1	O→6→7→8→E→9→10→F→12→H→14→ 13→G→11→J→19→L→5→O（18 个点）	216.5	
2	O→P→28→27→26→N→24→23→22→17→16→15→ I→18→K→21→20→25→M→O（该线路不变，19 个点）	191.1	599.9
3	O→2→3→D→4→C→B→1→A→34→35→ 33→31→32→30→Q→29→R→O（18 个点）	192.3	

因该分组的均衡度

$$\alpha_0 = \frac{\omega(C_3) - \omega(C_1)}{\max\limits_{i=1,2,3} \omega(C_i)} = \frac{216.5 - 191.1}{216.5} = 11.73\%$$

所以这种分法的均衡性较好，故采用表 4-4 的方案。

附录 1　MatLab 程序 B98.m

该程序并没有直接计算出最后结果。该程序主要求出了各点的最短路线矩阵，各点到县城 O 点的前点，便于做出图 1 那样的树状图。然后利用 Lingo 计算各线路的最优路线。

```
%98B 灾情巡视问题
n=53;   %总共 53 个点
%将 1,2,3,...,35 个村标号不变
%将 A,B,C,...,Q,R 共 18 个镇分别标号为 36,37,38,...,53
%其中原点（县城）O 标号为 50
A=zeros(n,n);
for i=1:n
   for j=1:n
      if(i==j) A(i,j)=0;
      else A(i,j)=100000;
      end
   end
end
%P 存储各点的前点
P=zeros(n,1);
%(A,36) (B,37) (C,38) (D,39) (E,40) (F,41) (G,42) (H,43) (I,44)
%(J,45) (K,46) (L,47) (M,48) (N,49) (O,50) (P,51) (Q,52) R(53)
Info=['A','B','C','D','E','F','G','H','I','J','K','L','M','N','O','P','
Q','R'];
%从图中给出相应点的直接距离
A(1,36)=10.3;A(1,37)=5.9; A(1,38)=11.2; A(1,50)=6;
A(2,3)=4.8; A(2,5)=8.3; A(2,50)=9.2;
A(3,38)=7.9;A(3,39)=8.2;
A(4,8)=20.4;A(4,39)=12.7;
A(5,6)=9.7; A(5,39)=11.3; A(5,48)=11.4;
A(6,7)=7.3; A(6,47)=11.8;A(6,48)=9.5;
A(7,39)=15.1; A(7,40)=7.2; A(7,47)=14.5;
A(8,40)=8;
A(9,40)=7.8; A(9,41)=5.6;
A(10,41)=10.8;
A(11,40)=14.2; A(11,42)=6.8; A(11,45)=13.2;
A(12,41)=12.2; A(12,43)=10.2;
A(13,14)=8.6;  A(13,42)=8.6;A(13,44)=16.4;A(13,45)=9.8;
A(14,15)=15;A(14,43)=9.9;
A(15,44)=8.8;
A(16,17)=6.8; A(16,44)=11.8;
A(17,22)=6.7; A(17,46)=9.8;
A(18,44)=8.2;A(18,45)=8.2;  A(18,46)=9.2;
```

```
A(19,20)=9.3; A(19,45)=8.1; A(19,47)=7.2;
A(20,21)=7.9;A(20,25)=6.5; A(20,47)=5.5;
A(21,23)=9.1; A(21,25)=7.8; A(21,46)=4.1;
A(22,23)=10; A(22,46)=10.1;
A(23,24)=8.9; A(23,49)=7.9;
A(24,27)=18.8;A(24,49)=13.2;
A(25,48)=12; A(25,49)=8.8;
A(26,27)=7.8; A(26,49)=10.5; A(26,51)=10.5;
A(27,28)=7.9;
A(28,51)=12.1; A(28,52)=8.3;
A(29,51)=15.2;A(29,52)=7.2; A(29,53)=7.9;
A(30,32)=10.3; A(30,52)=7.7;
A(31,32)=8.1; A(31,33)=7.3; A(31,53)=9.2;
A(32,33)=19; A(32,35)=14.9;
A(33,35)=20.3;A(33,36)=7.4;
A(34,35)=8.2; A(34,36)=11.5;
A(36,37)=12.2; A(36,38)=21.5; A(36,53)=8.8; A(36,50)=16.3;
A(37,38)=11;A(37,50)=11.9;
A(38,39)=16.1; A(38,50)=11.5;
A(48,49)=14.2;A(48,50)=19.8;
A(50,51)=10.1; A(50,53)=12.9;

for j=1:n
    for i=1:j-1
       A(j,i)=A(i,j); %使对称
    end
end
U=A; %原始距离矩阵

[m,n]=size(A);

B=zeros(m,n);
B=A;

%1.利用 Floyd 算法计算最短距离矩阵
for k=1:n
  for i=1 :n

    for j=1:n

       t=B(i,k)+B(k,j);
       if t<B(i,j)  B(i,j)=t; end
     end
end
end

%2.计算 P 存储各点的前点, 便于做出树状图
P=zeros(n,1);
for i=1:n
    mins=B(i,1)+B(1,50);
```

```
        k=50;
      for j=2:n
        s=B(i,j)+B(j,50);
        if(s<mins&&i~=j&&U(i,j)<1000) mins=s; k=j; end
      end %求得各点的前点
      P(i)=k;
  end
fprintf('输出各点及前点:\n');
for i=1:n
      if i<36 fprintf('i=%2d,',i);
      else fprintf('i=%c,',Info(i-35));
      end
    if P(i)<36 fprintf('P=%2d\n',P(i));
      else fprintf('P=%c\n',Info(P(i)-35));
      end
end

%3.初始三种方式
%(A,36) (B,37) (C,38) (D,39) (E,40) (F,41) (G,42) (H,43) (I,44)
%(J,45) (K,46) (L,47) (M,48) (N,49) (O,50) (P,51) (Q,52) R(53)
%将(1,2)分支分为组1，(3,4)分支分为组2，(5,6)分支分为组3
%Group1=[O,2,5,6,L,19,J,13,14,7,E,11,G,9,F,10,12,H,8,3,D,4,C]; %原始标号，
23 个点
Group1=[50,2,5,6,47,19,45,13,14,7,40,11,42,9,41,10,12,43,8,3,39,4,38];
%Group2=[O,M,25,20,21,K,18,I,15,17,16,P,28,26,27,N,24,23,22];%原始标号，19
个点
Group2=[50,48,25,20,21,46,18,44,15,17,16,51,28,26,27,49,24,23,22];
% Group3=[O,R,29,Q,30,31,32,1,B,A,33,34,35]%原始标号，13 个点
Group3=[50,53,29,52,30,31,32,1,37,36,33,34,35];

% 输出三组对应的距离矩阵
 S1=length(Group1);
fid1=fopen('d:\lingo12\dat\B98G1.txt','w');
for i=1:S1
    for j=1:S1
        fprintf(fid1,'%4.1f ',B(Group1(i),Group1(j)));
    end
    fprintf(fid1,'\r\n');
end
fclose(fid1);

S2=length(Group2);
 %输出第二组对应的距离矩阵
fid2=fopen('d:\lingo12\dat\B98G2.txt','w');
for i=1:S2
    for j=1:S2
        fprintf(fid1,'%4.1f ',B(Group2(i),Group2(j)));
    end
    fprintf(fid2,'\r\n');
end
```

```
fclose(fid2);

S3=length(Group3);
 %输出第三组对应的距离矩阵
fid3=fopen('d:\lingo12\dat\B98G3.txt','w');
for i=1:S3
    for j=1:S3
        fprintf(fid3,'%4.1f ',B(Group3(i),Group3(j)));
    end
    fprintf(fid3,'\r\n');
end
fclose(fid3);

%Lingo 求得的解
Line1=[1,23,20,21,22,19,11,14,15,16,17,18,9,8,13,12,7,6,5,10,4,3,2,1];
Line2=[1,12,13,15,14,16,17,18,19,10,11,9,8,7,6,5,4,3,2,1];
Line3=[1,2,3,4,5,7,6,11,13,12,10,9,8,1];

fprintf('初始方式结果:\n');
d1=0;
for i=1:length(Line1)-1
    i1=Line1(i); i2=Line1(i+1);
    d1=d1+B(Group1(i1),Group1(i2));
end
fprintf('路线 1 总距离:%5.1f\n',d1);

 d2=0;
for i=1:length(Line2)-1
    i1=Line2(i); i2=Line2(i+1);
    d2=d2+B(Group2(i1),Group2(i2));
end
fprintf('路线 2 总距离:%5.1f\n',d2);

d3=0;
for i=1:length(Line3)-1
    i1=Line3(i); i2=Line3(i+1);
    d3=d3+B(Group3(i1),Group3(i2));
end
fprintf('路线 3 总距离:%5.1f\n',d3);

%输出路径
fprintf('路线 1:');
for i=1:length(Line1)
    i1=Line1(i);
    k=Group1(i1);
    if k<36 fprintf('%2d-->',k);
    else fprintf('%c-->',Info(k-35));
    end
end
fprintf('\n');
```

```
fprintf('路线2:');
for i=1:length(Line2)
    i1=Line2(i);
    k=Group2(i1);
    if k<36 fprintf('%2d-->',k);
    else fprintf('%c-->',Info(k-35));
    end
end
fprintf('\n');

fprintf('路线3:');
for i=1:length(Line3)
    i1=Line3(i);
    k=Group3(i1);
    if k<36 fprintf('%2d-->',k);
    else fprintf('%c-->',Info(k-35));
    end
end
fprintf('\n');

%4.调整后分组方式
%将组1(1,2)分支中C,2,3,D,4调整到组3，(3,4)分支分为组2不变，(5,6)分支分为组3
%NGroup1=[O,5,6,L,19,J,13,14,7,E,11,G,9,F,10,12,H,8]; %原始标号，18个点
NGroup1=[50,5,6,47,19,45,13,14,7,40,11,42,9,41,10,12,43,8];
%Group2=[O,M,25,20,21,K,18,I,15,17,16,P,28,26,27,N,24,23,22];%原始标号，19
个点
NGroup2=[50,48,25,20,21,46,18,44,15,17,16,51,28,26,27,49,24,23,22];
% Group3=[O,R,29,Q,30,31,32,1,B,A,33,34,35]%原始标号，18个点
NGroup3=[50,53,29,52,30,31,32,1,37,36,33,34,35,38,2,3,39,4];

%输出第一组对应的距离矩阵
L1=length(NGroup1);
fid1=fopen('d:\lingo12\dat\B98N1.txt','w');
for i=1:L1
    for j=1:L1
        fprintf(fid1,'%4.1f ',B(NGroup1(i),NGroup1(j)));
    end
    fprintf(fid1,'\r\n');
end
fclose(fid1);

%输出第三组对应的距离矩阵
L3=length(NGroup3);
fid3=fopen('d:\lingo12\dat\B98N3.txt','w');
for i=1:L3
    for j=1:L3
        fprintf(fid3,'%4.1f ',B(NGroup3(i),NGroup3(j)));
    end
    fprintf(fid3,'\r\n');
```

```
end
fclose(fid3);

%Lingo 求得的解
NLine1=[1,3,9,18,10,13,15,14,16,17,8,7,12,11,6,5,4,2,1];
NLine3=[1,15,16,17,18,14,9,8,10,12,13,11,6,7,5,4,3,2,1];

fprintf('新调整方式结果:\n');
d1=0;
for i=1:length(NLine1)-1
    i1=NLine1(i); i2=NLine1(i+1);
    d1=d1+B(NGroup1(i1),NGroup1(i2));
end
fprintf('路线 1 总距离:%5.1f\n',d1);

d3=0;
for i=1:length(NLine3)-1
    i1=NLine3(i); i2=NLine3(i+1);
    d3=d3+B(NGroup3(i1),NGroup3(i2));
end
fprintf('路线 3 总距离:%5.1f\n',d3);

%输出路径
fprintf('路线 1:');
for i=1:length(NLine1)
    i1=NLine1(i);
    k=NGroup1(i1);
    if k<36 fprintf('%2d-->',k);
    else fprintf('%c-->',Info(k-35));
    end
end
fprintf('\n');

fprintf('路线 3:');
for i=1:length(NLine3)
    i1=NLine3(i);
    k=NGroup3(i1);
    if k<36 fprintf('%2d-->',k);
    else fprintf('%c-->',Info(k-35));
    end
end
fprintf('\n');
```

附录 2　Lingo 程序 B98.lg4

该程序实现给定要经过的点及对应的距离矩阵后，走遍所有点的最优方式及最短路径：

```
!TSP quesion;
MODEL:
SETS:
```

```
point/1..19/:u;
link(point,point):d,x;
ENDSETS
DATA:
d=@file('d:\lingo12\dat\B98D1.txt'); !文件路径;
!只输出为x(i,j)=1的值;
@text()=@writefor(link(i,j)|x(i,j)#GT#0:'x(',i,',',j,')=',x(i,j),' ');
ENDDATA
  MIN=@SUM(link:d*x);
    n=@size(point);
  @for(point(j):@sum(point(i)|j#ne#i:x(i,j))=1); !点 j 前有一个点相连;
  @for(point(i):@sum(point(j)|j#ne#i:x(i,j))=1); !点 i 后前有一个点相连;
  @for(link(i,j)|i#NE#j#and#i#gt#1:u(i)-u(j)+n*x(i,j)<=n-1);
@FOR(link:@BIN(x));
end
```

该程序需要 B98n.m 生成的三个数据文件 B98D1.txt，B98D2.txt，B98D3.txt。

B98D1.txt 点数为 19，输出最优距离为 191.1 km；B98D2.txt 点数为 19，输出最优距离为 216.4 km；B98D3.txt 点数为 17，输出最优距离为 192.3 km。正是问题 1 调整后的计算结果。

点评：

该问题代表了多 TSP 问题的一般求解方法。

① 先求出各点到达原点 O 的前点，从而做出树状图。

② 根据树状图进行人为分组，输出对应距离矩阵，采用 Lingo 优化各组线路。

③ 根据计算结果，调整各部分包含的点，再输出对应距离矩阵，利用 Lingo 再优化各线路。

4.1.3 状态转移与图论模型的巧妙结合

这里我们通过几个经典的智力问题，讲解状态转移与图论模型的巧妙结合。对这些问题，通常并不需要数学知识进行求解，但我们却可以利用数学知识建立数学模型，然后转化为标准的图论模型进行求解。

问题 1 人、狼、羊、菜渡河问题[2][4]

一个摆渡人希望用一条小船把一只狼、一只羊和一篮菜从河的左岸运到右岸去，而船小只能容纳人、狼、羊、菜中的两个，决不能在无人看守的情况下留下狼和羊在一起，也不允许羊和菜在一起，应怎样渡河才能将狼、羊、菜都运过去？

解：采用试探法可以得到两种方法。

方法 1：

1. 人、羊（去）→2. 人（回）→3. 人、狼（去）→4. 人、羊（回）→5. 人、菜（去）→6. 人（回）→ 7. 人、羊（去）

方法2：

1. 人、羊（去）→2. 人（回）→3. 人、菜（去）→4. 人、羊（回）→5. 人、狼（去）→6. 人（回）→7. 人、羊（去）

然而对于这样的问题，如何采用数学的方法来获得最优解呢？这是我们要解决的问题。

模型建立与求解：

我们用 (x_1, x_2, x_3, x_4) 作为状态变量表示人、狼、羊、菜在此岸的状态，若 $x_1 = 0$ 表示人在彼岸，$x_1 = 1$ 表示人在此岸。如(1,0,1,0)表示人和羊在此岸，狼和菜在彼岸。根据问题的要求，我们知道总共有 10 个状态是安全的。它们的集合 S 为：

S={(1,1,1,1), (1,1,1,0), (1,1,0,1), (1,0,1,1), (1,0,1,0),
　　(0,0,0,0), (0,0,0,1), (0,0,1,0), (0,1,0,0),(0,1,0,1)}

所有状态之间的转移关系可以通过图 4-4 表示。如状态(1,1,1,1)转化为(0,1,0,1)，表示人将羊运到对岸，反之也可以。

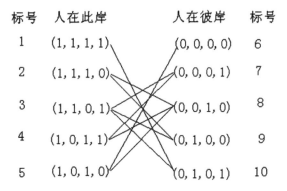

图 4-4

重新按照起始状态到目标状态的连接图如图 4-5 所示。由图 4-5 容易看出，从初始状态(1,1,1,1)到目标状态(0,0,0,0)的最短路线共有两条，都为 7 步。

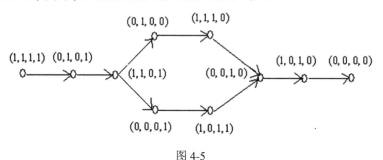

图 4-5

对应的解恰好为前面用试探法得到的解。

方法1：

1. 人、羊（去）→2. 人（回）→3. 人、狼（去）→4. 人、羊（回）→5. 人、菜（去）→6.人（回）→ 7. 人、羊（去）

方法2：

1. 人、羊（去）→2. 人（回）→3. 人、菜（去）→4. 人、羊（回）→5. 人、狼（去）→6. 人（回）→7. 人、羊（去）

问题2　商人过河问题[2][4]

有3名商人各带一个仆人乘船渡河，小船只能容纳两个人，由他们自己划船。仆人们约定，在河的任一岸，一旦仆人的人数比商人多，就杀人越货。如何乘船的大权掌握在商人们手里。问商人们怎样才能安全渡河？

问题分析：

安全渡河问题是一个多步决策问题。每一步，即船由此岸驶向彼岸或从彼岸回到此岸，都要对船上的商人和仆人的个数做出决策。在保证安全的前提下，在有限步内使全部人员过河。采用状态变量表示某一岸的人员状况，决策变量表示船上人员状况。可以找出状态随决策变化的规律，问题转化为在状态允许范围内（安全渡河的条件），确定每一步的决策，达到安全渡河的条件。

模型建立：

设第 k 次渡河前此岸的商人数为 x_k，仆人数为 y_k，$k=1,2,\cdots$ 因此状态变量为 (x_k,y_k)，其中 x_k，y_k 取值为 0,1,2,3。安全渡河条件下的状态集合为允许的状态集合，记作 S。于是知道该集合为：

$$S=\{(0,0),(0,1),(0,2),(0,3),(3,0),(3,1),(3,2),(1,1),(2,2),(3,3)\}$$

S 共 10 种状态。每种安全状态既要满足此岸安全，同时彼岸也要安全。

记第 k 次渡河船上的商人数为 u_k，仆人数为 v_k。则决策变量为 $d_k=(u_k,v_k)$。允许的决策集合记为 D。由船的容量可知 D 的集合为：

$$D=\{(2,0),\ (0,2),\ (1，1),\ (1，0),\ (0，1)\}$$

每次有 5 种决策可供选择。

由于 k 为奇数时船从此岸到彼岸，k 为偶数时船从彼岸到此岸，因此状态 s_k 随决策 d_k 而变化的规律为：

$$\begin{cases} s_0=(3,3) \\ s_k=s_{k-1}+(-1)^k.d_k & k=1,2,3,\cdots \end{cases}$$

③式称为状态转移律。这样制定安全的渡河方案归结为如下的多步决策模型：

求决策 $d_k(k=1,2,3\cdots)$，使状态 $s_k\in S$ 按照转移律③，由初始状态(3,3)，经过有限步 n 到达目的状态(0,0)，并且步数 n 尽量小。

模型求解：

（1）手工求解

对该问题，我们可以采用图解的方法简单地用手工方法求解。

在如图 4-6 所示的平面上，绘制 3 行 3 列的格子。每个格子点(x,y)代表一种此岸状态。允许的 10 个状态在图上用黑点标出。每次决策或者是过去或者是回来。过去时采用向下走 1 个$(d=(0,1))$或 2 个格子$(d=(0,2))$，或者向左走 1 个$(d=(1,0))$或 2 个格子$(d=(2,0))$，或者向左下走两个格子$(d=(1,1))$。回来时采用向上走 1 个$(d=(0,1))$或 2 个格子$(d=(0,2))$，或者向右走 1 个$(d=(1,0))$或 2 个格子$(d=(2,0))$，或者向右上走两个格子$(d=(1,1))$。每过去一次还需要回来一次，直到从初始状态$(3,3)$点到达$(0,0)$状态为止。

求解过程如同下棋，安全渡河示意图如图 4-6 所示，过程见图中标出的箭头方向。

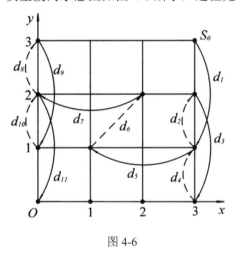

图 4-6

（2）图论求解

前面的方法 1 采用的是如下棋一样的手工操作。通常只能找到可行解，不能保证是最优解，而且通常不具有一般性。这里我们采用图论的方法进行一般求解。

由图 4-6 知，此岸共有 10 种状态。每种状态用二维向量(x,y)来表示。我们考虑每种状态可以转化的其他状态，由此构成一个图。但一种状态能否转化为另一种状态，不但跟该状态是否安全有关，而且跟船在此岸还是彼岸有关。如$(3,1)$状态，当船在此岸时（偶数次渡河后），可以转化为$(3,0)$；当船在彼岸时（奇数次渡河后）就不能转化为$(3,0)$。因此，为统一考虑状态之间的转化，我们采用三维向量(x,y,z)来表示。x 表示此岸商人数（$x=0,1,2,3$），y 表示此岸仆人数 $y=0,1,2,3$，z 表示船在此岸还是彼岸（$z=1$ 表示船在此岸，$z=0$ 表示船在彼岸）。总共有 20 个状态，我们可以建立 20 个顶点的图。

根据船每次最多乘两个人的条件，比较容易建立状态之间的转移关系。这里得到 20 种状态之间的转移关系如图 4-7 所示（见下页）。该图对 20 个状态分别标号，同时给出了各状态之间的转移。两个状态之间的转移是相互的。该图为无向图。对该图进行重新标号连接，得到如图 4-8 所示的连接图（相连的两点表示两状态可互相转化）。我们的问题转化为求顶点 1 到顶点 20 的最短路线。由图 4-8 可知，最短路线为 1→13→2→14→3→16→5→18→7→19→8→20 或 1→15→2→14→3→16→5→18→7→19→8→20。其最短路线长度为 11。即最少经过 11 步可以由$(3,3)$转移到$(0,0)$，安全渡河。

用状态向量表示如下（只表示此岸状态）：

$(3,3)$→$(3,1)$→$(3,2)$→$(3,0)$→$(3,1)$→$(1,1)$→$(2,2)$→$(0,2)$→$(0,3)$→$(0,1)$→$(0,2)$→$(0,0)$，该顺

序与跟 1 中得到的 $s_0, s_1, s_2, \cdots, s_{11}$ 完全一样。

或者为 $(3,3) \rightarrow (2,2) \rightarrow (3,2) \rightarrow (3,0) \rightarrow (3,1) \rightarrow (1,1) \rightarrow (2,2) \rightarrow (0,2) \rightarrow (0,3) \rightarrow (0,1) \rightarrow (0,2) \rightarrow (0,0)$。共有两种步数最少的渡河方法。

标号	船在此岸	船在彼岸	标号
1	(3, 3, 1)	(3, 3, 0)	11
2	(3, 2, 1)	(3, 2, 0)	12
3	(3, 1, 1)	(3, 1, 0)	13
4	(3, 0, 1)	(3, 0, 0)	14
5	(2, 2, 1)	(2, 2, 0)	15
6	(1, 1, 1)	(1, 1, 0)	16
7	(0, 3, 1)	(0, 3, 0)	17
8	(0, 2, 1)	(0, 2, 0)	18
9	(0, 1, 1)	(0, 1, 0)	19
10	(0, 0, 1)	(0, 0, 0)	20

图 4-7

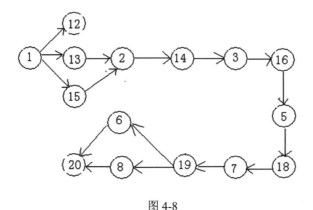

图 4-8

问题 3　等分酒问题[4]

现有一只装满 8 千克酒的瓶子和两只分别装 5 千克和 3 千克酒的空瓶，如何才能将这 8 千克酒分成两等份？

解：手工操作法。

设状态向量 (a,b,c)，其中 a 代表可装 8 千克酒的瓶子，b 代表可装 5 千克酒的瓶子，c 代表可装 3 千克酒的瓶子。

该问题转化为如何将初始状态 $(8,0,0)$ 达到目标状态 $(4,4,0)$。

其操作过程必须满足条件：任何两瓶之间操作必须满足其中一个瓶子清空为 0 或另一个装满。

我们可以采用状态转移的方法，利用图论知识进行求解。

我们从初始状态 (8,0,0) 开始，依此推出新出现的状态，由新出现的状态再推出更新的状态，直到不能推出新状态为止。

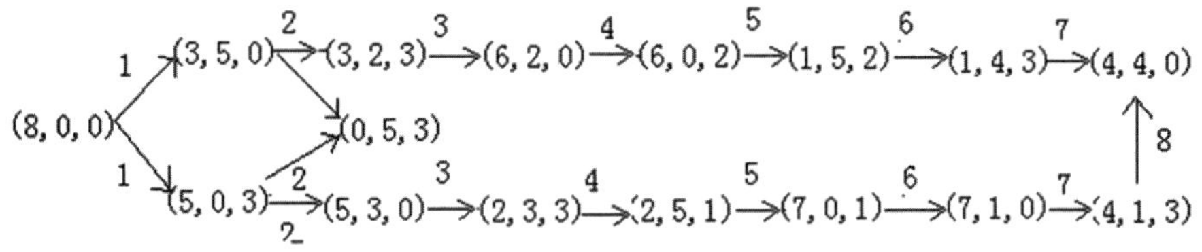

图 4-9

分酒问题的状态转移图如图 4-9 所示。从 (8,0,0) 状态可以有两种方式实现平分酒。一种方式是采用上面的方式，通过 7 步实现。另一种方式是下面的方式，通过 8 步实现。当然采用上面的方式是最少步数的方式。实现过程为：

$(8,0,0) \rightarrow (3,5,0) \rightarrow (3,2,3) \rightarrow (6,2,0) \rightarrow (6,0,2) \rightarrow (1,5,2) \rightarrow 1,4,3) \rightarrow (4,4,0)$

问题 4　等分酒问题的扩展

上面的分酒问题规模小，手工就可以完成。如果规模扩大，手工无法完成，如何设计算法和建立模型，利用计算机求解呢？这里考虑一个实例，从中学习并掌握一般性的实现方法。

现有一只装满 12 千克酒的瓶子和三只分别装 10 千克、6 千克和 3 千克酒的空瓶，如何才能将这 12 千克酒平分成三等份。如果进行四等份呢，结果如何？如果 4 个瓶子分别要求装 5 千克、3 千克、2 千克、2 千克，又能否实现？试建立数学模型并设计算法，求最少经过多少步操作完成，且有多少种方式可采用最少步数完成。要求对实现方式给出详细操作步骤。

对这四只酒瓶，需要最多实现步数的方式是多少（依然采用最短路线方式）？

我们采用如下方法完成该问题。

算法设计步骤。

（1）计算并存储所有状态。

设满状态为 $(c_1,c_2,\cdots,c_n)$，初始状态为 $x_0 = (x_{10},x_{20},\cdots,x_{n0})$。计算符合条件的所有状态。枚举所有符合条件的状态，并存储在矩阵 $G(m,4)$ 中。m 为状态总数，每行代表一个状态。

程序如下：

```
for x1=0:c1
  for x2=0:c2
......
  for xn=0:cn
  T=sum(x0);  if x1+x2+...+xn=T  记录该状态
end
```

（2）下一状态的计算。

假定满状态为 $(c_1, c_2, \cdots, c_n)$，某状态为 $(x_{10}, x_{20}, \cdots, x_{n0})$。计算从该状态出发生成的所有不同状态。

算法步骤：

① 从 n 个初始状态中任选两个状态 i 和 j。记 $x_1 = x_{i,0}, x_2 = x_{j,0}$。

对应的满状态为 $a = c_i, b = c_j$。

② 生成从 (x_1, x_2) 可以到达的所有状态。生成方式有 4 种规则：

- x_1 清空，若 $x_1 + x_2 \leqslant b$，则有新状态 $(y_1, y_2) = (0, x_1 + x_2)$
- x_2 清空，若 $x_1 + x_2 \leqslant a$，则有新状态 $(y_1, y_2) = (x_1 + x_2, 0)$
- x_1 倒满，若 $x_1 + x_2 - a \geqslant 0$，则有新状态 $(y_1, y_2) = (a, x_1 + x_2 - a)$
- x_2 倒满，若 $x_1 + x_2 - b \geqslant 0$，则有新状态 $(y_1, y_2) = (x_1 + x_2 - b, b)$

将每个新状态嵌入原状态中，则有新状态

$$(x_{10}, \cdots, x_{i-1,0}, y_1, \cdots, x_{j-1,0}, y_2, \cdots, x_{n0})$$

③ 重复步骤①和②，生成从初始状态出发的所有新状态。删除与初始状态相同的状态，同时将新状态中相同状态只保留一个。

（3）连接图的生成。

我们需要得到图的邻接矩阵表达 $T(m,m)$。$T(i,j)=1$ 表示状态 i 可以到达状态 j；$T(i,j)=0$ 表示状态 i 不能到达状态 j。注意 $T(m,m)$ 为非对称矩阵。

程序如下：

```
%2.计算图G的邻接矩阵TU
  for k=1:kp  %初始状态序号k, kp图G中所有状态
    cs=G(k,:);  %获得初始状态
    P=GetNextAllState(x,cs);  %获得初始状态下所有状态

    [Lp,Np]=size(P);
    %获得P中各状态在图G中标号j
    for i=1:Lp  %图P中序号i
      for j=1:kp  %图G中序号j
          if(sum(P(i,:)==G(j,:))==n) TU(k,j)=1; end
      %图G中的状态k与G中状态j相连,令TU(k,j)=1
      end %end for j
    end %end for i
  end
```

（4）计算从初始状态到达各状态的步数。

计算从初始状态 x0 到达各状态的步数 $H(m)$。$H(j)=k$ 表示从初始状态 i 到达第 j 个状态需要经过 k 步完成。$H(j)=k$ 表示从初始状态 i 不能到达第 j 个状态。

程序如下：

```
%计算从x0开始,各状态与x0距离
  H=-1*ones(kp,1);
%存储G中各状态与x0距离,未标号则为-1,最后仍为-1 表示从x0不能到达该状态
```

```
for i=1:kp
    if(sum(x0==G(i,:))==n) H(i)=0; st=i; break; end  %对初始态标号
end
for d=0:15  %标注各距离状态
for i=1:kp
 if H(i)==d
    for j-1:kp
     if TU(i,j)==1 && H(j)==-1 H(j)=d+1; end
    end
 end
end
end
```

（5）求目标状态的前状态。

寻找目标状态 xd 的序号 d。依次找出目标状态的前一状态 r，再寻找 r 的前一状态……直到找到初始状态 $x0$。

程序如下：

```
%输出与目标状态相连各状态及前点
for i=1:kp
    if(sum(xd==G(i,:))==n) dh=i; dp=H(i);  break; end  %获得目标状态标号 dh
及与 x0 距离 dp
end
fprintf('目标状态序号%2d 距离%2d\n',dh,dp);

Map=zeros(kp,dp); %存储从 x0 出发到达 xd，中间各步经过的状态
Map(dh,dp)=1;
for d=dp:-1:2
  for i=1:kp
    if Map(i,d)==1 %若第 i 个状态在链上
    for k=1:kp
      if TU(k,i)==1 &&H(k)==d-1 Map(k,d-1)=1; end  %找到 i 的前点
    end
     end

  end %end for i
 end   % end for d
%kp 为总状态数。
```

（6）构造从初始状态到目标状态的连接子图。

这里每个状态都为最短路线上的状态。由该图得到从初始状态到达目标状态的所有最短路线方式。

MatLab 程序如下：

1.　计算下一状态的函数 GetNextAllState.m

```
%分酒问题
%计算从初始状态开始产生所有不同状态
```

```
function GN=GetNextAllState(x,x0)

n=length(x); %位置数
number=1;

 for i=1:n-1
     for j=i+1:n  %总共 n*(n-1)/2 种情形

        %1.任选两个位置，获得当前状态及满状态

       %设两位置满为(a,b),初始状态为(x1,x2),(x1<=a,x2<=b) 计算其不同可变状态
   a=x(i);    b=x(j);  %获得两位置的满状态
   x1=x0(i);  x2=x0(j);  %获得两位置的初始状态
```

%两个位置状态转移的子问题
 %2.对当前状态进行 4 种规则操作
%规则 1:x1 倒空
```
   for k=1:n  G(number,k)=x0(k);   end
   xn1=0; xn2=x1+x2;
   if xn2<=b   y1=xn1;y2=xn2;
     if y1~=x1 && y2~=x2
        G(number,i)=y1; G(number,j)=y2;
        number=number+1;
         for k=1:n  G(number,k)=x0(k);   end
      end
   end  %产生符合条件新状态
```

 %规则 2:x2 倒空
```
   xn1=x1+x2; xn2=0;
   if xn1<=a   y1=xn1;y2=xn2;
     if y1~=x1 &&y2~=x2
    G(number,i)=y1; G(number,j)=y2;
       number=number+1;
        for k=1:n  G(number,k)=x0(k);   end
     end
   end  %产生符合条件新状态
```

%规则 3:x1 倒满
```
   xn1=a; xn2=x1+x2-a;
   if xn2>=0   y1=xn1;y2=xn2;
     if y1~=x1 && y2~=x2
   G(number,i)=y1; G(number,j)=y2;
       number=number+1;
        for k=1:n  G(number,k)=x0(k);   end
     end
   end  %产生符合条件新状态
```

%规则 4:x2 倒满
```
   xn1=x1+x2-b; xn2=b;
   if xn1>=0   y1=xn1;y2=xn2;
```

```
    if y1~=x1 && y2~=x2
  G(number,i)=y1; G(number,j)=y2;
    number=number+1;
      for k=1:n   G(number,k)=x0(k);   end
    end
end %产生符合条件新状态

    end  % end j
end   % end i
```

%3. 清除相同状态，获得与初始状态不同的所有状态
%3.1 将与初始状态相同的清 0
```
for k=1:number
    s1=0;
    for j=1:n
       if G(k,j)==x0(j) s1=s1+1; end
    end
    if s1==n
       for j=1:n   G(k,j)=0; end %将与初始状态相同相同的清 0
    end
end
```

%3.2 如果 G 中两状态相同则将后一状态清 0
```
for k=1:number-1
   for p=k+1:number
    s1=0;
    for j=1:n
     if G(k,j)==G(p,j) s1=s1+1; end
    end
    if s1==n
       for j=1:n   G(p,j)=0; end %G 中两状态相同则将后一状态清 0
    end

   end
end

   kp=0;
for k=1:number

    s=sum(G(k,:));
  if s>0
     kp=kp+1;
    GN(kp,:)=G(k,:); %将符合条件的状态放入 GN 中
  end
end
```

2. 主程序 fenjiu.m

```
clear;
x=[12,10,6,3];    %满状态
x0=[12,0,0,0];  %初始状态
xd=[4,4,4,0];   %目标状态
%x=[8,5,3];
%x0=[8,0,0];
n=length(x);  %位置数

%总共 T 斤酒等分
T=sum(x0);
%T=8;

%1.G 存储所有状态
  kp=0;
 for x1=0:x(1)
    for x2=0:x(2)
       for x3=0:x(3)
          for x4=0:x(4)
       if x1+x2+x3+x4==T kp=kp+1;
          G(kp,1)=x1; G(kp,2)=x2; G(kp,3)=x3; G(kp,4)=x4;  % 存储所有状态
       end
        end
     end
     end
 end

%kp 为节点数
  TU=zeros(kp,kp);  %建立图 G 的邻接矩阵

%2.计算图 G 的邻接矩阵 TU
  for k=1:kp  %初始状态序号 k
    cs=G(k,:);  %获得初始状态
    P=GetNextAllState(x,cs);  %获得初始状态下所有状态

    [Lp,Np]=size(P);
    %获得 P 中各状态在图 G 中标号 j
     for i=1:Lp  %图 P 中序号 i
       for j=1:kp  %图 G 中序号 j
           if(sum(P(i,:)==G(j,:))==n) TU(k,j)=1; end
       end %end for j
     end %end for i
  end

%此处 0-1 矩阵 TU 展现了图 G 中所有状态的连接方式 TU(i,j)=1 表示从状态 i 可以
%到达 j,该矩阵为非对称矩阵

%3.计算从 x0 开始,各状态与 x0 距离
```

```
H=-1*ones(kp,1);
%存储G中各状态与x0距离，未标号则为-1，最后仍为-1表示从x0不能到达该状态
  for i=1:kp
      if(sum(x0==G(i,:))==n) H(i)=0; st=i; break; end  %对初始态标号
  end


  for d=0:15   %标注各距离状态
  for i=1:kp
   if H(i)==d
      for j=1:kp
       if TU(i,j)==1 && H(j)==-1 H(j)=d+1; end
      end
   end


  end
  end


%输出与x0相连的各状态、与x0距离、邻接点:
fprintf('输出与x0相连的各状态、与x0距离、邻接点: \n');
    total=0;
  for i=1:kp
      if H(i)>=0   %只输出与初始状态相连的点
         total=total+1;
      fprintf('i=%2d :',i);
      for j=1:n
       fprintf('%2d ',G(i,j));
      end
      fprintf('距离%2d ',H(i)); %输出该状态与初始状态的距离
      fprintf('邻接点:');
      for j=1:kp
       if TU(i,j)==1 && H(j)>H(i) fprintf(' %2d ',j); end %只输出与前一状态
相连的新状态
      end
      fprintf('\n');
      end
  end
  fprintf('\n 总共状态%2d,与x0相连状态序号%2d\n',kp,total);

  %4. 输出与目标状态相连各状态及前点
  for i=1:kp
 if(sum(xd==G(i,:))==n) dh=i; dp=H(i);  break; end  %获得目标状态标号dh及与
x0距离dp
   end
  fprintf('目标状态序号%2d, 与初始状态距离%2d\n',dh,dp);

  Map=zeros(kp,dp); %存储从x0出发到达xd,中间各步经过的状态
  Map(dh,dp)=1;
  for d=dp:-1:2
      for i=1:kp
```

```
           if Map(i,d)==1  %若第i个状态在链上
         for k=1:kp
            if TU(k,i)==1 &&H(k)==d-1 Map(k,d-1)=1; end   %找到i的前点
         end
           end


       end %end for i
   end   % end for d


   %5.输出从目标状态开始与初始状态距离不同的中间状态
    %据此可做出从初始状态到目标状态的连接子图
   for d=dp:-1:1
      fprintf('距离%2d:',d);
    for k=1:kp
      if Map(k,d)==1
          fprintf('%2d ',k);
      end
    end
    fprintf('\n');
   end

   fprintf('初始状态序号=%2d\n',st);
```

结果：

考虑满状态 x=[12,10,6,3]，初始状态 x0=[12,0,0,0]， 目标状态 xd=[4,4,4,0]，总共状态 234。

输出与 x0 相连的各状态、与 x0 距离、邻接点：

```
i= 1 : 0  3  6  3  距离 3 邻接点:
i= 2 : 0  4  5  3  距离 4 邻接点: 94  109
i= 3 : 0  4  6  2  距离 3 邻接点: 2   110  177
i= 4 : 0  5  4  3  距离 6 邻接点: 98
i= 6 : 0  5  6  1  距离 6 邻接点: 24  35  180
i= 7 : 0  6  3  3  距离 3 邻接点: 102
i= 8 : 0  6  4  2  距离 6 邻接点: 70
i= 9 : 0  6  5  1  距离 7 邻接点: 39  163
i=10 : 0  6  6  0  距离 2 邻接点: 1   7
i=11 : 0  7  2  3  距离 3 邻接点: 14  105  183
i=12 : 0  7  3  2  距离 4 邻接点: 103  184
i=13 : 0  7  4  1  距离 10 邻接点:
i=14 : 0  7  5  0  距离 4 邻接点: 186
i=15 : 0  8  1  3  距离 6 邻接点: 24  44  107
i=17 : 0  8  3  1  距离 7 邻接点: 47  106
i=18 : 0  8  4  0  距离 5 邻接点: 4   15  135
i=19 : 0  9  0  3  距离 2 邻接点: 1   22  108
i=20 : 0  9  1  2  距离 9 邻接点:
i=21 : 0  9  2  1  距离 9 邻接点:
i=22 : 0  9  3  0  距离 3 邻接点:
```

```
i=23 :  0 10   0   2 距离 2 邻接点： 3   225
i=24 :  0 10   1   1 距离 7 邻接点：226
i=25 :  0 10   2   0 距离 2 邻接点： 11  227
i=26 :  1  2   6   3 距离 6 邻接点： 35  44
i=27 :  1  3   5   3 距离 7 邻接点： 39
i=28 :  1  3   6   2 距离 7 邻接点： 48
i=29 :  1  4   4   3 距离 9 邻接点： 125
i=31 :  1  4   6   1 距离 8 邻接点： 29  198
i=32 :  1  5   3   3 距离 8 邻接点：
i=35 :  1  5   6   0 距离 7 邻接点： 32
i=36 :  1  6   2   3 距离 7 邻接点： 39  50
i=39 :  1  6   5   0 距离 8 邻接点：
i=40 :  1  7   1   3 距离 8 邻接点： 43  134
i=43 :  1  7   4   0 距离 9 邻接点： 13
i=44 :  1  8   0   3 距离 7 邻接点： 47
i=47 :  1  8   3   0 距离 8 邻接点：
i=48 :  1  9   0   2 距离 8 邻接点： 20
i=50 :  1  9   2   0 距离 8 邻接点： 21
i=51 :  1 10   0   1 距离 7 邻接点： 31
i=52 :  1 10   1   0 距离 7 邻接点： 40
i=53 :  2  1   6   3 距离 3 邻接点： 142  205
i=56 :  2  3   4   3 距离 7 邻接点： 58
i=58 :  2  3   6   1 距离 8 邻接点： 78
i=59 :  2  4   3   3 距离 3 邻接点： 2   151  154
i=62 :  2  4   6   0 距离 2 邻接点： 3   53  59  214
i=67 :  2  6   1   3 距离 8 邻接点： 79
i=70 :  2  6   4   0 距离 7 邻接点： 67
i=71 :  2  7   0   3 距离 2 邻接点： 11  53  74  160
i=74 :  2  7   3   0 距离 3 邻接点： 12  14
i=78 :  2  9   0   1 距离 9 邻接点：
i=79 :  2  9   1   0 距离 9 邻接点：
i=80 :  2 10   0   0 距离 1 邻接点： 23  25  62  71
i=81 :  3  0   6   3 距离 2 邻接点： 1   90  99
i=82 :  3  1   5   3 距离 6 邻接点： 168
i=83 :  3  1   6   2 距离 6 邻接点： 219
i=84 :  3  2   4   3 距离 7 邻接点： 86
i=86 :  3  2   6   1 距离 8 邻接点： 222
i=87 :  3  3   3   3 距离 4 邻接点：
i=90 :  3  3   6   0 距离 3 邻接点： 87
i=91 :  3  4   2   3 距离 5 邻接点：
i=94 :  3  4   5   0 距离 5 邻接点： 82
i=95 :  3  5   1   3 距离 8 邻接点：
i=98 :  3  5   4   0 距离 7 邻接点： 95
i=99 :  3  6   0   3 距离 3 邻接点： 102
i=102 : 3  6   3   0 距离 4 邻接点：
i=103 : 3  7   0   2 距离 5 邻接点： 83
i=105 : 3  7   2   0 距离 4 邻接点： 91  103
i=106 : 3  8   0   1 距离 8 邻接点：
i=107 : 3  8   1   0 距离 7 邻接点： 95  106
i=108 : 3  9   0   0 距离 3 邻接点：
```

```
i=109 : 4  0  5  3 距离 5 邻接点: 121  126
i=110 : 4  0  6  2 距离 4 邻接点: 109  117  130
i=111 : 4  1  4  3 距离 11 邻接点:
i=113 : 4  1  6  1 距离 10 邻接点: 111
i=114 : 4  2  3  3 距离 6 邻接点: 129
i=117 : 4  2  6  0 距离 5 邻接点: 26  114  135
i=118 : 4  3  2  3 距离 6 邻接点:
i=121 : 4  3  5  0 距离 6 邻接点: 27
i=122 : 4  4  1  3 距离 10 邻接点:
i=125 : 4  4  4  0 距离 10 邻接点: 111
i=126 : 4  5  0  3 距离 6 邻接点: 129
i=129 : 4  5  3  0 距离 7 邻接点: 32
i=130 : 4  6  0  2 距离 5 邻接点: 8  126  132  135
i=132 : 4  6  2  0 距离 6 邻接点: 36
i=133 : 4  7  0  1 距离 10 邻接点:
i=134 : 4  7  1  0 距离 9 邻接点: 122  133
i=135 : 4  8  0  0 距离 6 邻接点: 44
i=136 : 5  0  4  3 距离 5 邻接点: 4  150
i=138 : 5  0  6  1 距离 5 邻接点: 6  158  231
i=139 : 5  1  3  3 距离 5 邻接点:
i=142 : 5  1  6  0 距离 4 邻接点: 138  139  233
i=147 : 5  3  1  3 距离 7 邻接点:
i=150 : 5  3  4  0 距离 6 邻接点: 56  147
i=151 : 5  4  0  3 距离 4 邻接点: 136
i=154 : 5  4  3  0 距离 4 邻接点: 139
i=158 : 5  6  0  1 距离 6 邻接点: 9  51  159
i=159 : 5  6  1  0 距离 7 邻接点: 67
i=160 : 5  7  0  0 距离 3 邻接点: 14  142  151
i=161 : 6  0  3  3 距离 2 邻接点: 7  173  176
i=162 : 6  0  4  2 距离 5 邻接点: 8  172
i=163 : 6  0  5  1 距离 8 邻接点:
i=164 : 6  0  6  0 距离 1 邻接点: 10  81  161  182
i=165 : 6  1  2  3 距离 6 邻接点: 168  221
i=168 : 6  1  5  0 距离 7 邻接点: 163
i=169 : 6  2  1  3 距离 7 邻接点: 181  223
i=172 : 6  2  4  0 距离 6 邻接点: 84  169
i=173 : 6  3  0  3 距离 3 邻接点:
i=176 : 6  3  3  0 距离 3 邻接点: 87
i=177 : 6  4  0  2 距离 4 邻接点: 162  179
i=179 : 6  4  2  0 距离 5 邻接点: 165
i=180 : 6  5  0  1 距离 7 邻接点: 163  181
i=181 : 6  5  1  0 距离 8 邻接点:
i=182 : 6  6  0  0 距离 2 邻接点: 99  173
i=183 : 7  0  2  3 距离 4 邻接点: 186  191  197
i=184 : 7  0  3  2 距离 5 邻接点: 194  195
i=185 : 7  0  4  1 距离 10 邻接点: 190
i=186 : 7  0  5  0 距离 5 邻接点: 200
i=187 : 7  1  1  3 距离 10 邻接点: 190
i=190 : 7  1  4  0 距离 11 邻接点:
i=191 : 7  2  0  3 距离 5 邻接点: 26  194  200
```

```
i=194 : 7  2  3  0 距离 6 邻接点:
i=195 : 7  3  0  2 距离 6 邻接点: 28
i=197 : 7  3  2  0 距离 5 邻接点: 118  195  200
i=198 : 7  4  0  1 距离 9 邻接点: 185  199
i=199 : 7  4  1  0 距离10 邻接点:
i=200 : 7  5  0  0 距离 6 邻接点: 35
i=201 : 8  0  1  3 距离 5 邻接点: 15  213  232
i=203 : 8  0  3  1 距离 6 邻接点: 17  212
i=204 : 8  0  4  0 距离 4 邻接点: 18  136  201
i=205 : 8  1  0  3 距离 4 邻接点: 201  208  233
i=208 : 8  1  3  0 距离 5 邻接点: 203
i=212 : 8  3  0  1 距离 7 邻接点: 58
i=213 : 8  3  1  0 距离 6 邻接点: 52  147  212
i=214 : 8  4  0  0 距离 3 邻接点: 151  204  205
i=215 : 9  0  0  3 距离 1 邻接点: 19  81  218  224
i=216 : 9  0  1  2 距离 8 邻接点: 20
i=217 : 9  0  2  1 距离 8 邻接点: 21  222
i=218 : 9  0  3  0 距离 2 邻接点: 22
i=219 : 9  1  0  2 距离 7 邻接点: 216
i=221 : 9  1  2  0 距离 7 邻接点: 217
i=222 : 9  2  0  1 距离 9 邻接点:
i=223 : 9  2  1  0 距离 8 邻接点: 222
i=224 : 9  3  0  0 距离 2 邻接点: 90  173
i=225 :10  0  0  2 距离 3 邻接点: 110  230
i=226 :10  0  1  1 距离 8 邻接点: 228  229
i=227 :10  0  2  0 距离 3 邻接点: 183  230
i=228 :10  1  0  1 距离 9 邻接点: 113
i=229 :10  1  1  0 距离 9 邻接点: 187
i=230 :10  2  0  0 距离 4 邻接点: 117  191
i=231 :11  0  0  1 距离 6 邻接点: 51
i=232 :11  0  1  0 距离 6 邻接点: 52
i=233 :11  1  0  0 距离 5 邻接点: 231  232
i=234 :12  0  0  0 距离 0 邻接点: 80  164  215
```

（1）目标态(4,4,4,0)(序号 125)。

目标状态序号 125，与初始状态距离 10

不同距离的状态为：

距离 10:125

距离 9:29

距离 8:31

距离 7:51

距离 6:158 231

距离 5:138 233

距离 4:142 205

距离 3:53 160 214

距离 2:62 71

距离 1:80

初始状态序号=234

根据以上结果，我们可以做出从初始态到目标态的连接图如图 4-10 所示（图中圈外数字为到达该状态的路径数），该图上所有状态都为最短路线上状态。

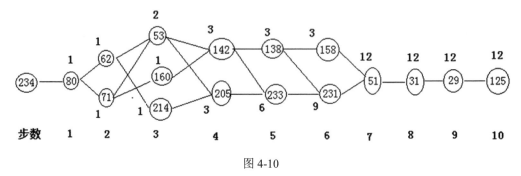

图 4-10

从图上容易得到，共有 12 种方式。最短路线为 10 步。

其中状态意义如下：

234(12,0,0,0)　　80(2,10,0,0)　　62(2,4,6,0)　　71(2,7,0,3)　　53(2,1,6,3)　　160(5,7,0,0)

214(8,4,0,0)　　142(5,1,6,0)　　205(8,1,0,3)　　138(5,0,6,1)　　231(11,0,0,1)　　51(1,10,0,1)

31(1,4,6,1)　　29(1,4,4,3)　　125(4,4,4,0)

（2）目标态(3,3,3,3)（序号 87）。

目标状态序号 87，与初始状态距离为 4

不同距离的状态为：

距离 4:87

距离 3:90 176

距离 2:81 161 224

距离 1:164 215

初始状态序号=234

根据以上结果，我们可以做出从初始态到目标态的连接图如图 4-11 所示（图中圈外数字为到达该状态的路径数），该图上所有状态都为最短路线上的状态。

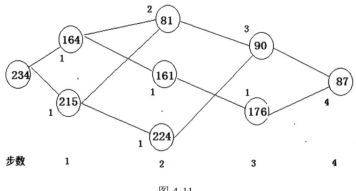

图 4-11

从图上容易得到，共有 14 种方式，最短路线为 4 步。

其中状态意义如下：

234(12,0,0,0)　164(6, 0, 6, 0)　215(9, 0, 0,3)　81(3, 0, 6, 3)　161(6,0,3,3)　224 (9,3, 0, 0)

90(3,3, 6, 0)　176(6,3,3,0)　87(3,3,3,3)

（3）目标态(5,3,2,2)，计算得到从初始状态无法到达该状态。

（4）要寻找这四只酒瓶，从一状态到另一状态的步数，可利用 Floyd 算法计算任意两点最短路线。得到最大距离为 13。

包括以下方式：

(3,0,6,3)→(4,1,4,3)，(3,0,6,3)→(7,1,4,0)，(3,3,3,3)→(4,1,4,3)，(3,3,3,3)→(7,1,4,0)

(6,0,3,3)→(4,1,4,3)，(6,0,3,3)→(7,1,4,0)

具体实现方式与前面方法相同。

实现方式总结如下：

① 计算得到状态的矩阵 $G(n,4)$。n 为状态总数，每行代表一个状态。

② 得到图的矩阵表达 $T(m,m)$。$T(i,j)=1$ 表示状态 i 可以到达状态 j；$T(i,j)=0$ 表示状态 i 不能到达状态 j。$T(m,m)$ 为非对称矩阵。

③ 计算从初始状态 x0 到达各状态的步数 $H(m)$。$H(j)=k$ 表示从初始状态 i 到达第 j 个状态需要经过 k 步完成。$H(j)=k$ 表示从初始状态 i 不能到达第 j 个状态。

④ 寻找目标状态 xd 的序号 d。依次找出目标状态的前一状态 r，再寻找 r 的前一状态……直到找到初始状态 x0。

⑤ 构造从初始状态到目标状态的连接子图。其中每个状态都为最短路线的状态。

4.1.4　最优树问题及 Lingo 求解[2][4]

树：连通且不含圈的无向图称为树，常用 T 表示。树中的边称为树枝，树中度为 1 的顶点称为树叶，如图 4-12 所示。

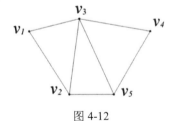

图 4-12

生成树：若 T 是包含图 G 的全部顶点的子图，它又是树，则称 T 是 G 的生成树，如图 4-13 所示。

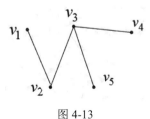

图 4-13

最小生成树：设 $T = (V, E_1)$ 是赋权图 $G = (V, E)$ 的一棵生成树，称 T 中全部边上的权数之和为生成树的权，记为 $w(T)$，即 $w(T) = \sum_{e \in E_1} w(e)$。

如果生成树 T^* 的权 $w(T^*)$ 是 G 的所有生成树的权中最小者，则称 T^* 是 G 的最优树，即 $w(T^*) = \sum_T \min\{w(T)\}$，式中取遍 G 的所有生成树 T。

在实际问题中，如在许多城市间建立公路网、输电网或通信网络，都可以归结为赋权图的最优树问题。如在一个城市中，对若干居民点要供应自来水，已经预算出连接各点间的直接管道的造价，要求给出一个总造价最小的铺设方案等。

图论中最优树的求解通常有两种算法：Kruskal 算法（避圈法）和 Prim 算法（破圈法）。

这里，我们给出利用 Lingo 求解最优树的方法。

设无向图共有 n 个节点，其赋权图的邻接矩阵为 $d_{n \times n}$。d_{ij} 表示节点 i 到 j 的距离。d 为对称矩阵。令 $d_{ii} = 0$。

现求根节点 1 到各节点生成的最优树，要求各线路上的权值之和最小。其线性规划模型为：

决策变量：设 $x_{ij} = \begin{cases} 1 & \text{节点} i \text{与节点} j \text{连通} \\ 0 & \text{节点} i \text{与节点} j \text{不连通} \end{cases}$

目标函数为寻找一条从起始点 1 到各节点生成的最优树，要求各线路上的权值和最小，故目标函数为：

$$\min Z = \sum_{i=1}^{n} \sum_{j=1}^{n} d_{ij} x_{ij}$$

（1）对起始点 1 至少有一条路出去，故有：

$$\sum_{j=2}^{n} x_{ij} \geq 1 \quad i = 2, 3, \cdots, n$$

（2）对其余各节点，恰有一条路进入，故有：

$$\sum_{\substack{k=1 \\ k \neq i}}^{n} x_{ki} = 1$$

（3）所有节点不出现圈，约束为：

$$u_i - u_j + n \cdot x_{ij} \leq n - 1 \quad i, j = 1, 2, \cdots, n$$

总的线性规划模型为：

$$\min Z = \sum_{i=1}^{n}\sum_{j=1}^{n} d_{ij}.x_{ij}$$

$$s.t. \begin{cases} \sum_{j=2}^{n} x_{1j} \geqslant =1 \\ \sum_{\substack{k=1\\k\neq i}}^{n} x_{ki} =1 \quad i=2,3,\cdots,n \\ u_i - u_j + nx_{ij} \leqslant n-1 \quad i,j=1,2,\cdots,n \\ x_{ij} =0或1 \end{cases}$$

10 个城市地理位置示意图如图 4-14 所示，它们之间的距离见表 4-5。城镇 1 处有一条河流，现需要从各城镇之间铺设管道，使城镇 1 处的水可以输送到各城镇，求铺设管道最少的设计方式。

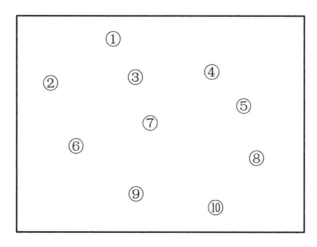

图 4-14

表 4-5　　　　　　　　　　　　　　　　　　　　　　　　　（单位：km）

城镇 距离 城镇	①	②	③	④	⑤	⑥	⑦	⑧	⑨	⑩
①	0	8	5	9	12	14	12	16	17	22
②	8	0	9	15	16	8	11	18	14	22
③	5	9	0	7	9	11	7	12	12	17
④	9	15	7	0	3	17	10	7	15	15
⑤	12	16	9	3	0	8	10	6	15	15
⑥	14	8	11	17	8	0	9	14	8	16
⑦	12	11	7	10	10	9	0	8	6	11
⑧	16	18	12	7	6	14	8	0	11	11
⑨	17	14	12	25	15	8	6	11	0	10
⑩	22	22	17	15	15	16	11	11	10	0

该问题实际上是求从点 1 出发的最优树问题。其 Lingo 程序如下：

```
! 最优树的Lingo程序;
model:
sets:
point/1..10/:u;
link(point,point):d,x;

endsets
data:
d=0,8,5,9,12,14,12,16,17,22,
  8,0,9,15,16,8,11,18,14,22,
  5,9,0,7,9,11,7,12,12,17,
  9,15,7,0,3,17,10,7,15,15,
  12,16,9,3,0,8,10,6,15,15,
  14,8,11,17,8,0,9,14,8,16,
  12,11,7,10,10,9,0,8,6,11,
  16,18,12,7,6,14,8,0,11,11,
  17,14,12,25,15,8,6,11,0,10,
  22,22,17,15,15,16,11,11,10,0;
@text()=@writefor(link(i,j)|x(i,j)#GT#0:'x(',i,',',j,')=',x(i,j),' ');
enddata
min=@sum(link(i,j)|i#ne#j:d(i,j)*x(i,j));
n=@size(point);
@sum(point(j)|j#gt#1:x(1,j))>=1;  !从起始点出来至少1条路;
@for(point(i)|i#ne#1:@sum(point(j)|j#ne#i:x(j,i))=1);!除起始点外,每点只有一
路进入;
@for(link(i,j):@bin(x(i,j)));
@for(link(i,j)|i#ne#j:u(i)-u(j)+n*x(i,j)<=n-1);  !不构成圈;
end
```

结果为 $minZ=60$。

```
x(1,2)=1   x(1,3)=1   x(3,4)=1   x(4,5)=1
x(9,6)=1   x(3,7)=1   x(7,9)=1   x(5,8)=1   x(9,10)=1
```

故最优树(最佳铺设管道的方式)如图 4-15 所示。

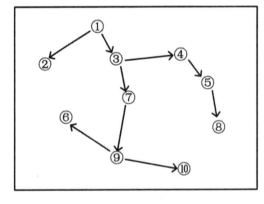

图 4-15

4.1.5　竞赛图与循环比赛排名问题

在图论中，完全图的定向图称为竞赛图。在实际问题中，可用于球队竞赛排名，论文引用的排名等。若干支球队参加单循环比赛，两两交锋。假设每场比赛只计胜负，不计比分，在比赛结束后排名次。

下面对只进行一次比赛的情况进行讨论。

1.　双向连通竞赛图

对于任何一对顶点，存在两条有向路径，使两顶点可以互相连通，这种有向图称为双向连通竞赛图。4 支队伍比赛结果的双向连通竞赛图示例如图 4-16 所示。

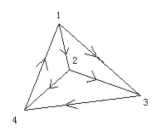

图 4-16

其对应的邻接矩阵为：

$$A = \begin{bmatrix} 0 & 1 & 1 & 0 \\ 0 & 0 & 1 & 1 \\ 0 & 0 & 0 & 1 \\ 1 & 0 & 0 & 0 \end{bmatrix}$$

设 $s_0 = (1,1,1,1)^\tau$，则 $s_1 = A.s_0 = (2,2,1,1)$。该式表明各队胜的场次数。

$s_2 = As_1 = (3,2,1,2)$。该式是各队的 2 级得分，其意义是他战胜的各个球队的得分之和。可以作为排名的依据，但无法排出 2 和 3 的名次，可继续进行下去，得到结果如下：

$s_3 = As_2 = (3,3,2,3)$　　$s_4 = As_3 = (5,5,3,3)$　　$s_5 = As_4 = (8,6,3,5)$

$s_6 = As_5 = (9,8,5,8)$　　$s_7 = As_6 = (13,13,8,9)$　　$s_8 = As_7 = (21,17,9,13)$

s_k 各分量代表各队的第 k 级得分，其意义是他战胜的各个球队的前一级得分之和，因此更可以作为排名的依据。我们容易得出其排名为：1→2→4→3。

对一般性，记 $s_1 = A.s_0$，$s_2 = A.s_1, \cdots, s_k = A.s_{k-1}$ 则有：

$$s_k = A.s_{k-1} = A^k.s_0 \ (k=1,2,\cdots) \tag{1}$$

当迭代次数越多，名次排定顺序越稳定。可将其较高级的得分作为排名的依据。对其他双向连通竞赛图也可以采用类似方法迭代计算得到。

但这里有一个问题，是否双向连通竞赛图都一定要按照式（1）的方法排出确定的名次，另外是否还有更简单的方法？

为了回答这个问题，我们先给出素阵的定义：

素阵：对于 $n(n \geq 4)$ 个顶点的双向连通竞赛图的邻接矩阵 A，一定存在正整数 r，使得 $A^r > 0$，这样的 A 就称为素阵。

Perron—Frobenius 定理：

素阵 A 的最大特征根为正单根 λ，λ 对应正特征向量 s，且有：

$$\lim_{k \to \infty} \frac{A^k . e}{\lambda^k} = s \qquad (2)$$

式（2）说明 k 级得分分量 s_k，当 $k \to \infty$ 时（归一化后）将趋向于 A 的对应最大特征根的特征向量 s。因此特征向量 s 可作为排名次依据的得分向量。

我们求出前面矩阵 A 的最大特征值及对应特征向量：

$\lambda_{\max} = 1.3953$，对应特征向量为 $(0.6256, 0.5516, 0.3213, 0.4484)$

特征向量中分量大小与排名次序一致。

2. 非双向连通竞赛图

对于非双向连通竞赛图，则没有此结论，如：

$$A = \begin{bmatrix} 0 & 0 & 1 & 0 \\ 1 & 0 & 1 & 1 \\ 0 & 0 & 0 & 1 \\ 1 & 0 & 0 & 0 \end{bmatrix}$$

对应的非双向连通竞赛图如图 4-17 所示。

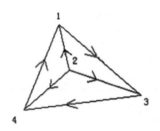

图 4-17

按照前面的方法计算得到：

$$s_1 = A.e = (1,3,1,1), \quad s_2 = A.s_1 = (1,3,1,1), \quad s_3 = A.s_2 = (1,3,1,1)$$

其最大特征值对应特征向量为 $(0.2887, 0.8660, 0.2887, 0.2887)$。

从结果看无法对 1,3,4 进行排名。

下面我们将这种傲视胜败的 0-1 邻接矩阵扩展到一般的胜率矩阵。

设 n 支球队或队员比赛，第 i 支球队与第 j 支球队的比赛表现的能力表示为：

$$a_{ij} = p_{ij}, a_{ji} = 1 - p_{ij}, (i = 1,2,\cdots,n-1; j = i+1)$$

其中 p_{ij} 表示第 i 支球队胜第 j 支球队的概率。

且设 $a_{ii} = 0$，则第 i 支球队胜其余 $n-1$ 支球队的能力表示为：

$$s_i = \sum_{j=1}^{n} a_{ij} \qquad (i=1,2,\cdots,n)$$

则各球队的排名根据 $\{s_i\}$ 的大小进行。s_i 越大越靠前，越小越靠后。

但实际中 p_{ij} 并不知道，只有根据比赛进行估计。

（1）当进行 m 次比赛，第 i 支球队胜 l 次，则估计 $p_{ij} = \dfrac{l}{m}$，$p_{ji} = \dfrac{m-l}{m}$。

当只进行一次比赛时，若第 i 支球队胜，则记 $a_{ij}=1$，$a_{ji}=0$；若第 j 支球队胜，则记 $a_{ij}=0$，$a_{ji}=1$。

这里给出利用胜率矩阵进行排名的两个实例。

实例 1　足球比赛排名问题(CUMCM1993B)[5]

表 4-6 给出了我国 12 支足球队在 1988—1989 年足球甲级联赛中的成绩，要求：

① 设计一个依据这些成绩排出诸队名次的算法，并给出用该算法排名次的结果。

② 把算法推广到任意 N 队的情况。

③ 讨论：数据应具备什么样的条件，用你的方法才能够排出诸队的名次。

表 4-6

	T1	T2	T3	T4	T5	T6	T7	T8	T9	T10	T11	T12
T1	×	0:1 1:0 0:0	2:2 1:0 0:2	2:0 3:1 1:0	3:1	1:0	0:1 1:3	0:2 2:1	1:0 4:0	1:1 1:1	×	×
T2		×	2:0 0:1 1:3	0:0 2:0 0:0	1:1	2:1	1:1 1:1	0:0 0:0	2:0 1:1	0:2 0:0	×	×
T3			×	4:2 1:1 0:0	2:1	3:0	1:0 1:4	0:1 3:1	1:0 2:3	0:1 2:0	×	×
T4				×	2:3	0:1	0:5 2:3	2:1 1:3	0:1 0:0	1:1	×	×
T5					×	0:1	×	×	×	×	1:0 1:2	0:0 1:1
T6						×	×	×	×	×	×	×
T7							×	1:0 2:0 0:0	2:1 3:0 1:0	3:1 3:0 2:2	3:1	2:0
T8								×	0:1 1:2 2:0	1:1 1:0 0:1	3:1	0:0
T9									×	3:0 1:0	1:0	1:0
T10										×	1:0	2:0
T11											×	1:1 1:2 1:1
T12												×

说明：

- 12支球队依次记作T_1，T_2，…，T_{12}。
- 符号×表示两队未曾比赛。
- 数字表示两队比赛结果，如T_3行与T_8列交叉处的数字表示：T_3与T_8比赛了2场；T_3与T_8的进球数之比为$0:1$和$3:1$。

分析与解答：

1. 建立邻接矩阵A

对i队和j队，若i队胜j队的场次多，则令$a_{ij}=1$，$a_{ji}=0$。

若i队和j队的胜的场次一样，但i队比j队的净胜球多，则令$a_{ij}=1$，$a_{ji}=0$。

若i队和j队胜的场次一样，净胜球也一样，或者i队和j队没有交战，则令$a_{ij}=-1$，$a_{ji}=-1$，表示i队和j队的胜败待定。

由此得到尚未完善的初始邻接矩阵A见表4-7。

表4-7

	T1	T2	T3	T4	T5	T6	T7	T8	T9	T10	T11	T12
T1	0	-1	0	1	1	1	0	0	1	-1	-1	-1
T2	-1	0	0	1	0	1	0	-1	1	0	-1	-1
T3	1	1	0	1	1	1	0	1	-1	1	-1	-1
T4	0	0	0	0	0	0	0	0	0	0	-1	-1
T5	0	-1	0	1	0	0	-1	-1	-1	-1	-1	0
T6	0	0	0	1	1	0	-1	-1	-1	-1	-1	-1
T7	1	-1	1	1	-1	-1	0	1	1	1	1	1
T8	1	-1	0	1	-1	-1	0	0	-1	-1	1	-1
T9	0	0	-1	1	-1	-1	0	-1	0	1	1	1
T10	-1	1	0	1	-1	-1	0	-1	0	0	1	1
T11	-1	-1	-1	-1	-1	-1	0	0	0	0	0	0
T12	-1	-1	-1	-1	1	-1	0	-1	0	0	1	0

2. 修正邻接矩阵A

计算各队一级和二级得分：

$a_1 = (4,3,7, 0,1,2, 8,3,4,4,0,2)$

$a_2 = (7,6,17, 0,0,1, 24,4, 6,5,0,1)$

其中，一级得分为各队所胜队数，二级得分为各队所胜队的一级得分之和。

根据一级得分，修正邻接矩阵A中尚未确定的比赛胜败。当$a_{ij}=-1$，$a1_i>a1_j$时，令$a_{ij}=1$，$a_{ji}=0$，表示i队胜j队。

经过一级得分修正A后，对尚未确定胜败的队，采用二级得分修正，当$a_{ij}=-1$，$a2_i>a2_j$时，令$a_{ij}=1$，$a_{ji}=0$，表示i队胜j队。

对尚未确定胜败的队伍，采用抽签（随机）方式确定胜败，得到修正的邻接矩阵见表4-8。

表 4-8

	T1	T2	T3	T4	T5	T6	T7	T8	T9	T10	T11	T12
T1	0	1	0	1	1	1	0	0	1	1	1	1
T2	0	0	0	1	1	1	0	1	1	0	1	1
T3	1	1	0	1	1	1	0	1	1	1	1	1
T4	0	0	0	0	0	0	0	0	0	0	0	0
T5	0	0	0	1	0	0	0	0	0	0	1	0
T6	0	0	0	1	1	0	0	0	0	0	1	0
T7	1	1	1	1	1	1	0	1	1	1	1	1
T8	1	0	0	1	1	1	0	0	1	1	1	1
T9	0	0	0	1	1	1	0	1	0	1	1	1
T10	0	1	0	1	1	1	0	0	0	0	1	1
T11	0	0	0	1	0	0	0	0	0	0	0	0
T12	0	0	0	1	1	1	0	0	0	0	1	0

3. 排名

根据修正后的邻接矩阵 A，计算其各级得分或最大特征值对应的特征向量，作为排名的依据。

如 12 支队伍的 20 级得分为：

$$a_{20} = (3336894, 2072949, 6087933, 0, 0, 0, 9354474, 1790388, 2072949, 2072949, 0, 0)$$

邻接矩阵 A 的最大特征值为 1.8637，对应的特征向量为：

$$w = (0.1246, 0.0774, 0.2273, 0, 0, 0, 0.3492, 0.0668, 0.0774, 0.0774, 0, 0)$$

最大特征值对应的特征向量与 12 支队伍的 20 级得分大小顺序一致，可以作为排名的依据。从特征向量来看，T7 排第 1，T3 排第 2，T1 排第 3；T2，T9，T10 排名相同，居第 4 至第 6；T8 排第 7；T4，T5，T6，T11，T12 排名相同，居第 8 至第 12。

对根据特征向量排名相同的队伍，我们需要根据其他信息进行确定。

考察 T9，T10，T2。

由于一级得分 $a_1 = (4, 3, 7, 0, 1, 2, 8, 3, 4, 4, 0, 2)$，其中 T2，T9，T10 都交战 8 场，T2 胜 3 场，T9 和 T10 胜 4 场，因此 T9 和 T10 排在 T2 前。再从二级得分来看，T9 得分为 6，T10 得分为 5，T9 应排在 T10 之前。因此 T2，T9，T10 的排名顺序为：T9，T10，T2。

考察 T4，T5，T6，T11，T12。

由于一级得分 T6 和 T12 最高，都为 2，二级得分都为 1，因此 T6 和 T12 靠前。T5 的一级得分为 1，T11 的一级得分为 0，则 T5 排在 T11 前。T11 和 T4 的一级和二级得分都为 0。但从比赛成绩来看，T11 比赛 6 场，平 1 场，输 5 场；而 T4 比赛 9 场，输 9 场，T11 排在 T4 前，T4 排最后。再考虑 T6 和 T12，他们都各胜两场，除都胜了 T5 外，T12 胜了 T11，而 T6 胜了排名最后的 T4，将 T12 排在 T6 前。因此 T4，T5，T6，T11，T12 的排名顺序为：T12，T6，T5，T11，T4。

最后得到的总排名为：

T7，T3，T1，T9，T10，T2，T8，T12，T6，T5，T11，T4。

MatLab 程序如下：

```
%不完全的邻接矩阵A
A=[0,-1,0,1,1,1,0,0,1,-1,-1,-1;
  -1,0,0,1,0,1,0,-1,1,0,-1,-1;
  1,1,0,1,1,1,0,1,-1,1,-1,-1;
  0,0,0,0,0,0,0,0,0,0,-1,-1;
  0,-1,0,1,0,0,-1,-1,-1,-1,-1,0;
  0,0,0,1,1,0,-1,-1,-1,-1,-1,-1;
  1,-1,1,1,-1,-1,0,1,1,1,1,1;
  1,-1,0,1,-1,-1,0,0,-1,-1,1,-1;
  0,0,-1,1,-1,-1,0,-1,0,1,1,1;
  -1,1,0,1,-1,-1,0,-1,0,0,1,1;
  -1,-1,-1,-1,-1,-1,0,0,0,0,0,0;
  -1,-1,-1,-1,1,-1,0,-1,0,0,1,0];
[m,n]=size(A);

D=A;
for i=1:m
    for j=1:n
        if(D(i,j)==-1) D(i,j)=2; end
    end
end


%获得一级得分向量
a1=zeros(1,n);
for i=1:m
  s=0;
  for j=1:n
    if(A(i,j)==1) s=s+A(i,j); end
  end
  a1(i)=s;
end


%获得二级得分向量
a2=zeros(1,n);
for i=1:m
  s=0;
  for j=1:n
    if(A(i,j)==1) s=s+a1(j); end
  end
  a2(i)=s;
end
```

%根据一级和二级得分向量完善邻接矩阵 *A*

```
for i=1:m
    for j=1:n
  if(A(i,j)==-1)
     if(a1(i)>a1(j)) A(i,j)=1; A(j,i)=0; end
     if(a1(i)<a1(j)) A(i,j)=0; A(j,i)=1; end
  end
    end
end


for i=1:m
    for j=1:n
  if(A(i,j)==-1)
     if(a2(i)>a2(j)) A(i,j)=1; A(j,i)=0; end
     if(a2(i)<a2(j)) A(i,j)=0; A(j,i)=1; end
  end
    end
end


for i=1:m
  for j=1:n
  if(A(i,j)==-1)
     r=rand(1,1);
   if(r>=0.5) A(i,j)=1; A(j,i)=0;
   else  A(i,j)=0; A(j,i)=1; end
  end
  end
end

num=20;
Y=ones(n,1);
B=A;
for i=1:num
  Y=A*Y;
  B=B*A;

end


[u,v]=eig(A);
for i=1:n
  z(i)=v(i,i);
end
[p,k]=max(z)  %获得最大特征值及位置

w=u(:,k);  %获得最大特征值对应特征向量
w=w/sum(w);
```

```
fprintf('序号  得分    特征向量\n');
for k=1:n
fprintf('%2d  %-7d  %-5.3f\n',k,Y(k),w(k));
end
```

输出结果为：

```
序号  得分    特征向量
1   3336894   0.125
2   2072949   0.077
3   6087933   0.227
4   0         0.000
5   0         0.000
6   0         0.000
7   9354474   0.349
8   1790388   0.067
9   2072949   0.077
10  2072949   0.077
11  0         0.000
12  0         0.000
```

实例2　乒乓球循环比赛排名问题

2007 年 5 月 23 至 27 日，第 49 届世界乒乓球单项锦标赛在萨格勒布举行，本次单项赛包括男、女单打，男、女双打和混双五个项目，每队可派出男女各 12 名选手。国家乒乓球球队在世乒赛等重大国际比赛前，往往进行队内大循环比赛，然后选出参赛队员。

其中男单选拔规则如下：

男单的比赛共 16 人参加，比赛采用 11 分制，每场为 5 局 3 胜。在比赛中如出现伤病和其他不可预测的原因而中途退出比赛者，在此前的比赛成绩有效。

根据规定，两次队内选拔赛积分相加获得前三名的运动员将获得参加第 49 届世乒赛男子单打比赛的资格，获得四至六名的运动员将获得第 49 届世乒赛的参赛资格。表 4-9 和表 4-10 分别是第一阶段和第二阶段的大循环的比赛成绩，表格中 1 表示横向运动员赢了纵向运动员，反之则为 0。请根据该成绩对所有队员进行排名。

表 4-9

第一轮	郝帅	马琳	张超	王励勤	王皓	马龙	陈玘	雷振华	李平	单明杰	张继科	邱贻可	王建军	许昕	李虎	侯英超
郝帅	0	0	1	0	1	1	1	1	1	1	1	1	1	1	1	1
马琳	1	0	1	1	0	1	1	1	0	1	0	0	1	1	1	1
张超	0	0	0	0	0	1	1	0	1	1	1	1	1	1	1	1
王励勤	1	0	1	0	1	0	0	1	1	0	1	1	1	0	1	1
王皓	0	1	1	0	0	1	0	1	1	0	0	1	1	1	1	1

（续表）

第一轮	郝帅	马琳	张超	王励勤	王皓	马龙	陈玘	雷振华	李平	单明杰	张继科	邱贻可	王建军	许昕	李虎	侯英超
马龙	0	0	0	1	0	0	1	0	1	1	1	1	1	0	1	1
陈玘	0	0	0	1	1	0	0	0	0	1	1	0	1	1	1	0
雷振华	0	0	1	0	0	1	1	0	1	1	0	0	1	1	1	1
李平	0	1	0	0	0	0	1	0	0	1	1	1	1	0	1	1
单明杰	0	0	0	1	1	0	0	0	0	0	0	0	1	1	1	1
张继科	0	1	0	0	1	0	0	1	0	1	0	1	0	0	0	1
邱贻可	0	0	0	0	0	1	0	1	1	0	0	0	0	1	1	1
王建军	0	0	0	0	0	1	0	0	0	0	1	0	1	1	1	1
许昕	0	0	0	1	0	0	0	0	1	0	0	0	1	0	0	0
李虎	0	0	0	0	0	0	0	0	0	1	0	1	1	0	0	0
侯英超	0	0	0	0	0	0	1	0	0	0	0	1	1	0	1	0

表 4-10

第二轮	郝帅	马琳	张超	王励勤	王皓	马龙	陈玘	雷振华	李平	周斌	张继科	邱贻可	王建军	许昕	李虎	侯英超
郝帅	0	1	1	1	0	1	1	0	1	1	0	0	1	0	1	1
马琳	0	0	1	1	1	0	1	1	0	0	1	1	1	1	1	1
张超	0	0	0	0	0	0	1	0	1	1	0	0	1	1	0	1
王励勤	0	0	1	0	1	1	1	1	1	1	1	0	1	1	1	1
王皓	1	0	0	0	0	0	0	0	1	1	1	1	1	1	1	1
马龙	0	1	1	0	1	0	1	1	1	1	1	1	1	1	1	1
陈玘	0	0	0	0	0	0	0	1	0	1	0	1	1	0	1	0
雷振华	1	0	0	0	0	0	0	0	0	1	1	0	0	1	1	1
李平	0	1	0	0	1	0	0	0	1	0	1	1	1	1	0	1
周斌	0	1	1	0	0	0	1	0	0	0	0	0	1	1	0	0
张继科	1	0	0	0	0	0	0	0	0	1	1	0	1	1	1	1
邱贻可	1	0	1	1	0	0	0	1	0	1	0	0	1	1	1	0
王建军	0	0	0	0	0	0	1	0	0	0	0	0	1	0	0	1
许昕	1	0	0	0	0	0	1	0	0	1	1	0	1	0	1	1
李虎	0	0	0	0	0	0	0	0	0	1	1	0	1	0	0	1
侯英超	0	0	0	0	0	0	0	0	0	1	1	1	1	0	0	0

　　其中第二轮周斌顶替第一轮因伤不能参加的单明杰，其第一轮的成绩按单明杰的算，因此这两人的成绩按周斌的计算。

求解：

由第一阶段循环比赛成绩可得到邻接矩阵 A_1，其中 $a1_{ij}=1$ 表示 i 胜 j，$a1_{ij}=0$ 表示 i 输给 j。

同样由第二阶段循环比赛成绩可得到邻接矩阵 A_2，其中 $a2_{ij}=1$ 表示 i 胜 j，$a2_{ij}=0$ 表示 i 输给 j。

由两次循环比赛的成绩得到综合矩阵 A，其中 $a_{ij}=(a1_{ij}+a2_{ij})/2$。

这样当 $a1_{ij}=1$，$a2_{ij}=1$，则 $a_{ij}=1$，表示 i 胜 j。

当 $a1_{ij}=1$，$a2_{ij}=0$，或 $a1_{ij}=0$，$a2_{ij}=1$，则 $a_{ij}=0.5$，表示 i 与 j 胜率相同，都为 0.5。

当 $a1_{ij}=0$，$a2_{ij}=0$，则 $a_{ij}=0$，表示 i 输给 j。

这样综合矩阵 A 各元素取值为 0 或 0.5 或 1，表示胜率，是 0-1 邻接矩阵的扩展。

最后得到的综合矩阵 A 见表 4-11。

表 4-11

第二轮	郝帅	马琳	张超	王励勤	王皓	马龙	陈玘	雷振华	李平	周斌	张继科	邱贻可	王建军	许昕	李虎	侯英超
郝帅	0	0.5	1	0.5	0.5	1	1	0.5	1	1	0.5	0.5	1	0.5	1	1
马琳	0.5	0	1	1	0.5	0.5	1	1	0	0.5	0.5	0.5	1	1	1	1
张超	0	0	0	0	0.5		0.5	1	1	0.5	0.5	1	1		0.5	1
王励勤	0.5		1	0	1	0.5	0.5	1	0.5	1	0.5	1	1	0.5	1	1
王皓	0.5	0.5	1	0	0	0.5	0.5	1	0.5	0.5	1	1	1	1	1	1
马龙	0	0.5	0.5	0.5	0.5	0	1	0.5	1	1	1	1	0.5	1	1	1
陈玘	0		0.5	0.5	0		0	0.5	0.5	0.5	0.5	0.5	1	0.5	1	0.5
雷振华	0.5	0	0.5	0	0	0.5	0.5	0	0.5	1	0.5	0	0.5	1	1	1
李平	0	1	0		0.5	0		0.5	0	1	0.5	1	1	0.5	1	1
周斌	0	0.5	0.5	0	0.5	0	0.5	0	0	0	0	0.5	1	0.5	0.5	0.5
张继科	0.5	0.5	0.5	0.5	0	0	0.5	0.5	0.5	1	0	1	0.5	0	0	0.5
邱贻可	0.5	0.5	0	0	0	0	0.5	1	0	0.5	0	0	1	1	1	0
王建军	0	0	0	0	0	0.5	0	0.5	0	0.5	0.5	0	0	0.5	0.5	0.5
许昕	0.5	0	0.5	0.5	0	0	0.5	0	0.5	0.5	1	0	0.5	0	0.5	1
李虎	0	0	0.5	0	0	0	0	0	0	0.5	1	0	0.5	0.5	0	0.5
侯英超	0	0	0	0	0	0	0.5	0	0	0.5	0.5	1	0.5	0	0.5	0

求得矩阵 A 的最大特征值为 6.38，对应的归一化的特征向量为 w=(0.101322,0.095904, 0.060594,0.095582,0.087542,0.093150,0.050794,0.058527,0.067374,0.046691,0.061483,0.059527, 0.024322,0.045926,0.025564,0.025698)。

计算各人的 10 级得分，其归一化后的向量与归一化的特征向量 w 相同。因此 w 可作为排名的依据。得到的选拔赛两轮比赛综合排名见表 4-12。

表 4-12

运动员	归一化特征向量	综合排名
郝帅	0.101322	1
马琳	0.095904	2
张超	0.060594	8
土励勤	0.095582	3
王皓	0.087542	5
马龙	0.093150	4
陈玘	0.050794	11
雷振华	0.058527	10
李平	0.067374	6
周斌	0.046691	12
张继科	0.061483	7
邱贻可	0.059527	9
王建军	0.024322	16
许昕	0.045926	13
李虎	0.025564	15
侯英超	0.025698	14

官方最后确定的男单名单是：王励勤、马琳、王皓、马龙、郝帅、陈玘、侯英超。其中，陈玘是在第三阶段通过三轮 PK 胜出获得名额的，侯英超是教练组最后综合考虑加入到名单中的。而男队除陈玘、侯英超外其他几名本身就是前五名，所以按综合排名确定名单前五名是可行的，因为要照顾一些特殊打法的运动员，所以还要教练组综合评定决定。

MatLab 程序如下：

```
A1=[0010111111111111
    1011011101001111
    0000011011111111
    1010100110111011
    0110010110011111
    0001001011110111
    0001100001101110
    0010011011001111
    0100001001111011
    0001100000011111
    0100100101010001
    0100001100001110
    0000010000100111
    0001000010100001
    0000000000100100
    0000001000010010];
A2=[0111011011001011
    0011101100111111
    0000001110001101
    0010111111101111
    1010001101111111
    0110101111111111
```

```
      0000000110011011
      1000000001100111
      0100100101011111
      0110001000001000
      1010001011011000
      1011000101001110
      0000000100000000
      1000001001101011
      0010000001101001
      0000000001111000];
[m,n]=size(A1);
res=sum(A1')+sum(A2');

  fprintf('序号  两轮总积分\n');
for i=1:n
  fprintf('%2d   %4d\n',i,res(i));
end


A=A1+A2;
A=A/2;
res2=sum(A');


num=10;
Y=ones(n,1);
for i=1:num
  Y=A*Y;
end
Y=Y/sum(Y); %归一化计算

[u,v]=eig(A);
for i=1:n
  z(i)=v(i,i);
end
[p,k]=max(z); %获得最大特征值及位置

w=u(:,k); %获得最大特征值对应特征向量
w=w/sum(w);
fprintf('序号      得分     特征向量\n');
for k=1:n
fprintf('%2d     %-8.6f   %-8.6f\n',k,Y(k),w(k));
end
```

输出结果为：

序号	两轮总积分
1	23
2	22
3	16

4	22
5	21
6	22
7	13
8	15
9	17
10	11
11	13
12	14
13	6
14	11
15	7
16	7

序号	得分	特征向量
1	0.101322	0.101322
2	0.095904	0.095904
3	0.060594	0.060594
4	0.095582	0.095582
5	0.087542	0.087542
6	0.093150	0.093150
7	0.050794	0.050794
8	0.058527	0.058527
9	0.067374	0.067374
10	0.046691	0.046691
11	0.061483	0.061483
12	0.059527	0.059527
13	0.024322	0.024322
14	0.045926	0.045926
15	0.025564	0.025564
16	0.025698	0.025698

从计算结果看，10 级别得分归一化后与归一化的特征向量相同，都可以作为排名的依据。

4.2　排队论模型[6][7]

排队论又称随机服务系统，它应用于一切服务系统，包括生产管理、通信、交通、计算机存储等系统。它通过建立一些数学模型，以对随机发生的需求提供服务的系统预测。现实生活中如排队买票、病人排队就诊、轮船进港、高速路上汽车排队通过收费站、机器等待修理等等都属于排队论问题。在历年数学建模竞赛中，排队论模型应用多次出现，如全国数学建模竞赛中 2009B 题的眼科病床的合理安排问题和美国数学建模竞赛中 2005B 题的收费站最佳配置问题等。

本节内容分为三部分：排队论基本构成与指标，排队论的四种重要模型，排队论的计算机模拟。每部分内容都提供相应的计算程序，有的采用 Lingo 编制，有的采用 MatLab 编制。

4.2.1 排队论基本构成与指标

1. 排队论的基本构成

（1）输入过程。

输入过程是描述顾客是按照怎样的规律到达排队系统的。包括①顾客总体：顾客的来源是有限的还是无限的。②到达的类型：顾客到达是单个到达还是成批到达。③顾客到达的时间间隔：通常假定相互独立同分布，有的等间隔到达，有的服从负指数分布，有的服从 k 阶 Erlang 分布。

（2）排队规则。

排队规则指顾客按怎样规定的次序接受服务。常见的有等待制，损失制，混合制，闭合制。当一个顾客到达时所有服务台都不空闲，则此顾客排队等待直到得到服务后离开，称为等待制。在等待制中，可以采用先到先服务，如排队买票；也有后到先服务，如天气预报；也有随机服务，如电话服务；也有优先权的服务，如危重病人可优先看病。当一个顾客到来时，所有服务台都不空闲，则该顾客立即离开不等待，称为损失制。顾客排队等候的人数是有限长的，称为混合制。当顾客对象和服务对象相同且固定时是闭合制。如几名维修工人固定维修某个工厂的机器就属于闭合制。

（3）服务机构。

服务机构主要包括：服务台的数量；服务时间服从的分布。常见的有定长分布、负指数分布、几何分布等。

2. 排队系统的数量指标

（1）队长与等待队长。

队长（通常记为 L_s）是指系统中的平均顾客数（包括正在接受服务的顾客）。等待队长（通常记为 L_q）指系统中处于等待的顾客的数量。显然，队长等于等待队长加上正在服务的顾客数。

（2）等待时间。

等待时间包括顾客的平均逗留时间（通常记为 W_s）和平均等待时间（通常记为 W_q）。顾客的平均逗留时间是指顾客进入系统到离开系统这段时间，包括等待时间和接受服务的时间。顾客的平均等待时间是指顾客进入系统到接受服务这段时间。

（3）忙期。

从顾客到达空闲的系统，服务立即开始，直到再次变为空闲，这段时间是系统连续繁忙的时期，称之为系统的忙期。它反映了系统中服务机构工作强度，是衡量服务系统利用效率的指标，即

服务强度=忙期/服务总时间=1-闲期/服务总时间

闲期与忙期对应，是系统的空闲时间，也就是系统连续保持空闲的时间长度。

计算这些指标的基础是表达系统状态的概率。所谓系统的状态是指系统中的顾客数，如果系统中有 n 个顾客就是系统的状态是 n，它可能的数值是：

① 队长没有限制时，$n=0,1,2,...,$；

② 队长有限制，最大数为 N，则 $n=0,1,2,...,N$；

③ 即时制，服务台个数为 c 时，$n=0,1,2,...,c$。该状态又表示正在工作的服务台数。

3. 排队论中的符号表示

排队论中的符号是 20 世纪 50 年代初由 D.G.Kendall 引入的，通常由 3～5 个字母组成，形式为：

$$A/B/C/n$$

其中 A 表示输入过程，B 代表服务时间，C 代表服务台数量，n 表示系统容量。如：

（1）$M/M/S/\infty$ 表示输入过程是 Poisson 流，服务时间服从负指数分布，系统有 S 个服务台平行服务，系统容量为无穷大的等待制排队系统。

（1）$M/G/S/\infty$ 表示输入过程是 Poisson 流，服务时间服从一般概率分布，系统有 S 个服务台平行服务，系统容量为无穷大的等待制排队系统。

（3）$D/M/S/K$ 表示顾客相继到达时间间隔独立、服从定长分布，服务时间服从负指数分布，系统有 S 个服务台平行服务，系统容量为 K 个的混合制系统。

（4）$M/M/S/S$ 表示输入过程是 Poisson 流，服务时间服从负指数分布，系统有 S 个服务台平行服务，顾客到达后不等待的损失制系统。

（5）$M/M/S/K/K$ 表示输入过程是 Poisson 流，服务时间服从负指数分布，系统有 S 个服务台平行服务，系统容量和顾客容量都为 K 个的闭合制系统。

4.2.2　排队论的四种重要模型

1. 等待制模型 M/M/S/∞

该模型中顾客到达规律服从参数为 λ 的 Poisson 分布，在 $[0,t]$ 时间内到达的顾客数 $X(t)$ 服从的分布为：

$$P\{X(t)=k\}=\frac{(\lambda t)^k \cdot e^{-\lambda t}}{k!}$$

其单位时间到达的顾客平均数为 λ，$[0,t]$ 时间内到达的顾客平均数为 λt。

顾客接受服务的时间服从负指数分布，单位时间服务的顾客平均数为 μ，服务时间的分布为：

$$f(t)=\begin{cases}\mu e^{-\mu t} & t>0 \\ 0 \end{cases}$$

每个顾客接受服务的平均时间为 $\frac{1}{\mu}$。

下面分别给出 $S=1$ 和 $S>1$ 的一些主要结果。

（1）只有一个服务台的 $S=1$ 情形。

可以计算出稳定状态下系统有 n 个顾客的概率：

$$p_n=(1-\rho)\rho^n \qquad n=0,1,2,3\cdots$$

其中 $\rho = \dfrac{\lambda}{\mu}$ 称为系统的服务强度。

系统没有顾客的概率为：

$$p_0 = 1 - \rho = 1 - \frac{\lambda}{\mu}$$

系统中顾客的平均队长为：

$$L_s = \sum_{n=0}^{\infty} n.p_n = (1-\rho)\sum_{n=0}^{\infty} n.\rho^n = \frac{\rho}{1-\rho} = \frac{\lambda}{\mu - \lambda}$$

系统中顾客的平均等待队长为：

$$L_q = \sum_{n=1}^{\infty} (n-1).p_n = (1-\rho)\sum_{n=1}^{\infty} (n-1).\rho^n = \frac{\rho^2}{1-\rho} = \frac{\lambda^2}{\mu(\mu - \lambda)}$$

系统中顾客的平均逗留时间为：

$$W_s = \frac{1}{\mu - \lambda}$$

系统中顾客的平均等待时间为：

$$W_q = \frac{1}{\mu - \lambda} - \frac{1}{\mu} = \frac{\lambda}{\mu(\mu - \lambda)}$$

从前面式中可以看出：

$$L_s = \lambda W_s, \quad L_q = \lambda W_q$$

或 $\quad W_s = \dfrac{L_s}{\lambda}, \quad W_q = \dfrac{L_q}{\lambda}$

该公式称为 Little 公式。在其他排队论模型中依然适用。

Little 公式的直观意义：

$L_s = \lambda W_s$ 表明排队系统的队长等于一个顾客平均逗留时间内到达的顾客数。

$L_q = \lambda W_q$ 表明排队系统的等待队长等于一个顾客平均等待时间内到达的顾客数。

（2）系统有多个服务台 $s > 1$ 情形。

当系统中有 s 个服务台，系统服务能力为 $s\mu$，服务强度为 $\rho = \dfrac{\lambda}{s\mu}$。

系统中顾客的平均队长为：

$$L_s = s\rho + \frac{(s\rho)^s \rho}{s!(1-\rho)^2}.p_0$$

其中 $p_0 = \left[\displaystyle\sum_{k=0}^{s-1} \frac{(s\rho)^k}{k!} + \frac{(s\rho)^s}{s!(1-\rho)} \right]^{-1}$，表示所有服务台都空闲的概率。

系统中顾客的逗留时间为：

$$W_s = \frac{L_s}{\lambda}$$

系统中顾客的平均等待时间为：

$$W_q = W_s - \frac{1}{\mu}$$

系统中顾客的平均等待队长为:

$$L_q = \lambda W_q$$

(3)Lingo 中的相关函数及相关参数计算公式。

① 顾客等待概率的公式:

$$P_{\text{wait}} = @\text{peb}(\text{load}, S)$$

其中 S 为服务台个数,load 为系统到达的载荷,即 $\text{load} = \frac{\lambda}{\mu}$。

② 顾客的平均等待时间公式:

$$W_q = P_{\text{wait}} \frac{T}{S - \text{load}}$$

其中 T 为顾客接受服务的平均时间,有 $T = \frac{1}{\mu}$。

当 load>s 时无意义,表示当系统负荷超过服务台个数时,排队系统达到不稳定状态,队伍将越排越长。

③ 系统中顾客的平均逗留时间 $W_s = W_q + \frac{1}{\mu}$

④ 系统中顾客的平均队长 $L_s = \lambda W_s$

⑤ 系统中顾客的平均等待队长 $L_q = \lambda W_q$

问题 1 某机关接待室只有 1 名对外接待人员,每天工作 10 小时,来访人员和接待时间都是随机的。设来访人员按照 Poisson 流到达,到达速率为 $\lambda = 8$ 人/ h,接待人员的服务速率为 $\mu = 9$ 人/ h,接待时间服从负指数分布。

(1)计算来访人员的平均等待时间,等候的平均人数。

(2)若到达速率增大为 $\lambda = 20$ 人/ h,接待人员的服务速率不变,为使来访问人员平均等待时间不超过半小时,最少应该配置几名接待人员。

解答:

(1)该问题属于 $M/M/1/\infty$ 排队模型。

$S = 1$,$\lambda = 8$, $\mu = 9$ 需要计算来访人员的平均等待时间 W_q,等候的平均人数 L_q。

Lingo 程序如下:

```
model:
lp=8;
u=9;
T=1/u;
load=lp/u;
S=1;
Pwait=@PEB(load,S);!等待概率;
W_q=Pwait*T/(S-load);!平均等待时间;
L_q=lp*W_q;!顾客的平均等待队长;
end
```

计算结果为：

来访人员的平均等待时间 $W_q = 0.89$ h $= 53$ min，等候的平均人数 $L_q = 7.1$ 人。

（2）该问题属于 $M/M/S/\infty$ 排队模型的优化问题。

求最小的 S，使来访人员的平均等待时间 $W_q \leqslant 0.5$。

建立模型为：

$$\min S$$

$$s.t. \begin{cases} P_{\text{wait}} = @\text{peb}(\text{load}, S) \\ \text{load} = \dfrac{\lambda}{\mu} \\ T = \dfrac{1}{\mu} \\ W_q = P_{\text{wait}} \dfrac{T}{S - \text{load}} \\ L_q = \lambda W_q \\ W_q \leqslant 0.5 \\ S \in N \end{cases}$$

Lingo 程序如下：

```
model:
min=S;
lp=20;
u=9;   !服务率;
T=1/u;
load=lp/u;
Pwait=@PEB(load,S);!接待人员的等待概率;
W_q=Pwait*T/(S-load);!平均等待时间;
W_q<=0.5;
L_q=lp*W_q;!顾客的平均等待队长;
TT=W_q*60;
@gin(S);
end
```

计算结果为：最少需要接待人员 $S=3$ 人。

来访人员等待概率为 0.55，排队等待平均时间为 4.7 分钟，平均等待队长为 1.58 人。

2. 损失制模型 $M/M/S/S$

$M/M/S/S$ 模型表示顾客到达人数服从 Poisson 分布，单位时间到达率为 λ，服务台服务时间服从负指数分布，单位时间服务平均人数为 μ。当 S 个服务台被占用后，顾客自动离开，不再等待。

这里我们给出 Lingo 中的有关函数及相关参数的计算公式

（1）系统损失概率：

$$P_{\text{lost}} = @\text{pel}(\text{load}, S)$$

其中 S 为服务台个数，load 为系统到达的载荷，即 $\text{load} = \dfrac{\lambda}{\mu}$。

损失概率表示损失的顾客所占的比率。

（2）单位时间内进入系统的平均顾客数：

$$\lambda_e = \lambda(1 - P_{\text{lost}})$$

（3）系统中顾客的平均队长（系统在单位时间内占用服务台的均值）：

$$L_s = \frac{\lambda_e}{\mu}$$

（4）系统中顾客的平均逗留时间（服务时间）：

$$W_s = \frac{1}{\mu} = T$$

（5）系统服务台的效率：

$$\eta = \frac{L_s}{s}$$

在损失制排队模型中，顾客平均等待时间 $W_q = 0$，平均等待队长 $L_q = 0$，因为没有顾客等待。

问题 2　某单位电话交换台是一部 300 门内线电话的总机，已知上班时间有 30% 的内线分机平均每 30 分钟要一次外线电话，70% 的分机每隔 70 分钟时要一次外线电话。又知从外单位打来的电话的呼唤率平均 30 s 一次，设与外线的平均通话时间为 3 分钟，以上时间都服从负指数分布。如果要求外线电话接通率为 95% 以上，问电话交换台应设置多少外线？

解：该问题属于损失制排队的优化建模。

电话交换台的服务分为两部分，一类是内线打外线，一类是外线打内线。

内线打外线的服务强度（每小时通话平均次数）

到达率　$\lambda_1 = (\dfrac{60}{30} \times 30\% + \dfrac{60}{70} \times 70\%) \times 300 = 1.2 \times 300 = 360$

外线打内线的服务强度为：

到达率　$\lambda_2 = \dfrac{60}{0.5} = 120$

总强度为 $\lambda = \lambda_1 + \lambda_2 = 360 + 120 = 480$

电话平均服务时间为 $T = \dfrac{3}{60} = 0.05$　h，服务率 $\mu = \dfrac{60}{3} = 20$ 个

对该问题，目标是求最小的电话交换台数 S，使顾客（外线电话）损失率不超过 5%，即：

$$P_{\text{lost}} \leqslant 5\%$$

建立的优化模型为：

$$\min S$$

$$s.t.\begin{cases} P_{\text{lost}} = @\text{pel}(\text{load}, S) \\ \text{load} = \dfrac{\lambda}{\mu} \\ P_{\text{lost}} \leqslant 0.05 \\ \lambda_e = \lambda(1 - P_{\text{lost}}) \\ L_s = \dfrac{\lambda_e}{\mu} \\ \eta = \dfrac{L_s}{s} \\ S \in N \end{cases}$$

Lingo 程序如下：

```
model:
min=S;
lp=480;!每小时平均到达电话数;
u=20;  !服务率;
load=lp/u;
Plost=@PEL(load,S);!损失率;
Plost<=0.05;
lpe=lp*(1-Plost);
L_s=lpe/u;!顾客的平均队长;
eta=L_s/S;  !系统服务台的效率;
@gin(S);
end
```

计算结果为：

最小的电话交换台为 $S=30$。

电话损失率为 $P_{\text{lost}} = 0.04$，实际进入系统的电话平均为 $\lambda_e = 460.7$，平均队长 $L_s = 23$，系统服务台的效率 $\eta = 0.768$。

3. 混合制模型 $M/M/S/K$

混合制模型 $M/M/S/K$，表示顾客到达人数服从 Poisson 分布，单位时间到达率为 λ，服务台服务时间服从负指数分布，单位时间服务平均人数为 μ，系统有 S 个服务台，系统对顾客的容量为 K。当 K 个位置被顾客占用时，新到的顾客自动离去。当系统中有空位置时，新到的顾客进入系统排队等候。

对混合制模型，Lingo 没有相关函数计算参数。需要自己编程计算。

（1）混合制模型基本公式

设稳定状态下系统有 $i(i = 0, 1, 2, \cdots, K)$ 个顾客的概率为 $p_i(i = 0, 1, 2, \cdots, K)$。$p_0$ 表示系统空闲的概率。因此：

$$\sum_{i=0}^{K} p_i = 1 \qquad p_i \geqslant 0, i = 1, 2, \cdots, K$$

设 $\lambda_i (i = 0, 1, 2, \cdots, K)$ 表示系统中有 i 个顾客时的输入强度，$\mu_i (i = 0, 1, 2, \cdots, K)$ 表示系统中有 i 个顾客时的服务强度。在稳定状态下，可建立平衡方程：

$$\begin{cases} \mu_1 p_1 = \lambda_0 p_0 \\ \lambda_{i-1} p_{i-1} + \mu_{i+1} p_{i+1} = (\lambda_i + \mu_i) p_i & (i = 1, 2, \cdots, K-1) \\ \lambda_{K-1} p_{K-1} = \mu_K \cdot p_K \end{cases}$$

对于混合制系统 M/M/S/K，有：

$$\lambda_i = \lambda \qquad (i = 0, 1, 2, \cdots, K)$$

$$\mu_i = \begin{cases} i\mu & i \leqslant S \\ S\mu & i > S \end{cases} \qquad (i = 1, 2, \cdots, K)$$

（2）混合制模型基本参数计算

由于当系统有 K 个顾客时，到达的顾客就会流失，因此有系统损失概率：

$$P_{lost} = P_K$$

单位时间内进入系统的平均顾客数：

$$\lambda_e = \lambda(1 - P_{lost}) = \lambda(1 - P_K)$$

系统中顾客的平均队长：

$$L_s = \sum_{i=0}^{K} i \cdot p_i$$

系统中顾客的平均等待队长：

$$L_q = \sum_{i=S}^{K} (i - S) \cdot p_i = L_s - \frac{\lambda_e}{\mu}$$

系统中顾客的平均逗留时间：

$$W_s = \frac{L_s}{\lambda_e}$$

系统中顾客的平均等待时间：

$$W_q = W_s - \frac{1}{\mu} = W_s - T$$

问题 3　某理发店有 4 名理发师，因场地所限，店里最多可容纳 12 名顾客。假设来理发的顾客按 Poisson 分布到达，平均到达率为 18 人/h，理发时间服从负指数分布，平均每人 12 分钟。求该系统的各项指标。

解：该模型是 $M/M/4/12$ 混合制模型。$S=4$，$K=12$，$\lambda = 18$，$\mu = 60/12 = 5$。各项指标的计算采用上面的公式。

该程序的编制可采用 Lingo 实现。Lingo 程序如下：

```
!混合制排队论模型;
model:
sets:
state/1..12/:P;
```

```
endsets
lp=18;!顾客到达率;
u=5; !服务率;
S=4; !服务员人数;
K=12; !系统容量;
P0+@sum(state(i):P(i))=1; !概率和;
u*P(1)=lp*P0; !平衡点0;
lp*P0+2*u*P(2)=(lp+u)*P(1); !平衡点1;
@for(state(i)|i#GT#1#and#i#LT#S:lp*P(i-1)+(i+1)*u*P(i+1)=(lp+i*u)*P(i))
; !平衡点i[2,S-1];
@for(state(i)|i#GE#S#and#i#LT#K:lp*P(i-1)+S*u*P(i+1)=(lp+S*u)*P(i)); !平
衡点i[S,K-1];

lp*P(K-1)=S*u*P(K); !平衡点K;

Plost=P(K);  !损失率;
lpe=lp*(1-P(K)); !实际到达率;

L_s=@sum(state(i):i*P(i));!平均队长;
L_q=L_s-lpe/u;  !平均等待队长;

W_s=L_s/lpe; !平均逗留时间;
W_q=L_q/lpe; !平均等待时间;

end
```

计算结果为：

理发师空闲率为 $P0=0.16$，损失顾客率 0.049，每小时实际进入理发店人数为 $\lambda_e=17.12$ 人，平均队长 $L_s=5.72$ 人，平均等待队长 $L_q=2.3$ 人，平均逗留时间 $W_s=0.334$ h，平均等待时间 $W_q=0.134$ h。

4. 闭合制模型 M/M/S/K/K

M/M/S/K/K 模型表示系统有 S 个服务台，顾客到达人数服从 Poisson 分布，单位时间到达率为 λ，服务台服务时间服从负指数分布，单位时间服务平均人数为 μ。系统容量和潜在的顾客数都为 K。

基本参数计算：

（1）平均队长（Lingo 计算公式）：

$$L_s=@pfs(load,S,K)$$

其中 S 为服务台个数，load 为系统到达的载荷，这里 $load=K\cdot\dfrac{\lambda}{\mu}$。

（2）单位时间平均进入系统的顾客数：

$$\lambda_e=\lambda(K-L_s)$$

（3）顾客处于正常情况的概率：

$$P=\frac{K-L_s}{K}$$

（4）系统中顾客的平均等待队长 L_q，平均逗留时间 W_s，平均等待时间 W_q 为：

$$L_q = L_s - \frac{\lambda_e}{\mu} \qquad W_s = \frac{L_s}{\lambda_e} \qquad W_q = \frac{L_q}{\lambda_e}$$

（5）每个服务台的工作强度：

$$P_{\text{work}} = \frac{\lambda_e}{S\mu}$$

问题 4　某工厂有 30 台自动车床，由 4 名工人负责维修管理。当机床需要加料、发生故障或刀具磨损时就自动停车，等待工人照管。设平均每台机床两次停车时间间隔为 1 h，停车时维修的平均时间为 5 min，并服从负指数分布。求该排队系统的各项指标。

解：该排队系统是闭合制排队模型 $M/M/4/30/30$。参数 $S=4$，$K=30$，$\lambda=1$，$T=\dfrac{5}{60}=\dfrac{1}{12}$，$\mu=12$。根据上面公式可计算出各项指标。

Lingo 程序如下：

```
model:
lp=1;!每小时故障到达数;
u=12;  !服务率;
K=30;  !机器数;
S=4;   !维修工人数;
load=K*lp/u;
L_s=@pfs(load,S,K);!等待队长;
lpe=lp*(K-L_s);  !进入维修的平均机器数;
Prob=(K-L_s)/K;  !机器工作概率;
L_q=L_s-lpe/u;   !平均等待队长;
W_q=L_q/lpe;     !平均等待时间;
W_s=L_s/lpe;     !平均逗留时间;
Pwork=lpe/(S*u); !维修工人的工作强度;
end
```

计算结果为：

实际进入系统的机器平均为 $\lambda_e = 27.5$，平均队长 $L_s = 2.5$，平均等待队长 $L_q = 0.24$，平均逗留时间 $W_s = 0.09$，平均等待时间 $W_q = 0.087$，机器工作概率 Prob $= 0.92$，维修工人的工作强度 $P_{\text{work}} = 0.57$。

问题 5　某修理厂为设备检修服务。已知检修的设备（顾客）到达服从 Poisson 分布，每天到达率 $\lambda = 42$ 台，当需要等待时，每台停机设备造成的损失为 400 元。服务（检修）时间服从负指数分布，平均每天服务率 $\mu = 20$ 台。每设置一个检修人员每天的服务成本为 160 元。问设立几个检修人员才能使平均总费用最小？

解：该排队系统为 $M/M/S/\infty$ 系统。系统参数中 $\lambda = 42$，$\mu = 20$。

费用包括等待费用和人员费用。目标函数为：

$$\min z = 160S + 400L_s$$

其中 S 为维修人员数，L_s 为平均队长。

优化模型为：

$$\min z = 160S + 400L_s$$

$$s.t. \begin{cases} P_{wait} = @\text{peb(load,S)} \\ \text{load} = \dfrac{\lambda}{\mu} \\ W_q = P_{wait}\dfrac{T}{S-\text{load}} \\ L_q = \lambda W_q \\ L_s = L_q + \dfrac{\lambda}{\mu} \\ S \in N \end{cases}$$

Lingo 程序如下：

```
model:
min=160*S+400*L_s;
lp=42;!每天到达顾客数;
u=20;  !每天服务人数;
load=lp/u;!载荷;
T=1/u;
Pwait=@PEB(load,S);!顾客的等待概率;
W_q=Pwait*T/(S-load);!平均等待时间;
L_q=lp*W_q;!顾客的平均等待队长;
L_s=L_q+lp/u;  !平均队长;
s>=2;
@gin(S);
end
```

注：程序中加上 $s \geqslant 2$ 是为了便于 Lingo 求解。因为当 $s = 1$ 时，$s - \text{load} < 0$ 不符合要求，Lingo 无法求解答，而实际中也需要满足 $s \geqslant 2$，故加上该条件。

计算结果为：

最小平均费用为 1568.17 元。

最优人员数 S=4，平均队长 L_s=2.32。

4.2.3 排队论的计算机模拟

排队论中的问题有的可以通过理论计算解决，当理论计算难以解决时，则可以考虑采用计算机模拟计算的方法来解决。

问题 1 收款台服务问题

考虑一个收款台的排队系统。某商店只有一个收款台，顾客到达收款台的时间间隔服从平均时间为 10 s 的负指数分布。负指数分布为：

$$f(x) = \begin{cases} \dfrac{1}{\lambda} e^{-\frac{x}{\lambda}} & x > 0 \\ 0 & x \leqslant 0 \end{cases}$$

每个顾客的服务时间服从均值为 6.5 s，标准差为 1.2 s 的正态分布。利用计算机仿真计算顾客在收款台的平均逗留时间，系统的服务强度（服务占所有时间之比）。

分析：该问题中顾客服务时间服从正态分布，不再是负指数分布，不能直接采用前面的模型计算，因此可以考虑采用计算机模拟计算得到需要的结果。

该问题可以从开始时刻计，当有人到达产生一个事件，当有人离开产生一个事件。当有人到达时，记录其开始接受服务时刻和离开服务台的时刻，从而计算出每个人在系统逗留的时间，以及每个人在系统接受服务的时间，从而统计出每个人在收款台的平均逗留时间和系统的服务强度。

这里我们可以依次考虑每一个人，考察其到达时刻，开始接受服务时刻和离开时刻，使仿真变得更方便。

设第 i 个人到达时间为 a_i，开始接受服务的时间为 b_i，离开时间为 c_i。设总共考虑 n 个人。

首先产生服从均值为 10 s 的负指数分布序列 $\{dt(n)\}$，每个人接受服务时间服从正态分布 $N(6.5, 1.2^2)$ 的序列 $\{st(n)\}$，便于为后面计算提供方便。

则每个人的到达时刻可以采用下式计算：

$$a_1 = 0 , \quad a_i = a_{i-1} + dt_{i-1} \quad i = 2, 3, \cdots, n$$

第一个人开始接受服务时刻 $b_1 = 0$

第一个人离开时间刻 $c_1 = st_1$

第 i 个人开始接受服务的时刻为：

$$b_i = \begin{cases} a_i & a_i > c_{i-1} \\ c_{i-1} & a_i \leqslant c_{i-1} \end{cases} \quad i = 2, 3, \cdots, n$$

上式的意义是当后一个人到达时刻比前一个人离开时刻晚，则其开始接受服务时间就是其到达时间；当后一个人到达时刻比前一个人离开时刻早，则其开始接受服务时间就是前一个人的离开时刻。

第 i 个人离开时刻为：

$$c_i = b_i + st_i \quad i = 2, 3, \cdots, n$$

根据上面的递推关系式可以计算出每个人到达时刻、开始接受服务时刻和离开时刻。

每个人在系统停留时间为：

$$wt_i = c_i - a_i \quad i = 1, 2, \cdots, n$$

到第 n 个人离开的时刻为 $T = c_n$，则系统工作的强度及工作时间占总时间比值为：

$$p = \sum_{i=1}^{n} st_i / T$$

以下为 MatLab 模拟计算程序：

```
n=10000；%模拟顾客数
dt=exprnd(10,1,n);%到达时间间隔
st=normrnd(6.5,1.2,1,n);%服务台服务时间
%st=exprnd(2.5,1,n);%服务台服务时间
a=zeros(1,n);%每个人到达时间
b=zeros(1,n);%每个人开始接受服务时间
c=zeros(1,n);%每个人离开时间

a(1)=0;
for i=2:n
  a(i)=a(i-1)+dt(i-1);%第i个人到达时间
end

b(1)=0;%第1个人开始服务时间为到达时间
c(1)=b(1)+st(1);%第1个人离开时间为服务时间

for i=2:n

 if(a(i)<=c(i-1)) b(i)=c(i-1);%如果第i个人到达时间比前一个人离开时间早,则其开始
服务时间为前一人离开时间
   else b(i)=a(i);%如果第i个人到达时间比前一个人离开时间晚,则其开始服务时间为到达
时间
 end

 c(i)=b(i)+st(i);%第i个人离开时间为其开始服务时间+接受服务时间

end

cost=zeros(1,n);%记录每个人在系统逗留时间
for i=1:n
  cost(i)=c(i)-a(i);%第i个人在系统逗留时间
end

T=c(n);%总时间
p=sum(st)/T;%服务率
avert=sum(cost)/n;%每个人系统平均逗留时间
fprintf('顾客平均逗留时间%6.2f秒\n',avert);
fprintf('系统工作强度%6.3f\n',p);
```

某次仿真结果为：

顾客平均逗留时间 13.32 s

系统工作强度 0.659。

问题 2 卸货问题

某码头有一卸货场，轮船一般夜间到达，白天卸货。每天只能卸货 4 艘船，若一天内到达数超过 4 艘，那么推迟到第二天卸货。根据过去经验，码头每天船只达到数服从表 4-13 的概率分布。求每天推迟卸货的平均船数。

表 4-13

到达船数	0	1	2	3	4	5	6	7	$\geqslant 8$
概　率	0.05	0.1	0.1	0.25	0.2	0.15	0.1	0.05	0

解答：该问题可以看作单服务台的排队系统。到达时间不服从负指数分布，服从的是给定的离散分布；服务时间也不服从负指数分布，是定长时间服务。不能直接利用理论公式求解，可采用计算机模拟器求解。

1. 随机到达船数的产生

首先需要产生每天随机到达的船数，该随机数服从离散分布，可以先产生一个 $0\sim1$ 之间的均匀随机数，其落在不同区间则寿命取不同值，每天到达船数的机数见表 4-14。程序实现函数见 BoatNumber.m，每调用一次该函数，则返回一个服从该分布的船数。

表 4-14

到达船数	均匀随机数区间
0	[0,0.05]
1	[0.05,0.15]
2	[0.15,0.25]
3	[0.25,0.5]
4	[0.5,0.7]
5	[0.7,0.85]
6	[0.85,0.95]
7	[0.95,1]

2. 计算机仿真分析

设第 i 天到达的船数为 x_i 艘，需要卸货的船数为 a_i 艘，实际卸货的船数为 b_i 艘，推迟卸货的船数为 d_i 艘。

设总共模拟 n 天，首先模拟 n 天的到达船数 $x_1, x_2, \cdots, x_n$。根据该问题要求，各个量之间有如下关系：

初始第 1 天，第 1 天需要卸货的船数 $a_1 = x_1$，实际卸船数为 $b_1 = \begin{cases} 4 & a_1 > 4 \\ a_i & a_1 \leqslant 4 \end{cases}$，推迟卸货的船数为 $d_1 = a_1 - b_1$。

第 i 天需要卸货的船数 a_i 满足：$a_i = x_i + d_{i-1}$　$i = 2,3,\cdots,n$

第 i 天实际卸货的船数 b_i 满足：$b_i = \begin{cases} 4 & a_i > 4 \\ a_i & a \leqslant 4 \end{cases}$　$i = 1,2,\cdots,n$

第 i 天推迟卸货的船数 d_i 满足：$d_i = a_i - b_i$　$i = 2,\cdots,n$

则总共推迟卸货的船数为：

$$\text{Total} = \sum_{i=1}^{n} d_i$$

每天推迟卸货的平均船数　Aver=Total/n。

下面是 MatLab 实现程序。

（1）产生元件寿命的随机值函数 BoatNumber.m。

```
function X=BoatNumber
%产生一个到达船数的随机数
 Boat=0:7; %到达船数取值范围
 %到达船数概率分布
 Prob=[0.05,0.1,0.1,0.25,0.20,0.15,0.1,0.05];
 n=length(Prob);
 Qu=zeros(1,n+1);
 Qu(1)=0;
 for i=1:n
   Qu(i+1)=Qu(i)+Prob(i); %产生概率区间
 end
  Qu(n+1)=1.01; %将最后一个数值超过1,便于后面的随机数 r 取到1

 %产生一次到达船数
 r=rand(1); %产生一个[0,1]随机变量
 for i=1:n
  if(r>=Qu(i)&&r<Qu(i+1)) X=Boat(i); %获得到达船数
  end
 end
return
```

（2）模拟计算的主程序 Boat.m。

```
n=10000; %模拟总天数
x=zeros(n,1); %存储每天到达船数
a=zeros(n,1); %存储每天需要卸货的船数
b=zeros(n,1); %存储每天实际卸货的船数
d=zeros(n,1); %存储每天推迟卸货的船数

for i=1:n
    x(i)=BoatNumber; %模拟 n 天到达船数
end

a(1)=x(1);
if a(1)>4 b(1)=4; %计算每天实际卸货船数
 else b(1)=a(1);
end
d(1)=a(1)-b(1);

for i=2:n
   a(i)=x(i)+d(i-1); %计算每天需要卸货的船数
   if a(i)>4 b(i)=4; %计算每天实际卸货船数
    else b(i)=a(i);    end
   d(i)=a(i)-b(i);
 %计算每天推迟卸货的船数
end
```

```
Total=sum(d); %计算总共推迟卸货船数
Aver=Total/n; %计算每天推迟卸货的平均船数
fprintf('每天推迟卸货的平均船数%6.2f\n',Aver);
```

某次模拟结果为：

每天推迟卸货的平均船数 2.68。

多次模拟计算，每天推迟卸货的平均船数大约在 2.75 艘左右。

问题 3　眼科病床的合理安排(CUMCM2009B)[8]

医院就医排队是大家都非常熟悉的现象，它以这样或那样的形式出现在我们面前。例如，患者到门诊就诊、到收费处划价、到药房取药、到注射室打针、等待住院等，往往需要排队等待接受某种服务。

下面考虑某医院眼科病床的合理安排的数学建模问题。

该医院眼科门诊每天开放，住院部共有病床 79 张。该医院眼科手术主要分四大类：白内障、视网膜疾病、青光眼和外伤。附录中给出了 2008 年 7 月 13 日至 9 月 11 日这段时间里各类病人的情况。

白内障手术较简单，而且没有急症。目前该院是每周一、三做白内障手术，此类病人的术前准备时间只需 1、2 天。做两只眼的病人比做一只眼的要多一些，大约占到 60%。如果要做双眼是周一先做一只，周三再做另一只。

外伤疾病通常属于急症，病床有空时立即安排住院，住院后第二天便会安排手术。

其他眼科疾病比较复杂，但大致住院以后 2~3 天内就可以接受手术，但术后的观察时间较长。这类疾病手术时间可根据需要安排，一般不安排在周一、周三。由于急症数量较少，建模时这些眼科疾病可不考虑急症。

该医院眼科手术条件比较充分，在考虑病床安排时可不考虑手术条件的限制，但需要考虑到手术医生的安排问题。通常情况下白内障手术与其他眼科手术（急症除外）不安排在同一天做。当前该住院部对全体非急症病人是按照 FCFS（First come, First serve）规则安排住院，但等待住院病人队列却越来越长，医院方面希望通过数学建模来帮助解决该住院部的病床合理安排问题，以提高医院资源的有效利用。

问题一：试分析确定合理的评价指标体系，用以评价该问题的病床安排模型的优劣。

问题二：试就该住院部当前的情况，建立合理的病床安排模型，并根据已知的第二天拟出院病人数来确定第二天应该安排哪些病人住院。并对模型利用问题一的指标体系做出评价。

问题三：作为病人，自然希望尽早知道何时能住院。能否根据当时住院病人及等待住院病人的统计情况，在病人门诊时即告知其大致入住时间区间。

问题四：若该住院部周六、周日不安排手术，请重新回答问题二，医院的手术时间安排是否应做出相应调整？

问题五：有人从便于管理的角度提出建议，在一般情形下，医院病床安排可采取使各类病人占用病床的比例大致固定的方案，试就此方案，建立使得所有病人在系统内的平均逗留时间（含等待入院及住院时间）最短的病床比例分配模型。

该问题中问题五可用排队论模型求解。由于其他问题放在一起考虑太烦琐，这里只考虑用排队论方法求解第五问。

我们将每张病床看作一个服务台，病人看作顾客，由此可采用排队论模型求解。

将服务台看作 5 种类型，每种类型对应一种疾病的病床。则每种类型的服务台数量就是我们需要优化的。对每种类型的服务台都可以看作 $M/M/S/\infty$ 模型，然后将 5 种类型的服务台并联处理。

由排队论知识可知，对 $M/M/S/\infty$ 模型，当第 i 种服务台有 y_i 台，服务能力为 $y_i\mu_i$，服务强度为 $\rho_i = \dfrac{\lambda_i}{y_i\mu_i} = \dfrac{\lambda_i \cdot T_i}{y_i}$。这里 λ_i 表示第 i 种病人平均每天的到达人数，μ_i 表示第 i 种病床每天服务的病人数，T_i 代表第 i 种病人的平均住院时间。

第 i 种病人的平均人数（含等待及住院人数）：

$$LS_i = y_i\rho_i + \frac{(y_i\rho_i)^{y_i}\rho_i}{y_i!(1-\rho_i)^2} \cdot p_{i0} \qquad (i=1,2,3,4,5)$$

其中：$p_{i0} = \dfrac{1}{\displaystyle\sum_{k=0}^{y_i-1}\frac{(y_i\rho_i)^k}{k!} + \frac{(y_i\rho_i)^{s_i}}{y_i!(1-\rho_i)}}$，表示第 i 种病人的所有病床都空闲的概率。

由于对附录中数据进行检验，发现每种病人手术后住院时间并不服从负指数分布，因此应考虑为一般分布的模型 $M/G/S/\infty$，其中 G 表示一般分布模型，只要求每个顾客接受服务的时间独立同分布就可以。此时排队长度有经验公式：

$$GS_i = LS_i \cdot \frac{1+v^2}{2} \qquad (i=1,2,3,4,5)$$

其中 LS_i 为根据 $M/M/S/\infty$ 模型计算的排队长度，v 为系统服务时间的偏离系数，$v=\sigma\mu$，σ 为服务时间的标准差。则：

$$GS_i = LS_i \cdot \frac{1+(\sigma\mu)^2}{2} \qquad (i=1,2,3,4,5)$$

第 i 种病人的排队（等待住院）时间为：

$$WS_i = \frac{GS_i}{\lambda_i}$$

目标函数为所有病人的平均逗留时间最小。考虑 5 种病人到达的人数分布不同，因此需要考虑权重。设第 i 种病的权重为 w_i $(i=1,2,3,4,5)$。由于每种病的权重跟其到达人数有关，因此我们取 $w_i = \dfrac{\lambda_i}{\displaystyle\sum_{i=1}^{5}\lambda_i}$ $(i=1,2,3,4,5)$。这样目标函数为病人平均时等待住院时间最小。即：

$$\min Z = \sum_{i=1}^{5} WS_i \cdot w_i$$

同时我们设决策变量为第 i 种病床 y_i 张。所有的病床数满足：

$$\sum_{i=1}^{5} y_i = 79$$

因此我们得到总的非线性整数规划模型为：

$$\min Z = \sum_{i=1}^{5} WS_i \cdot w_i$$

$$s.t. \begin{cases} LS_i = y_i \rho_i + \dfrac{(y_i \rho_i)^{y_i} \rho_i}{y_i!(1-\rho_i)^2} \cdot p_{i0} & (i=1,2,3,4,5) \\[4mm] GS_i = LS_i \cdot \dfrac{1+(\sigma\mu)^2}{2} & (i=1,2,3,4,5) \\[4mm] p_{i0} = \dfrac{1}{\displaystyle\sum_{k=0}^{y_i-1} \dfrac{(y_i \rho_i)^k}{k!} + \dfrac{(y_i \rho_i)^{y_i}}{y_i!(1-\rho_i)}} \\[8mm] \rho_i = \dfrac{\lambda_i \cdot T_i}{y_i} \\[4mm] WS_i = \dfrac{GS_i}{\lambda_i} \\[4mm] w_i = \dfrac{\lambda_i}{\displaystyle\sum_{i=1}^{5} \lambda_i} \\[6mm] \displaystyle\sum_{i=1}^{5} y_i = 79 \\[4mm] y_i \text{取整} \end{cases}$$

该模型不容易求解，我们寻求近似解答。

我们的基本思想是当各类病人构成的排队系统与强度相同时，系统服务效率最高。

设 5 类病人：视网膜疾病，白内障（单眼），白内障（双眼），外伤，青光眼的到达率为 λ_i $(i=1,2,3,4,5)$，平均住院时间为 T_i $(i=1,2,3,4,5)$。

则第 i 种病床构成的服务系统的强度为：

$$\rho_i = \frac{\lambda_i}{y_i \cdot \mu_i} = \frac{\lambda_i \cdot T_i}{y_i} \qquad (i=1,2,3,4,5)$$

总床位满足 $\sum_{i=1}^{5} y_i = 79$。

令 5 种病床构成的服务系统强度相等，则有：

$$\rho_i = \frac{\displaystyle\sum_{j=1}^{5} \rho_j \cdot y_j}{79} = \frac{\displaystyle\sum_{j=1}^{5} \lambda_j \cdot T_j}{79}$$

则：$y_i = \dfrac{\lambda_i \cdot T_i}{\rho_i} = 79 \cdot \dfrac{\lambda_i \cdot T}{\displaystyle\sum_{j=1}^{5} \lambda_j \cdot T_j}$ $\qquad (i=1,2,3,4,5)$

对附件 1 中数据中 349 例 5 种病人的数据进行统计，可以得到到达率 λ 分别为，2.7869，1.6393，2.1803，1.0492，1.0328；平均住院时间 T 分别 12.545，5.236，8.561，7.036，10.487。按照上式计算得到病床数的分配结果如表 4-15：

表 4-15 （单位：天）

类　　型	视网膜病	白内障（单眼）	白内障（双眼）	外伤	青光眼
病 床 数	33	9	18	8	11
百 分 比	42.77%	11.4%	22.78%	10.13%	13.92%

4.3　数据处理的方法与模型

在大数据处理时代，大量数据的处理十分重要。本节主要介绍几种数据处理的方法和模型，包括 Logistic 模型、灰色模型及预测、神经网络方法、模糊综合评价法以及几个具体案例，如水道测量数据问题，电池剩余放电时间预测，葡萄酒的评价问题。通过这些方法或案例的学习，掌握常用的数据处理方法，并学习如何利用软件或编程来完成任务。

4.3.1　Logistic 模型

1.　马尔萨斯人口模型

设时刻 t 时人口为 $x(t)$，单位时间内人口增长率为 r，则 Δt 时间内增长的人口为：

$$x(t+\Delta t)-x(t)=x(t).r.\Delta t$$

当 $\Delta t \to 0$，得到微分方程：

$$\frac{dx}{dt}=r.x, x(0)=x_0$$

则：$x(t)=x_0.e^{r.t}$，待求参数 x_0, r。

为便于求解，两边取对数有：

$y=a+r.t$，其中 $y=\ln x, a=\ln x_0$，该模型化为线性求解。

2.　阻滞型人口模型

阻滞型人口模型

设时刻 t 时人口为 $x(t)$，环境允许的最大人口数量为 x_m，人口净增长率随人口数量的增加而线性减少，即：

$$r(t)=r.(1-\frac{x}{x_m})$$

由此建立阻滞型人口微分方程：

$$\frac{dx}{dt}=r(1-\frac{x}{x_m}).x, x(0)=x_0$$

则：$x(t)=\dfrac{x_m}{1+\left(\dfrac{x_m}{x_0}-1\right).e^{-r.t}}$，待求参数 x_0, x_m, r。此即为 Logistic 函数。

当 $x = \dfrac{x_m}{2}$ 时，x 增长最快，即 $\dfrac{dx}{dt}$ 最大。

$dx/dt \sim x$ 图见图 4-18(1)，$x \sim t$ 图形见图 4-18(2)。

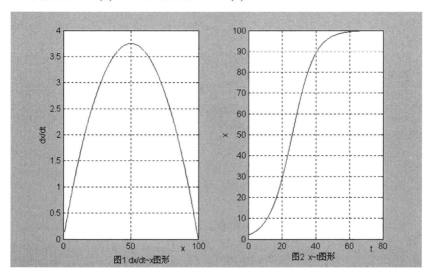

图 4-18（1）　　　　　　　　　　　图 4-18（2）

实例 1　美国人口数据处理

美国人口数据表（人口数量单位：百万）见表 4-1。

表 4-16

年	1790	1800	1810	1820	1830	1840	1850	1860
实际人口	3.9	5.3	7.2	9.6	12.9	17.1	23.2	31. 4
指数模型	4.1884	5.5105	7.2498	9.538	12.549	16.5097	1.7209	28.5769
阻滞模型	8.1699	10.0238	12.2875	15.0464	18.4006	22.4670	27.3796	33.2893
年	1870	1880	1890	1900	1910	1920	1930	1940
实际人口	38.6	50.2	62.9	76.0	92.0	106.5	123.2	131.7
指数模型	37.597	49.464	65.077	85.618				
阻滞模型	40.3625	48.7771	58.7152	70.3529	83.8457	99.3094	116.799	136.2846
年	1950	1960	1970	1980	1990	2000	2010	年
实际人口	150.7	179.3	204.0	226.5	251.4	281.4	309.35	实际人口
指数模型								指数模型
阻滞模型	157.637	180.6116	204.851	229.9025	255.245	280.333	304.645	阻滞模型

（1）由指数增长模型得到模型为：

$y = 3.1836 e^{0.2743 \cdot t}$ （1790～1900 年数据）

均方误差根为 RMSE $= 3.0215$

结果图如图 4-19 所示（效果好）指数模型（1790～1900），'＊' 为原数据，实线为拟合值。

$y = 4.9384e^{0.2022 \cdot t}$ （1790~2000 年数据）

均方误差根为 RMSE = 39.8245

结果图如图 4-20 所示（效果不好）美国人口指数模型（1790~2010），'*'为原数据，实线为拟合值。

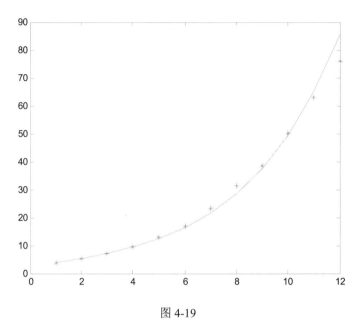

图 4-19

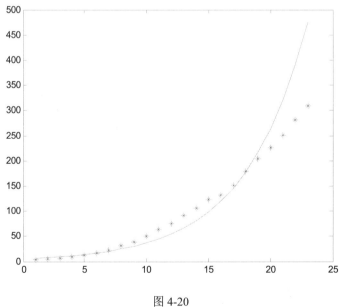

图 4-20

指数模型求解 MatLab 程序 population_america1.m：

```
%美国人口模型，指数增长模型
x=[3.9,5.3,7.2,9.6,12.9,17.1,23.2,31.4,38.6,50.2,62.9,76.0,92.0,...
```

```
    106.5,123.2,131.7,150.7,179.3,204.0,226.5,251.4,281.4,309.35]';
n=12;
xx=x(1:n);%1790 年到 1900 年数据
t=[ones(n,1),(1:n)'];
y=log(xx(1:n));
[b,bint,r,rint,stats]=regress(y,t);
RR=stats(1);%复相关系数
F=stats(2);%F 统计量值
prob=stats(3); % 概率
x0=exp(b(1)); %参数 x0;
r=b(2); %参数 r

py=x0*exp(r*t(:,2)); %预测数据

err=xx-py;
rmse=sqrt(sum(err.^2)/n); %均方误差根

plot(1:n,xx,'*',1:n,py); %作对比图
```

拟合 1790 年到 2000 年数据，得到结果为：

$$x_0 = 6.6541, x_m = 486.9046, r = 0.2084$$

$$y = \frac{486.9046}{1 + 72.1733\mathrm{e}^{-0.2084t}}$$

均方误差根为 RMSE $= 4.7141$，并预测 2020 年美国人口为 327.7204（百万），结果图如图 4-21 所示。美国人口阻滞型模型（1790～2010），'*' 为原数据，实线为拟合值。

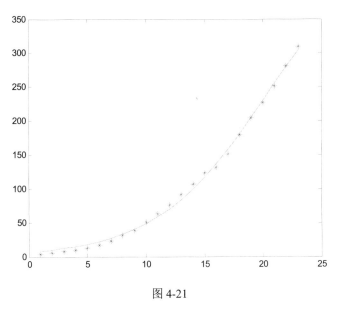

图 4-21

MatLab 程序 population_america2.m 如下：

```
%美国人口模型，阻滞型增长模型
x=[3.9,5.3,7.2,9.6,12.9,17.1,23.2,31.4,38.6,50.2,62.9,76.0,92.0,...
    106.5,123.2,131.7,150.7,179.3,204.0,226.5,251.4,281.4,309.35]';
```

```
n=length(x);
y=x(1:n);%1790年到2010年数据
t=(1:n)';
beta0=[5.3,0.22,400,]; %[x0,r,xm]
[beta,R,J]=nlinfit(t,y,'logisfun',beta0);
%R为残差,beta为待求参数
py=beta(3)./(1+(beta(3)/beta(1)-1)*exp(-beta(2)*t));%预测各年人口

p24=beta(3)./(1+(beta(3)/beta(1)-1)*exp(-beta(2)*24));%预测2020年人口

rmse=sqrt(sum(R.^2)/n); %均方误差根

plot(1:n,y,'*',1:n,py); %作对比图

%拟合函数
logisfun.m
function yhat=logisfun(beta,x)
yhat=beta(3)./(1+(beta(3)./beta(1)-1).*exp(-beta(2)*x));
```

实例2 根据某省职工历年平均工资统计表，预测未来40年工资数

某省职工33年平均工资见表4-17。

表4-17 （单位：元）

年 份	平均工资	年 份	平均工资
1978	566	1995	5145
1979	632	1996	5809
1980	745	1997	6241
1981	755	1998	6854
1982	769	1999	7656
1983	789	2000	8772
1984	985	2001	10007
1985	1110	2002	11374
1986	1313	2003	12567
1987	1428	2004	14332
1988	1782	2005	16614
1989	1920	2006	19228
1990	2150	2007	22844
1991	2292	2008	26404
1992	2601	2009	29688
1993	3149	2010	32074
1994	4338		

三次函数拟合结果如图4-22所示。该结果40年后预测的平均工资超过50万元，不符合要求。

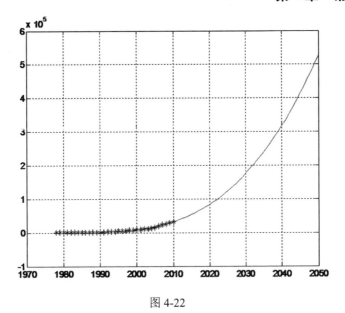

图 4-22

采用阻滞型模型：

$$x(t) = \frac{x_m}{1 + \left(\dfrac{x_m}{x_0} - 1\right) \cdot e^{-r \cdot t}}$$

将 1978 年到 2010 年共 33 年的年平均工资代入该模型，Logistic 拟合结果如图 4-23 所示。

$x_0 = 550, r = 0.13, x_m = 120000$

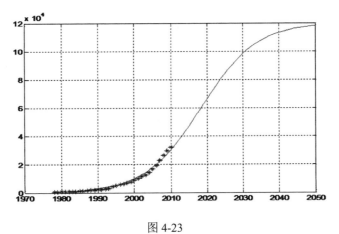

图 4-23

实例 3　2011-ICMC 电动汽车问题[9]

在该论文中，将汽车的类型分为传统的燃油型（CV）、电动型（EV）和混合型（HEV）三种类型，对比分析了未来 50 年对环境、社会、经济和健康方面的影响。选定的代表性国家有三个：法国，美国和中国。法国作为欧洲的代表，中国作为亚洲的代表，美国作为美洲的代表。

在该部分中，首先预测了未来 50 年汽车总量，估计出了未来 50 年 CV、EV 和 HEV 的变化。

论文首先预测了未来 50 年三个国家汽车的增长，采用了阻滞型的 Logistic 模型。

建立的微分方程为：

$$\begin{cases} \dfrac{dx}{dt} = r.x.(1 - \dfrac{x}{M}) \\ x(0) = x_0 \end{cases}$$

由该方程得到的解为：

$$x(t) = \dfrac{M}{1 + (\dfrac{M}{x_0} - 1).e^{-rt}}$$

其中 r 为增长率，M 为饱和量，也就是汽车最大容量，x_0 为初始值，取 2010 年的汽车总量。需要预测的是未来一段时间的汽车总量。

在该模型中，首先需要估计模型的参数：汽车最大容量 M 和年增长率 r。论文根据 2005 年到 2010 年三个国家的历史数据进行估计。2005—2010 年法国、美国和中国的汽车拥有量历史数据见表 4-18。

表 4-18

国家	2005	2006	2007	2008	2009	2010
法国(10^7)	3	3.17	3.34	3.51	3.68	3.8
美国(10^8)	2.4	2.5	2.9	3.0	3.1	3.2
中国(10^8)	1	1.11	1.24	1.37	1.52	1.68

估计得到的三个国家的模型参数见表 4-19。

表 4-19

参 数	法 国	美 国	中 国
M	60 000 000	600 000 000	1 400 000 000
r	0.115	0.115	0.115

以 2010 年的数据作为初始值，利用估计得到参数值 M 和 r，对未来 50 年汽车拥有量进行预测。得到的法国、美国和中国未来 50 年汽车拥有量的预测结果曲线如图 4-24 所示。

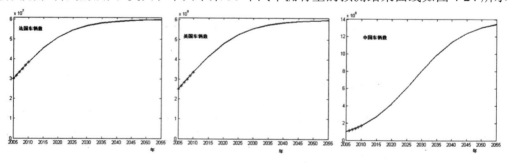

图 4-24

结果显示，法国汽车拥有量在 2030 年左右保持稳定，饱和量是 6,000 万辆；美国的汽车拥有量在 2030 年也变化很小，其饱和量也是 60,000 万辆；中国在 2015 年迅速增长，一直增长到 2050 年，其饱和量为 140,000 万辆。

4.3.2　灰色模型及预测[10]

灰色系统理论建模要求原始数据必须等时间间距。首先对原始数据进行累加生成，目的是弱化原始时间序列数据的随机因素，然后建立生成数的微分方程。GM(1,1)模型是灰色系统理论中的单序列一阶灰色微分方程，它所需信息较少，方法简便。

设已知序列为 $x^{(0)}(1), x^{(0)}(2), \cdots, x^{(0)}(n)$ ，做一次累加 AGO （Acumulated Generating Operation）生成新序列：

$x^{(1)}(1), x^{(1)}(2), \cdots, x^{(1)}(n)$

其中：$x^{(1)}(1) = x^{(0)}(1), x^{(1)}(2) = x^{(1)}(1) + x^{(0)}(2), \cdots, x^{(1)}(n) = x^{(1)}(n-1) + x^{(0)}(n)$

也即：$x^{(1)}(k) = \sum_{i=1}^{k} x^{(0)}(i) \quad k = 1, 2, \cdots, n$

生成均值序列：

$$z^{(1)}(k) = \alpha x^{(1)}(k) + (1-\alpha) x^{(1)}(k-1) \quad k = 2, 3, \cdots, n$$

其中 $0 \leqslant \alpha \leqslant 1$。通常可取 $\alpha = 0.5$

建立灰微分方程：

$$x^{(0)}(k) + a z^{(1)}(k) = b \quad k = 2, 3, \cdots, n$$

相应的 $GM(1,1)$ 白化微分方程为：

$$\frac{dx^{(1)}}{dt} + a x^{(1)}(t) = b$$

将方程变形为：

$$-a z^{(1)}(k) + b = x^{(0)}(k) \quad k = 2, 3, \cdots, n$$

其中 a，b 为待定模型参数。

将方程组（1）采用矩阵形式表达为：

$$\begin{bmatrix} -z^{(1)}(2) & 1 \\ -z^{(1)}(3) & 1 \\ \cdots & \cdots \\ -z^{(1)}(n) & 1 \end{bmatrix} \begin{pmatrix} a \\ b \end{pmatrix} = \begin{pmatrix} x^{(0)}(2) \\ x^{(0)}(3) \\ \cdots \\ x^{(0)}(n) \end{pmatrix}$$

即：$X\beta = Y$

其中：$X = \begin{bmatrix} -z^{(1)}(2) & 1 \\ -z^{(1)}(3) & 1 \\ \cdots & \cdots \\ -z^{(1)}(n) & 1 \end{bmatrix}$， $\beta = \begin{pmatrix} a \\ b \end{pmatrix}$， $Y = \begin{pmatrix} x^{(0)}(2) \\ x^{(0)}(3) \\ \cdots \\ x^{(0)}(n) \end{pmatrix}$

解方程（4）得到最小二乘解为：

$$\hat{\beta} = (a,b)^T = (X^T X)^{-1} X^T.Y$$

求解微分方程（3）得到 GM(1,1) 模型的离散解：

$$\hat{x}^{(1)}(k) = [x^{(0)}(1) - \frac{b}{a}]e^{-\alpha(k-1)} + \frac{b}{a} \qquad k = 2,3,\cdots,n$$

还原为原始数列预测模型为：

$$\hat{x}^{(0)}(k) = \hat{x}^{(1)}(k) - \hat{x}^{(1)}(k-1) \qquad k = 2,3,4,\cdots,n$$

将式（3）代入式（4）得：

$$\hat{x}^{(0)}(k) = [x^{(0)}(1) - \frac{b}{a}]e^{-a(k-1)}(1 - e^a) \qquad k = 2,3,4,\cdots,n$$

GM(1,1) 模型与统计模型相比，具有两个显著优点：一是灰色模型即使在少量数据情况下建立的模型，精度也会很高；而统计模型在少量数据情况下，精度会相对差一些。二是灰色模型从其机理上讲，越靠近当前时间点精度会越高，因此灰色模型的预测功能优于统计模型。灰色系统建模实际上是一种以数找数的方法，从系统的一个或几个离散数列中找出系统的变化关系，试图建立系统的连续变化模型。

实例 1：

2003 年的 SARS 疫情对中国的经济发展产生了一定的影响，特别是对部分疫情严重的省市的相关行业所造成的影响是明显的。现就某市 SARS 疫情对商品零售业的影响进行定量的评估分析。表 4-20 为某市商品零售业统计表。

表 4-20　　　　　　　　　　　　　　　　　　　　　　　（单位：亿元）

年代	1月	2月	3月	4月	5月	6月	7月	8月	9月	10月	11月	12月
1997	83.0	79.8	78.1	85.1	86.6	88.2	90.3	86.7	93.3	92.5	90.9	96.9
1998	101.7	85.1	87.8	91.6	93.4	94.5	97.4	99.5	104.2	102.3	101.0	123.5
1999	92.2	114.0	93.3	101.0	103.5	105.2	109.5	109.2	109.6	111.2	121.7	131.3
2000	105.0	125.7	106.6	116.0	117.6	118.0	121.7	118.7	120.2	127.8	121.8	121.9
2001	139.3	129.5	122.5	124.5	135.7	130.8	138.7	133.7	136.8	138.9	129.6	133.7
2002	137.5	135.3	133.0	133.4	142.8	141.6	142.9	147.3	159.6	162.1	153.5	155.9
2003	163.2	159.7	158.4	145.2	124	144.1	157.0	162.6	171.8	180.7	173.5	176.5

解答：

SARS 发生在 2003 年 4 月。因此我们可根据 1997 年到 2002 年的数据，预测 2003 年的各月的零售额，并与实际的零售额进行比对。从而判断 2003 年哪几个月受到 SARS 影响，并给出影响大小的评估。

将 1997—2002 年的数据记作矩阵 $A_{6\times12}$，代表 6 年 72 个数据。

计算各年平均值 $x^{(0)}(i) = \frac{1}{12}\sum_{j=1}^{12} a_{ij} \quad i = 1,2,\cdots,6$

得到 $x^{(0)} = (87.6167, 98.5000, 108.4750, 118.4167, 132.8083, 145.4083)$，计算累加序列 $x^{(1)}(k) = \sum_{i=1}^{k} x^{(0)}(i) \quad k = 1,2,\cdots,6$，得到 $x^{(1)} = (87.6167, 186.1167, 294.5917, 413.0083, 545.8167,$

691.2250)

生成均值序列：

$$z^{(1)}(k) = \alpha x^{(1)}(k) + (1-\alpha)x^{(1)}(k-1) \quad k=2,3,\cdots,n$$

这里取 $\alpha = 0.4$ 。

$$z^{(1)} \_ (\ 0,\ 127.0167,\ 229.5067,\ 341.9583,\ 466.1317,\ 603.9800)$$

建立灰微分方程：

$$x^{(0)}(k) + az^{(1)}(k) = b \quad k=2,3,\cdots,6$$

相应的 GM(1,1) 白化微分方程为：

$$\frac{dx^{(1)}}{dt} + ax^{(1)}(t) = b$$

求解微分方程得到 $a = -0.0993$ ， $b = 35.5985$ 。

GM(1.1) 模型的离散解：

$$\hat{x}^{(1)}(k) = [x^{(0)}(1) - \frac{b}{a}]\mathrm{e}^{-\alpha(k-1)} + \frac{b}{a} \quad k=2,3,\cdots,6$$

还原为原始数列预测模型为：

$$\hat{x}^{(0)}(k) = \hat{x}^{(1)}(k) - \hat{x}^{(1)}(k-1) \quad k=2,3,4,5,6$$

将式（3）代入式（4）得：

$$\hat{x}^{(0)}(k) = [x^{(0)}(1) - \frac{b}{a}]\mathrm{e}^{-a(k-1)}(1-\mathrm{e}^{a}) \quad k=2,3,4,\cdots,6$$

取 $k=7$ ，得到 2003 年销售额平均值的预测值为： $\hat{x}^{(0)}(7) = 162.8793$ ，则全年总销售额为 $T = 12 \times \hat{x}^{(0)}(7) = 1954.55$ 。

下面估计 2003 年各月的销售额。

根据前 6 年数据估计各月销售额的比例 $r_1, r_2, \cdots, r_{12}$ ，

其中， $r_j = \dfrac{\sum\limits_{i=1}^{6} a_{ij}}{\sum\limits_{i=1}^{6}\sum\limits_{j=1}^{12} a_{ij}}$ 。

计算得到 $r = (0.0794, 0.0807, 0.0749, 0.0786, 0.0819, 0.0818, 0.0845, 0.0838, 0.0872, 0.0886,$
$0.0866,\ 0.0920)$

从而 2003 年各月销售额预测为：

155.2，157.7,146.4,153.5,160.1,159.8,165.1,163.8,170.5,173.1,169.3,179.8

比较 2003 年实际销售额和预测值，得到表 4-21。

表 4-21　　　　　　　　　　　　　　　　　　　　（单位：亿元）

月份	1 月	2 月	3 月	4 月	5 月	6 月	7 月	8 月	9 月	10 月	11 月	12 月
预测	155.2	157.7	146.4	153.5	160.1	159.8	165.1	163.8	170.5	173.1	169.3	179.8
实际	163.2	159.7	158.4	145.2	124	144.1	157.0	162.6	171.8	180.7	173.5	176.5

结果分析：2003 年 4、5、6 月实际销售额为 145.2、124、144.1 亿元，统计结果这三个月受 SRAS 影响最严重，损失估计为 62 亿元。我们从数据的分析来看，这三个月预测值都高于实际销售额，这也与统计相符合。这三个月我们的预测值总和与实际值总和之差为 60.22 亿元。与统计也吻合，说明我们所建模型合理，图 4-25 为对比直观图。

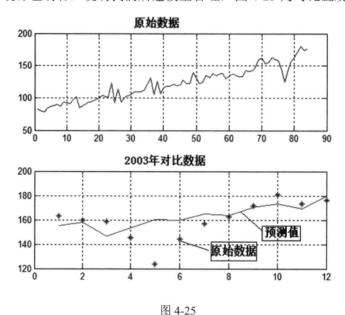

图 4-25

MatLab 程序如下：

```
%1997--2003 年数据 A=[83.0 79.8 78.1 85.1 86.6 88.2 90.3 86.7    93.3
92.5 90.9 96.9
  101.7   85.1  87.8  91.6  93.4  94.5  97.4  99.5  104.2   102.3  101.0
123.5
  92.2  114.0  93.3  101.0  103.5  105.2  109.5  109.2  109.6   111.2
121.7  131.3
  105.0  125.7  106.6  116.0  117.6  118.0  121.7  118.7  120.2  127.8
121.8  121.9
  139.3   129.5   122.5  124.5  135.7  130.8  138.7  133.7  136.8  138.9
129.6  133.7
  137.5  135.3  133.0  133.4  142.8  141.6  142.9  147.3  159.6 162.1
153.5  155.9
  163.2  159.7  158.4  145.2  124  144.1  157.0  162.6  171.8   180.7
173.5  176.5];
T=A(1:6,1:12);
x0=mean(T');%对前 6 年求平均

x1=zeros(size(x0));
n=length(x0);
x1(1)=x0(1);
  for i=2:n
    x1(i)=x1(i-1)+x0(i);  %累积求和
  end
```

```
z=zeros(size(x0));
af=0.4;   %参数
for i=2:n
    z(i)=af*x1(i)+(1-af)*x1(i-1);
end

Y=zeros(n-1,1);
B=zeros(n-1,2);
for i=2:n
 Y(i-1,1)=x0(i);
 B(i-1,1)=-z(i);
 B(i-1,2)=1;
end
Para=inv(B'*B)*B'*Y;  %计算参数
a=Para(1);
b=Para(2);
Pred=(x0(1)-b/a)*exp(-a*n)*(1-exp(a));    %预测第 n+1 年数值(2003 年)
Total=12*Pred; %2003 年总平均值

r=sum(T)/sum(sum(T));    %估计各月所占比重;
%预测 2003 年各月销售量
Px=Total*r;
fprintf('输出 2003 年预测值与实际值.\n');
for i=1:12
    fprintf('%5d  ',i);
end
fprintf('\n');
for i=1:12
    fprintf('%6.1f ',Px(i));  %输出 2003 年预测值
end
fprintf('\n');
for i=1:12
    fprintf('%6.1f ',A(7,i));  %输出 2003 年实际值
end
fprintf('\n');
Error=sum(Px(4:6))-sum(A(7,4:6));
fprintf('2003 年 4,5,6 月 SARS 导致减少销售额%6.2f 亿元\n',Error);

%作图
subplot(2,1,1);
PA=[A(1,:),A(2,:),A(3,:),A(4,:),A(5,:),A(6,:),A(7,:)];
plot(PA); grid on
title('原始数据');
subplot(2,1,2);
plot(1:12,A(7,:),'b*',1:12,Px,'r');
title('2003 年对比数据');
grid on
```

4.3.3 神经网络方法

1. 多层前向神经网络原理介绍

多层前向神经网络（MLP）是神经网络中的一种，它由一些最基本的神经元即节点组成，如图 4-26 所示。这种网络的结构如下：网络由分为不同层次的节点集合组成，每一层的节点输出到下一层节点，这些输出值由于连接不同而被放大、衰减或抑制。除了输入层外，每一节点的输入为前一层所有节点输出值的和。每一节点的激励输出值由节点输入、激励函数及偏置量决定。

图 4-26 中，输入模式的各分量作为第 i 层各节点的输入，这一节点的输出，或者完全等于它们的输入值，或由该层进行归一化处理，使该层的输出值都在+1 或-1 之间。

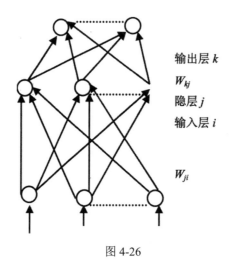

图 4-26

在第 j 层，节点的输入值为：

$$net_j = \sum w_{ji}o_i + \theta_j$$

式中 θ_j 为阈值，正阀值的作用将激励函数沿 x 轴向左平移.

节点的输出值为：

$$o_j = f(net_j)$$

式中 f 为节点的激励函数，通常选择如下 Sigmoid 函数：

$$f(x) = \frac{1}{1 + \exp(-x)}$$

在第 k 层的网络节点输入为：

$$net_k = \sum w_{kj}o_j + \theta_k$$

而输出为：

$$o_k = f(net_k)$$

在网络学习阶段，网络输入为模式样本 $x_p = \{x_{pi}\}$，网络要修正自己的权值及各节点的阀值，使网络输出不断接近期望值 t_{pk}，每做一次调整后，换一对输入与期望输出，再做一次调整，直到满足所有样本的输入与输出间的对应。一般说来，系统输出值 $\{o_{pk}\}$ 与期望输出值 $\{t_{pk}\}$ 是不相等的。对每一个输入的模式样本，平方误差 E_p 为：

$$E_p = \frac{1}{2}\sum_k (t_{pk} - o_{pk})^2$$

而对于全部学习样本，系统的总误差为：

$$E = \frac{1}{2p}\sum_p \sum_k (t_{pk} - o_{pk})^2$$

在学习过程中，系统将调整连接权和阀值，使 E_p 尽可能快地下降。

2. MatLab 相关函数介绍[11]

（1）网络初始化函数：

$$\text{net=newff}([\,x_m, x_M\,], [\,h_1, h_2, \cdots, h_k\,], \{\,f_1, f_2, \cdots, f_k\,\})$$

其中，x_m 和 x_M 分别为列向量，存储各个样本输入数据的最小值和最大值；第 2 个输入变量是一个行向量，输入各层节点数（从隐层开始）；第 3 个输入变量是字符串，代表该层的传输函数（从隐层开始）。

常用 tansig 和 logsig 函数，其中：

$$\text{tansig}(x) = \frac{1-\text{e}^{-2x}}{1+\text{e}^{2x}}, \quad \text{logsig(x)} = \frac{1}{1+\text{e}^{-x}}$$

除了上面方法给网络赋值外，还可以用下面格式设定参数：

Net.trainParam.epochs=1000　　设定迭代次数

Net.trainFcn='traingm'　　　设定带动量的梯度下降算法

（2）网络训练函数：

[net,tr,Y1,E]=train(net,X,Y)

其中 X 为 $n \times M$ 矩阵，n 为输入变量的个数，M 为样本数，Y 为 $m \times M$ 矩阵，m 为输出变量的个数。X，Y 分别存储样本的输入输出数据。net 为返回后的神经网络对象，tr 为训练跟踪数据，tr.perf 为各步目标函数值。$Y1$ 为网络的最后输出，$E1$ 为训练误差向量。

（3）网络泛化函数：

$$Y2=\text{sim}(\text{net},X1)$$

其中 $X1$ 为输入数据矩阵，各列为样本数据，$Y2$ 为对应输出值。

3. 神经网络实验

（1）函数仿真实验

产生下列函数在[0,10]区间上间隔为 0.5 的数据，然后用神经网络进行学习。

并推广到[0,10]上间隔为 0.1 上各点的函数值。并分别做出图形。

$$y = 0.2\text{e}^{-0.2x} + 0.5 * \text{e}^{-0.15x}.\sin(1.25x) \qquad 0 \leqslant x \leqslant 10$$

MatLab 程序：

```
x=0:0.5:10;
y=0.2*exp(-0.2*x)+0.5*exp(-0.15*x).*sin(1.25*x);

plot(x,y)    %画原始数据图

net.trainParam.epochs=5000;   %设定迭代步数
net=newff([0,10],[6,1],{'tansig','tansig'});  %初始化网络

net=train(net,x,y);   %进行网络训练

x1=0:0.1:10;
y1=sim(net,x1);   %数据泛化

plot(x,y,'*',x1,y1,'r');   %作对比图
```

原始与对比数据图如图 4-27 所示。从图形上看，神经网络输出的值比原始数据的曲线光滑。说明神经网络对该函数的学习效果很好。

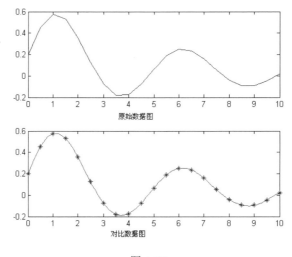

图 4-27

（2） MCM89A 蠓的分类[12]。

有两种蠓分别是 Af 和 Apf。根据它们的触角（mm）和翼长（mm）进行区分。现有 9 只 Af 和 6 只 Apf。9 只 Af 的触角和翼长样本数据见表 4-22 所示，6 只 Apf 的触角和翼长见表 4-23 所示。

表 4-22

触角	1.24	1.36	1.38	1.38	1.38	1.40	1.48	1.54	1.56
翼长	1.72	1.74	1.64	1.82	1.90	1.70	1.82	1.82	2.08

表 4-23

触角	1.14	1.18	1.20	1.26	1.28	1.30
翼长	1.78	1.96	1.86	2.0	2.0	1.96

另有 3 只待判的蠓,触角和翼长数据为：(1.24,1.80),(1.28,1.84),(1.40,2.04)。试对它们进行判断。

这里，我们可用三层神经网络进行判别。

输入为 15 个二维向量，输出也为 15 个二维向量。其中 Af 对应的目标向量为(1,0)，Apf 对应的目标向量为(0,1)。

MatLab 程序：

```
x=[1.24,1.36,1.38,1.38,1.38,1.40,1.48,1.54,1.56,1.14,1.18,1.20,1.26,1.2
8,1.30;
   1.72,1.74,1.64,1.82,1.90,1.70,1.82,1.82,2.08,1.78,1.96,1.86,2.0,
2.0,1.96];

y=[1,1,1,1,1,1,1,1,1,0,0,0,0,0,0;
   0,0,0,0,0,0,0,0,0,1,1,1,1,1,1];

xmin1=min(x(1,:)); %求最小与最大值
xmax1=max(x(1,:));
xmin2=min(x(2,:));
xmax2=max(x(2,:));
net.trainParam.epochs=2500;  %设定迭代步数
net=newff([xmin1,xmax1;xmin2,xmax2],[5,2],{'logsig','logsig'});  %初始化网
络
net=train(net,x,y);  %进行网络训练
x1=[1.24,1.28,1.40;
    1.80,1.84,2.04];%待分样本
y1=sim(net,x1);  %数据泛化

plot(x(1,1:9),x(2,1:9),'*',x(1,10:15),x(2,10:15),'o',x1(1,:),x1(2,:),
'p')  %画原始数据图（图4-28）。
```

Af、Apf 及待分样本数据图如图 4-28 所示。

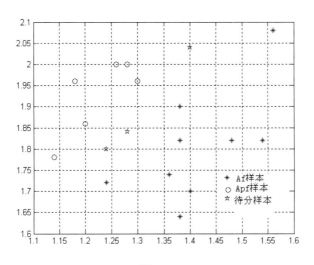

图 4-28

三个样本输出值为：

```
y1=0.1235    0.8995    0.0037
    0.8785    0.0951    0.9986
```

以两个分量越靠近就判断为哪一类。从该结果看，第二个样本分为 Af；而第一和第三个样本分为 Apf。但由于每次训练初始参数的随机性，而待判的 3 个样本在两类的临界区，导致不同的训练结果会有差异，这也正常。

4.3.4　模糊综合评判法

1. 模糊综合评判理论方法

所谓模糊综合评判是在模糊环境下，考虑了多因素的影响，为了某种目的对一事物做出综合决策的方法。

设有两个有限论域：

$$U = \{x_1, x_2, \cdots, x_n\}$$
$$V = \{y_1, y_2, \cdots, y_m\}$$

其中，U 代表综合评判的多种因素组成的集合，称为因素集；V 为多种决断构成的集合，称为评判集或评语集。一般地，因素集中各因素对被评判事物的影响是不一致的，所以因素的权重分配是 U 上的一个模糊向量，记为：

$$A = (a_1, a_2, \cdots, a_n) \in F(U)$$

其中，a_i 表示 U 中第 i 个因素的权重（a_i 通常采用德尔斐法和层次分析法确定），且满足

$$\sum_{i=1}^{n} a_i = 1$$

此外，m 个评语也并非绝对肯定或否定。因此，综合后的评判可看作是 V 上的模糊集，记为：

$$B = (b_1, b_2, \cdots, b_m) \in F(V)$$

其中，b_j 表示第 j 种评语在评判总体 V 中所占的地位。

如果有一个从 U 到 V 的模糊关系 $R = (r_{ij})_{n \times m}$，那么利用 R 就可以得到一个模糊变换 TR。因此，便有如下结构的模糊综合评判数学模型：

① 因素集 $U = \{x_1, x_2, \cdots, x_n\}$；

② 评判集 $V = \{y_1, y_2, \cdots, y_m\}$；

③ 构造模糊变换

TR：$F(U) \rightarrow F(V)$。

其中，R 为 U 到 V 的模糊关系矩阵，$R = (r_{ij})_{n \times m}$。实际应用中 r_{ij} 可以通过德尔斐法或随机调查法得到。这样，由 (U, V, R) 三元体构成了一个模糊综合评判数学模型。此时，若输入一个权重分配 $W = (w_1, w_2, \cdots, w_n) \in F(U)$，就可以得到一个综合评判 $B = (b_1, b_2, \cdots, b_m) \in F(V)$。

即

$$(b_1, b_2, \cdots, b_m) = (w_1, w_2, \cdots, w_n) \circ \begin{pmatrix} r_{11} & r_{12} & \cdots & r_{1m} \\ r_{21} & r_{22} & \cdots & r_{2m} \\ \cdots & \cdots & \cdots & \cdots \\ r_{n1} & r_{n2} & \cdots & r_{nm} \end{pmatrix}$$

其中，$b_j = \vee(w_i \wedge r_{ij})$，j=1,2,…,m。这里算子"$\vee$""$\wedge$"分别表示"取大""取小"的含义。也可以采用通常的乘法和加法计算。

如果 $b_k = \max\{b_1, b_2, \cdots, b_m\}$，则综合评判结果为对该事物做出决断 b_k。

综合评判的核心在于"综合"。众所周知，对于由单因素确定的事物进行评判是容易的，但是，当事物涉及多个因素时，就要综合诸因素对事物的影响，做出一个接近于实际的评判，以避免仅从一个因素就做出评判而带来的片面性，这就是综合评判的特点。

2. 实例计算

商业银行经营风险的模糊评价。

资产质量是商业银行的生命线，控制风险是确保业务稳健发展的前提。随着我国开放程度的加深及世贸组织的加入，作为市场经济主体的商业银行在谋求利润最大化的同时，经营也将处于更多的国际、国内的不确定因素之中，承受更多风险。所以要准确地判断和评估经营风险，加强静态、动态分析，完善控制和化解风险的手段，从而确保资产质量，增强参与国际竞争的能力。对风险的评估首先要给出评估指标体系，然后给出评估方法。下面是具体过程。

（1）商业银行经营风险的评估原则上应是商业银行经营风险程度的真实内涵。经考察，商业银行经营风险综合评价指标体系结构如图4-29所示：

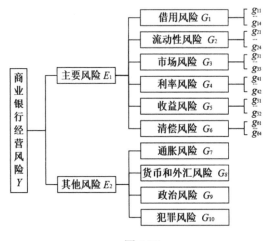

图 4-29

在图中所示的三层次综合评价指标体系，其中 $G_1, G_2, \cdots, G_{10}$ 分别表示不同的指标子集，具体含义如下：

$G1$（信用风险）$= \{g_{11}, g_{12}, g_{13}, g_{14}\}$＝{不良资产与贷款和租赁合同总额之比；净贷款

冲消额与贷款和租赁合约总额之比；每年贷款损失准备金（PLL）提取额与贷款和租赁合约总额比或股本总额之比；贷款损失准备金（ALL）与贷款和租赁合约总额之比或与股本总额之比｝。

$G2$（流动性风险）$=\{g_{21},g_{22},g_{23},g_{24}\}=$｛借入资金与资产总额之比；净贷款与资产总额之比；现金和同业存款与资产总额之比；现金资产加政府债券与资产总额之比｝。

$G3$（市场风险）$=\{g_{31},g_{32},g_{33}\}=$｛银行资产账面价值与估计的市值之比；固定利率贷款和证券与浮动贷款和证券之比（固定利率负债与浮动利率负债之比）；银行股本的账面价值与市场价值之比｝。

$G4$（利率风险）$=\{g_{41},g_{42}\}=$｛利率敏感性资产与利率敏感性负债之比；未投保的存款与存款总额之比｝。

$G5$（收益风险）$=\{g_{51},g_{52}\}=$｛税后净收入的标准差或方差,银行股本收益率（ROE）和资产收益率（ROA）的标准差或方差｝。

$G6$（清偿风险）$=\{g_{61},g_{62},g_{63},g_{64}\}=$｛银行发行的债券的市场收益率与同期限政府证券的市场收益率的利差；银行股价与其年度每股收益之比；股本（净值）与银行资产总额之比；借入资金与负债总额之比｝。

$G7$（通胀风险）；

$G8$（货币和外汇风险）；

$G9$（政治风险）；

$G10$（犯罪风险）。

（2）确定各指标层的权重。采用德尔斐法和层次分析法（AHP）确定各指标层的权重。

（3）确定评价商业银行经营风险的向量评语集。这里取评判评语集 V=\{$v1$, $v2$, $v3$, $v4$, $v5$\}，其中 $v1$、$v2$、$v3$、$v4$、$v5$ 分别表示指标的评语为"优""良""中""可""差",对应的商业银行经营风险程度为"低""较低""中等""较高""高"。

（4）对每个 G_i（i=1,2,$\cdots$,10）分别进行模糊综合评判。若单独考虑 G_i（i=1,2,$\cdots$,10）下的指标 g_{ij}，可以通过德尔斐法或随机调查法得到 g_{ij} 隶属于第 k 个评语 v_t 的程度 r_{ijk}，得到 G_i 的模糊评价矩阵：

$$R_i=\begin{pmatrix} r_{i11} & r_{i12} & \cdots & r_{i1m} \\ r_{i21} & r_{i22} & \cdots & r_{i2m} \\ \cdots & \cdots & \cdots & \cdots \\ r_{in1} & r_{in2} & \cdots & r_{inm} \end{pmatrix}$$

其中 n 为 G_i 中评价的指标数目,m 为向量评语集中评语数目。由：

$$G_i=W_i\circ R_i=(w_1,w_2,\cdots,w_n)\circ\begin{pmatrix} r_{i11} & r_{i12} & \cdots & r_{i1m} \\ r_{i21} & r_{i22} & \cdots & r_{i2m} \\ \cdots & \cdots & \cdots & \cdots \\ r_{in1} & r_{in2} & \cdots & r_{inm} \end{pmatrix}$$

$$=(a_{i1},a_{i2},\cdots,a_{im})$$

得到 G 层各指标的模糊综合评判集合， $A_i=(a_{i1},a_{i2},\cdots,a_{im})$，其中 w_i 为每个 G_i 中评价

指标权重向量，a_{ij} 采用 $F(\cdot,)$ 算子（有界和 "$\oplus$" 与普通乘法 ""算子）求得（这里的合成运算没有采用 "$\vee$""$\wedge$" 算子）。这里，有界和 "$\oplus$" 的含义是 $\alpha \oplus \beta = \min\{\alpha+\beta,1\}$。

同理可得：

$$E_1' = (p_1,p_2,p_3,p_4,p_5,p_6) \circ \begin{pmatrix} G_1 \\ G_2 \\ \vdots \\ G_6 \end{pmatrix} = (e_{11},e_{12},\cdots,e_{1m})$$

$$E_2 = (q_1,q_2,q_3,q_4) \circ \begin{pmatrix} G_7 \\ G_8 \\ G_9 \\ G_{10} \end{pmatrix} = (e_{21},e_{22},\cdots,e_{2m})$$

p_i 为对应每指标 G_i (i=1,2,$\cdots$,6)的权重，q_i (i=1,2,$\cdots$,4)为对应每个 G_i (i=7,8,9,10)的权重。

（5）确定评价商业银行经营风险向量元素集：

$$Y = K \circ E = (k_1,k_2) \circ \begin{pmatrix} E_1 \\ E_2 \end{pmatrix} = (y_1,y_2,\cdots,y_m)$$

其中，k_i 为对应每个 E_i (i=1,2)的权重向量。

（6）评判结果的处理用加权平均法。

将评判集 V 中各元素量化后，最终评判结果 $V = B.Y^T$。其中 $B = (b_1,b_2,\cdots,b_m)$ 为 m 个评语的量化值。

具体计算如下：

商业银行经营风险指标评价体系的权重系数和评价等级在研究过程中可以是虚拟的，但在实际的评价过程中，这些数据则应由专门的机构和评估专家根据实际情况用特定的方法来确定。现假定通过德尔斐法或随机调查法得到如下有关某商业银行经营风险指标体系的具体数据：

```
K=(k1,k2) = (0.6,0.4)
P=(p1,p2,p3,p4,p5,p6) =(0.2,0.15,0.15,0.2,0.15,0.15)
Q=(q1,q2,q3,q4) =(0.2,0.3,0.2,0.3)
W1=(0.35,0.25,0.3,0.1)
W2=(0.4,0.3,0.2,0.1)
W3=(0.5,0.25,0.25)
W4=(0.6,0.4)
W5=(0.3.0.7)
W6=(0.3,0.2,0.2,0.3)
R1=[0.3 0.3 0.25 0.1 0.05
0.4 0.3 0.15 0.1 0.05
0.35 0.4 0.15 0.05 0.05
0.35 0.3 0.15 0.15 0.05]
R2=[0.3 0.3 0.25 0.1 0.05
0.35 0.4 0.15 0.05 0.05
0.4 0.3 0.15 0.1 0.05
```

```
0.3 0.3 0.2 0.2 0]
R3=[0.35 0.4 0.15 0.05 0.05
0.35 0.3 0.15 0.15 0.05
0.3 0.3 0.25 0.1 0.05]
R4=[0.4 0.3 0.15 0.1 0.05
0.3 0.3 0.25 0.1 0.05]
R5=[0.3 0.3 0.25 0.1 0.05
0.35 0.3 0.15 0.15 0.05]
R6=[0.35 0.4 0.15 0.05 0.05
0.2 0.3 0.2 0.15 0.15
0.4 0.3 0.15 0.1 0.05
0.3 0.3 0.25 0.1 0.05]
```

则：

```
G1=W1∘R1=(0.345 0.33 0.185 0.09 0.05)
G2=W2∘R2=(0.335 0.33 0.195 0.095 0.045)
G3=W3∘R3=(0.3375 0.35 0.175 0.0875 0.05)
G4=W4∘R4=(0.36 0.3 0.19 0.1 0.05)
G5=W5∘R5=(0.335 0.3 0.18 0.135 0.05)
G6=W6∘R6=(0.315 0.33 0.19 0.095 0.07)
E1=(p1,p2,p3,p4,p5,p6)∘(G1;G2;G3;G4;G5;G6)=
(0.2  0.15  0.15  0.2  0.15  0.15)
[0.345 0.33 0.185 0.09 0.05
0.335 0.33 0.195 0.095 0.045
0.3375 0.35 0.175 0.0875 0.05
0.36 0.3 0.19 0.1 0.05
0.335 0.3 0.18 0.135 0.05
0.315 0.33 0.19 0.095 0.07]
=(0.3394,0.3225,0.1860,0.0999,0.0523)
E2=(q1,q2,q3,q4)∘(G7;G8;G9;G10)=
(0.2  0.3  0.2  0.3).
[0.3 0.3 0.2 0.1 0.1
0.6 0.3 0.1 0 0
0.4 0.3 0.2 0.1 0
0.5 0.2 0.2 0.1 0]=(0.47  0.27  0.17  0.07  0.02)
Y=(k1 k2)∘(E1;E2)= (0.6  0.4)
[0.3394,0.3225,0.1860,0.0999,0.0523
0.47, 0.27, 0.17, 0.07, 0.02]= (0.3916,0.3015,0.1796,0.0879,0.0394)
```

若规定评价集 V 中各元素的量化值为 $v1=100$，$v2=85$，$v3=70$，$v4=55$，$v5=40$，则最终评判结果 V 的值介于 100 到 40 之间，通常越接近 100，经营风险越小，越接近 40，风险越高。示例中 $V=BY'=(100,85,70,55,40)\times(0.3916,0.3015,0.1796,0.0879,0.0394)'=83.77$。

故该商业银行经营风险较低。

附录：MatLab 程序如下：

```
%第一层权值
K=[0.6,0.4]; %(k1,k2)
%对应(G1,G2,G3,G4,G5,G6)的权值
```

```
P=[0.2,0.15,0.15,0.2,0.15,0.15];  %(p1,p2,p3,p4,p5,p6)
%对应(G7,G8,G9,G10)的权值
Q=[0.2,0.3,0.2,0.3];  %(q1,q2,q3,q4)

W1=[0.35,0.25,0.3,0.1];%(g11,g12,g13,g14)权值

W2=[0.4,0.3,0.2,0.1];%(g21,g22,g23,g24)权值
W3=[0.5,0.25,0.25];  %(g31,g32,g33)权值
W4=[0.6,0.4];  %(g41,g42)权值
W5=[0.3,0.7];  %(g51,g52)权值
W6=[0.3,0.2,0.2,0.3];  %(g41,g42,g43,g44)权值
R1=[0.3 0.3 0.25 0.1 0.05
0.4 0.3 0.15 0.1 0.05
0.35 0.4 0.15 0.05 0.05
0.35 0.3 0.15 0.15 0.05];  %对 G1 的 4 个指标的评价
R2=[0.3 0.3 0.25 0.1 0.05
0.35 0.4 0.15 0.05 0.05
0.4 0.3 0.15 0.1 0.05
0.3 0.3 0.2 0.2  0];%对 G2 的 4 个指标的评价
R3=[0.35 0.4 0.15 0.05 0.05
0.35 0.3 0.15 0.15 0.05
0.3 0.3 0.25 0.1 0.05];%对 G3 的 3 个指标的评价
R4=[0.4 0.3 0.15 0.1 0.05
0.3 0.3 0.25 0.1 0.05];%对 G4 的 2 个指标的评价
R5=[0.3 0.3 0.25 0.1 0.05
0.35 0.3 0.15 0.15 0.05];  %对 G5 的 2 个指标的评价
R6=[0.35 0.4 0.15 0.05 0.05
0.2 0.3 0.2 0.15 0.15
0.4 0.3 0.15 0.1 0.05
0.3 0.3 0.25 0.1 0.05];%对 G6 的 4 个指标的评价

G1=W1*R1;
G2=W2*R2;
G3=W3*R3;
G4=W4*R4;
G5=W5*R5;
G6=W6*R6;

G7=[0.3 0.3 0.2 0.1 0.1];
G8=[0.6 0.3 0.1 0 0];
G9=[0.4 0.3 0.2 0.1 0];
G10=[0.5 0.2 0.2 0.1 0];

E1=P*[G1;G2;G3;G4;G5;G6];

E2=Q*[G7;G8;G9;G10];

Y=K*[E1;E2];

B=[100,85,70,55,40];  %评语的量化值
```

```
V=B*Y';
fprintf('风险量化值量化值%4.2f\n',V)。%第一层权值
```

4.3.5 水道测量数据问题[13]

表 4-24 给出了在以码（1 码=0.914 米）为单位的直角坐标为 X，Y 的水面一点处以英尺（1 英尺=0.3048 米）计的水深 Z。水深数据是在低潮时测得的。

表 4-24

X（码）	Y（码）	Z（英尺）	X（码）	Y（码）	Z（英尺）
129.0	7.5	4	157.5	−6.5	9
140.0	141.5	8	107.5	−81.0	9
108.5	28.0	6	77.0	3.0	8
88.0	147.0	8	81.0	56.5	8
185.5	22.5	6	162.0	84.0	4
195.0	137.5	8	117.5	−38.5	9
105.5	85.5	8	162.0	−66.5	9

船的吃水深度为 5 英尺。在矩形区域(75,200)×(-50,150)里哪些地方船要避免进入。

解答：

所给 14 个点的水道离散点平面图如图 4-30 所示，其中有两点不在所给区域：(75,200)×(-50,150)。

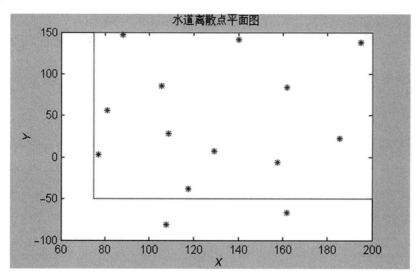

图 4-30

本问题采用地球科学上的反距离权重法（IDW）。首先将所给区域(75,200)×(-50,150)按较细的网格进行剖分，然后利用所给 14 个点的水深值 Z，按照 IDW 方法求出所有剖分点的水深值 Z，并找出水深低于 5 英尺的点。然后做出水底曲面图，等值线图，标出水深低于 5m 的区域。

IDW 算法：

设有 n 个点 (x_i, y_i, z_i)，计算平面上任意点 (x, y) 的 z 值。

$$z = \sum_{i=1}^{n} w_i \cdot z_i$$

其中权重：

$$w_i = \frac{1/d_i^p}{\sum_{i=1}^{n} 1/d_i^p}, \quad d_i = \sqrt{(x-x_i)^2 + (y-y_i)^2}$$

即 (x, y) 处的 z 值由各已知点加权得到，其权重为 (x, y) 到各点距离的 p 次方成反比。

p 决定距离 (x, y) 近的 (x_i, y_i) 作用的相对大小。当 p 越大，则当 (x_i, y_i) 距离 (x, y) 越近，其相对作用越大，越远相对作用越小。本题取 $p = 3$。

按照 IDW 方法，x 方向剖分 50 个区间，区间间隔 2.5；y 方向剖分 80 个区间，区间间隔 $dy = 2.5$，得到的水底河床图及等值线如图 4-31（其中深色竖线为水深不足 5 英尺的点）。

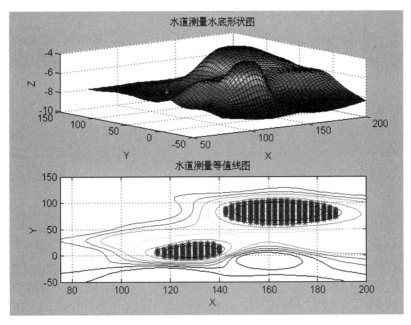

图 4-31

MatLab 程序如下：

```
%AMCM86A
data=[129.0,7.5,4;
    140.0,141.5,8;
    108.5,28.0,6;
    88.0,147.0,8;
    185.5,22.5,6;
    195.0,137.5,8;
    105.5,85.5,8;
    157.5,-6.5,9;
```

```
        107.5,-81.0,9;
        77.0,3.0,8;
        81.0,56.5,8;
        162.0,84.0,4;
        117.5,-38.5,9;
        162.0,-66.5,9];%水道测量数据
plot(data(:,1),data(:,2),'*')
xx=[75,-50;
        200,-50;
        200,150;
        75,150;
        75,-50];
hold on;
plot(xx(:,1),xx(:,2),'r')
xlabel('X');
ylabel('Y');
title('水道离散点平面图');
 pause
d=zeros(14,1);
w=zeros(14,1);

m=50;   %x 剖分区间数
n=80;   %y 剖分区间
dx=(200-75)/m;%x 剖分间隔
dy=(150+50)/n;  %y 剖分间隔
point=(m+1)*(n+1);%总点数
T=zeros(point,3);%存储各点数据
X=zeros(n+1,m+1);
Y=zeros(n+1,m+1);
Z=zeros(n+1,m+1);

p=3;
  k=0;
  tp=0;
 for ix=1:m+1
    for iy=1:n+1
        x=75+(ix-1)*dx;    %x 坐标
        y=-50+(iy-1)*dy; %y 坐标
      for i=1:14
          %(x,y)格点到各已知各点距离
          d(i)=sqrt((x-data(i,1))^2+(y-data(i,2))^2);
          w(i)=1.0/d(i)^p;%各点权重
      end;
      s=sum(w);
      w=w/s;%权值归一化
      z=sum(data(:,3).*w);
```

```
    %求得网格点
    X(iy,ix)=x; Y(iy,ix)=y; Z(iy,ix)=-z;%Z坐标取负值便于绘制海底曲面图
    k=k+1;
    %存储各点(x,y,z)坐标
    T(k,1)=x; T(k,2)=y; T(k,3)=z;
    if z<=5
    tp=tp+1;
    D(tp,1)=x; D(tp,2)=y;%获得水深低于5英尺的点
  end
  end;
end;


subplot(2,1,1);
  surf(X,Y,Z) %作曲面图
  xlabel('X');
  ylabel('Y');
  zlabel('Z');
  title('水道测量水底形状图')
subplot(2,1,2);
  contour(X,Y,Z); %作等值线图
  hold on
  plot(D(:,1),D(:,2),'*')%做出水深低于5英尺的点
  xlabel('X');
  ylabel('Y');
  title('水道测量等值线图');
  grid on
  hold off
```

4.3.6　电池剩余放电时间预测[13]

铅酸电池作为电源被广泛用于工业、军事、日常生活中。在铅酸电池以恒定电流强度放电过程中，电压随放电时间单调下降，直到额定的最低保护电压（Um，本题中为 9V）。从充满电开始放电，电压随时间变化的关系称为放电曲线。电池在当前负荷下还能供电多长时间（即以当前电流强度放电到 Um 的剩余放电时间）是使用中必须关注的问题。电池通过较长时间使用或放置。

问题 1　附件 1（参考 CUMCM2016C 附件 1）是同一生产批次电池出厂时以不同电流强度放电测试的完整放电曲线的采样数据。请根据附件 1 用初等函数表示各放电曲线，并分别给出各放电曲线的平均相对误差（MRE，定义见附件 1）。如果在新电池使用中，分别以 30A、40A、50A、60A 和 70A 电流强度放电，测得电压都为 9.8V 时，根据你获得的模型，电池的剩余放电时间分别是多少？

问题 2　试建立以 20A 到 100A 之间任一恒定电流强度放电时的放电曲线的数学模型，并用 MRE 评估模型的精度。用表格和图形给出电流强度为 65A 时的放电曲线。

问题3 附件2是同一电池在不同衰减状态下以同一电流强度从充满电开始放电的记录数据。试预测附件2中电池衰减状态3的剩余放电时间。

解答：

问题1：

先绘制出不同电流强度下的放电曲线便于观察，不同电流强度下放电到9.0V所花时间如图4-32所示。

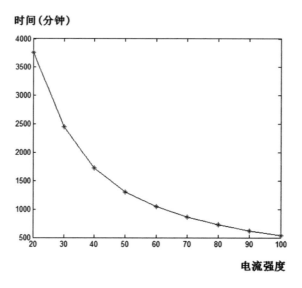

图 4-32

该图说明，随着电流强度增大，放电到9V所花时间越少，即放电越快，不同电流强度下的放电时间曲线如图4-33所示。

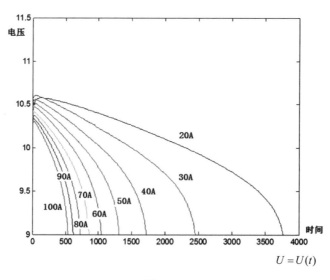

$$U = U(t)$$

图 4-33

思路：采用多项式分别拟合不同电流强度下放电的电压与时间的函数关系 $V = V(t)$。

经尝试，采用四次多项式拟合：

$$U = a_0 + a_1t + a_2t^2 + a_3t^3 + a_4t^4$$

将数据导入 SAS 数据文件 d2，d3，d4，d5，d6，d7，d8，d9，d10（数据文件名 C2016_2，…，C2016_10），分别计算并观察多项式合适的次数。I=20A 时的四次函数拟合如图 4-34，I=70A 时的四次函数拟合图 4-35，I–100A 时的四次函数拟合图 4-36 所示。

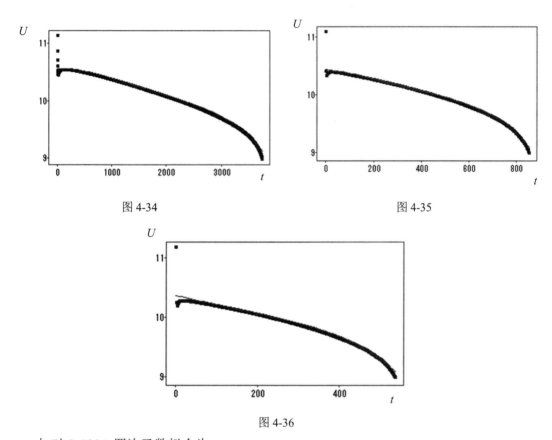

图 4-34　　　　　　　　　　　　　　　　图 4-35

图 4-36

如对 I=100A 四次函数拟合为：

$$U = 10.368 - 1.4158\times10^{-3}t - 2.0694\times10^{-6} + a_2t^2 + 1.1377\times10^{-8}t^3 - 2.0384\times10^{-11}t^4$$

其他拟合函数可同样得到。

利用平均相对误差（MRE）对估计精度进行度量。

平均相对误差（MRE）的定义：从 Um 开始按不超过 0.005V 的最大间隔提取 231 个电压样本点。设这些电压值对应采样已放电时间为 t_i，对应模型已放电时间为 t_i'，则平均相对误差（MRE）为：

$$MRE = \frac{1}{231}\sum_{i=1}^{231}\frac{\left|t_i - t_i'\right|}{t_i}$$

计算结果见表 4-25（程序见 C2016_q1_1.m）。

表 4-25

电流强度	20A	30A	40A	50A	60A	70A	80A	90A	100A
MRE	0.673%	0.570%	0.646%	0.680%	0.780%	1.051%	1.575%	3.271%	4.047%

对 30A、40A、50A、60A 和 70A 电流强度放电，测得电压都为 9.8V 时，估计电池的剩余放电时间。采用方法：代入拟合函数，计算 $U=9.8$V 的时间 t_1，及 $U=9.0$V 的时间 t_2，则 $t_2 - t_1$ 为电池剩余放电时间。

或估计出 $t = t(U)$ 的函数，然后将 $U=9.8$ 和 $U=9.0$ 代入计算出各自放电时间，二者之差则为电池剩余放电时间。

示例：

$I=70$A，拟合曲线为：

$$U = -6.0802 \times 10^{-12} t^4 + 7.8095 \times 10^{-9} t^3 - 3.6765 \times 10^{-6} t^2 - 3.0913 \times 10^{-4} t + 10.435$$

给定 U 时求时间 t，等价于求函数的根。该函数为：

$$f(t) = -6.0802 \times 10^{-12} t^4 + 7.8095 \times 10^{-9} t^3 - 3.6765 \times 10^{-6} t^2 - 3.0913 \times 10^{-4} t + 10.435 - U$$，求导有：

$$f'(t) = -4 \times 6.0802 \times 10^{-12} t^3 + 3 \times 7.8095 \times 10^{-9} t^2 - 2 \times 3.6765 \times 10^{-6} t - 3.0913 \times 10^{-4}$$

采用牛顿迭代法求根公式为：

$$t_{n+1} = t_n - \frac{f(t_n)}{f'(t_n)} \quad n = 1, 2, 3, \ldots$$

当 $U=9.8$ 时，由于观测值为 $t=606 \sim 608$，因此可取初始值 $t_0=606$，经过两次迭代即得 $t_1 = 615.47$。

当 $U=9.0$ 时，由于观测值为 $t=862$，因此可取初始值 $t_0=862$，经过两次迭代即得 $t_2 = 878.32$。

因此根据模型估计电池剩余放电时间为 $t_2 - t_1 = 262.85$（min）。

其他电流强度下计算方法完全相同。程序见 C2016_q1_2.m。

不同电流强度的剩余放电时间结果见表 4-26。

表 4-26 （时间：min）

电流强度	$U=9.8$ 的放电时间 t_1	$U=9.0$ 的放电时间 t_2	估计剩余放电时间	观测剩余放电时间	相对误差
30A	1875.79	2521.11	645.32	594.00	8.64%
40A	1304.14	1766.10	461.96	430.00	7.43%
50A	989.10	1347.77	358.67	328.00	9.35%
60A	774.61	1076.17	301.56	278.00	8.48%
70A	615.47	878.32	262.85	256.00	2.68%

这里剩余放电时间根据模型估计得到，观测剩余放电时间根据观测值得到。相对误差为：$$\gamma = \frac{|观测剩余放电时间 - 估计剩余放电时间|}{观测剩余放电时间} \times 100$$

从结果来看，虽然估计剩余放电时间与观测剩余放电时间有一定误差，但相对误差都不超过 10%，估计具有一定可靠性。

问题 2：

思路：要建立以 20A 到 100A 之间任一恒定电流强度放电时的放电曲线的数学模型，可将电压 U 看作时间 t 和电流强度的二元函数 $U = U(t, I)$，然后利用多项式进行拟合，并利用 MRE 评估模型的精度，将电流强度 I=55A 代入函数计算出电压 U 与时间 t 的放电曲线。

将所有的数据点合成在一起，以 (t, I) 为自变量，U 为因变量，总共数据点合成有 6531 个。拟合函数形式采用：

$$U = a_0 + a_1 t + a_2 t^2 + a_3 t^3 + a_4 t^4 + b_1 I + b_2 I^2 + b_3 I^3 + b_4 I^4$$
$$+ c_1 t.I + c_2 t^2.I + c_3 t^3.I + d_1 t.I^2 + d_2 t.I^3 + d_4 t^2.I^2$$

生成数据文件导入 SAS8，存为 C2016_q2，SAS8 计算结果为：

Source	DF	Sum of Squares	Mean Square	F Value	Pr > F
Model	14	923.84379	65.98884	45762.8	<.0001
Error	6516	9.39591	0.00144		
Corrected Total	6530	933.23970			

Root MSE	0.03797	R-Square	0.9899	
Dependent Mean	10.03532	Adj R-Sq	0.9899	
Coeff Var	0.37840			

Variable	DF	Parameter Estimate	Standard Error	t Value	Pr > |t|
Intercept	1	10.22688	0.02797	365.65	<.0001
t	1	0.00166	0.00006012	27.68	<.0001
t2	1	−0.00000167	4.545445E-8	−36.66	<.0001
t3	1	4.09466E-10	1.14563E-11	35.74	<.0001
t4	1	−2.3046E-14	8.84107E-16	−26.07	<.0001
i	1	0.02843	0.00218	13.06	<.0001
i2	1	−0.00064261	0.00005767	−11.14	<.0001
i3	1	0.00000466	6.365985E-7	7.32	<.0001
i4	1	−1.02977E-8	2.515461E-9	−4.09	<.0001
ti	1	−0.00011180	0.00000347	−32.26	<.0001
t2i	1	8.691338E-8	2.028637E-9	42.84	<.0001
t3i	1	−1.3111E-11	3.11552E-13	−42.08	<.0001
ti2	1	0.00000168	5.587181E-8	30.13	<.0001
t2i2	1	−1.03445E-9	1.81711E-11	−56.93	<.0001
ti3	1	−7.42196E-9	2.66795E-10	−27.82	<.0001

得到模型为：

$$U(I, t) = 10.22688 + 0.00166t - 0.00000167t^2 + 4.09466 \times 10^{-10} t^3 - 2.3046 \times 10^{-14} t^4$$
$$+ 0.02843I - 0.00064261I^2 + 0.00000466I^3 - 1.02977 \times 10^{-8} I^4$$
$$- 0.00011180t.I + 8.691338 \times 10^{-8} t^2.I - 1.3111 \times 10^{-11} t^3.I$$
$$+ 0.00000168t.I^2 - 7.42196 \times 10^{-9} t.I^3 - 1.03445 \times 10^{-9} t^2.I^2$$

可代入计算，利用MRE评估模型的精度。

代入 $I=65A$，得到函数及曲线，$I=65A$ 的放电曲线如图 4-37 所示。

放电函数为：

$$U(t) = 10.45573 - 0.00054726t - 0.00000039118t^2 - 4.4275 \times 10^{-10}t^3 - 2.3046 \times 10^{-14}t^4$$

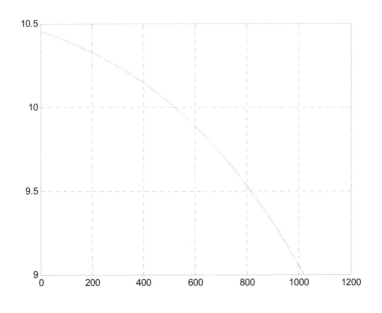

图 4-37

采用牛顿迭代法，设：

$f(t) = 10.45573 + 0.00054726t - 0.00000039118t^2 - 4.4275 \times 10^{-10}t^3 - 2.3046 \times 10^{-14}t^4 - U$ 导

数为：

$$f'(t) = 0.00054726 - 2 \times 0.00000039118t - 3 \times 4.4275 \times 10^{-10}t^2 - 4 \times 2.3046 \times 10^{-14}t^3$$

对 $U=9.8$，取初始值为 $t_0 = (606 + 766) / 2 = 686$

其中 606 为 $I=9.8V$ 对应 $I=70A$ 的放电时间粗略估计值，766 为 $I=9.8V$ 对应 $I=60A$ 的放电时间粗略估计值，取二者平均值作为 $I=65A$ 对应 9.8V 的初始放电时间，是为了选取更好的初始值，使迭代速度更快。

采用牛顿迭代法：

$$t_{n+1} = t_n - \frac{f(t_n)}{f'(t_n)} \quad n = 1, 2, 3, \cdots$$

迭代 2 次则满足要求，得到 $t_1 = 655.48$ （min）

对 $U=9.0$，取初始值为 $t_0 = (862 + 1042) / 2 = 952$

其中 862 为 $I=9.0$ 伏对应 $I=70A$ 的放电时间粗略估计值，1042 为 $I=9.0V$ 对应 $I=60A$ 的放电时间粗略估计值。

迭代 2 次满足要求，得到 $t_2 = 1018.50$ （min）

则放电时间估计为 $dt = t_2 - t_1 = 363.01$ （min）

实现程序见 C2016_q2.m。

问题 3：

思路：我们采用的方法是对新电池状态、衰减状态 1、衰减状态 2、衰减状态 3 拟合时间 t 关于电压 U 的函数 $t = t(U)$，然后对新电池状态、衰减状态 1、衰减状态 2 计算 U-9.0 时的时间，与观测时间比较，根据其误差的大小来判断该方法的有效性。如果有效，则采用该方法估计衰减状态 3 在 U=9.0 时的时间，从而估算衰减状态 3 的剩余放电时间。

1. 函数拟合 $t = t(U)$

数据点从 20 点开始，前面放电时间电压不稳定，舍弃不考虑。

SAS8 数据文件 $p0$（新电池状态），$p1$（衰减状态 1），$p2$（衰减状态 2），$p3$（衰减状态 3）。

进行函数拟合 $t = t(U)$

经尝试，采用三次拟合 $t = c_0 + c_1 U + c_2 U^2 + c_3 U^3$，新电池状态 3 次拟合结果如图 4-38，衰减状态 3 的 3 次拟合结果如图 4-39 所示。

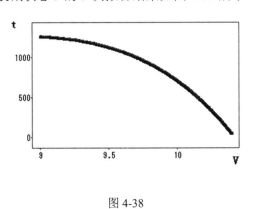

图 4-38   图 4-39

2. 误差估计

对新电池状态，衰减状态1，衰减状态2，比较衰减到9V的实际放电时间和模型估计时间，估计误差。

设 t_o 为衰减到9V的观测时间，t_e 为衰减到9V的估计时间，绝对误差定义为：

$$\Delta t = |t_o - t_e|$$

相对误差定义为：

$$\eta = \frac{|t_o - t_e|}{t_o} \times 100\%$$

计算结果见表4-27。

程序见C2016_q3.m

MatLab程序计算结果：

第k= 1种状态，U=9.0，观测时间=1281.10（min），估计时间1282.39（min），绝对误差1.29，相对误差0.10%。

第k= 2种状态，U=9.0，观测时间=1104.80（min），估计时间1105.95（min），绝对误差1.15，相对误差0.10%。

第k= 3种状态，U=9.0，观测时间=979.00（min），估计时间978.89（min），绝对误差0.11，相对误差0.01%。

第k= 4种状态，U=9.0，当前时间=596.20（min），衰减到9.0V估计时间844.58（min），剩余放电时间248.38 min。

表 4-27

状　　态	衰减到 9V 观测时间（分钟）	衰减到 9V 估计时间（分钟）	绝对误差	相对误差
新电池状态	1281.10	1282.39	1.29	0.10%
衰减状态 1	1104.80	1105.95	1.15	0.10%
衰减状态 2	979.00	978.89	0.11	0.01%

从该结果来看，最大绝对误差不超过1.29分钟，最大相对误差不超过0.1 %，说明该方法有效。

由此我们计算出，当U=9.0时，计算衰减状态3所花时间为844.58 min。

衰减状态3当前时间为596.2 min，从而得到剩余放电时间为：844.58-596.2=248.38 min。

衰减状态3的3次拟合及预测结果如图4-40所示。

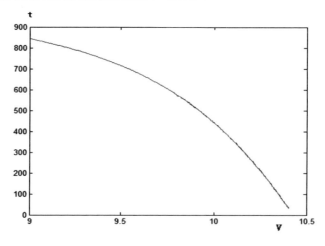

图 4-40

问题 1 程序：

```
① C2016_q1_1.m。
%问题 1 拟合得到 4 次曲线并计算 MRE（相对误差估计精度）
clear;
X=xlsread('2016C 附件','附件 1');

[m,n]=size(X);
```

```
S=[20,20,20,20,20,20,20,20,40,30];  %开始点序号
N=[1883,1883,1228,863,655,523,432,366,311,270];  %各列数据总数
t98=[0,2826,1860,1294, 980, 766,606,498,412,344];  %V=9.8 的最近观测时间
t90=[0,3764,2454,1724,1308,1044,862,730,620,536];  %V=9.0 的最近观测时间


%得到 4 次拟合曲线

k=2;  %列序号

for k=2:10

    t=zeros(N(k)-S(k)+1,1);
    v=zeros(N(k)-S(k)+1,1);

%1.多项式拟合
for i=S(k):N(k)
 t(i-S(k)+1)=X(i,1);
 v(i-S(k)+1)=X(i,k);
end

[P,S1] = polyfit(t,v,4);  %4 次多项式拟合
 fprintf('电流强度%2d\n',k*10);
 fprintf('4 次多项式拟合参数:\n');
for i=1:5
 fprintf('%6.4e ',P(i));
end
fprintf('\n\n');

nv=P(1)*t.^4+P(2)*t.^3+P(3)*t.^2+P(4)*t+P(5);

plot(t,v,'b',t,nv,'r');

%2.寻找 UM=9.0 开始的相邻不超过 0.005V 的 231 个点对应的(t,v)
dv=abs(diff(v));
kp=length(dv);
  st=zeros(kp+1,1);
for i=kp:-1:S(k)
  if dv(i)<=0.005  st(i)=1; st(i+1)=1; end
end

   H=[];  %获得从 UM=9.0 开始的相邻不超过 0.005V 的 231 个点序号
   number=0;
for i=kp+1:-1:S(k)
   if st(i)==1   H=[H,i]; number=number+1;end
   if number>=231 break;end
end

  Total=min(sum(st),231);  %总共点数,如果不足 231 则取符合条件的点
  nt=zeros(Total,1);
  nv=zeros(Total,1);
```

```
for i=1:Total
   m=H(i);
   nt(i)=X(m,1);    %对应 231 个点的时间与观测电压
   nv(i)=X(m,k);
end
```

%3 利用牛顿迭代法寻找 v 对应的时间 t

```
% fprintf('采用牛顿迭代法求根:\n');

   s=0;
  for km=1:Total
  U=nv(km);
 t0=nt(km);
for i=1:5 %迭代次数控制
ft=P(1)*t0^4+P(2)*t0^3+P(3)*t0^2+P(4)*t0+P(5)-U;  %迭代函数
dft=4*P(1)*t0^3+3*P(2)*t0^2+2*P(3)*t0+P(4);   %导数
t1=t0-ft/dft;
%fprintf('U=%6.4f,i=%2d,t0=%6.2f,t1=%6.2f\n',U,i,nt(km),t1);
t0=t1;
end
ft1=t1;
s=s+abs(t1-nt(km))/nt(km);
%fprintf('U=%6.4f,t0=%6.2f,t1=%6.2f\n',U,nt(km),t1);
   end
MRE=s/Total;
fprintf('Total=%4d,MRE=%6.4f%%\n',Total,MRE*100);
end
```

① C2016_q1_2.m。
```
%问题 1 拟合得到 4 次曲线,并估计从 9.8V 开始剩余放电时间
clear;
X=xlsread('2016C 附件','附件 1');

[m,n]=size(X);
N=[1883,1883,1228,863,655,523,432,366,311,270];   %各列数据总数
t98=[0,2826,1860,1294, 980, 766,606,498,412,344]; %U=9.8 的最近观测时间
t90=[0,3764,2454,1724,1308,1044,862,730,620,536]; %U=9.0 的最近观测时间


%得到 4 次拟合曲线

   for k=3:7
   t=zeros(N(k),1);
   v=zeros(N(k),1);
for i=1:N(k)
 t(i)=X(i,1);
 v(i)=X(i,k);
end
[P,S] = polyfit(t,v,4);
```

```
 fprintf('电流强度%2d\n',k*10);
 fprintf('4 次多项式拟合参数:\n');
for i=1:5
 fprintf('%6.4e ',P(i));
end
fprintf('\n\n');


nv=P(1)*t.^4+P(2)*t.^3+P(3)*t.^2+P(4)*t+P(5);

plot(t,v,'b',t,nv,'r');

fprintf('采用牛顿迭代法求根:\n');
  U1=9.8;
  t10=t98(k);
for i=1:5
ft=P(1)*t10^4+P(2)*t10^3+P(3)*t10^2+P(4)*t10+P(5)-U1; %迭代函数
dft=4*P(1)*t10^3+3*P(2)*t10^2+2*P(3)*t10+P(4);  %导数
t11=t10-ft/dft;
fprintf('U1=%6.2f,i=%2d,t1=%6.2f\n',U1,i,t11);
t10=t11;
end
ft1=t11;


  fprintf('\n');
 U2=9.0;
 t20=t90(k);
for i=1:5
ft=P(1)*t20^4+P(2)*t20^3+P(3)*t20^2+P(4)*t20+P(5)-U2; %迭代函数
dft=4*P(1)*t20^3+3*P(2)*t20^2+2*P(3)*t20+P(4);  %导数
t21=t20-ft/dft;
fprintf('U2=%6.2f,i=%2d,t1=%6.2f\n',U2,i,t21);
t20=t21;
end
ft2=t21;
dt1=ft2-ft1; %估计剩余放电时间
dt2=t90(k)-t98(k);  %观测剩余放电时间
 fprintf('U=%3.1f,估计值 t1=%6.2f  U=%3.1f t2=%6.2f 剩余放电时间为:%6.2f\
n',U1,ft1,U2,ft2,dt1);
 fprintf('U=%3.1f,观测值 t1=%6.2f  U=%3.1f t2=%6.2f 剩余放电时间为:%6.2f\
n',U1,t98(k),U2,t90(k),dt2);
 fprintf('相对误差%6.2f%%\n',abs(dt1-dt2)/dt2*100);
    end
```

问题 2 程序：C2016_q2.m

```
%问题 2 利用回归方程计算
load qdat.txt;
 [m,n]=size(qdat);
```

```
A=ones(m,1);
A=[A,qdat(:,1:14)];
B=qdat(:,15);

[bb,bint,r,rint,stats]=regress(B,A);%回归函数

%SAS8 计算结果
b(1)=10.22688;    b(2)=0.00166;    b(3)=-0.00000167;    b(4)=4.09466E-10;
b(5)=-2.3046E-14;
b(6)=0.02843;    b(7)=-0.00064261;    b(8)=0.00000466;    b(9)=-1.02977E-8;
b(10)=-0.00011180;
b(11)=8.691338E-8;            b(12)=-1.3111E-11;        b(13)=0.00000168;
b(14)=-1.03445E-9;    b(15)=-7.42196E-9;

I=65;
t=0:2:1018;    %[862,1042]

U=b(1)+b(2)*t+b(3)*t.^2+b(4)*t.^3+b(5)*t.^4+b(6)*I+b(7)*I^2+b(8)*I^3+b(
9)*I^4+b(10)*t*I+b(11)*t.^2*I+b(12)*t.^3*I+b(13)*t*I^2+b(14)*t.^2*I^2+b
(15)*t*I^3;
plot(t,U); %作图
grid on

t=1018.5

Ut=b(1)+b(2)*t+b(3)*t.^2+b(4)*t.^3+b(5)*t.^4+b(6)*I+b(7)*I^2+b(8)*I^3+b
(9)*I^4+b(10)*t*I+b(11)*t.^2*I+b(12)*t.^3*I+b(13)*t*I^2+b(14)*t.^2*I^2+
b(15)*t*I^3
  a0=b(1)+b(6)*I+b(7)*I^2+b(8)*I^3+b(9)*I^4;  %验证 I=65 时 U=U(t)多项式是否
正确
  a1=b(2)+b(10)*I+b(13)*I^2+b(15)*I^3;
  a2=b(3)+b(11)*I+b(14)*I^2;
  a3=b(4)+b(12)*I;
  a4=b(5);
  Ut1=a0+a1*t+a2*t^2+a3*t^3+a4*t^4

  U=9.8;  %[606,766]    %计算 U=9.8V 是的放电时间
  t0=(606+766)/2;
  fprintf('U=9.8V 初始时间 t0=%6.2f\n',t0);
for i=1:5
  %迭代函数

ft=b(1)+b(2)*t0+b(3)*t0.^2+b(4)*t0.^3+b(5)*t0.^4+b(6)*I+b(7)*I^2+b(8)*I
^3+b(9)*I^4+b(10)*t0*I+b(11)*t0.^2*I+b(12)*t0.^3*I+b(13)*t0*I^2+b(14)*t
0.^2*I^2+b(15)*t0*I^3-U;

dft=b(2)+2*b(3)*t0+3*b(4)*t0^2+4*b(5)*t0^3+b(10)*I+2*b(11)*t0*I+3*b(12)
*t0^2*I+b(13)*I^2+2*b(14)*t0*I^2+b(15)*I^3;  %导数
t1=t0-ft/dft;
fprintf('i=%2d,t1=%6.2f\n',i,t1);
```

```
 t0=t1;
 end
fprintf('U=9.8 时放电时间 t0=%6.2f\n\n',t1);
 st1=t1;



 U=9.0;
 t0=(862+1042)/2;   %计算 U=9.0V 是的放电时间
  fprintf('U=9.0V 初始时间%6.2f\n',t0);
 for i=1:5
  %迭代函数

ft=b(1)+b(2)*t0+b(3)*t0.^2+b(4)*t0.^3+b(5)*t0.^4+b(6)*I+b(7)*I^2+b(8)*I
^3+b(9)*I^4+b(10)*t0*I+b(11)*t0.^2*I+b(12)*t0.^3*I+b(13)*t0*I^2+b(14)*t
0.^2*I^2+b(15)*t0*I^3-U;

dft=b(2)+2*b(3)*t0+3*b(4)*t0^2+4*b(5)*t0^3+b(10)*I+2*b(11)*t0*I+3*b(12)
*t0^2*I+b(13)*I^2+2*b(14)*t0*I^2+b(15)*I^3;  %导数
 t1=t0-ft/dft;
 fprintf('i=%2d,t1=%6.2f\n',i,t1);
 t0=t1;
 end
fprintf('U=9.0 时放电时间%6.2f\n\n',t1);
st2=t1;
dt=st2-st1;  %从 9.8V 到 9V 放电时间
fprintf('从 9.8V 到 9V 放电时间=%6.2f\n',dt);
```

问题 3 程序：C2016_q3.m

```
%第三问做三次函数拟合
clear;

Y=xlsread('2016C 附件','附件 2');
[m,n]=size(Y);
S=[20,20,20,20];  %开始点序号
P=[301,301,301,148];  %结束点序号

for k=1:4  %状态序号 1,2,3,4
 len=P(1)-S(1)+1;
 B=zeros(len,1);
 A=zeros(len,4);
 for i=S(1):P(1)
  p=i-S(1)+1; %序号
 t=Y(i,k+1);  %时间
 U=Y(i,1);   %电压
 B(p)=t;
 A(p,1)=1; A(p,2)=V; A(p,3)=U*U;  A(p,4)=U*U*U;
 end

 [b,bint,r,rint,stats]=regress(B,A);
```

```
NV=Y(S(1):P(1));
NT=b(1)+b(2)*NV+b(3)*NV.*NV+b(4)*NV.*NV.*NV;
plot(Y(S(k):P(k),1),Y(S(k):P(k),k+1),'b',NV,NT,'r');

U=9.0;
TE=b(1)+b(2)*U+b(3)*U*U+b(4)*U*U*U;
TO=Y(P(k),k+1);
dt=abs(TE-TO);   %绝对误差
yt=dt/TO*100;   %相对误差
if k<=3 fprintf('第 k=%2d 种状态,U=%2.1f,观测时间=%6.2f,估计时间%6.2f,绝对误
差%3.2f,相对误差%6.2f%%\n',k,U,TO,TE,dt,yt);   end
if k==4 fprintf('第 k=%2d 种状态,U=%2.1f,当前时间=%6.2f,衰减到 9.0V 估价时
间%3.2f,剩余放电时间%6.2f 分钟\r\n',k,U,TO,TE,dt);   end
end
```

4.3.7   葡萄酒的评价问题[14]

确定一款葡萄酒质量时一般是通过聘请一批有资质的评酒员进行品评。每个评酒员在对葡萄酒进行品尝后对其分类指标打分，然后求和得到其总分，从而确定葡萄酒的质量。附件 1 给出了某一年份一些葡萄酒的评价结果，分析附件 1 中两组评酒员的评价结果有无显著性差异，哪一组结果更可信。

附件 1：葡萄酒品尝评分表（含 4 个表格，参考 CUMCM2012A 附件 1）

解答与程序

首先分析附件 1 中两组评酒员的评价结果有无显著性差异，并判断哪一组结果更可信。我们采用如下步骤完成。

1.   统计两组评酒员的评价结果

对附件 1 中数据，采用 VBA 编程序，统计 27 种红葡萄酒两组评酒员的得分；统计 28 种白葡萄酒两组评酒员的得分结果。计算时对评酒员各分类指标得分求和得到总分，从而确定葡萄酒的质量。

操作过程如下：

（1）打开附件 1 所在的 xls 文件，新增一个表单，命名为"计算结果"，用于存储所有结果。

（2）选中"计算结果"表单。鼠标单击【视图】→【工具栏】→【控件工具箱】。这样在表单中就会出现控件工具箱如下。

（3）单击控件工具箱中的"命令按钮"，表示选中该控件，然后在表单中你想放置该控件的位置单击，命令按钮就出现在该位置了。按钮上出现的名称叫"CommandButton1"，可以修改成你希望的名字。方法是将鼠标放在该按钮上用右键单击，弹出一个菜单，在菜单中选"属性"出现一个"属性"框，点 Caption，命名为"计算红葡萄酒"。这样该命

令按钮上的字就变为"计算红葡萄酒"。

（4）双击"计算红葡萄酒"按钮，出现对应的编写 VBA 代码的函数如下：

```
Private Sub CommandButton1_Click()

End Sub
```

这样就可以在函数中编写你想要你自己的 VBA 代码了。

所编制的 VBA 程序如下：

```
'计算红葡萄酒
Private Sub CommandButton1_Click()
Dim i, j, k As Integer
Dim Info(30) As String
Dim x(30, 10), All(30) '记录葡萄酒的 10 个评酒员得分
Total = 27
Cells(5, 1) = "第一组红葡萄酒得分"
For k = 1 To Total
pos = 3 + 14 * (k - 1)   '获得第 k 个样品评分信息所在行
Info(k) = Sheets("第一组红葡萄酒品尝评分").Cells(pos, 1)
 '打开所在表单

For j = 1 To 10 '获得该样品 10 个品酒员的评分数据
  s = 0
  For Item = 1 To 10
 s = s + Sheets("第一组红葡萄酒品尝评分").Cells(pos + 1 + Item, 2 + j)
  Next Item '计算第 j 个品酒员的所有评分和
    x(k, j) = s '存储第 k 个样品 10 个品酒员的得分和
  Next j
Next k

For k = 1 To 27
Cells(6 + k, 1) = Info(k)   '显示第一组红葡萄酒第 k 个样品的序号信息
  For j = 1 To 10
  Cells(6 + k, 2 + j) = x(k, j)
'显示第一组红葡萄酒第 k 个样品 10 个品酒员的总评分
 Next j
 Next k

 '以下计算方式与第一组红葡萄酒相同
   Cells(37, 1) = "第二组红葡萄酒得分"
 For k = 1 To Total
pos = 3 + 14 * (k - 1)
Info(k) = Sheets("第二组红葡萄酒品尝评分").Cells(pos, 1)
 For j = 1 To 10 '人
  s = 0
  For Item = 1 To 10
 s = s + Sheets("第二组红葡萄酒品尝评分").Cells(pos + 1 + Item, 2 + j)
  Next Item
  x(k, j) = s
  Next j
Next k
```

```
For k = 1 To Total
Cells(38 + k, 1) = Info(k)
  For j = 1 To 10
  Cells(38 + k, 2 + j) = x(k, j)
  Next j
 Next k
 End Sub

'计算白葡萄酒
Private Sub CommandButton2_Click()
Dim i, j, k As Integer
Dim Info(30) As String
Dim x(30, 10), All(30)  '记录白葡萄酒的 10 个评酒员得分
Total = 28
Cells(68, 1) = "第一组白葡萄酒得分"
For k = 1 To Total
pos = 4 + 13 * (k - 1) '获得第 k 个样品评分信息所在行
Info(k) = Sheets("第一组白葡萄酒品尝评分").Cells(pos, 3)
For j = 1 To 10   '获得该样品 10 个品酒员的评分数据

  s = 0
  For Item = 1 To 10
 s = s + Sheets("第一组白葡萄酒品尝评分").Cells(pos + Item, 3 + j)
  Next Item   '计算第 j 个品酒员的所有评分和
  x(k, j) = s  '存储第 k 个样品 10 个品酒员的得分和
Next j
Next k
For k = 1 To Total
Cells(69 + k, 1) = Info(k)  '显示第一组白葡萄酒第 k 个样品的序号信息
  For j = 1 To 10
  Cells(69 + k, 2 + j) = x(k, j)
 '显示第一组白葡萄酒第 k 个样品 10 个品酒员的总评分
  Next j
 Next k

'以下计算方式与第一组白葡萄酒相同
 Cells(100, 1) = "第二组白葡萄酒得分"
For k = 1 To Total
pos = 4 + 12 * (k - 1)
Info(k) = Sheets("第二组白葡萄酒品尝评分").Cells(pos, 2)
For j = 1 To 10
  s = 0
  For Item = 1 To 10
 s = s + Sheets("第二组白葡萄酒品尝评分").Cells(pos - 1 + Item, 4 + j)
  Next Item
  x(k, j) = s
Next j
Next k

For k = 1 To Total
Cells(101 + k, 1) = Info(k)
```

```
 For j = 1 To 10
 Cells(101 + k, 2 + j) = x(k, j)
 Next j
Next k
End Sub
```

“计算结果”表单添加命令按钮和执行计算后部分结果如图 4-41 所示。

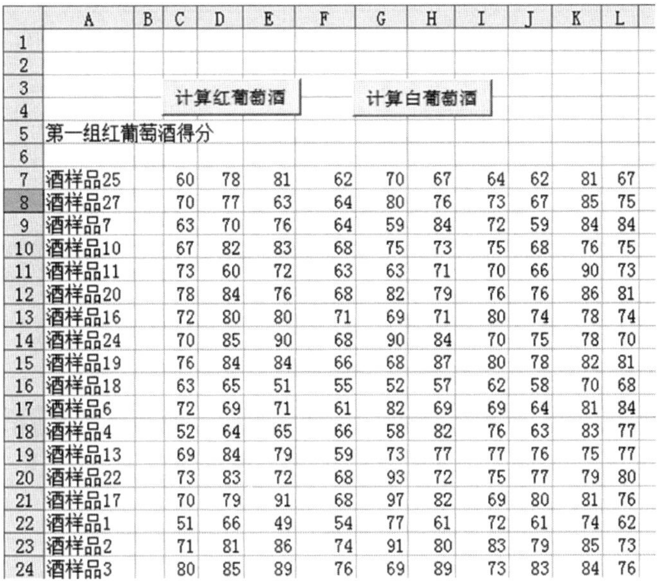

	A	B	C	D	E	F	G	H	I	J	K	L
1												
2												
3			计算红葡萄酒				计算白葡萄酒					
4												
5	第一组红葡萄酒得分											
6												
7	酒样品25		60	78	81	62	70	67	64	62	81	67
8	酒样品27		70	77	63	64	80	76	73	67	85	75
9	酒样品7		63	70	76	64	59	84	72	59	84	84
10	酒样品10		67	82	83	68	75	73	75	68	76	75
11	酒样品11		73	60	72	63	63	71	70	66	90	73
12	酒样品20		78	84	76	68	82	79	76	76	86	81
13	酒样品16		72	80	80	71	69	71	80	74	78	74
14	酒样品24		70	85	90	68	90	84	70	75	78	70
15	酒样品19		76	84	84	66	68	87	80	78	82	81
16	酒样品18		63	65	51	55	52	57	62	58	70	68
17	酒样品6		72	69	71	61	82	69	69	64	81	84
18	酒样品4		52	64	65	66	58	82	76	63	83	77
19	酒样品13		69	84	79	59	73	77	77	76	75	77
20	酒样品22		73	83	72	68	93	72	75	77	79	80
21	酒样品17		70	79	91	68	97	82	69	80	81	76
22	酒样品1		51	66	49	54	77	61	72	61	74	62
23	酒样品2		71	81	86	74	91	80	83	79	85	73
24	酒样品3		80	85	89	76	69	89	73	83	84	76

图 4-41

将所计算数据按样品排序后的结果见表 4-28～表 4-31。

红葡萄酒第一组人员评分结果见表 4-28。

表 4-28

样品号	品酒员 1 号	品酒员 2 号	品酒员 3 号	品酒员 4 号	品酒员 5 号	品酒员 6 号	品酒员 7 号	品酒员 8 号	品酒员 9 号	品酒员 10 号
1	51	66	49	54	77	61	72	61	74	62
2	71	81	86	74	91	80	83	79	85	73
3	80	85	89	76	69	89	73	83	84	76
4	52	64	65	66	58	82	76	63	83	77
5	74	74	72	62	84	63	68	84	81	71
6	72	69	71	61	82	69	69	64	81	84
7	63	70	76	64	59	84	72	59	84	84
8	64	76	65	65	76	72	69	85	75	76
9	77	78	76	82	85	90	76	92	80	79
10	67	82	83	68	75	73	75	68	76	75
11	73	60	72	63	63	71	70	66	90	73
12	54	42	40	55	53	60	47	61	58	69
13	69	84	79	59	73	77	77	76	75	77
14	70	77	70	70	80	59	76	76	76	76
15	69	50	50	58	51	50	56	60	67	76

（续表）

样品号	品酒员 1号	品酒员 2号	品酒员 3号	品酒员 4号	品酒员 5号	品酒员 6号	品酒员 7号	品酒员 8号	品酒员 9号	品酒员 10号
16	72	80	80	71	69	71	80	74	78	74
17	70	79	91	68	97	82	69	80	81	76
18	63	65	51	55	52	57	62	58	70	68
19	76	84	84	66	68	87	80	78	82	81
20	78	84	76	68	82	79	76	76	86	81
21	73	90	96	71	69	60	79	73	86	74
22	73	83	72	68	93	72	75	77	79	80
23	83	85	86	80	95	93	81	91	84	78
24	70	85	90	68	90	84	70	75	78	70
25	60	78	81	62	70	67	64	62	81	67
26	73	80	71	61	78	71	72	76	79	77
27	70	77	63	64	80	76	73	67	85	75

红葡萄酒第二组人员评分结果见表 4-29。

表 4-29

样品号	品酒员 1号	品酒员 2号	品酒员 3号	品酒员 4号	品酒员 5号	品酒员 6号	品酒员 7号	品酒员 8号	品酒员 9号	品酒员 10号
1	68	71	80	52	53	76	71	73	70	67
2	75	76	76	71	68	74	83	73	73	71
3	82	69	80	78	63	75	72	77	74	76
4	75	79	73	72	60	77	73	73	60	70
5	66	68	77	75	76	73	72	72	74	68
6	65	67	75	61	58	66	70	67	67	67
7	68	65	68	65	47	70	57	74	72	67
8	71	70	78	51	62	69	73	59	68	59
9	81	83	85	76	69	80	83	77	75	73
10	67	73	82	62	63	66	66	72	65	72
11	64	61	67	62	50	66	64	51	67	64
12	67	68	75	58	63	73	67	72	69	71
13	74	64	68	65	70	67	70	76	69	65
14	71	71	78	64	67	76	74	80	73	72
15	62	60	73	54	59	71	71	70	68	69
16	71	65	78	70	64	73	66	75	68	69
17	72	73	75	74	75	77	79	76	76	68
18	67	65	80	55	62	64	62	74	60	65
19	72	65	82	61	64	81	76	80	74	71
20	80	75	80	66	70	84	79	83	71	70
21	80	72	75	72	62	77	63	70	73	78
22	77	79	75	62	68	69	73	71	69	73
23	79	77	80	83	67	79	80	71	81	74
24	66	69	72	73	73	68	72	76	76	70
25	68	68	84	62	60	66	69	73	66	66
26	68	67	83	64	73	74	77	78	63	73
27	71	64	72	71	69	71	82	73	73	69

白葡萄酒第一组人员评分结果见表 4-30。

表 4-30

样品号	品酒员 1 号	品酒员 2 号	品酒员 3 号	品酒员 4 号	品酒员 5 号	品酒员 6 号	品酒员 7 号	品酒员 8 号	品酒员 9 号	品酒员 10 号
1	85	80	88	61	76	93	83	80	95	79
2	78	47	86	54	79	91	85	68	73	81
3	85	67	89	75	78	75	66	79	90	79
4	75	77	80	65	77	83	88	78	85	86
5	84	47	77	60	79	62	74	74	79	74
6	61	45	83	65	78	56	80	67	65	84
7	84	81	83	66	74	80	80	68	77	82
8	75	46	81	54	81	59	73	77	85	83
9	79	69	81	60	70	55	73	81	76	85
10	75	42	86	60	87	75	83	73	91	71
11	79	46	85	60	74	71	86	62	88	72
12	64	42	75	52	67	62	77	56	68	70
13	82	42	83	49	66	65	76	62	65	69
14	78	48	84	67	79	64	78	68	81	73
15	74	48	87	71	81	61	79	67	74	82
16	69	49	86	65	70	91	87	62	84	77
17	81	54	90	70	78	71	87	74	92	91
18	86	44	83	71	72	71	85	64	74	81
19	75	66	83	68	73	64	80	63	73	77
20	80	68	82	71	83	81	84	62	87	80
21	84	49	85	59	76	86	83	70	88	84
22	65	48	90	58	72	77	76	70	80	74
23	71	66	80	69	80	82	78	71	87	75
24	82	56	79	73	67	59	68	78	86	85
25	86	80	82	69	74	67	77	78	77	81
26	75	66	82	75	93	91	81	76	90	84
27	58	40	79	67	59	55	66	74	73	77
28	66	75	89	69	88	87	85	76	88	90

白葡萄酒第二组人员评分结果见表 4-31。

表 4-31

样品号	品酒员 1 号	品酒员 2 号	品酒员 3 号	品酒员 4 号	品酒员 5 号	品酒员 6 号	品酒员 7 号	品酒员 8 号	品酒员 9 号	品酒员 10 号
1	84	78	82	75	79	84	81	69	75	72
2	79	76	77	85	77	79	80	59	76	70
3	85	74	71	87	79	79	80	45	83	73
4	84	78	74	83	69	82	84	66	77	72
5	83	79	79	80	77	87	82	73	84	91
6	83	75	74	69	75	77	80	67	77	78
7	78	79	74	69	69	82	80	61	72	78
8	74	78	74	67	73	77	79	66	73	62
9	77	78	89	88	84	89	85	54	79	81

样品号	品酒员1号	品酒员2号	品酒员3号	品酒员4号	品酒员5号	品酒员6号	品酒员7号	品酒员8号	品酒员9号	品酒员10号
10	86	77	77	82	81	87	84	61	73	90
11	79	83	78	63	60	73	81	61	60	76
12	73	81	73	79	67	79	80	44	64	84
13	68	78	79	81	78	72	75	62	65	81
14	75	77	76	76	78	82	79	68	78	82
15	83	77	88	80	84	83	80	63	76	70
16	68	63	75	60	67	86	67	71	52	64
17	77	69	79	83	79	87	88	75	78	88
18	75	83	82	79	74	84	78	71	74	67
19	76	75	78	70	81	80	83	66	78	77
20	86	74	75	78	85	81	78	61	73	75
21	81	80	79	85	83	76	80	58	85	85
22	80	76	82	88	75	89	80	66	72	86
23	74	80	80	80	74	79	75	73	83	76
24	67	80	77	77	79	78	83	65	72	83
25	79	76	79	86	83	88	83	52	85	84
26	80	72	75	85	71	83	83	53	62	81
27	72	79	84	79	76	83	77	63	79	78
28	75	82	81	81	78	84	79	71	76	89

2.2 对红葡萄酒和白葡萄酒两组人员品酒的差异性分析

对红葡萄酒或白葡萄酒两组合在一起采用三因素方差分析。

A：酒样品；　　B：组别；　　C：品酒员

三因素方差分析：

$$SS_T = \sum_{i=1}^{m}\sum_{j=1}^{n}\sum_{k=1}^{p}(x_{ijk} - \bar{x})^2 = SS_A + SS_B + SS_C + SS_{AB} + SS_{AC} + SS_{BC} + SS_E$$

其中 SS_A 是酒样品因素，SS_B 是组别因素，SS_C 是品酒员因素，SS_E 是误差因素。

这里，我们采用 SAS8 进行三因素方差分析。

先利用 MatLab 程序 a2012.m，该程序比较简单，但太长，这里没有列出，可参看光盘程序。该程序生成需要的数据文件，然后导入 SAS8。其中生成的 R.txt，是红葡萄酒两组人员的评价数据，导入 SAS8 数据名为 am2012_r。生成的 B.txt，是白葡萄酒两组人员的评价数据，导入 SAS8 数据名为 am2012_b。用于三因素方差分析和单因素方差分析。

生成的 R1.txt,R2.txt 分别是红葡萄酒两组人员的评价数据，导入 SAS8 数据名分别为 am2012_r1,am2012_r2，用于双因素方差分析对红葡萄酒两组人员可信度的评价。生成的 B1.txt,B2.txt 分别是白葡萄酒两组人员的评价数据，导入 SAS8 数据名分别为 am2012_b1,am2012_b2，用于双因素方差分析对白葡萄酒两组人员可信度的评价。

对红葡萄酒两组人员采用三因素方差分析和单因素方差分析。

（1）红葡萄酒三因素方差分析操作如下：

① 单击 Solutions→Analysis→ Analyst。

② 单击 File→Open By SAS Name，选中 Sasuser 下的数据 am2012_r，然后单击 OK 按钮。选中红葡萄酒数据框图如图 4-42 所示，红葡萄酒两组人员部分数据如图 4-43 所示。

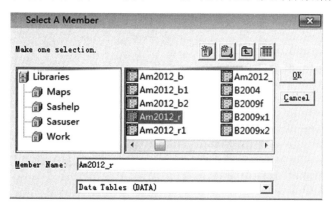

图 4-42

	Jiu	Zu	Person	Value
1	1	1	1	51
2	1	1	2	66
3	1	1	3	49
4	1	1	4	54
5	1	1	5	77
6	1	1	6	61
7	1	1	7	72
8	1	1	8	61
9	1	1	9	74
10	1	1	10	62
11	1	2	1	68
12	1	2	2	71
13	1	2	3	80
14	1	2	4	52
15	1	2	5	53
16	1	2	6	76
17	1	2	7	71
18	1	2	8	73
19	1	2	9	70
20	1	2	10	67
21	2	1	1	71
22	2	1	2	81
23	2	1	3	86
24	2	1	4	74
25	2	1	5	91
26	2	1	6	80
27	2	1	7	83
28	2	1	8	79

VIEWTABLE: Sasuser.Am2012_r

图 4-43

其中 Jiu 代表因素酒样品，Zu 代表组别，Person 代表品酒员，Value 代表酒样品的得分。如 Jiu 为 2，Zu 为 1，Person 为 3，Value 为 86，代表酒样品 2，第一组的第 3 人评分为 86。

③ 单击 Statistics→ANOVA→Factorial ANOVA。打开三因素方差分析对话框如图 4-44 所示。将 Value 选入 Dependent 框，将 Jiu、Zu、Person 选入 Independent 框。

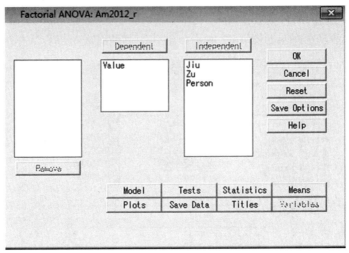

图 4-44

④ 单击 OK 按钮，得到红葡萄酒三因素方差分析结果见表 4-32[①]。

表 4-32

The GLM Procedure

Dependent Variable：Value

Source	DF	Sum of Squares	Mean Square	F Value	Pr > F
Model	36	18711.65556	519.76821	11.54	<.0001
Error	503	22660.27778	45.05025		
Corrected Total	539	41371.93333			

R-Square	Coeff Var	Root MSE	Value Mean
0.452279	9.349565	6.711949	71.78889

Source	DF	Type III SS	Mean Square	F Value	Pr > F
Jiu	26	14344.23333	551.70128	12.25	<.0001
Zu	1	876.56296	876.56296	19.46	<.0001
Person	9	3490.85926	387.87325	8.61	<.0001

从结果看，两组人员之间 $F=19.46$，$p<0.0001$，说明对红葡萄酒的评价，两组人员有显著差异。

对红葡萄酒两组人员也可进行单因素方差分析。

注①：为保持与软件输出结果一致，表 4-32～表 4-39 未对表格内容加表格线。

（2）红葡萄酒两组人员单因素方差分析。

① 单击 Solutions→Analysis→Analyst。

② 单击 File→Open By SAS Name，选中 Sasuser 下的数据 am2012_r，然后单击 OK 按钮。

③ 单击 Statistics→ANOVA→One Way ANOVA，打开单因素方差分析的对话框，如图 4-45 所示。将 Value 选入 Dependent 框，将 Zu 选入 Independent 框。

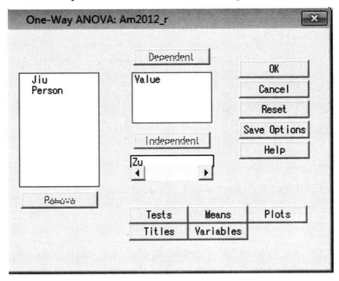

图 4-45

④ 单击 OK 按钮，得到红葡萄酒单因素方差分析结果见表 4-33。

表 4-33

Source	DF	Squares	Mean Square	F Value	Pr > F
Model	1	876.56296	876.56296	11.65	0.0007
Error	538	40495.37037	75.27021		
Corrected Total	539	41371.93333			

R-Square	Coeff Var	Root MSE	Value Mean
0.021187	12.08521	8.675840	71.78889

Source	DF	Anova SS	Mean Square	F Value	Pr > F
Zu	1	876.5629630	876.5629630	11.65	0.0007

从结果看，两组人员之间 $F=11.65$，$p=0.0007<0.01$，说明对红葡萄酒，两组人员有显著差异。

对白葡萄酒也可采用三因素方差分析和单因素方差分析。操作过程与红葡萄酒相同，使用的数据集为 Am2012_b。白葡萄酒三因素方差分析结果见表 4-34，白葡萄酒单因素方差分析结果见表 4-35。

表 4-34

The GLM Procedure

Dependent Variable：Value

Source	DF	Sum of Squares	Mean Square	F Value	Pr > F
Model	37	19517.43571	527.49826	8.03	<.0001
Error	522	34303.30714	65.71515		
Corrected Total	559	53820.74286			

R-Square	Coeff Var	Root MSE	Value Mean
0.362638	10.76967	8.106488	75.27143

Source	DF	Type III SS	Mean Square	F Value	Pr > F
Jiu	27	5458.34286	202.16085	3.08	<.0001
Zu	1	890.06429	890.06429	13.54	0.0003
Person	9	13169.02857	1463.22540	22.27	<.0001

从结果看，两组人员之间 $F=22.27$，$p<0.0001$，说明对白葡萄酒，两组人员有显著差异。

表 4-35

The ANOVA Procedure

Dependent Variable：Value

Source	DF	Sum of Squares	Mean Square	F Value	Pr > F
Model	1	890.06429	890.06429	9.38	0.0023
Error	558	52930.67857	94.85785		
Corrected Total	559	53820.74286			

R-Square	Coeff Var	Root MSE	Value Mean
0.016538	12.93917	9.739499	75.27143

Source	DF	Anova SS	Mean Square	F Value	Pr >
Zu	1	890.0642857	890.0642857	9.38	0.0023

从结果看，两组人员之间 $F=11.65$，$p=0.0023<0.01$，说明对白葡萄酒，两组人员有显著差异。

3. 两组人员对两种酒评分可信度分析

对红葡萄酒或白葡萄酒的每一组数据，采用可信度评价时可采用两因素方差分析。

A：酒样品；　B：品酒员

两因素方差分析：

$$SS_T = \sum_{i=1}^{m}\sum_{j=1}^{n}(x_{ij}-\bar{x})^2 = SS_A + SS_B + SS_{AB} + SS_E$$

其中 SS_A 是酒样品因素，SS_B 是品酒员因素，SS_E 是误差因素。

（1）对红葡萄酒两组人员可信度的评价。

红葡萄酒第一组数据名为 am2012_r1，红葡萄酒第一组部分数据如图 4-46 所示。

	Jiu	Person	Value
1	1	1	51
2	1	2	66
3	1	3	49
4	1	4	54
5	1	5	77
6	1	6	61
7	1	7	72
8	1	8	61
9	1	9	74
10	1	10	62
11	2	1	71
12	2	2	81
13	2	3	86
14	2	4	74
15	2	5	91
16	2	6	80
17	2	7	83
18	2	8	79
19	2	9	85
20	2	10	73
21	3	1	80
22	3	2	85
23	3	3	89
24	3	4	76

图 4-46

对红葡萄酒，每组采用双因素方差分析。操作过程与三因素方差分析相同，这里不再叙述。红葡萄酒第一组人员的方差分析结果见表 4-36。第二组红葡萄酒数据集为 am2012_r2，红葡萄酒第二组人员的方差分析结果见表 4-37。

表 4-36

Source	DF	Sum of Squares	Mean Square	F Value	Pr > F
Model	35	17139.50741	489.70021	10.39	<.0001
Error		234	11030.42222	47.13856	
Corrected Total		269	28169.92963		

R-Square	Coeff Var	Root MSE	Value Mean
0.608433	9.397035	6.865752	73.06296

Source	DF	Type III SS	Mean Square	F Value	Pr > F
Jiu	26	13965.42963	537.13191	11.39	<.0001
Person	9	3174.07778	352.67531	7.48	<.0001

从红葡萄酒第一组人员来看，酒之间的差异 $F1=11.39$，$p1<0.0001$，说明红葡萄酒有差异，品酒员品酒 $F2=7.48$，$p2<0.0001$，说明品酒员之间也有差异。

表 4-37

Source	DF	Sum of Squares	Mean Square	F Value	Pr > F
Model	35	7175.11481	205.00328	9.31	<.0001
Error	234	5150.32593	22.00994		
Corrected Total	269	12325.44074			

R-Square	Coeff Var	Root MSE	Value Mean
0.582139	6.653177	4.691475	70.51481

Source	DF	Type III SS	Mean Square	F Value	Pr > F
Jiu	26	4114.340741	158.243875	7.19	<.0001
Person	9	3060.774074	340.086008	15.45	<.0001

从红葡萄酒第二组人员来看，酒之间的差异 $F1=7.19$，$p1<0.0001$，说明红葡萄酒有差异，品酒员品酒 $F2=15.45$，$p2<0.0001$，说明品酒员之间有差异。

酒之间的差异 $F_{酒}$ 反映了酒的区分度，品酒员品酒差异 $F_{人}$ 反映了人员之间的一致性程度，采用评价指标：

$$F = \frac{F_{人}}{F_{酒}}$$

当 F 值越小，则评价结果越可信。

对红葡萄酒的第一组人员，$F1 = 7.48/11.39 = 0.6567$

第二组人员，$F2 = 15.45/7.19 = 2.1488$

则第一组红葡萄酒品酒员的评价结果更可信。

（2）　对白葡萄酒两组人员可信度的评价

第一组白葡萄酒数据集为 am2012_b1，白葡萄酒第一组人员的方差分析结果见表 4-38。

表 4-38

Source	DF	Sum of Squares	Mean Square	F Value	Pr > F
Model	36	23369.20000	649.14444	12.39	<.0001
Error	243	12729.76786	52.38588		
Corrected Total	279	36098.96786			

R-Square	Coeff Var	Root MSE	Value Mean
0.647365	9.779407	7.237809	74.01071

Source	DF	Type III SS	Mean Square	F Value	Pr > F
Jiu	27	6231.26786	230.78770	4.41	<.0001
Person	9	17137.93214	1904.21468	36.35	<.0001

$$F1 = \frac{F_{人}}{F_{酒}} = 36.35/4.41 = 8.2426$$

第二组白葡萄酒数据集为 am2012_b2，白葡萄酒第二组人员的方差分析结果见表 4-39。

表 4-39

Source	DF	Sum of Squares	Mean Square	F Value	Pr > F
Model	36	9439.91429	262.21984	8.62	<.0001
Error	243	7391.79643	30.41892		
Corrected Total	279	16831.71071			

R-Square	Coeff Var	Root MSE	Value Mean
0.560841	7.206560	5.515335	76.53214

Source	DF	Type III SS	Mean Square	F Value	Pr > F
Jiu	27	2714.810714	100.548545	3.31	<.0001
Person	9	6725.103571	747.233730	24.56	<.0001

$$F2=\frac{F_人}{F_酒}=24.56/3.31=7.4199$$

对白葡萄酒，第二组人员评价指标 $F2=7.4199$ <第一组人员评价指标 $F2=8.2426$，故对白葡萄酒，第二组人员评价结果更可信。

点评：通过该案例的练习，可达到如下目标。

1. 学会利用 VBA 编程对 xls 文件中数据进行处理。

2. 练习利用统计软件进行三因素方差分析、双因素方差分析与单因素方差分析。

3. 掌握对多组人员评价可信度的比较。

4.4 元胞自动机简介及其在数学建模中的应用

4.4.1 引言

元胞自动机（Cellular Automata，CA）[15]，又称细胞自动机，最早由 John von Neumann 在 1950 年为模拟生物细胞的自我复制而提出的。当时 John von Neumann 假想有一台通用建造器漂浮在池塘上面，这个池塘里有很多机器的零部件，只要给出它自身的描述，这台机器就能在池塘里寻找合适的零件再创造出自己。但这个模型仍然是以具体物质原材料的吸收为前提。后来在 Stanislaw M.Ulam 的建议下，他从细胞视角思考这个问题，于是元胞自动机就诞生了。作为描述自然界复杂现象的简化数学模型，元胞自动机可以表现出极其复杂的形态，因此常用于复杂系统的建模。20 世纪 50 年代，John von Neuman 和 Stanislaw M.Ulam 提出元胞自动机后，并未受到学术界重视。直到 1970 年，剑桥大学的 John Horton Conway 设计了一款电脑游戏——"生命游戏（Game of Life）"[16]后才吸引了科学家们的注意。此后，Stephen Wolfram 对初等元胞机 256 种规则[17]所产生的模型进行了深入研究，并用熵来描述其演化行为，将细胞自动机分为平稳型，周期型，混沌型和复杂型[15,18]。

元胞自动机是复杂系统研究的一个典型方法，特别适合用于空间复杂系统的时空动态模拟研究。不同于一般的动力学模型,元胞自动机不是由严格定义的物理方程或函数确定，而是用一系列模型构造的规则构成。凡是满足这些规则的模型都可以算作是元胞自动机模型。因此，元胞自动机是一类模型的总称，或者说是一个方法框架。Stephen Wolfram 给出了元胞自动机需要满足的五个最基本要素：

（1）包含元胞（Cell）的规则的网格（Lattice Grid）。空间被离散成网格，元胞分布在网格中的各个格子中。

（2）离散的时间步长。元胞状态的改变是定义在两个时间步之间的，在同一个时间步内，元胞的状态是固定的。

（3）每个元胞的状态数是有限的。也就是说任何元胞只能在固定的几种状态间切换。

（4）所有元胞状态的改变更新都遵循同样的规则。也就是说系统中的每一个元胞都是一样的，没有享受特殊待遇的元胞。

（5）元胞自动机的规则定义在局部。也就是说元胞的状态改变只取决于它周围的元胞的状态。

在元胞自动机模型中，散布在规则格网中的每一元胞取有限的离散状态，遵循同样的作用规则，依据确定的局部规则作同步更新。大量元胞通过简单的相互作用而构成动态系统的演化。其特点是时间，空间，状态都离散，每个变量只取有限多个状态，且其状态改变的规则在时间和空间上都是局部的。

随着计算机的迅速发展，元胞自动机这种非常适合在计算机上实现的模型越来越被受到重视。目前，元胞自动机已经被广泛应用于社会学，经济学，生态学，图形学，数学，物理学，化学，地理，环境和军事学等领域，而这些领域都是潜在的数学建模竞赛的出题范围。这里仅列举出元胞自动机在以下三个领域的应用。

1. 社会学

元胞自动机可用于研究个人行为的社会性问题的流行现象。例如人口的迁移，公共场所内人员的疏散，流行病的传播。这类社会学问题也是潜在的数学建模竞赛问题，比如 1999 年美国大学生数学建模 B 题竞赛"非法"聚会问题[19]就涉及公共场所内人员的疏散问题。

2. 图形学

元胞自动机以其特有的结构的简单性，内在的并行性以及复杂计算的能力成为密码学中研究的热点方向之一，例如被用于图像的加密。现在的数学建模问题也有很多涉及图形学的，比如 2013 年中国大学生数学建模竞赛 B 题纸片拼接问题[20]。

3. 物理学

在物理学中，元胞自动机已成功地应用于流体、磁场、电场、热传导等的模拟。例如格子气自动机。涉及物理学的数学建模问题也非常多，比如 2013 年 MCM 比赛 A 题布朗尼烤盘的最优设计问题[21]就涉及热传导。

元胞自动机是数学建模竞赛中最常用的方法之一。近十年来（2000 年后）的美国大学生数学建模竞赛（MCM）和中国大学生数学建模竞赛（CUMCM）中，几乎每两年就会出现适合应用元胞自动机方法的赛题。表 4-40 为近十年来美国大学生数学建模竞赛中用到元胞自动机的特等奖论文不完全统计。

表 4-40

年份题号	题 目	特等奖论文个数
2001MCM B	逃避飓风	1
2003MCM B	Gamma 刀治疗方案	1
2005MCM B	收费亭的最优数量	3
2007MCM B	飞机座位方案	4
2009MCM A	交通环岛的设计	2
2012MCM B	沿着"大长河"露营	1
2014MCM A	交通右行规则	6

从表 4-40 中不难发现，用到元胞自动机的大多数学模型问题都与交通相关或相近。交通问题是数学建模竞赛中很常见的问题，例如 2013 年中国大学生数学建模竞赛 A 题"车

道被占用对城市道路通行能力的影响"[20]就是典型的交通问题，获得一等奖的论文中也有很多是用元胞自动机做的[22]。本书的编写者之一，北京理工大学的周登岳同学及其队友就应用元胞自动机模型来解决这一问题，获得了 2014 年中国大学生数学建模竞赛一等奖兼 IBM SPASS 奖[23]。在本章 4.4.3 节中将具体介绍典型的交通流元胞自动机模型和编程实现方法。

4.4.2 方法介绍

在本章的第 1 节中已经给出了元胞自动机所需要满足的要素。应用元胞自动机模型来模拟动力学系统，首先需要给出这些要素的定义。在抽象出元胞自动机的各要素前，本节先介绍两个经典的元胞自动机，以使读者对元胞自动机有个感性认识。

第一个要介绍的是在第 1 节中提到的"生命游戏"。"生命游戏"是一个典型的二维元胞自动机，它是 Conway 在 20 世纪 60 年代末设计的，包括一个二维正方形网格世界，这个世界中的每个方格中分布着一个活着的或死了的细胞。一个细胞在下一个时刻生死取决于相邻 8 个方格中活着的或死了的细胞的数量。如果相邻方格活着的细胞数量过多，这个细胞会因为资源匮乏而在下一个时刻死去；相反，如果周围活细胞过少，这个细胞会因太孤单而死去。生命游戏中元胞只具有"生"和"死"两种状态（在计算机中一般用 1 和 0 来分别表示生和死两种状态）；所有元胞在离散的时间步长上更新状态。一个元胞的生死由该时刻本身的状态和周围 8 个邻居的状态决定，具体规则如下：

（1）当前元胞状态为"死"时，在周围有 3 个状态为"生"的元胞时，该元胞状态变为"生"。这一规则用来模拟生命的繁殖。

（2）当前元胞状态为"生"时，在周围只有低于 2 个（不包含 2 个）状态为"生"的元胞时，该元胞状态变成"死"。这一规则用来模拟生命数量稀少时，个体也难以存活。

（3）当前元胞状态为"生"时，在周围有 2 个或 3 个状态为"生"的元胞时，该元胞状态继续保持为"生"。

（4）当前元胞状态为"生"时，在周围有 3 个（不包含 3 个）以上的状态为"生"的元胞时，该元胞状态变成"死"。这一规则用来模拟生命数量过多，竞争导致个体消亡。

以上四条规则可以简化为以下两条规则：

- 死亡规则：当前时刻，如果某元胞状态为"生"，且 8 个邻居元胞中有 2 个或 3 个状态为"生"，则下一时刻该元胞继续保持为"生"，否则"死"，图 4-47 所示是这一规则的示意图；

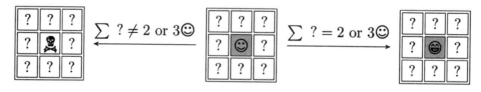

图 4-47

- 涅槃规则：当前时刻，如果某元胞状态为"死"，且 8 个邻居元胞中正好有 3 个状态为"生"，则下一时刻该元胞复活为"生"，否则保持为"死"，图 4-48 所示是这一规则的示意图。

图 4-48

实际中，玩家可以设定周围活细胞的数目怎样时才适宜该细胞的生存。如果这个数目设定过低，大部分细胞会因为找不到合适的活的邻居而死去，直到整个世界都没有生命；如果这个数目设定过高，世界中又会被生命充满而没有什么变化。通常这个数目一般选取 2 或者 3，这样整个生命世界才不至于太过荒凉或拥挤，而是一种动态的平衡。由于设置的初始状态和迭代次数不同，游戏过程中会得到各种令人叹服的优美图案：杂乱无序的细胞会逐渐演化出各种精致，有形的结构；这些结构往往有很好的对称性，而且每一代都在变化形状；一些形状已经锁定，不会逐代变化；有时，一些已经成形的结构会因为一些无序细胞的"入侵"而被破坏。但是形状和秩序经常能从杂乱中产生出来。图 4-49 所示为游戏过程中得到的几种模式示意图。

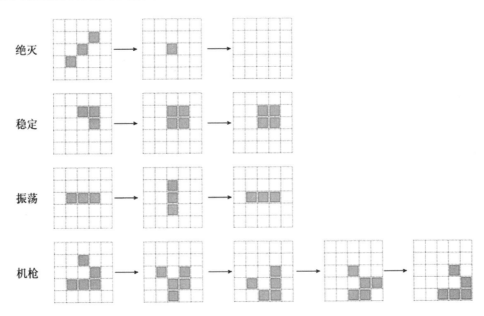

图 4-49

Wolfram 认为生命游戏的缺点是只研究了一种规则，他要尽可能系统地研究各种规则元胞自动机的行为。先从一维状态链做起，例如演化规则的半径为 $r=1$ 的情况，包括自身共 3 个邻居。若每个位置可有 2 个状态，则这 3 个邻居可以取 $2^3=8$ 种排列，对每一种排列，下一个时刻可以取 2 个不同的值，因此一共有 $2^{2^3}=256$ 个不同的元胞自动机。本节要介绍的第二个例子就是这 256 种一维元胞自动机中的第 184 种，通常称为第 184 号规则，如图

4-50 所示。184 号元胞自动机也是最基本的交通流元胞自动机模型。

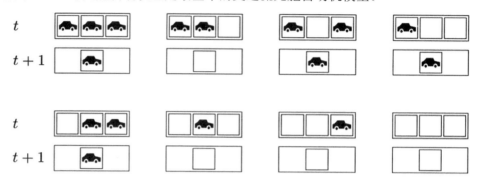

图 4-50

图 4-50 中的 184 号规则给出了相邻三个元胞的所有 8 种可能状态在下一时刻中间位置元胞的状态。在 184 号规则中，道路被划分为等间距的格子，每一个格子表示一个元胞。任一元胞只有两种状态，或者被车占据，或者为空。所有车辆都向同一方向行进（向右），在某一时间步内，如果第 n 辆车前方元胞为空，则该车辆向前行驶一格，否则保持原地不动。在 184 号规则下，只要给定道路初始时刻的状态，可以得到之后任何不同时刻道路的状态。如图 4-51 所示是一条长度为 20 的道路，道路中有 5 辆车，根据 184 号规则得到的前 10 个时间步的元胞自动机状态。每一行代表一维元胞自动机在某时刻的状态，从上到下时间逐行增加一步。需要注意的是，由于第一个元胞和最后一个元胞分别缺少左邻居和右邻居，一种简单的做法是以最后一个元胞作为第一个元胞的左邻居，同时也以第一个元胞作为最后一个元胞的右邻居。这样操作后，相当于这一条路段是首尾相接的圆环，从最右端驶出路段的车辆又从最左端驶入。这种边界的处理方式称为周期性边界条件。类似于图 4-50 所示的图，一般称为时空图（横向表示空间，纵向表示时间）。

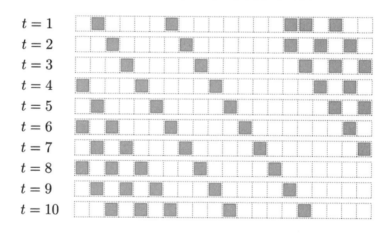

图 4-51

通过以上生命游戏元胞自动机和 184 号规则交通元胞自动机的介绍，相信读者对元胞自动机和元胞自动机的构成已经有了一定的感性认识。一个标准的元胞自动机（A）由元胞，元胞状态，邻域状态及状态更新规则构成，用数学式子表示为

$$A = (L, d, S, N, f)$$

其中 L 为元胞空间；d 为元胞自动机内元胞空间的维数；S 是元胞有限的，离散的状态集合；N 为某个邻域内所有元胞的集合；f 为局部映射或局部规则。一个元胞通常在一个时刻只有取自一个有限集合的一种状态，例如 $\{0,1\}$。元胞状态可以代表个体的性质，特征，行为等。在空间上与元胞相邻的细胞称为邻居，所有邻居组成邻域。在计算机中，元胞所在的网格一般具有边界，处于边界上的元胞，它周围的邻居元胞数量小于普通的元胞。因此对于边界上的元胞需要给出边界条件，使所有元胞都具有相同数量的邻居。常见的边界条件有周期型，反射型和定值型。接下来，本节将具体介绍元胞自动机的各个构成要素：

1. 元胞

元胞是元胞自动机模型中最基本的单元，就如同每一个细胞是生命机体组织中的一个最基本的单元。因此元胞自动机也叫细胞自动机。作为规则网格中的一个格子，元胞可以有很多形状。元胞根据它周围的邻居元胞的状态，按照规则来改变状态。状态可以是 $\{0,1\}$ 的二进制形式。或是 $\{s_0, s_1, \cdots, s_n\}$ 整数形式的离散集，严格意义上，元胞自动机的元胞只能有一个状态变量。但在实际应用中，往往将其进行了扩展，每个元胞可以拥有多个状态变量。

2. 网格

所有元胞都是放在网格中的，就像细胞是放在生物体上一样。从维度上分，网格主要有一维，二维，三维及更高维。最简单的情况就是一维网格，一维网格就是一系列的元胞排成一条线。在模拟单条车道的交通流时就是用的一维网格。最常用的是二维网格，所有元胞排成在一个面内。图 4-52～图 4-54 所示是三种常见的二维网格。

　　　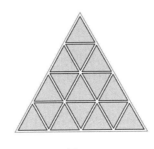　　　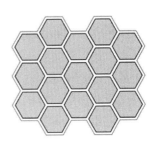

图 4-52　　　　　　　　　　图 4-53　　　　　　　　　　图 4-54

这三种网格各有优缺点：三角形网格（图 4-53）的优点是拥有相对较少的邻居数目，这在某些时候很有用；其缺点是计算机的表达与显示不方便，需要转换为正方形网格。正方形网格（图 4-52）的优点是直观而简单，特别适合于在现有计算机环境下进行表达显示；其缺点是不能较好地模拟各向同性的现象，例如格子气模型中的 HPP 模型。六边形网格（图 4-54）的优点是能较好地模拟各向同性的现象，模型能更加自然而真实，如格子气模型中的 FHP 模型，其缺点同三角网格一样，在表达显示上较为困难和复杂。在数学建模中，最常用的二维网格是正方形网格，一是正方形网格本身简单，并且一般情况的二维问题都适用；二是正方形网格可以用矩阵或数组直接表示，方便程序的实现。比如模拟多条车道时，车可能会换道，这时一维网格不能满足要求，需要用二维正方形网格，而三维及三维以上的网格较为复杂，在数学建模中很少用到。2003 年 MCM 的 Gamma 刀问题中，有一篇特等奖论文[24]，用元胞自动机模拟肿瘤生长来生成一个随机的肿瘤。

3. 邻居

以上的元胞及元胞的网格空间只表示了系统的静态成分，将"动态"引入系统，必须加入演化规则。在元胞自动机中，这些规则是定义在空间局部范围内的，即一个元胞下一时刻的状态决定于本身状态和它的邻居元胞的状态。因而，在指定规则之前，必须定义一定的邻居规则，明确哪些元胞属于该元胞的邻居。在一维元胞自动机中，通常以半径来确定邻居，距离一个半径内的所有元胞均被认为是该元胞的邻居。二维元胞自动机的邻居定义较为复杂。在二维的方形网格中，常用的邻居有三种，如图 4-55～图 4-57 所示，分别是以周围 4 个（图 4-55），8 个（图 4-56）和 24（图 4-57）个元胞为邻居的类型。除此之外，也可以根据题目需要自行设计邻居的形式。

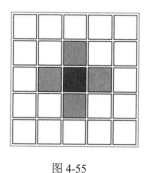

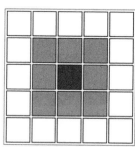

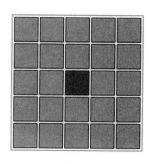

图 4-55　　　　　　　　　　图 4-56　　　　　　　　　　图 4-57

4. 边界条件

在理论上，元胞空间通常是在各维向上且无限延展的，这有利于在理论上的推理和研究。但是在实际应用过程中，我们无法在计算机上实现这一理想条件，因此，实际模拟中就存在边界。在定义元胞的邻居时，会出现一个问题，即边界上元胞的邻居不足。元胞自动机对每个元胞施加同样的规则，而边界上的元胞与非边界上的元胞具有不同的邻居数。因此需要设定不同的边界条件，使边界上的元胞也与正常的元胞具有相同的邻居数量。边界条件主要有四种类型：定值型，周期型，反射型和吸收型，如图 4-58 所示。其中较为常用的是周期型边界，周期型是指相对边界连接起来的元胞空间。对于一维空间，元胞空间表现为一个首尾相接的"圈"；对于二维空间，上下相接，左右相接，而形成一个拓扑圆环面，形似车胎或甜点圈。周期型空间与无限空间最为接近，因而在理论探讨时，常以此类空间型作为试验。图 4-59 所示为二维方型网格周期边界条件时，三种元胞（a，b 和 c）的 Moore 邻居。元胞 a 为非边界元胞，它有 8 个正常的邻居，而 b 和 c 是边界元胞，它们没有足够的邻居，通过周期性边界条件，可以规定它的邻居。

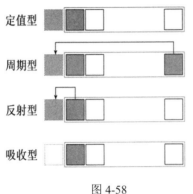

图 4-58　　　　　　　　　　　　　　图 4-59

5. 规则

根据元胞当前状态及其邻居状况确定下一时刻该元胞状态的动力学函数，简单讲，就是一个状态转移函数。我们称该函数为元胞自动机的局部映射或局部规则。规则是支配整个元胞自动机的动力学行为的。一般规则都是定义在局部。通过局部间元胞的相互作用而引起全局变化。比如说流行病的传播，只有相互靠得近的人才能进行直接的传播，这就是局部作用，但当流行病传播一定时间时就会引起大范围的变化，这就是全局变化。而这个全局变化是由一个个局部作用引起的。元胞自动机的规则一般为总和型。就是说某个元胞下时刻的状态只决定于它所有邻居当前状态及自身的当前状态。一个简单的例子是足球场观众台上的人浪，当你最靠近的人即邻居站起来时，你才能站，当他们坐下后你才能坐下，这就是规则。

4.4.3　应用举例

本节将主要介绍两个元胞自动机模型及其 MatLab 程序实现，使读者进一步深入了解元胞自动机模型，并掌握简单的元胞自动机模型编程的实现方法。

1. 森林火灾元胞自动机规则介绍

根据模拟的需要，元胞自动机规则中还可以引入概率，一般把规则中含有概率的元胞自动机称为概率元胞自动机（概率机）。一个最简单的二维概率元胞自动机是森林火灾模型，该模型的规则是由 Drossel 和 Schwabl[25]在 1992 年给出的，因此该模型又称 Drossel-Schwabl 森林火灾模型。森林火灾元胞自动机模型定义在正方网格上，元胞有三种状态：树（未燃烧的树），火（正在燃烧的树）和空状态。某元胞下时刻状态由该时刻本身的状态和周围四个邻居（VonNeumann 邻居）的状态决定。具体规则：

（1）着火：若某元胞的状态为"树"，且其邻近的 4 个邻居元胞中有状态为"火"的元胞，则该元胞下时刻的状态由"树"变为"火"，用以模拟火势的蔓延。对于邻居中没有"火"的情况，状态为"树"的元胞也会以一个低概率 f 变为"火"，用以模拟闪电引起的火灾。其着火规则如图 4-60 所示。

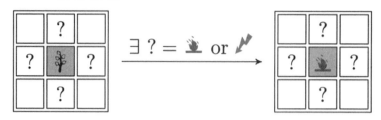

图 4-60

（2）烧尽：状态为"火"的元胞，其状态在下一时刻将变成"空"，用以模拟着火的树经过一定时间后被烧完。其烧尽规则如图 4-61 所示。

图 4-61

（3）新生：状态为"空"的元胞，在下一时刻以一个低概率 p 变为"树"，用以模拟新树的长出。其新生规则如图 4-62 所示。

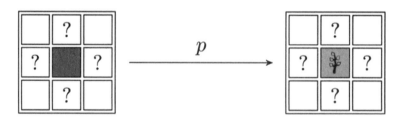

图 4-62

以上三条规则中，着火规则中的闪电以及新生规则都涉及概率，并体现了该模型在演化过程中出现的随机性和不确定性。图 4-63 所示是森林火灾元胞自动机模拟效果图。

图 4-63

假设元胞空间足够大以至于没有临界作用产生，在周期性边界条件下，开始于一个任意的原始条件，系统经过一段时间后达到稳定状态，此时系统可由燃烧着的树的密度 ρ_f，空地密度 ρ_e，树的密度 ρ_t 三个参数值描述。这三个参数之和等于 1，即：

$$\rho_f + \rho_e + \rho_t = 1$$

系统达到稳定状态时，正在生长的树的数量与正在燃烧中的树的数量相等，即：

$$\rho_f = p\rho_e$$

树木大量生长的前提条件是燃烧着的树的密度 ρ_f 很小。若 ρ_f 很大时，树不可能成长为森林。式子表明只有当树生长的速率 p 接近于 0 时发生火灾的概率才会很小。为了保证大片森林的形成，闪电的概率 f 还必须满足 $f < p$，当闪电击中一小丛树，而且没有树在它们周围时它们会烧的很快。但是，如果闪电击中了一大丛树时，将需要一段甚至很长的时间去燃烧，而且在燃烧的同时周边地区还有一些树木生长，这样的火灾很难扩大。为了观察其中关键的自我复制的行为，大树丛与小树丛必须以同样的方式去燃烧。当取树木的生长速率 p 足够小时，即使是大规模的树林，在周围没有新树生长的条件下也可以迅速燃烧。在这种情况下，系统的变化取决于 f/p，而不是 f 和 p 独立值。f/p 实际上给出了平均两次闪电间新生出的树的数量[26,27]。当 f 和 p 以同样的比例减小时，系统整体会以这种比例进行变化，而不依赖两次闪电发生的时间间隔中生长的树的数量，这种情形下森林迅速燃烧的方式可以用 $p < T_{s\max}$ 表示，其中 $T_{s\max}$ 表示大规模森林燃烧需要的时间。综上所述，概率元胞自动机在森林火灾模型中的运用条件为：

$$f < p < T_{s\max}$$

其中：

　　f——闪电引起树变为火的概率；

　　p ——长出新树的概率；

　　$T_{s\max}$ ——大规模森林燃烧需要的时间。

2. 森林火灾元胞自动机程序实现

利用 MatLab 强大的逻辑运算功能，森林火灾元胞自动机很容易实现，森林火灾元胞自动机模拟效果图是由以下程序代码执行后得到的，代码如下：

```
n = 200;          % 表示森林矩阵的尺寸: n x n
Pltg = 5e-6;      % 闪电的概率
Pgrw = 1e-2;      % 生长的概率
NW = [n 1:n-1];   % 用于构造北邻居 veg(NW,:) 和西邻居 veg(:,NW)
SE = [2:n   1];   % 用于构造南邻居 veg(SE,:) 和东邻居 veg(SE,:)
veg = zeros(n);   % veg = {0 表示空, 1 表示火, 2 表示树}
imh = image( cat(3,(veg==1),(veg==2),zeros(n)) );


for i=1:3000
    % 周围四个邻居中状态为火点的数量
```

```
    num =                 (veg(NW,:)==1) + ...
        (veg(:,NW)==1)     +     (veg(:,SE)==1) + ...
                    (veg(SE,:)==1);

    veg = 2*( (veg==2) | (veg==0 & rand(n)<Pgrw) ) - ...
            ( (veg==2) & (num >0 | rand(n)<Pltg) );

    set(imh, 'cdata', cat(3,(veg==1),(veg==2),zeros(n)) );
    drawnow
end
```

以上程序构造了一个 $n \times n$ 的数组 veg 来表示一片森林，数组中分别 0，1，2 表示空，火，树三种元胞状态。在周期边界条件下，向量 NW 用于构造所有元胞的北邻居 veg(NW, :) 和西邻居 veg(:, NW)，SE 用于构造南邻居 veg(SE, :) 和东邻居 veg(:, SE)。程序的 11 至 13 行求得所有元胞东南西北四个邻居中为火点的数量 num。比如 num(i, j) 就表示在 veg 中第 i 行 j 列的元胞周围四个元胞中状态为火点的数量。程序的 15，16 行是森林元胞自动机规则的体现：

- 第 15 行程序可以分解成 2*(veg==2) 和 2*(veg==0 & rand(n)<Pgrw) 两部分，这两部分分别表示了 veg 中某元胞下一时刻的状态为树的两种前提条件：要么该元胞本身的状态就是树；要么该元胞的状态为空，但满足生长概率。
- 第 16 行程序可以分解为 veg==2 & num>0 和 veg==2 & rand(n)<Pltg 两部分，这两部分分别表示了 veg 中某元胞下一时刻状态为火的两种条件：当前时刻该元胞状态为树，且周围四个邻居中有状态为火的元胞；当前时刻该元胞状态为树，且该元胞满足闪电的概率。

这两行程序很巧妙地用减号连接了起来。当第 16 行程序的逻辑表达式为真时，则第 15 行的逻辑表达式的结果会被减去 1，恰好实现了元胞状态从树变为火的转变。需要注意的是第 15 行、第 16 行的程序中隐含了一种情况：对于 veg 中为 1（火）的元胞下一时刻变为 0（空）。第 7 行程序是将矩阵可视化，用黑色，红色和绿色的格子分别表示状态为空，火和树的元胞。第 18 行程序则是更新图形的颜色数据。

3. 交通流 NS 元胞自动机规则介绍

在第 2 节中已经给出了 184 号交通流元胞自动机模型。184 号规则虽然简单，但也能用来模拟数学建模中的某些交通问题。在 2005 年 MCM 的比赛中，Duke 大学的学生基于 184 号规则，对收费站问题进行了模拟，并获得了当年的特等奖。不过大多情况下，用 184 号规则来模拟交通问题还是过于简单，很难捕捉复杂的交通现象。1992 年，德国物理学家 Kai Nagel 和 Michael Schreckenberg 在 184 号规则基础上提出了一维交通流 Nagel Schreckenberg(NS)模型（又称 NS 规则）[28]。NS 规则是最常用的交通流模型之一，该模型既简单又能模拟出交通堵塞的特征，比如能够展现出当交通拥挤时，车辆的平均速度变小的行为。单行道 NS 模型也是一个概率元胞自动机，每辆车的状态都由它的速度和位置所表示。图 4-64 所示是 NS 模型的四条规则的示意图。初始时状态四辆车的位置分别为 $x_1=1$，$x_2=3$，$x_3=6$，$x_4=7$，速度分别为 $v_1=2$，$v_2=1$，$v_3=1$，$v_4=0$。NS 模型的四条规则分别为：

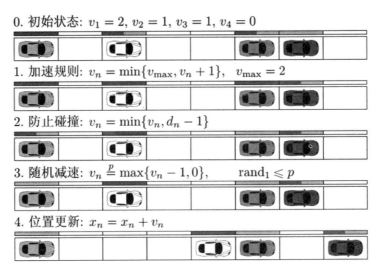

图 4-64

- 加速规则：司机总是期望以最快的速度行驶，如果第 n 辆车的速度未达到最大速度，则其速度增加 1：$v_n \to \min(v_n+1, v_{\max})$，系统允许的最大速度为 v，经过加速后，图 4-63 中四辆车的速度分别变为 $v_1=2$，$v_2=2$，$v_3=2$，$v_4=1$。
- 防止碰撞：为避免与前车碰撞，若第 n 辆车的速度 v_n 超过了前方空元胞数 d_n，则其速度强制降为 d_n-1：$v_n \to \min(v_n, d_n-1)$。经过防止碰撞规则后，图 4-63 中四辆车的速度分别变为 $v_1=1$，$v_2=2$，$v_3=0$，$v_4=1$。
- 随机减速：由于司机的过度反应以及诸多不确定因素都会造成车辆的减速。若第 n 辆车的速度 $v_n>1$，则 v_n 以一个较低的概率降低 1：$v_n \to \max(v_n-1, 0)$。经过随机减速后，图中四辆车的速度分别变为 $v_1=0$，$v_2=2$，$v_3=0$，$v_4=1$。
- 位置更新：模拟车的前进，若第 n 辆车的速度为 v_n，位置为 x_n，则下一时刻的位置为 $x_n=x_n+v_n$，经过位置更新后，图中四辆车的速度分别变为 $v_1=1$，$v_2=5$，$v_3=6$，$v_4=8$。

用计算机无法直接模拟一条无限长的车道，通常用周期性边界构造一条环道来模拟车流密度固定的无限长车道的交通情况。也有应用开放边界条件，在车道的一端不断地有随机生成的车辆流入，当车辆通过车道的另一端则从系统中移除。如果没有特殊考虑，周期性边界就能很好地满足模拟的要求。相对开放边界条件，周期性边界条件（封闭环行车道）更为简单，更容易控制和固定车流密度，平均速度和流量也不会有太大波动，便于测试不同密度下的各种参量。日本及 MIT 的学者对封闭环形车道内的交通情况都做过实验[29]和研究，有相关的报道[30, 31]和实验视频[32]及动画[33]。因此有一些现象和结论可以供参考和对比。图 4-64 所示为在周期性边界条件（环形车道）下，交通流的元胞自动机 NS 模型的模拟效果图（为了出图效果，效果图中的道路长度被降为 36）。图 4-65 中形成阻塞的现象与实验视频[32]及动画[33]非常相似。

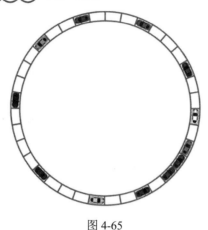

图 4-65

如果将随机减速的概率设置为 0，去掉 NS 规则中的随机因素，则通过简单的分析就可以得到单行道元胞自动机的 NS 模型的一些性质。比如系统平衡时，系统的平均速度和平均流量[34]。

$$v = \min(v_{\max},\ d),\quad J = \min(\rho v_{\max}, 1 - \rho)$$

具体分析过程可见文献[34]。通过模拟，也可以发现随机减速的概率 p_{brak} 设为 0 时，系统最终会达到一种平均，即系统以一定的周期做循环运动，系统的平均速度也不再改变。图 4-65 所示为密度与流量的观测值及模拟值的对比，图 4-66（a）所示为观测值[35]，图 4-66（b）中的点为模拟得到的值，线上数据是由上式给出的理论值。

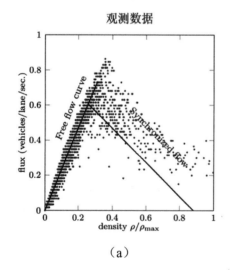

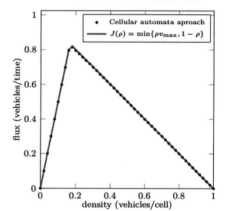

（a）   （b）

图 4-66

图 4-66（b）中模拟结果是由一条长为 $L = 100$ 的封闭环形车道，车辆的最大速度 $v_{\max} = 5$，改变车流密度 $\rho \in [0,1]$ 并经每种密度情况下模拟多次且测试不同密度情况下的平均流量和平均速度得到的。此外，这里还对比了航拍得到的时空轨迹图[29]和模拟得到的时空曲线图（随机减速的概率 $p_{\text{brak}} = 0.15$），如图 4-67 所示。通过图 4-66 和图 4-67，可以进一步说明 NS 规则能合理地反映交通流的特点。

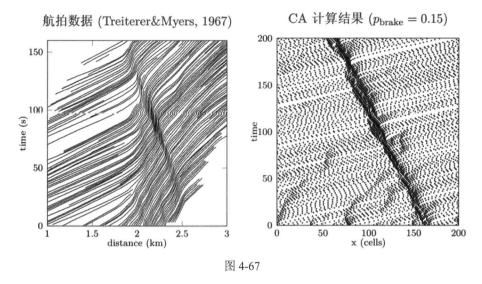

图 4-67

4. 交通流 NS 元胞自动机程序实现

利用 MatLab 强大的数组运算，单环形车道交通流的元胞自动机 NS 模型很容易实现，可以用如下程序来实现 NS 模型的模拟，通过计算可求出平均流量等参数。代码如下：

```
function [flux, vmean] = ns(rho, p, L, tmax)
% 输入：rho-密度；p-随机减速概率；L-环形车道长；tmax-模拟总时间步数
% 输出：flux-平均流量；vmean-平均速度
%
ncar = ceil(L*rho);                   % 根据密度\rho 计算系统中车辆数
vmax = 5;                             % 车辆最大行驶速度
x = sort(randperm(L, ncar));          % 位置向量：随机生成所有车辆的位置,并排序
v = vmax * ones(1,ncar);              % 速度向量：初始化所有车辆的速度为
flux = 0; vmean = 0;                  % 流量和平均速度：初始化为零

h = plotcirc(L, x, 0.1);              % 绘制环形车道和车辆，并返回车辆句柄

for t = 1:tmax
    v = min(v+1, vmax);               % 加速规则

    gaps = gaplength(x, L);
    v = min(v, gaps-1);               % 防止碰撞

    vdrops = ( rand(1,ncar)<p );
    v = max(v - vdrops, 0);           % 随机减速

    x = x + v;                        % 位置更新

    passed = x>L;                     % 找出超出边界的车辆
    x(passed) = x(passed) - L;        % 周期边界

    if t>tmax/2
```

```
        flux = flux + sum(v)/L;   % 计算流量
        vmean = vmean + mean(v);  % 计算平均速度
    end
    plotcirc(L, x, 0.1, h);       % 更新图像，以形成动画
end

flux  = flux/(tmax/2);            % 流量对时间平均
vmean = vmean/(tmax/2);           % 平均速度对时间平均
```

以上 MatLab 程序定义了一个 ns 函数，只需给出环形车道上的车辆密度，随机减速概率，环形车道长度和模拟时间步，该函数就能计算出环道上的平均流量和流速。以上程序比较简单。仅以下几行需要额外解释一下：

（1）第 7 行中的 randperm（L, ncar）函数是从[1, 2, …, L]中随机抽取 ncar 个数，以表示 ncar 辆车初始随机分布于环形车道上，再由 sort 函数排序，向量 x 中的车辆按位置从小到大排列。

（2）第 24～25 行是实施周期性边界条件，在经过第 22 行的位置更新后，可能会有车辆的位置超出了 L，对于位置超出 L 的车辆（passed 为真的车辆）需要减掉一个周期 L，使车辆的位置仍然处于 1 到 L 之间。

（3）第 27～30 行用来计算平均流量和平均速度。tmax/2 的时间用来让系统达到平衡，平均流量和平均速度的计算仅在 $t > tmax/2$ 的时间里进行。这里是通过计算 $\bar{\rho v}$ 来计算流量的。流量的计算也可通过选取一点，计算单位时间通过的车辆数来计算，比如计算 passed 为真的平均数量。

以上程序中还调用了两个自定义的函数 gaplength 和 plotcirc。函数 gaplength 用来计算相邻两边间的距离，其主要代码如下：

用 MatLab 实现函数 gaplength 代码如下：

```
function gaps = gaplength(x, L)
% 输入：x-各车辆位置；L-环形车道长      输出：gaps-相邻两车间的距离
%

ncar = length(x);               % 获得系统中的车辆数
gaps = inf*ones(1, ncar);       % 初始化相邻两车间的距离
if ncar>1
    gaps = x([2:end 1]) - x;
    gaps(gaps<0) = gaps(gaps<0) + L;   % 周期性条件
  end
```

上述程序中的第 8 行用于计算两邻车的距离。对于第 1 辆车，gaps(1) = x(2)−x(1)；对于第 i 辆车，则有 gaps(1) = x(i+1) − x(i)；周期性边界构成首尾相接的环形车道，对于最后一辆车 gaps(end) = x(1) − x(end)，这时可能在 gaps 中出现负值，第 9 行通过对 gaps 中小于 0 的值加一个周期 L 来保证所有车辆都有正确的与前车的距离。

函数 plotcirc 用来将数据图形化，动态地显示每辆车的位置，其主要代码如下：

用 MatLab 实现函数 plotcirc 代码如下：

```
function h = plotcirc(L, x, dt, h)
% 输入：L-环形车道长；x-各车辆位置；dt-动画相邻两帧间隔时间；h-车辆句柄
% 输出：h-车辆句柄
%

W = 0.05;  R = 1;                    % 车道的宽度；环形车道的半径
ncar = length(x);                    % 获得系统中的车辆数

theta = 0:2*pi/L:2*pi;               % 环形车道上径向网格线的极角
xc = cos(theta);  yc = sin(theta);   % 径向网格线的中心
xin = (R-W/2)*xc; yin = (R-W/2)*yc;  % 径向网格线内端点
xot = (R+W/2)*xc; yot = (R+W/2)*yc;  % 径向网格线外端点

xi = [xin(x);  xin(x+1); xot(x+1); xot(x)];% 车辆所在网格的四个端点
yi = [yin(x);  yin(x+1); yot(x+1); yot(x)];%

if nargin == 3                       % 如果函数输入量等于 3，用于首次绘图
    color = randperm(ncar);          % 为各车辆随机生成一个独立的颜色
    h = fill(xi,yi, color); hold on  % 画出所有车辆
    plot([xin; xot] ,[yin; yot] ,'k','linewidth',1.5); % 画径向网格线
    plot([xin; xot]',[yin; yot]','k','linewidth',1.5); % 画环形网格线
    axis image;
else                                 % 如果函数输入量等于 4，用于图像更新
    for i= 1:ncar                    % 更新图像中车辆的位置
        set(h(i),'xdata',xi(:,i),'ydata',yi(:,i));
    end
end
pause(dt)                            % 暂停 dt 秒
```

在以上程序中，第 17 行中的 nargin 为调用该函数时实际输入参数的个数。输入参数的个数可以为 3，也可以为 4，输入参数个数为 3 时，用于首次调用函数 plotcirc 来绘制车道和车辆的初始位置，并返回表示所有车辆的矩形的句柄 h。输入参数个数为 4 时，额外的一个参数为表示每个车辆的四边形的句柄 h，这种情况下无须重新绘制车道和车辆，只需通过第 25 行的 set 来更新车辆的位置。

4.5　启发式算法简介及其在数学建模中的应用

4.5.1　引言

启发式算法（Heuristic Algorithm）兴起于 20 世纪 80 年代，是一种基于直观或经验的局部优化算法，人们常常把从大自然的运行规律或者面向具体问题的经验和规则中启发出来的方法称之为启发式算法。现在的启发式算法并不是全部来自自然的规律，也有来自人类积累的工作经验。这些算法包括禁忌搜索（Tabu Search）[36]，模拟退火（Simulated Annealing）[37]，遗传算法（Genetic Algorithms）[38]，人工神经网络（Artificial Neural Networks）[39]，蚁

群算法（Ant Colony Algorithm）[40]等，下面给出其中几种启发式算法的简单定义：

禁忌搜索：

- 模拟退火：通过模拟物理退火过程搜索最优解的方法。
- 遗传算法：通过模拟自然进化过程搜索最优解的方法。
- 神经网络：模仿动物神经网络行为特征，进行分布式并行信息处理的算法数学模型。
- 蚁群算法：模仿蚂蚁在寻找食物过程中发现路径的行为来寻找优化路径的概率型算法。

启发式算法主要用于解决大量的实际应用问题。目前，这些算法在理论和实际应用方面得到了较大的发展。无论这些算法是怎样产生的，它们有一个共同的目标——求 NP 难题组合优化问题的全局最优解。虽然有这些目标，但 NP 难题理论限制它们只能以启发式的算法去求解实际问题。而启发式算法使得能在可接受的计算费用内去寻找尽可能好的解，但不一定能保证所得解的可行性和最优性，甚至在多数情况下，无法描述所得解与最优解的近似程度。启发式算法包含的算法很多，例如解决复杂优化问题的蚁群算法（Ant Colony Algorithm）。有些启发式算法是根据实际问题而产生的，如解空间分解，解空间的限制等；另一类算法是集成算法，这些算法是诸多启发式算法的合成。现代优化算法解决组合优化问题，如 TSP（Traveling Salesman Problem）问题，QAP（Quadratic Assignment Problem）问题，JSP（Job-shop Scheduling Problem）问题等效果很好[41]。

启发式算法是数学建模竞赛中最常用的算法之一。在近十年来的美国大学生数学建模竞赛（MCM）和中国大学生数学建模竞赛（CUMCM）中，几乎每两年就会出现适合或需要应用启发式算法的赛题。表 4-41 所列为近十来年美国大学生数学建模竞赛中用到启发式算法的特等奖论文不完全统计。

表 4-41

年份题号	题　目	特等奖论文数
2003MCM-B	Gamma 刀治疗方案	2
2006MCM A	灌溉洒水器的安置和移动	2
2006MCM B	通过机场的轮椅	1
2007MCM B	飞机座位方案	1
2008MCM B	建立数独拼图游戏	1
2009MCM A	交通环岛的设计	1
2011MCM A	滑雪赛道优化设计	1
2014MCM B	最佳大学体育教练	1

本节我们只介绍模拟退火算法和遗传算法，并以 TSP 问题为例介绍两种算法具体的应用方法。在介绍模拟退火算法和遗传算法之前，先介绍一下旅行商问题。

旅行商问题，即 TSP 问题又译为旅行推销员问题、货郎担问题，是数学领域中著名难题之一。假设有一个旅行商人要拜访 n 个城市，他必须选择所要走的路径，路径的限制是每个城市只能拜访一次，而且最后要回到原来出发的城市。路径的选择目标是要求求得的路径路程为所有路径路程之中的最小值。旅行商问题也是数图论中最著名的问题之一，即"已给一个 n 个点的完全图，每条边都有一个长度，求总长度最短的经过每个顶点正好一次的封闭回路"。该问题可以被证明具有 NP 计算复杂性，迄今为止，这类问题中没有一个找到有效算法。如果用枚举的算法 1，并假设计算机枚举含 24 个城市的 TSP 问题需要 1 s，则对于不同城市数量的 TSP 问题的求解时间见表 4-42。虽然枚举的算法能给全局最优解，但随着问题规模的增大，TSP 问题的枚举算法计算开销也急剧增加，甚至已经让人无法忍受。表 4-43 中给出了 34 个省会/直辖市的经纬度，图 4-68 所示是相应的中国地图及模拟退火算法给出的结果，若以中国 34 个省会城市作为旅行商问题，枚举算法已经无法计算。下面将以中国 34 个省会作为旅行商问题，分别介绍模拟退火算法和遗传算法的 MatLab 程序实现。

表 4-42

城市数量	24	25	26	27	28	29	30	34
计算时间	1 s	24 s	10 m	4.3 h	4.9 d	136.5 d	10.8 y	∞

表 4-43

编号	1	2	3	4	5	6	7	8	9
经度	39.54	31.14	39.09	29.32	45.45	43.52	41.5	40.49	38.02
纬度	116.3	121.29	117.1	106.32	126.41	125.19	123.24	111.5	114.28
编号	10	11	12	13	14	15	16	17	18
经度	37.52	36.38	34.48	34.16	36.03	38.2	36.38	43.48	31.51
纬度	112.3	117	113.4	108.54	103.49	106.16	101.45	87.36	117.18
编号	19	20	21	22	23	24	25	26	27
经度	32.02	30.14	28.11	28.41	30.37	30.39	26.35	26.05	23.08
纬度	118.5	120.09	113	115.52	114.21	104.05	106.42	119.2	113.15
编号	28	29	30	31	32	33	34		
经度	20.02	22.48	25	29.39	22.18	22.14	25.03		
纬度	110.2	108.2	102.4	90.08	114.1	113.35	121.31		

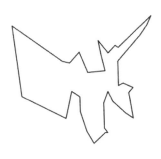

T =　1.0　　Total Distance = 15651.8

图 4-68

TSP 问题枚举的算法复杂度：
- 以第一个城市为始终点，计算任意一条路径 $[1, i_2, \cdots, i_n, 1]$ 的长度的基本运算为两两城市间距离求和，基本操作次数为 n。路径的条数为 $(n-1)!$，求和运算的总次数为 $(n-1)! \times n = n!$。

- 比较所有路径以得到最短路线径，需要比较的次数为 $(n-1)$。

4.5.2 模拟退火算法

1. 算法介绍

模拟退火是一种通用概率算法，用来在固定时间内寻求在一个大的搜寻空间内找到的最优解。模拟退火是 S.Kirkpatrick，C.D.Gelatt 和 M.P.Vecchi 在 1983 年所发明。而 V.Cerny 在 1985 年独立发明此算法 2。模拟退火来自冶金学的专有名词退火。统计力学表明材料中粒子的不同结构对应于粒子的不同能量水平。在高温条件下，粒子的能量较高，可以自由运动和重新排列。在低温条件下，粒子能量较低。

退火是将金属材料加热后再经特定速率缓慢地冷却（这个过程被称为退火），粒子就可以在每个温度下达到热平衡，目的是增大晶粒的体积，并且减少晶格中的缺陷。金属材料中的原子原来会停留在使内能有局部最小值的位置，加热使能量变大，原子会离开原来位置，而随机在其他位置中移动。退火冷却时速度较慢，使得原子有较多可能找到内能比原先更低的位置，最终形成处于低能状态的晶体。图 4-69 所示是物理退火示意图。

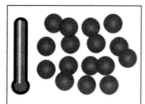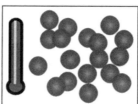

初始状态 $\xrightarrow{\text{加温过程}}$ 高温状态 $\xrightarrow{\text{冷却过程}}$ 最终状态

图 4-69

如果用粒子的能量定义金属材料的状态，Metropolis 法用一个简单的数学模型描述了退火过程。假设材料处于状态 S_i 时的能量为 $E(S_i)$，那么材料在温度 T 下从状态 S_i 转变为状态 S_j 概率为：

$$p(S_i \to S_j) = \begin{cases} 1 & E(S_i) \leqslant E(S_j) \\ \exp\left\{\dfrac{E(S_i) - E(S_j)}{K_B T}\right\} & E(S_i) > E(S_j) \end{cases}$$

其中 K_B 为波尔兹曼常数。式中表明如果 $E(S_i) \leqslant E(S_j)$，则接受状态的转变，否则以概率 $e^{[E(S_i)-E(S_j)]/(K_B T)}$ 接受状态的转变。可以证明当温度降至很低时，材料会以很大概率进入最小能量状态[41]。

假定我们要解决的问题是一个寻找最小值的优化问题，考虑这样一个组合优化问题：优化函数为 $F: x \to R^+$，其中 $x \in S$，它表示优化问题的一个可行解，$R^+ = \{y | y \in R, y > 0\}$，$S$

表示函数的定义域。$N(x) \subseteq S$ 表示的一个邻域集合。将物理学中退火的思想应用于优化问题就可以得到模拟退火寻优方法。表 4-44 所列为模拟退火算法与物理退火过程的对应关系。首先给定一个初始温度 T_0 和该优化问题的一个初始解 x_0，并生成下一个解 $x' \in N(x_0)$，是否接受 x' 作为一个新解依赖于下面概率。

表 4-44

模拟退火	物理退火
解	粒子状态
目标函数	能量
最优解	能量最低态
设定初温	加温过程
扰动	热涨落
Metropolis 采样过程	热平衡,粒子状态满足波尔兹曼分布
控制参数的下降	冷却

$$p(x_0 \to x') = \begin{cases} 1 & f(x') \leqslant f(x_0) \\ \exp\left\{ \dfrac{f(x') - f(x_0)}{T_0} \right\} & f(x') > f(x_0) \end{cases}$$

换句话说，如果生成的解 x' 的函数值比前一个解的函数值更小，则接受 x' 作为一个新解，否则以概率接受 x' 作为一个新解。泛泛地说，对于某一个温度 T_i 和该优化问题的一个解 x_k，可以生成 x'。接受 x' 作为下一个新解的概率为：

$$p(x_{k+1} \to x') = \begin{cases} 1 & f(x') \leqslant f(x_k) \\ \exp\left\{ \dfrac{f(x') - f(x_k)}{T_0} \right\} & f(x') > f(x_k) \end{cases}$$

在温度 T_i 下，经过多次的转移之后，降低温度 T_i，得到 $T_{i+1} < T_i$。在 T_{i+1} 下重复上述过程。因此整个优化过程就是不断寻找新解和缓慢降温的交替过程。最终的解是对该问题寻优的结果。我们注意到，在每个 T_i 下，所得到的一个新状态 x_{k+1} 完全依赖于前一个状态 x_k，但可以和前面的状态无关，因此这是一个马尔可夫过程。使用马尔可夫过程对上述模拟退火的步骤进行分析，结果表明：从任何一个状态 x_k 生成 x' 的概率，在 $N(x_k)$ 中是均匀分布的，那么经过有限次的转换，在温度 T_i 下的平衡态 x_k 的分布由下式给出：

$$p_k(T_i) = \frac{\mathrm{e}^{-f(x_i)/T}}{\sum_{j \in S} \mathrm{e}^{-f(x_i)/T_i}}$$

当温度降为 0 时，x_k 的分布为：

$$p_k(0) = \begin{cases} 1/|S_{\min}| & x_k \in S_{\min} \\ 0 & \text{其他} \end{cases}$$

并且 $\sum_{x_k \in S_{\min}} P_k(0) = 1$。这说明如果温度下降十分缓慢，而在每个温度都有足够多次的状态转移，使之在每一个温度下达到热平衡，则全局最优解将以概率 1 被找到。因此模拟退火算法所得解依概率收敛到全局最优解。

模拟退火算法新解的产生和接受可分为以下步骤：

- 由一个产生函数从当前解产生一个位于解空间的新解；为便于后续的计算和接受，减少算法耗时，通常选择由当前新解经过简单地变换即可产生新解的方法，如对构成新解的全部或部分元素进行置换，互换等。注意到产生新解的变换方法决定了当前新解的邻域结构，因而对冷却进度表的选取有一定的影响。
- 计算与新解所对应的目标函数差。因为目标函数差仅由变换部分产生，所以目标函数差的计算最好按增量计算。事实表明，对大多数应用而言，这是计算目标函数差的最快方法。
- 判断新解是否被接受的依据是一个接受准则，最常用的接受准则是 Metropolis 准则：若 $\Delta t < 0$ 则接受 S 作为新的当前解 S，否则以概率 $\exp(-\Delta t / T)$ 接受 S 作为新的当前解 S。
- 当新解被确定接受时，用新解代替当前解，这只需将当前解中对应于产生新解时的变换部分予以实现，同时修正目标函数值即可。此时，当前解实现了一次迭代。可在此基础上开始下一轮试验。而当新解被判定为舍弃时，则在原当前解的基础上继续下一轮试验。

模拟退火算法与初始值无关，算法求得的解与初始解状态 S（是算法迭代的起点）无关；模拟退火算法具有渐近收敛性，已在理论上被证明是一种以概率 1 收敛于全局最优解的全局优化算法；模拟退火算法具有并行性。

对于特定的问题，在应用和设计模拟退火算法过程中应注意以下问题。

- 初始解的生成：通常是以一个随机解作为初始解，并保证理论上能够生成解空间中任意的解。也可以是一个经挑选过的较好的解，这种情况下，初始温度应当设置的较低。初始解不宜"太好"，否则很难从这个解的邻域跳出。
- 邻解生成函数：邻解生成函数应尽可能保证产生的候选解能够遍布解空间。邻域应尽可能小，能够在少量循环步中充分探测，但每次的改变不应该引起太大的变化。
- 确定初始温度：初始温度应该设置的尽可能高，以确保最终解不受初始解影响。但过高又会增加计算时间。在正式开始退火算法前，可进行一个升温过程确定初始温度：逐渐增加温度，直到所有的尝试都被接受，将此时的温度设置为初始温度。
- 确定等温步数：等温步数也称 Metropolis 抽样稳定准则，用于决定在不同温度下产生候选解的数目。通常取决于解空间和邻域的大小，等温过程是为了让系统达到平衡，因此可通过检验目标函数的均值是否稳定（或连续若干步的目标值变化较小）来确定等温步数。等温步数受温度的影响。高温时，等温步数可以较小；温度较小时，等温步数要大。随着温度的降低，增加等温步数。有时为了方便，也可直接按一定的步数抽样。
- 确定降温方式：理论上，降温过程要足够缓慢，要使得在每一温度下达到热平衡。在计算机实现中，如果降温速度过缓，所得到的解的性能会较为令人满意，但是算法会太慢，相对于简单的搜索算法不具有明显优势。如果降温速度过快，很可能最终得不到全局最优解。因此使用时要综合考虑解的性能和算法速度，在两者之间采取一种折中。

2. 程序实现

前面已经简单地介绍了模拟退火算法主要思想。下面以 TSP 问题为例，详细分析其 MatLab 程序实现。求解 TSP 问题的模拟退火算法描述如下。

- 解空间：如果我们按照表 4-43 中用整数 1～34 对每个城市进行编号，解空间 S 表示为 $\{1, 2, \cdots, 34\}$ 的所有固定起点和终点的循环排列集合。任何一种 $\{1, 2, \cdots, 34\}$ 的循环排列

$$X = \{(x_1, x_2, \cdots, x_{34}) \mid x_i \in [1, 2, \cdots, 34], \ x_i \neq x_j\}$$

都是本问题的一个解。其中 x_i 表示第 i 次访问的城市编号。

- 目标函数：TSP 问题的目标函数（或称代价函数）为路径长度，TSP 问题的目标为最小化路径长度，即：

$$\min d(x_1, x_{34}) + \sum_{i=1}^{33} d(x_i, x_{i+1})$$

其中 $d(x_i, x_{i+1})$ 表示编号为 x_i 和编号为 x_{i+1} 的两城市间的距离。

- 生成邻解：从 $\{1, 2, \cdots, 34\}$ 中随机抽取两个数 i、j，且有 $i < j$，将两个城市间的子路径逆向排序生成新解：

$$X' \leftarrow (x_1, x_2, \cdots, x_j, x_{j-1}, \cdots, x_{i+1}, x_i, \cdots, x_{34})$$

在程序中还给出了生成邻解另一种方式"对调'。

- 降温方式：利用选定的降温系数 α 进行降温，即每执行 100 次循环降温一次：$T \leftarrow \alpha T$ 得到新的温度。
- 结束条件：用选定的终止温度 1.0，若 $T < 1.0$ 计算终止，输出当前状态。

基于以上描述，可用 MatLab 实现 TSP 问题的模拟退火算法，模拟退火算法结果如图 4-68 所示。对于 34 个城市，可以定义一个结构数组 city，结构数组长度为 34，对于任何一个城市 i，可以用 city(i).lat 和 city(i).long 分别访问其经纬度。比如对于北京（见表 4-43 中标号为 1 的城市）有 city(1).lat=39.54，city(1).long=116.28。下面给出主程序的主要代码：

```
1 numberofcities = length(city); % 程序的数量
2 dis = distancematrix(city); % 距离矩阵 dij = dis(i; j)
3 temperature = 1000; % 初始温度
4 cooling_rate = 0.94; % 降温速度
5
6 route = randperm(numberofcities); % 初始化路径
7 previous_distance = totaldistance(route ,dis); % 计算路径的长度
8 temperature_iterations = 1; % 用于计算恒温步数
9
10 while 1.0 < temperature
11   temp_route = perturb(route ,'reverse '); % 生成新解（邻解）
```

```
12  current_distance = totaldistance(temp_route , dis); % 计算新解的距离
13  diff = current_distance - previous_distance; % 代价函数差
14
15  % Metropolis 准则
16  if (diff < 0) || (rand < exp(-diff/( temperature))) % 接受新解的条件
17  route = temp_route;
18  previous_distance = current_distance;
19
20  temperature_iterations = temperature_iterations + 1;
21  end
22
23  %每100步降一次温
24  if temperature_iterations _ 100
25    temperature = cooling_rate*temperature; % 降温方式: T = _ _ T
26    temperature_iterations = 0;
27  end
28
29 end
```

以上程序中调用了函数 distancematrix，totaldistance，perturb，下面我们逐一介绍。

函数 distancematrix 用来求得任意两城市间的球面距离矩阵 dis。由于城市的坐标由经度、纬度表示，两城市间的距离需要用球面距离来表示，而 MatLab 中自带的函数 distance 可用来求取球面上两点的球面距离。函数 distancematrix 的代码如下：

```
1 function dis = distancematrix(city)
2 numberofcities = length(city);
3 R = 6378.137; % 地球半径
4 for i = 1: numberofcities
5   for j = i+1: numberofcities
6       dis(i,j) = distance(city(i).lat , city(i).long , ...
7                   city(j).lat , city(j).long , R);
8       dis(j,i) = dis(i,j);
9   end
10 end
```

函数 distancematrix 返回距离矩阵 dis，其中 $dis(i,j)$ 表示第 i 个城市到第 j 个城市的距离。

函数 totaldistance 用来计算一条路径的总长度。如果用一个向量 route 来表示一条路径（问题的解），向量 route 是 $\{1,2,\cdots,34\}$ 的某种循环排列。可以定义以下函数 totaldistance 来非常方便和快速的求取一条路径的总长度。

```
1 function d = totaldistance(route , dis)
2 d = dis(route ( e n d ) ,route (1)); % 形成圈
3 for k = 1: length(route) -1
```

```
4    i = route(k);
5    j = route(k+1);
6    d = d + dis(i,j);      % d = dis(1; 34) + $\sum_{i=1}^{34} dis(i, i+1)$
7 end
```

其中距离矩阵 dis 是由函数 distancematrix 求得的。函数 totaldistance 返回路径 route 的总长度 d，TSP 问题的目标就是 min d。

函数 perturb 用来从当前解产生一个位于解空间的新解。函数 perturb 的代码如下：

```
1 function route = perturb(route , method)
2 numbercities = length(route); % 城市数量
3 i = randsample(numbercities ,1);% 随机整数满足 $i \in [1, 2, \cdots, numbercities]$
4 j = randsample(numbercities ,1);% 随机整数满足 $j \in [1, 2, \cdots, numbercities]$
5 switch method
6   case 'reverse ' % 逆序
7        citymin = min(i,j);
8        citymax = max(i,j);
9        route(citymin:citymax) = route(citymax :-1: citymin);
10  case 'swap' % 对调
11        route ([i, j]) = route ([j, i]);
12 end
```

函数 perturb 定义了两种生成邻解的方式，一种是"逆序"，另一种为"对调"。当参数 method 为"reverse"时，生成邻解的方式为"逆序"，随机选择路径中的两个城市，并将两个城市间的子路径逆向排序顺序生成新解；当参数 method 为"swap"时，生成邻解的方式为"对调"。随机选择路径中的两个城市，并将两个城市间的子路径逆向排序顺序生成新解。

4.5.3　遗传算法

1．算法介绍

遗传算法（Genetic Algorithm）是由美国的 J·Holland 教授于 1975 年首先提出的，是计算数学中用于解决最优化的搜索算法。遗传算法最初是借鉴了进化生物学中的一些现象而发展起来的，这些现象包括遗传，突变，自然选择（适者生存，优胜劣汰遗传机制）以及杂交等。在遗传算法中，问题域中的可能解被看作是群体的个体。对于一个最优化问题，一定数量的候选解（称为个体）的抽象表示（称为染色体）的种群向更好的解进化。传统上，采用二进制将个体编码成符号串形式（即 0 和 1 的串），但也可以用其他表示方法。进化从完全随机个体的种群开始，之后一代一代发生。在每一代中，整个种群的适应度被评价，基于它们的适应度，从当前种群中随机地择优选择多个个体。通过杂交和突变产生新的生命种群，该种群在算法的下一次迭代中成为当前种群。从而不断得到更优的群体，同时搜索优化群体中的最优个体，求得满足要求的最优解。

遗传算法可分为以下基本步骤。

（1）初始化：初始化进化代数计数器 $t \leftarrow 0$，最大进化代数 T。随机生成 M 个个体作为初始体 $P(t)$，始群体 P。

（2）个体评价：计算 $P(t)$中每个个体的适应度值。

（3）选择运算：将选择算子作用于群体。

（4）交叉运算：将交叉算子作用于群体。

（5）变异运算：将变异算子作用于群体，并通过以上运算得到下一代群体 $P(t+1)$。

（6）终止条件：如果 $t \leqslant T$，则 $t \leftarrow t+1$ 并跳转到第 2 步；否则输出 $P(t)$中的最优解。

基本遗传算法的五个组成部分如下。

（1）编码：正如研究生物遗传是从染色体着手，而染色体则是由基因排成的串，遗传算法中，首要问题就是如何通过某种编码机制把对象抽象为由特定符号按一定顺序排成的串（解的形式）。编码影响到交叉，变异等运算，很大程度上决定了遗传进化的效率。在基本遗传算法（SGA）使用上，二进制串进行编码，每个基因值为符号 0 和 1 所组成的二进制数。针对不同的问题，可以适当选择其他编码形式，如格雷编码，实数编码，符号编码。

（2）适应度函数：适应度函数也称评价函数。是根据目标函数确定的用于区分群体中个体好坏的标准。适应度函数是遗传算法进化过程的驱动力，也是对个体的优胜劣汰的唯一依据。它的设计应结合求解问题本身的要求而定。一般情况下适应度是非负的，并且总是希望适应度越大越好（适应度值与解的优劣成反比例）。通常适应度函数可以由目标函数直接或间接改造得到。比如，目标函数或目标函数的倒数、相反数经常被直接用作适应度函数。适应度函数不应过于复杂，以便于计算机的快速计算。

（3）选择算子：选择运算的使用是对个体进行优胜劣汰；从父代群体中选取一些适应度高的个体，遗传到下一代群体。适应度高的个体被遗传到下一代群体中的概率大；适应度低的个体，被遗传到下一代群体中的概率小。基本遗传算法中选择算子采用轮盘赌选择方法，图 4-70 所示为轮盘赌示意图。轮盘赌又称比例选择算子，个体 i 被选中的概率 p_i 与其适应度成正比：$p_i = f_i / \sum_{j=1}^{N} f_j$。个体的适应度值越大，被选中的概率就越高，直接体现了"适者生存"这一自然选择原理。遗传算法中也常用其他选择算子，如两两竞争（从父代中随机地选取两个个体，比较适应值，保存优秀个体，淘汰较差的个体）等。

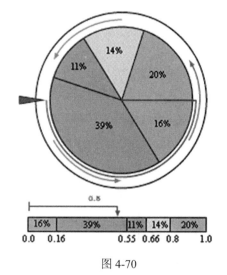

图 4-70

（4）交叉算子：交叉运算是指对两个相互配对的染色体依据交叉概率按某种方式相互交换其部分基因，从而形成两个新的个体。交叉运算是遗传算法区别于其他进化算法的重要特征，它在遗传算法中起关键作用，是产生新个体的主要方法。遗传算法中，交叉算子可以是单点交叉，也可以是多点交叉，其示意图如图 4-71 所示。基本遗传算法中交叉算子采用单点交叉算子。

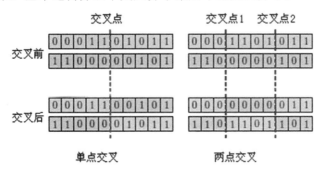

图 4-71

（5）变异算子：变异操作对群体中的个体的某些基因座上的基因值作变动，模拟生物的繁殖过程，新产生的染色体中的基因会以一定的概率出错。变异运算是产生新个体的辅助方法，决定遗传算法的局部搜索能力，保持种群多样性。交叉运算和变异运算的相互配合，共同完成对搜索空间的全局搜索和局部搜索。遗传算法中，变异算子可以是基本位变异，也可以是换位变异，如图 4-72 所示。基本遗传算法中变异算子采用基本位变异算子。基本位变异算子是指对个体编码串随机指定的某一位或某几位基因作变异运算。对于二进制编码符号串所表示的个体，若需要进行变异操作的某一基因座上的原有基因值为 0，则将其变为 1；反之，若原有基因值为 1，则将其变为 0。

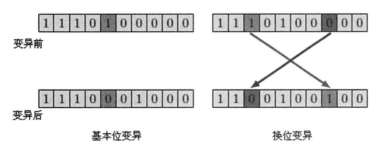

图 4-72

2.　程序实现

前面已经简单地介绍了模拟退火算法主要的思想。下面以 TSP 问题为例，详细分析其 MatLab 程序实现。求解 TSP 问题的遗传算法描述如下。

（1）编码：如果我们按照表 4-17 用整数 1～34 对每个城市进行编号，则任何一种 $\{1,2,\cdots,34\}$ 的循环排列都是本问题的一个解。对于 TSP 问题，选用符号编码，直接用 $\{1,2,\cdots,34\}$ 的循环排列作为解的符号串形式。

（2）适应度函数：TSP 问题的目标函数为路径长度 d，考虑到适应度函数的特点，可将路径长度的倒数 $1/d$ 作为适应度函数。

（3）选择算子：轮盘赌。

（4）交叉算子：采用两点交差，采用符号编码的解在交叉后也必须要保证生成的新

解是一个合法的 $\{1, 2, \cdots, 34\}$ 的循环排列，不能出现重复的城市编号。因此在随机选取两个交叉点 i 和 $j\,(i < j)$ 并进行交叉（交换双亲第 i 个到第 j 个符号串）后，还需要一个额外的操作以消除重复的城市编号。如果交换后，后代 1 到 i 中的编号 x_k，$1 < k < i$ 与子串 i 到 j 中的编号 x_m，$i \leqslant m \leqslant j$ 重复，则用交差前的 x_m 来替换到 x_k，按照此法对 i 到 j 中的编号依次作这样的操作，直到新解中不出现编号的重复为止。图 4-73 所示是这种交叉运算的结果示意图。

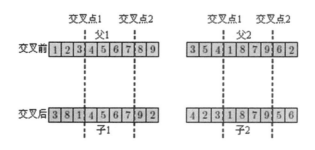

图 4-73

（5）变异算子：在 TSP 问题中，单点基本位变异会造成新解中出现编号的重复。因此这里的变异算子采用对调，滑移和逆序三种不会引起编号重复的变异算子。

基于以上描述，可用 MatLab 实现 TSP 问题的遗传算法，图 4-74 所示为 MatLab 实现的中国 34 个省会城市 TSP 问题的遗传算法求解结果。在遗传算法的 MatLab 程序中，解的形式，任意两城市间的球面距离矩阵和路径的总长度的计算都与退火方法一致，相同的内容这里不再复述。下面给出主程序的主要代码如下。

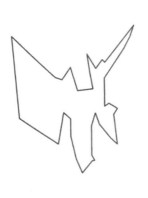
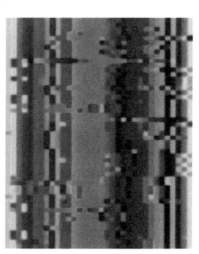

generation = 3000   Total Distance = 15651.8

图 4-74

```
1 popSize = 50; % 种群规模
2 max_generation = 3000; % 初始化最大种群代数
3 Pmutation = 0.16; % 变异概率
```

```
4 for i = 1: popSize % 初始化种群
5   pop(i, :) = randperm(numberofcities);
6 end
7 for generation = 1: max_generation
8   fitness = 1/ totaldistance(pop, dis); % 计算距离(适应度)
9   [maxfit, bestID] = max(fitness);
10   bestPop = pop(bestID, :); % 找出精英
11   pop = select(pop, fitness); % 选择操作
12   pop = crossover(pop); % 交叉操作
13   pop = mutate(pop, Pmutation); % 变异操作
14   pop = [bestPop; pop]; % 精英保护
15 end
16
17 popDist = total_distance(pop, dis); % 计算距离（适应度）
18 [minDist, index] = min(popDist);
19 optRoute = pop(index, :); % 找出最短距离
```

以上程序中第 10 行找出当前最好的解，并通过第 14 行将这个最好的解不做任何改变操作直接放到下一代的种群中，这样做是为了使得下一代的种群的最优解至少不会比上一代差。此外，上述主程序中还调用了函数 select，crossover 和 mutate，下面我们逐一介绍。

函数 select 是用来进行选择操作，在函数 select 中，我们提供两种选择算子：轮盘赌和两两竞争。函数 select 的代码如下：

```
1 function popselected = select(pop , fitness , nselected , method)
2 popSize = size(pop ,1);
3
4 switch method
5   case 'roulette ' % 轮盘赌
6     p=fitness/sum(fitness); % 选中概率
7     cump=cumsum(p); % 概率累加
8     % 利用插值：yi = 线性插值(x, y, xi)
9     I = interp1 ([0 ...
         cump],1:(popSize+1), rand(1,nselected), 'linear');
10     I = floor(I);
11
12     case 'competition ' % 两两竞争
13     i1 = randsample(popSize , nselected);
14     i1 = randsample(popSize , nselected);
15     I = i1.*( fitness(i1)>=fitness(i2) ) + ...
16         i2.*( fitness(i1)< fitness(i2) );
17 end
18
19 popselected=pop(I,:);
```

以上代码中第 6 行得到规一化的适应度。在轮盘赌中，各染色体规一化的适应度即为

其被选中的概率。第 7 行是对选中概率进行累加。如果种群的规模为 5，种群中各染色体规一化的适应度为 p=[0.16, 0.39, 0.11, 0.14, 0.20]，则经过累加得到 cump=[0.16, 0.55, 0.66, 0.8, 1.0]。则可以通过生成随机来决定选择哪些染色体，若生成的随机 rand$\in$[0, 0.16]，则第一个染色体被选中；若生成的随机 rand$\in$[0.66, 0.8]，则第四个染色体被选中。第 9 行利用插值运算实现轮盘赌。以上程序中还提供了两两竞争的选择算子，这里不再详述。

函数 crossover 是用来进行交叉操作，由于需要消除交叉中出现的城市编号重得，交叉操作的代码稍微有点复杂。函数 crossover 的代码如下：

```
1  function children = crossover(parents)
2  [popSize , numberofcities] = size(parents);
3  children = parents; % 初始化子代
4
5  for i = 1:2: popSize
6    parent1 = parents(i+0,:); child1 = parent1;
7    parent2 = parents(i+1,:); child2 = parent2;
8    InsertPoints = sort(randsample(numberofcities , 2)); % 交叉点
9    for j = InsertPoints(1):InsertPoints(2)
10     if parent1(j) != parent2(j) % 如果对应位置不重复
11       child1(child1 == parent2(j)) = child1(j);
12       child1(j) = parent2(j);
13
14       child2(child2 == parent1(j)) = child2(j);
15       child2(j) = parent1(j);
16     end
17   end
18   children(i+0,:)=child1; children(i+1,:)=child2;
19 end
```

以上程序中第 9 行中生成两个随机的交叉点。第 10 行至第 17 行的循环对两交叉点间的城市编号依次进行互换和消重。对于子代 1，由第 11 行消重，第 12 行互换以达到交叉的目的。第 11 行通过 child1==parent2(j) 找出交差后会出现重复的位置，并替换为 child1(j)，那么第 12 行交叉后，child1 就不会出现重复的城市编号，对于子代 2，类似。

函数 mutation 是用来进行变异操作，函数 crossover 提供了三种变异算子："对调"，"滑移" 和 "逆序"。每一次变异都从三种变异算子中选择一种，并且主要以 "逆序" 为主。函数 crossover 的代码如下：

```
1  function children = mutation(parents, probmutation)
2  [popSize, numberofcities] = size(parents);
3  children = parents; % 初始化子代
4  for k=1: popSize
5    if rand < probmutation % 以一定概率变异
6      InsertPoints = randsample(numberofcities, 2);
7      I = min(InsertPoints); J = max(InsertPoints); % 两交叉点: I<J
8      switch randsample (6, 1) % 通过随机数判断使用哪种算子
```

```
9         case 1 % 对调
10            children(k,[I J]) = parents(k,[J I]);
11        case 2 % 滑移
12            children(k,[I:J]) = parents(k,[I+1:J I]);
13        otherwise % 逆序
14            children(k,[I:J]) = parents(k,[J:-1:I]);
15     end
16   end
17 end
```

以上程序通过 switch 语句来选择不同的变异算子。第 8 行中 randsample(6, 1)从 $[1,2,\cdots,6]$ 中随机抽取出的一个数字为 1 则采用"对调"算子；如果随机抽取出的数字为 2，则采用"滑移"算子；否则当随机抽取出的数字在 $[3,4,5,6]$ 中，则采用"逆序"算子。

本章参考文献

[1] 卢开澄等. 图论及其应用[M]，北京：清华大学出版社，1995.

[2] 姜启源等，数学模型[M]，第 4 版. 北京：高等教育出版社，2011.

[3] 1998 年中国大学生数学建模竞赛 B 题[EB/OL]. http://mcm.edu.cn

[4] 肖华勇，实用数学建模与软件应用，修订版，西安：西北工业大学出版社，2014.

[5] 1993 年中国大学生数学建模竞赛 B 题[EB/OL]. http://mcm.edu.cn

[6] 陆凤山. 排队论及其应用[M]. 长沙：湖南科学技术出版社，1984.

[7] 谢金星，薛毅，优化建模与 LINDO/LINGO 软件[M]，北京：清华大学出版社，2005.

[8] 2009 年中国大学生数学建模竞赛 B 题[EB/OL]. http://mcm.edu.cn

[9] 2011 年美国大学生数学建模赛题 C 题[EB/OL].

https://www.comap.com/undergraduate/contests/matrix/index.html

[10] 韩中庚，数学建模方法及其应用，第二版. 北京：高等教育出版社，2009.

[11] 薛定宇，陈阳泉. 高等应用数学问题的 Matlab 求解答[M]，北京：清华大学出版社，2004.

[12] 1989 年美国大学生数学建模赛题 A 题[EB/OL].

https://www.comap.com/undergraduate/contests/matrix/index.html

[12] 1986 年美国大学生数学建模赛题 A 题[EB/OL].

https://www.comap.com/undergraduate/contests/matrix/index.html

[13] 2016 年中国大学生数学建模竞赛 C 题[EB/OL]. http://mcm.edu.cn

[14] 2012 年中国大学生数学建模竞赛 A 题[EB/OL]. http://mcm.edu.cn

[15] Cellular automaton-wikipedia, the free encyclopedia. Available at http:// en.wikipedia.org/ wiki/Cellular_automaton　[Accessed March 1, 2014].

[16] Conway's game of life, November 2014. Available at http://en.wikipedia.org/

wiki/Conway's_Game_of_Life [Accessed October 10, 2014].

[17] Wolfram atlas：Elementary cellular automata：index of rules. Available at http:// atlas.wolfram.com/01/01/rulelist.html [Accessed October 10, 2014].

[18] Elementary cellular automaton, October 2014. Available at http://en.wikipedia.org/ wiki/ Elementary_cellular_automaton [Accessed October 10, 2014].

[19] 1999 mcm problems. Available at http://www.comap.com/ undergraduate/contests/ matrix/PDF/1999mcmProblems.htm [Accessed October 10, 2014].

[20] 2013 年高教社杯中国大学生数学建模竞赛赛题. Available at http:// www.mcm.edu.cn/ problem/2013/2013.html[Accessed August 10, 2014].

[21] 2013 mcm problems. Available at http://www.comap.com/undergraduate/contests/ mcm/contests/2013/problems/ [Accessed March 1, 2014].

[22] 2013 优秀论文选登. Available at http://special.univs.cn/service/jianmo/2013lw [Accessed August 10, 2014].

[23] 孔垂烨，周晨阳，周登岳. 车道被占用对城市道路通行能力的影响. Available athttp://special.univs.cn/service/jianmo/2013lw/2013/1112/1000401.shtml [Accessed August 10, 2014].

[24] Winstrom Luke, Coskey Sam, and Mark Blunk. Shelling tumors with caution and wiggles. The UMAP Journal, 24(3):365–378, 2005. Available at www.math.washington.edu/～ morrow/mcm/uw25.pdf [Accessed March 1, 2014].

[25] Forest-fire model, May 2014. Available at http://en.wikipedia.org/ wiki/Forest-fire_model [Accessed August 10, 2014].

[26] S.Clar, K. Schenk, and F.Schwabl. Phase transitions in a forest-fire model. PhysicalReview E, 55(3):2174–2183, March 1997.

[27] Peter Grassberger. On a self-organized critical forest-fire model. Journal of Physics A:Mathematical and General, 26(9):2081, 1993.

[28] Kai Nagel and Michael Schreckenberg. A cellular automaton model for freeway traffic2(12):2221–2229. Available at http://fix.bf.jcu.cz/～berec/NagelSchreckenberg1992.pdf [Accessed March 1, 2014].

[29] Yuki Sugiyama, Minoru Fukui, Macoto Kikuchi, Katsuya Hasebe, Akihiro Nakayama,Katsuhiro Nishinari, Shin-ichi Tadaki, and Satoshi Yukawa. Traffic jams without bottlenecks-experimental evidence for the physical mechanism of the formation of a jam 10(3):033001. Available at http://iopscience.iop.org/1367-2630/ 10/3/033001/pdf/1367- 2630_ 10_3_033001.pdf [Accessed March 1, 2014].

[30] Experiment creates test track jam. Available at http://www.traffictechnologytoday.com/ news.php？NewsID=3962 [Accessed March 1, 2014].

[31] 堵车有哪些原因？Available at http://www.zhihu.com/question/20781120 [Accessed March 1, 2014].

[32] Shockwave traffic jam test - video. Available at http://www.maniacworld.com/shockwave-traffic-jam-test.html [Accessed March 1, 2014].

[33] Formation of a 'phantom traffic jam' | MIT video. Available at http://video.mit.edu/watch/formation-of-a-phantom-traffic-jam-8152/ [Accessed March 1, 2014].

[34] Kai Nagel and Hans J. Herrmann. Deterministic models for traffic jams. Physica A:Statistical Mechanics and its Applications, 199(2):254–269, October 1993. Available at http://www.comphys.ethz.ch/hans/p/156.pdf [Accessed March 1, 2014].

[35] Benjamin Seibold, Morris R. Flynn, Aslan R. Kasimov, and Rodolfo Ruben Rosales. Constructing set-valued fundamental diagrams from jamiton solutions in second order trafficmodels. Available at http://arxiv.org/pdf/1204.5510.pdf [Accessed March 1, 2014].

[36] Tabu search, December 2014. Available at http://en.wikipedia.org/wiki/ Tabu_search [Accessed December 20, 2014].

[37] Simulated annealing, December 2014. Available at http://en.wikipedia.org/wiki/Simulated_annealing[Accessed December 20, 2014].

[38] Genetic algorithm, December 2014. Available at http://en.wikipedia.org/wiki/Genetic_algorithm[Accessed December 20, 2014].

[39] Artificial neural network, December 2014. Available at http://en.wikipedia.org/wiki/Artificial_neural_network[Accessed December 20, 2014].

[40] Ant colony optimization algorithms, December 2014. Available at http://en.wikipedia.org/wiki/Ant_colony_optimization_algorithms[Accessed December 20, 2014].

[41] 司守奎，孙玺菁. 数学建模算法与应用第 1 版. 北京：国防工业出版社，edition, August 2011.

第5章 赛 题 解 析

5.1 2013 CUMCM A

5.1.1 问题综述

本案例讨论了车道被占用对城市道路通行能力的影响。车道被占用是指因交通事故、路边停车、占道施工等因素，导致车道或道路横断面通行能力在单位时间内降低的现象。一条车道被占用，也可能降低该路段所有车道的通行能力。附件中视频1和视频2的两个交通事故处于同一路段的同一横断面，且完全占用两条车道。案例中主要讨论并建立模型，解决如下4个问题。

问题1：根据视频1（附件1），描述视频中交通事故发生至撤离期间，事故所处横断面实际通行能力的变化过程。

问题2：根据问题1所得结论，结合视频2（附件2），分析说明同一横断面交通事故所占车道不同，对该横断面实际通行能力影响的差异。

问题3：构建数学模型，分析视频1（附件1）中交通事故所影响的路段车辆排队长度与事故横断面实际通行能力、事故持续时间、路段上游车流量间的关系。

问题4：假如视频1（附件1）中的交通事故所处横断面距离上游路口变为140m，路段下游方向需求不变，路段上游车流量为1500 pcu/h，事故发生时车辆初始排队长度为零，且事故持续不撤离。请估算，从事故发生开始，经过多长时间，车辆排队长度将到达上游路口。

5.1.2 分析与建模及求解

1. 问题的分析

（1）问题1的分析。

问题1主要考察对抽象数据的处理能力和统计数据的分析能力。在数据处理方面，为分析事故所处横断面实际通行能力的变化，首先对视频1中交通事故发生至撤离期间的录像进行处理，统计以30 s为时间间隔，红绿灯交替1 min为一个周期的单位时间内横断面通过的车辆个数，计算实际通行能力。由于视频中有多处出现片段的中断，影响计数，为了得到完整的数据，同时考虑到经过横断面的车辆数为随机数这一情况，我们选用 Gibbs 抽样仿真方法，对缺失的数据进行填补。用填补后的数据绘制折线图，描述交通事故发生至撤离期间，事故所处横断面实际通行能力的变化过程。

（2）问题 2 的分析。

问题 2 主要考察相关的统计知识，包括对非参检验的应用和统计数据的分析能力。同时也要求对整个问题有整体的把握，理清题目的来龙去脉，理解题目的含义以及题目想要得到的结果。

根据视频 1 的处理方法同样统计出视频 2 中的各项数据，然后分别从 60 s 周期、上游路口为红灯和上游路口为绿灯时候的通行能力，将两种不同横断面的情况进行对比，利用非参数检验中两独立样本的曼-惠特尼 U 检验对两组通行能力差异进行对比，并根据结果进行相应的分析。

（3）问题 3 的分析。

问题 3 是整个题目的核心，需要建立一个或多个模型求解。问题 3 要求分析视频 1 中交通事故所影响的路段车辆排队长度与事故横断面实际通行能力、事故持续时间、路段上游车流量间的关系。也就是说我们需要建立一个模型把排队长度和事故横断面实际通行能力、事故持续时间、路段上游车流量间这几个因素联系起来，再结合图形分析它们之间的关系。

当发生交通事故之后，没有大量的车流入，因为当时是红灯，半分钟之后，有大量的车辆流入，原因是红灯变为了绿灯。视频中参与到排队的流入车辆包括了上游路口进入的车辆和小区出口出来的车辆，没有参加排队的车辆包括了从小区入口进入小区的车辆和从事故横断面离开的车辆。经过检验，发现车辆流入是一个服从 Poisson 分布的随机过程，且三个车道被堵住了两个，所以考虑建立单服务窗口排队论模型，然而这与通常的稳态排队论问题不同，我们决定重新审视排队论问题中的生灭过程，求解非稳态排队论通解，得出路段车辆排队长度与事故横断面实际通行能力、事故持续时间、路段上游车流量间的关系。

再考虑到流入车辆，流出车辆和堵塞在排队中的车辆的守恒关系，我们选择建立简单的差分方程模型，再考虑到红绿灯对流入量的影响，我们选择建立分段差分方程来建立路段车辆排队长度与事故横断面实际通行能力、事故持续时间、路段上游车流量间的关系。

其中通过对视频 1 的仔细观察，我们发现当靠近小区出口的道路排队队长超过小区路口位置的时候，小区出来的车与进入道路的车辆会增加队长。但是在小区路口等待的车辆却不增加队长，针对这一情况完善我们的模型。

（4）问题 4 的分析。

问题 4 求对从事故发生开始，经过多长时间车辆排队长度将到达上游路口。实际上是对问题 3 建立的模型的实际应用，也是对问题 3 中建立模型的检验。

考虑到事故发生在距离路口 140m 处，不再有小区 1 车辆进出参加排队，但是却有车辆进出小区 2，于是改变问题 3 中两种模型的参数，针对上游车流量为 1500 pcu/h，用排队论模型进行求解，再考虑到红绿灯对队长的影响，分别假设事故发生时间是在红灯开始时刻和绿灯开始时刻，用分段差分方程求解。

2. 模型的假设

（1）视频中所统计数据真实可靠。

（2）排队所占车道车辆数与对应车道行驶方向车辆数成正比，即：车道一车辆数：车道二车辆数：车道三车辆数=0.21：0.44：0.35。

（3）除事故车辆外的其他车辆严格遵守交通规则，红灯停，绿灯行。

（4）车辆到达率与正在排队车辆数量无关，无论有多少车在排队，车辆到达率不变。

（5）车辆来源是无限的。

（6）堵车期间该路段没有其他交通事故发生。

（7）在堵车状况下相邻两辆车车头之间间距为7m。

3. 模型的建立及问题的求解

接下来对案例中不同问题进行分别地解答：在前两问中主要进行数据的处理和分析，运用统计知识解决问题1和问题2，并在第三问中建立本案例最关键的两个模型，即非稳态排队论模型和分段差分模型。

（1）问题1的求解。

① 数据的处理与分析。

• 对视频1中事故所处横断面通过车辆进行计数。

对经过事故所处横断面的车辆进行计数，按照规定，只考虑四轮及以上机动车、电瓶车的交通流量，且换算成标准车当量数，根据《公路工程技术标准》（JTG B01—2003）规定的换算标准，对视频中符合要求的车辆数据进行换算，其折算规则如表5-1所示。

表 5-1

车 型 车	载荷及功率	折算系数
小客车	额定座位≤19 座	1.0
大客车	额定座位≥19 座	1.5
小型货车	载重量≤2 吨	1.0
大型货车	载重量≥2 吨	1.5

从视频可知事故发生时间为16：42：32，所以我们以30 s 为时间间隔，以16：42：30 为时间起点开始计数。车辆计数及当量转换数据结果如表5-2所示。

表 5-2

时间	小车	大车	当量转换	通行能力	时间	小车	大车	当量转换	通行能力
42：30	7	2	10	1200	43：00	8	1	9.5	1140
43：30	9	1	10.5	1260	44：00	8	1	9.5	1140
44：30	8	0	8	960	45：00	8	0	8	960
45：30	7	1	8.5	1020	46：00	7	1	8.5	1020
46：30	9	0	9	1080	47：00	7	0	7	840
47：30	7	1	8.5	1020	48：00	11	0	11	1320
48：30	10	0	10	1200	49：00	9	0	9	1080
49：30	9	0	9	1080	50：00	7	1	8.5	1020
50：30	10	0	10	1200	51：00	9	0	9	1080
51：30	8	0	8	960	52：00	9	1	10.5	1260
52：30	8	1	9.5	1140	53：00	8	0	8	960

（续表）

时间	小车	大车	当量转换	通行能力	时间	小车	大车	当量转换	通行能力
53：30	9	0	9	1080	54：00	9	0	9	1080
54：30	8	1	9.5	1140	55：00	9	0	9	1080
55：30	10	0	10	1200	56：00	8	0	8	960
56：30	9	0	9	1080	57：00	7	1.5	8.5	1020
57：30	9	0	9	1080	58：00	8	0	8	960
58：30	7	1	8.5	1020	59：00	7	1	8.5	1020

注：粗体部分数据为 Gibbs 抽样仿真方法预测数据

- 用 Gibbs 抽样仿真方法进行处理。

对空缺数据的处理方法有很多，案例中选择 Gibbs 抽样方法对空缺数据进行预测的原因是 Gibbs 抽样表现为一个 Markov 链形式的 Monte Carlo 方法，其良好的性质可用于许多随机系统的分析、多元分布的随机数产生。这样产生的数据可以继承原数据良好的统计性质。

上游路口是红灯还是绿灯对交通事故横断面实际通行能力会造成一定的影响，所以红灯和绿灯作为两种情况分开考虑，计算不同情况下通行能力出现的条件概率。对视频中缺失片段数据进行补全，将已知片段按周期分开得到事故发生至撤离期间红绿灯交替对应车辆当量如表 5-3 所示。

表 5-3

红灯	10	10.5	8	7	9	8.5	10	10	8	9.5	9.5	9.5
绿灯	9.5	9.5	8	8.5	7	11	9	9	10.5	8	9	9

根据表 5-2 中统计的数据（通行能力已知部分）可得，横断面可能出现的车辆数集合为（7,8,8.5,9,9.5,10,10.5,11），对应数字（1,2,3,4,5,6,7,8）分别表示这 8 个数。运用 Gibbs 抽样填充缺失数据只要掌握缺失数据的属性与其他属性之间的条件分布，就能够利用这些分布产生数据。据此我们对数据进行整理得出条件概率分布如表 5-4 所示。

表 5-4

标号 车辆当量 交通灯	1 7	2 8	3 8.5	4 9	5 9.5	6 10	7 10.5	8 11	合计
红灯	$\frac{1}{12}$	$\frac{2}{12}$	$\frac{1}{12}$	$\frac{1}{12}$	$\frac{3}{12}$	$\frac{3}{12}$	$\frac{1}{12}$	0	100%
绿灯	$\frac{1}{12}$	$\frac{2}{12}$	$\frac{1}{12}$	$\frac{4}{12}$	$\frac{2}{12}$	0	$\frac{1}{12}$	$\frac{1}{12}$	100%

使用 Excel 来实现 Gibbs 抽样仿真。首先使用 rand()命令产生随机数数列，在 Excel 中，rand()产生的是 0 到 1 之间均匀分布的随机数，因而所产生的随机数小于 0.6 的概率就是 0.6。使用的 Excel 命令见附件 1。

填补未知数据结果如表 5-5 所示。

表 5-5

时间	车辆当量	通行能力	时间	车辆当量	通行能力	时间	车辆当量	通行能力
56：00	8	960	56：30	9	1080	57：00	8.5	1020
57：30	9	1080	58：00	8	960	58：30	8.5	1020
59：00	8.5	1020	49：30	9	1080	53：30	9	1080

将补全后的数据，运用 Excel 画出折线图如图 5-1 所示。

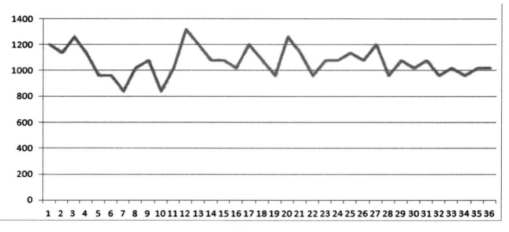

图 5-1

由于数据呈现不平稳波动，因此我们运用 EViews 的 ARIMA 模型对数据进行拟合，我们定义开始时间，做出自相关图如图 5-2 所示。

Date: 09/16/13　Time: 08:46
Sample: 1 36
Included observations: 36

Autocorrelation	Partial Correlation		AC	PAC	Q-Stat	Prob
		1	0.204	0.204	1.6266	0.202
		2	-0.047	-0.093	1.7158	0.424
		3	0.060	0.094	1.8633	0.601
		4	-0.041	-0.084	1.9350	0.748
		5	-0.160	-0.129	3.0670	0.690
		6	-0.174	-0.135	4.4466	0.616
		7	-0.308	-0.286	8.9282	0.258
		8	0.027	0.159	8.9649	0.345
		9	0.089	0.008	9.3650	0.404
		10	-0.117	-0.129	10.087	0.433
		11	0.035	0.034	10.153	0.517
		12	0.110	-0.041	10.839	0.543
		13	-0.061	-0.118	11.061	0.606
		14	0.014	-0.000	11.073	0.680
		15	-0.050	-0.063	11.236	0.736
		16	-0.067	-0.025	11.543	0.775

图 5-2

发现自相关图不稳定，因此对其进行一阶差分后得到自相关图如图 5-3 所示，并进行单位根 ADF 检验。

Date: 09/16/13 Time: 08:37
Sample: 1 36
Included observations: 35

Autocorrelation	Partial Correlation		AC	PAC	Q-Stat	Prob
		1	-0.342	-0.342	4.4545	0.035
		2	-0.262	-0.429	7.1528	0.028
		3	0.161	-0.158	8.2062	0.042
		4	0.043	-0.077	8.2840	0.082
		5	-0.059	-0.036	8.4333	0.134
		6	0.099	0.124	8.8673	0.181
		7	-0.335	-0.359	14.071	0.050
		8	0.156	-0.156	15.234	0.055
		9	0.241	0.053	18.117	0.034
		10	-0.276	-0.128	22.063	0.015
		11	-0.007	-0.037	22.065	0.024
		12	0.177	-0.006	23.834	0.021
		13	-0.136	-0.106	24.920	0.024
		14	0.080	-0.034	25.312	0.032
		15	-0.005	-0.048	25.314	0.046
		16	-0.087	0.030	25.827	0.057

Null Hypothesis: DX has a unit root
Exogenous: Constant
Lag Length: 1 (Automatic - based on SIC, maxlag=8)

		t-Statistic	Prob.*
Augmented Dickey-Fuller test statistic		-7.145431	0.0000
Test critical values:	1% level	-3.646342	
	5% level	-2.954021	
	10% level	-2.615817	

*MacKinnon (1996) one-sided p-values.

Augmented Dickey-Fuller Test Equation
Dependent Variable: D(DX)
Method: Least Squares
Date: 09/16/13 Time: 09:52
Sample (adjusted): 4 36
Included observations: 33 after adjustments

Variable	Coefficient	Std. Error	t-Statistic	Prob.
DX(-1)	-1.910866	0.267425	-7.145431	0.0000
D(DX(-1))	0.429937	0.163176	2.634799	0.0132

图 5-3

　　发现在显著性水平 0.05 下可以拒绝一个单位根的原假设，所以一阶差分后序列已经稳定。由于一阶差分自相关系数在 2 阶和 3 阶落在 2 倍标准差边缘，因此考虑用 ma（2）进行尝试，最终选择拟合程度最好的模型为 ARMA(0，2)。拟合 R^2 为 0.411，拟合图形如图 5-4 所示。

　　拟合曲线为：

$$y_t = -2.0232 + \epsilon_t - 0.7243\epsilon_{t-1} - 0.2757\epsilon_{t-2}$$

```
Dependent Variable: D(X)
Method: Least Squares
Date: 09/16/13   Time: 08:13
Sample (adjusted): 2 36
Included observations: 35 after adjustments
Convergence achieved after 18 iterations
MA Backcast: 0 1
```

Variable	Coefficient	Std. Error	t-Statistic	Prob.
C	-2.023179	1.664548	-1.215452	0.2331
MA(1)	-0.724266	0.168687	-4.293551	0.0002
MA(2)	-0.275717	0.171623	-1.606527	0.1180

R-squared	0.411052	Mean dependent var		-5.142857
Adjusted R-squared	0.374243	S.D. dependent var		139.8607
S.E. of regression	110.6365	Akaike info criterion		12.33219
Sum squared resid	391693.9	Schwarz criterion		12.46551
Log likelihood	-212.8134	Hannan-Quinn criter.		12.37821
F-statistic	11.16710	Durbin-Watson stat		2.097176
Prob(F-statistic)	0.000210			

| Inverted MA Roots | 1.00 | -.28 | | |

图 5-4

结合视频对图像进行分析。横断面的实际通行能力呈现上下波动的不稳定状态，但整体都在一条直线上波动。在第二个时间点下降是因为车祸发生的时间刚好是上一次绿灯通过大量车到达车祸截面，由于人们原本还在自己选择的车道上，但是当发现车祸后，均会转移到右转车道，因此右转车道在开始的短时间内可以顺利通行，当其他车道挤过来后，会产生排队效应，降低该车道的实际通行能力，因此第二个时间点的实际通行能力会比第一个时间点低。加上上游路口红绿灯是以 60 s 为周期，所以整个截面通行能力呈现上下波动的情况。

（2）问题 2 的求解。

问题 2 要求对事故发生时横断面的道路通行能力的影响进行对比，本论文选择了非参检验来对两种情况进行差异分析。实际上是利用非参数检验中两个独立样本的曼-惠特尼 U 检验对两组通行能力差异进行对比，并根据结果进行相应的分析。

① 数据收集。

视频 2 车辆计数及当量转换如表 5-6 所示。

表 5-6

时间 t	0.5	1	1.5	2	2.5	3	3.5	4	4.5	5	5.5	6
车流量 pcu/h	1260	1620	1500	1020	1260	1440	1500	1080	1500	900	1560	720
时间 t	6.5	7	7.5	8	8.5	9	9.5	10	10.5	11	11.5	12
车流量 pcu/h	1680	960	1380	1320	1620	1380	1260	720	1140	960	1440	1140
时间 t	12.5	13	13.5	14	14.5	15	15.5	16	16.5	17	17.5	18
车流量 pcu/h	1140	360	1500	1260	1140	1200	1440	1380	1200	1200	1260	1080
时间 t	18.5	19	19.5	20	20.5	21	21.5	22	22.5	23	23.5	24
车流量 pcu/h	1260	1140	960	1320	1260	1440	1020	1500	1200	1320	1200	1200
时间 t	24.5	25	25.5	26	26.5	27	27.5	28	28.5	29	29.5	
车流量 pcu/h	1080	1080	840	1260	1260	1140	1080	1140	1380	1320	1260	

② 问题解答。

首先以 60 s 为周期对视频 1 和视频 2 横断面实际通行能力的差异进行比较,利用 SPSS 进行曼-惠特尼 U 检验操作得到如图 5-5 所示结果。

Mann-Whitney U		508	
Wilcoxon W		1174	
Z		−4.272	
渐近显著性(双侧)		0.0000	
变量	N	秩均值	秩和
1	36	32.61	1174
2	59	57.39	3386
总数	95		

图 5-5

由表格可知,检验 p 值小于 0.05,因此我们要拒绝原假设,且视频 2 的秩均值大于视频 1,即可以认为以 60 s 为周期时同一横断面交通事故所占车道不同对该横断面实际通行能力的影响有显著差异,且视频 2 的实际通行能力比视频 1 大。

然后用同样的方法,分别对上游路口为红灯和上游路口为绿灯时的实际通行能力差异进行比较,同样利用 SPSS 进行曼-惠特尼 U 检验操作得到红灯[图 5-6(a)所示]和绿灯[图 5-6(b)所示]的结果。

Mann-Whitney U		97	
Wilcoxon W		268	
Z		−3.712	
渐近显著性(双侧)		0.0000	
变量	N	秩均值	秩和
1	18	14.89	268
2	30	30.27	908
总数	48		

（a）

Mann-Whitney U		151	
Wilcoxon W		322	
Z		−2.421	
渐近显著性(双侧)		0.01547	
变量	N	秩均值	秩和
1	18	17.89	322
2	29	27.79	806
总数	47		

（b）

图 5-6

由图 5-6(a)可知,检验 p 值小于 0.05,因此要拒绝原假设,且视频 2 的秩均值大于视频 1。即可以认为在红灯时同一横断面交通事故所占车道不同对该横断面实际通行能力的影响有显著差异。同样地,由图 5-6(b)可知,检验 p 值小于 0.05,因此要拒绝原假设,且视频 2 的秩均值大于视频 1,即可以认为在绿灯时同一横断面交通事故所占车道不同对该横断面实际通行能力的影响有显著差异。且视频 2 的实际通行能力比视频 1 大。

综合上述三个检验,我们可以认为同一横断面交通事故所占车道不同对该横断面实际通行能力影响有显著差异，且视频 2 的实际通行能力比视频 1 大。我们画出折线图如图 5-7 所示。

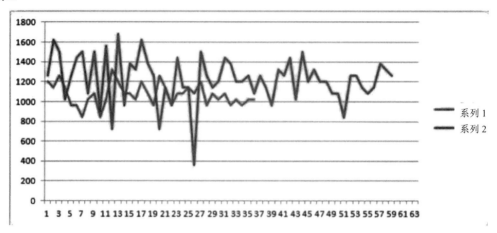

图 5-7

我们以视频 1 为比较基准，分别计算 60 s 为周期，绿灯和红灯时候视频 2 中截面通行能力的变化率，其中通行能力取各个情况下的均值作为比较。计算可得 60 s 内视频 2 相对于视频 1 的通行能力变化率为 14.455%。绿灯时候的变化率为 18.344%，红灯时候的变化率为 10.345%。

根据路面的实际情况造成这种结果的原因有如下两个方面：

- 由于到下游路口直行和左转流量比例总共为 79%。当人们从上游路口进入时，会按照自己意愿选择车道，因此大部分人会在直行和左转车道上，所以当这个两条道路被堵时，道路上车辆为了通行必须并线到右转车道，这种类似插队的行为效率较低，造成时间浪费；相反，如果是右转车道和直行车道被堵时，这两个车道的流量比例总共为 65%，那么时间浪费的次数会相对第一种情况较少，因此通行能力会更好。所以当上游路口为绿灯的时候，车流量较大，直行道和左转车道的数量会较多，因此相对于红灯时造成的排队效应会更大，时间浪费更多，所以绿灯变化率会比红灯时候大。
- 由于小区路口在右转车道边上，如果左转和直行车道被堵，那么当右转车道队长排到小区路口时，小区车辆的出入就会受到影响，同时也会影响右边车道的流通；而如果当右边车道和直行车道被堵时，即使右边车道队长到小区门口，对左边车道通行的影响也不会太大。

（3）问题 3 的解答。

这也是案例中最关键的部分，在问题 3 的解答这一节中，本论文首先针对题目要求建立模型，为了更好地分析和解决问题，论文中用两种不同的思路分别建立了分段差分模型和非稳态排队论模型。下面分别对这两种模型进行详细介绍。

① 数据处理。

对于问题三，我们考虑到不仅是上游路口有车流入，两个小区也有车流入和流出，因此，我们定义一个净流入的车流量为上游路口车流入量加上从小区流入路段的车流量再减去流入小区的车流量，将这个净车流量作为到达的车数，并利用 SPSS 进行 Poisson 分布的检验得到结果如图 5-8 所示。

单样本 Kolmogorov-Smirnov 检验 3

		VAR00003
N		19
Poisson 参数[a,b]	均值	1.894737
最极端差别	绝对值	.249
	正	.249
	负	-.150
Kolmogorov-Smirnov Z		1.085
渐近显著性(双侧)		.190

① 检验分布为 Poisson 分布。
② 根据数据计算得到。

图 5-8

由检验结果可知，p 值为 0.19，所以在置信水平 0.05 下我们可以接受原假设，即净流入车流量与 Poisson 分布无显著差异，满足 Poisson 分布。

当左转车道的队列长度排到第一个小区口时，这个小区口的车就无法进入到车道上，此时车道的车流量只有上游路口的流入加上第一个小区的净流出，同样我们将此时的净车流量作为到达车数，并利用 SPSS 进行 Poisson 分布的检验得到结果如图 5-9 所示。

单样本 Kolmogorov-Smirnov 检验 3

		VAR00005
N		19
Poisson 参数[a,b]	均值	1.894737
最极端差别	绝对值	.196
	正	.196
	负	-.150
Kolmogorov-Smirnov Z		.856
渐近显著性(双侧)		.457

① 检验分布为 Poisson 分布。
② 根据数据计算得到。

图 5-9

由检验结果可知，p 值为 0.457，所以在置信水平 0.05 下，可以接受原假设，即净流入车流量与 Poisson 分布无显著差异，满足 Poisson 分布。

考虑到我们要进行红绿灯的分段计算，因此我们分别对红灯和绿灯时的净车流量进行 Poisson 检验，分别得到如图 5-10 所示的结果。

单样本 Kolmogorov-Smirnov 检验 3

		VAR00007
N		5
Poisson 参数[a,b]	均值	3.600000
最极端差别	绝对值	.306
	正	.274
	负	−.306
Kolmogorov-Smirnov Z		.685
渐近显著性(双侧)		.736

① 检验分布为 Poisson 分布。
② 根据数据计算得到。

（a）

单样本 Kolmogorov-Smirnov 检验 3

		VAR00009
N		14
Poisson 参数[a,b]	均值	1.285714
最极端差别	绝对值	.276
	正	.154
	负	−.276
Kolmogorov-Smirnov Z		1.034
渐近显著性(双侧)		.235

① 检验分布为 Poisson 分布。
② 根据数据计算得到。

（b）

图 5-10

由检验结果可知,p 值分别为 0.736 和 0.235,所以在置信水平 0.05 下可以接受原假设,即红灯和绿灯时候的净流入车流量与 Poisson 分布无显著差异,即满足 Poisson 分布。

② 问题 3 模型的建立。

· 第一种模型:非稳态排队论模型。

首先,建立堵车过程的微分方程组。由堵车过程的前提条件可知,状态 $N(t+\Delta t)=j$,只能由三种状态转移而来,即 $N(t)=j; N(t)=j-1; N(t)=j-1.$ 由全概率公式,得

$$P_j(t+\Delta t)=\lambda_{j-1}\Delta t P_{j-1}(t)+\left[1-(\lambda_j+\mu_j)\Delta t\right]P_j(t)+\mu_j\Delta t P_{j+1}(t)+o(\Delta t)$$

所以

$$\lim_{\Delta t\to\infty}\frac{P_j(t+\Delta t)-P_j(t)}{\Delta t}=\lambda_{j-1}P_{j-1}(t)-(\lambda_j+\mu_j)P_j(t)+\mu_{j+1}P_{j+1}(t)$$

即:

$$P_j^{'}(t)=\lambda_{j-1}P_{j-1}(t)-(\lambda_j+\mu_j)P_j(t)+\mu_{j+1}P_{j+1}(t)$$

当 $j=0$ 时

$$P_0^{'}(t)=\mu_1 P_1(t)-\lambda_0 P_0(t)$$

考虑道路车辆容纳量有限,最大容纳量 n,则

$$P_n^{'}(t)=\lambda P_{n-1}(t)-\mu P_n(t)$$

上述公式组成堵车过程的微分方程组

$$\begin{cases} P_0^{'}(t)=\mu P_1(t)-\lambda P_0(t) \\ P_j^{'}(t)=\lambda_{j-1}P_{j-1}(t)-(\lambda_j+\mu_j)P_j(t)+\mu_{j+1}P_{j+1}(t) & (j=1,2,\cdots,n-1) \\ P_n^{'}(t)=\lambda P_{n-1}(t)-\mu P_n(t) \end{cases}$$

考虑到交通堵塞不是一般的排队论问题,来的车往往比离开的车多,才造成了交通堵塞,所以,交通堵塞问题中的到达率 λ,离开率 μ 的比值大于 $\frac{\lambda}{\mu}>1$,这样一来,上面的常

微分方程组中 P_j 是随着时间变化而变化的因变量，所以不能只考虑稳态方程的解，下面考虑此方程组的通解：

方程组即为：　$\dfrac{\overrightarrow{\mathrm{d}P}}{\mathrm{d}t} = A\vec{P}$

其中：

$$A = \begin{pmatrix} -\lambda & \mu & 0 & \cdots & \cdots \\ \lambda & -\lambda-\mu & \mu & 0 & \cdots \\ \cdots & \cdots & \cdots & \cdots & \cdots \\ \cdots & \cdots & \lambda & -\lambda-\mu & \mu \\ \cdots & \cdots & 0 & \lambda & -\mu \end{pmatrix}$$

$$\vec{P} = \begin{pmatrix} P_0(t) \\ P_1(t) \\ \cdots \\ P_n(t) \end{pmatrix}$$

我们来求解形如 $\vec{P} = \vec{r}e^{xt}$ 的解，其中 x 为矩阵 A 的特征值，r 为 x 对应的特征向量；则特征方程 $|xI - A| = 0$ 的解如下：

$$|xI - A| = \begin{vmatrix} x+\lambda & -\mu & & & & \\ -\lambda & x+\lambda+\mu & -\mu & & & \\ & -\lambda & x+\lambda+\mu & -\mu & & \\ \cdots & \cdots & \cdots & \cdots & \cdots & \cdots \\ & & & -\lambda & x+\lambda+\mu & -\mu \\ & & & & -\lambda & x+\mu \end{vmatrix}$$

$$= A_{n+1} - \mu A_n - \lambda A_n + \lambda\mu A_{n-1}$$

其中：

$$A_n = \begin{vmatrix} x+\lambda & -\mu & & & & \\ -\lambda & x+\lambda+\mu & -\mu & & & \\ & -\lambda & x+\lambda+\mu & -\mu & & \\ \cdots & \cdots & \cdots & \cdots & \cdots & \cdots \\ & & & -\lambda & x+\lambda+\mu & -\mu \\ & & & & -\lambda & x+\mu \end{vmatrix}$$

是一个 $n{\times}n$ 的行列式。

所以，　$A_{n+1} = (x+\lambda+\mu)A_n - \lambda\mu A_{n-1}$

$$|xI - A| = (x+\lambda+\mu)A_n - \lambda\mu A_{n-1} - \mu A_n - \lambda A_n + \lambda\mu A_{n-1} = xA_n$$

显然 $x=0$ 是其中一个特征值，由 $|A_n| = 0$ 可以求得其他特征值

$$A_n = \frac{(x+\lambda+u+\sqrt{-\Delta i})^{n+1} - (x+\lambda+\mu-\sqrt{-\Delta i})^{n+1}}{2^{n+1}\sqrt{-\Delta i}}$$

其中 $\Delta=\sqrt{a^2-4bc}$，$a=x+\lambda+\mu$，$b=-\mu$，$c=-\lambda$

设复角 θ 为 $a+\sqrt{4bc-a^2}\mathrm{i}$ 的复角。

由 $A_n=0$ 得：

$$(\cos\theta+\mathrm{i}\sin\theta)^{n+1}=[\cos(2\pi-\theta)+\mathrm{i}\sin(2\pi-\theta)]^{n+1}$$

即：

$$(\cos\theta+\mathrm{i}\sin\theta)^{n+1}=(\cos\theta-\mathrm{i}\sin\theta)^{n+1}$$

进而：

$$\cos[(n+1)\theta]+\mathrm{i}\sin[(n+1)\theta]=\cos[(n+1)\theta]-\mathrm{i}\sin[(n+1)\theta]$$

所以 $\sin[(n+1)\theta]=0$，则 $\theta=\dfrac{k\pi}{n+1}$，$k=1,2,\cdots,n$

由 $\cos(\dfrac{k\pi}{n+1})=\dfrac{a}{\sqrt{4bc}}=\dfrac{x+\lambda+\mu}{\sqrt{4\lambda\mu}}$

得：

$$x_k=2\sqrt{\lambda\mu}\cos\frac{k\pi}{n+1}-\lambda-\mu\ ,k=1,2\cdots,n$$

所以 A 的 $n+1$ 个特征值 $x_0,x_1\cdots,x_n$ 和对应的 $n+1$ 特征向量 $\overrightarrow{r_0},\overrightarrow{r_1},\cdots,\overrightarrow{r_n}$；其中：

$$\begin{cases}x_0=0\\[2mm]x_k=2\sqrt{\lambda\mu}\cos\dfrac{k\pi}{n+1}-\lambda-\mu\ \ (k>0)\end{cases}$$

由均值不等式，当 $\lambda\ne\mu$ 时，$\lambda+\mu>2\sqrt{\lambda\mu}$，所以 $x_k<0$

用 MatLab 可求得特征向量

$$\overrightarrow{r_j}=\begin{pmatrix}r_{(j,1)}\\r_{(j,2)}\\\cdots\\r_{(j,n)}\end{pmatrix}$$

所以方程的通解为：$\overrightarrow{P}=\displaystyle\sum_{k=0}^{n}c_k e^{x_k t}\overrightarrow{r_k}$

初始状况下有 k 辆车已经在排队，则初始条件 $P_k(0)=1,P_j(0)=0$，（$j\ne k$ 时）从而有

$$\begin{cases}0=c_0 r_{(0,0)}+c_1 r_{(1,0)}+\cdots+c_n r_{(n,0)} & (1)\\[1mm]\vdots\\0=c_0 r_{(0,k-1)}+c_1 r_{(1,k-1)}+\cdots+c_n r_{(n,k-1)} & (k-1)\\1=c_0 r_{(0,k)}+c_1 r_{(1,k)}+\cdots+c_n r_{(n,k)} & (k)\\0=c_0 r_{(0,k+1)}+c_1 r_{(1,k+1)}+\cdots+c_n r_{(n,k+1)} & (k+1)\\[1mm]\vdots\\0=c_0 r_{(0,n)}+c_1 r_{(1,n)}+\cdots+c_n r_{(n,n)} & (n)\end{cases}$$

于是得到任意塞车时刻 t 时，在排队的车辆的数量为 j 的概率为：

$$P_j(t) = \sum_{k=0}^{n} c_k e^{x_k t} r(k, j)$$

平均队长（辆）：

$$m(t) = \sum_{i=0}^{n} i P_i(t) = \sum_{i=0}^{n} i \sum_{k=0}^{n} c_k e^{x_k t} r(k, i)$$

路段车辆排队长度（m）：

$$s(t) = l_0 m(t) \times \max\{P_i\} = 0.44 l_0 m(t)$$

考虑到当路段右转车道车辆排队长度超过小区路口的时候，下游小区车辆无法进出，所以车辆到达率：

$$\lambda = \begin{cases} \lambda_0 + a_1 - a_2 & (0.21 l_0 m(t) < 60) \\ \lambda_0 - a_2 & (0.21 l_0 m(t) \geqslant 60) \end{cases}$$

其中：λ_0 是单位时间上游路口流入车量，a_1 是单位时间小区路口流入车量，a_2 是单位时间驶入第二小区车量，μ 为实际通行能力。

这时初始条件变为 $P_k(t_0) = 1, P_j(t_0) = 0$（$j \neq k$ 时），其他不变。

图 5-11 所示是用 MatLab 根据以上非稳态排队论模型做出的路段车辆排队长度与路段上游车流量的关系图。从图中发现，路段上游车流量越大，路段车辆排队长度越大，塞车越严重，直到堵到路口为止。说明上游车流量大的路段需要对交通事故的发生做好防范，以免造成严重的交通堵塞，这一现象与实际情况一致，很好地反映了实际问题，说明此模型具有很高的实用价值。

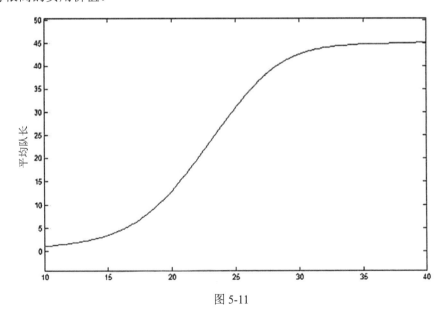

图 5-11

图 5-12 是用 MatLab 根据以上非稳态排队论模型做出的路段车辆排队长度与横断面实际通行能力的关系图。从图中发现横断面实际通行能力越大，路段车辆排队长度越小，

拥堵程度越轻。说明横断面实际通行能力差的地方需要多提醒人们注意交通安全，以免造成严重的交通堵塞，这一现象与实际情况一致，很好地反映了实际问题，说明此模型具有使用价值。

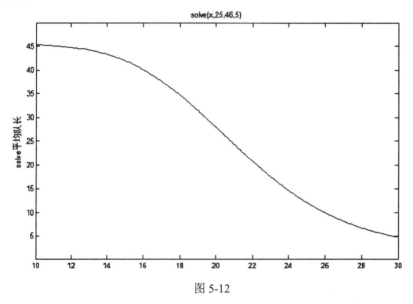

图 5-12

图 5-13 是用 MatLab 根据以上非稳态排队论模型做出的路段车辆排队长度与事故持续时间的关系图。从图中我们发现事故持续时间越久，路段车辆排队长度越长，堵车越严重。说明发生交通事故之后，交警应该尽快解决交通问题，使得交通恢复正常通行，这一现象与实际情况一致，很好地反映了实际问题，说明此模型具有使用价值。

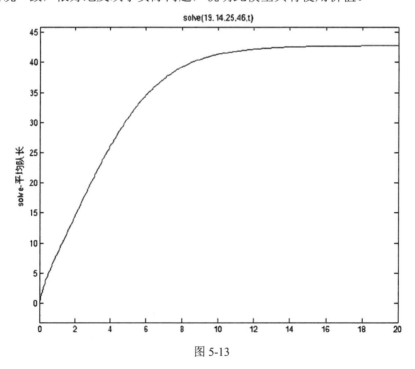

图 5-13

- 第二种模型：分段差分模型。

考虑红绿灯对流入车辆的影响，当红灯的时候上游路口流入量为 λ_1'，绿灯的时候上游路口流入量为 λ_2'，小区路口流入量 a_1，小区路口流出量 a_2，道路通行能力 μ。

考虑到红灯和绿灯的持续时间都是 30 s，即 $\Delta t = 30\,\mathrm{s}$，队长的变化量由于红绿灯不同而不同，由于视频 1 中事故发生时正好是红灯亮的时候，于是：

$$s(t+\Delta t)-s(t)=\begin{cases}\lambda_1'-\mu+a_1-a_2 & [t\in(60k,60k+30)]\\ \lambda_2'-\mu+a_1-a_2 & [t\in(60k+30,60k+60)]\end{cases}$$

其中事故持续时间 t 的单位是 s，$k=1,2,\cdots$

$$令 \omega_1=\lambda_1'-\mu+a_1+a_2,\omega_2=\lambda_2'-\mu+a_1+a_2$$

解此差分方程得到：

$$s(t)=\begin{cases}s(0)+k(\omega_1+\omega_2)+\omega_1(t-60k) & [t\in(60k,60k+30)]\\ s(0)+k(\omega_1+\omega_2)+\omega_1+\omega_2(t-60k-30) & [t\in(60k+30,60k+60)]\end{cases}$$

利用 MatLab（程序见附件 2）得到视频 1 的队长时间图，如图 5-14 所示。

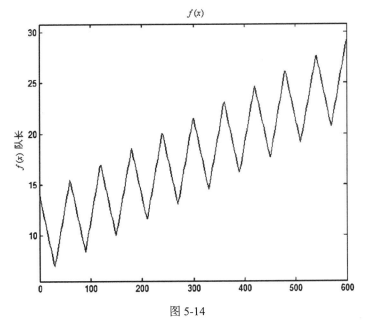

图 5-14

由此发现，当红灯的时候，加入排队的车辆少，排队车辆在减少；绿灯的时候有大量车辆涌入，排队车辆增多，总体来说，通行能力小于车辆流入速度，总体呈队长上升的趋势。队长的周期性变化细致地描绘出队长变化过程，很好地反映了客观事实。

③ 问题 3 的解答。

无论从采用非稳态排队论模型得到的

$$m(t)=\sum_{i=0}^{n}iP_i(t)=\sum_{i=0}^{n}i\sum_{k=0}^{n}c_k e^{x_k t}r(k,i)$$

还是从采用分段差分方程模型得到的

$$s(t)=\begin{cases}s(0)+k(\omega_1+\omega_2)+\omega_1(t-60k) & [t\in(60k,60k+30)]\\ s(0)+k(\omega_1+\omega_2)+\omega_1+\omega_2(t-60k-30) & [t\in(60k+30,60k+60)]\end{cases}$$

都可以得出一致的结论：实际通行能力越大，交通事故所影响的路段车辆排队长度越小，或者说增长越慢；路段上游车流量越大交通事故所影响的路段车辆排队长度越大，或者说增长越快；事故持续时间越长，交通事故所影响的路段车辆排队长度越大。再次说明两模型的合理性和实用性。

（4）问题 4 的解答。

问题 4 给出了在具体案例环境中应用问题 3 的模型求解。

① 数据收集。

由于两个小区均有车辆进出，因此我们在计算车辆流入的时候应该将两个小区车辆的进出一起考虑，我们以每 30 s 统计在事故发生之后两个小区车辆的净流入，并按照问题 1 的方法将缺失的数据补全。小区 1 为靠近下游路口的小区，小区 2 为靠近上游路口的小区。结果如表 5-7 所示。

表 5-7

时间 t	0.5	1	1.5	2	2.5	3	3.5	4	4.5	5	5.5	6
小区 1	3	3	0	1	1	0	1	2	0	1	1	1
小区 2	0	0	-1	0	-2	-1	0	0	-1	0	-1	-1
时间 t	6.5	7	7.5	8	8.5	9	9.5	10	10.5	11	11.5	12
小区 1	1	2	0	2	0	2	0	0	0	0	0	2
小区 2	0	-3	-1	-1	0	0	0	-1	0	-1	0	0
时间 t	12.5	13	13.5	14	14.5	15	15.5	16	16.5	17	17.5	18
小区 1	0	1	1	1	0	0	0	1	0	0	0	1
小区 2	0	-4	0	0	-1	-1	-1	-1	-1	0	0	0

由于问题 3 已经检验到达车辆率服从 Poisson 分布，因此我们分别计算两个小区的净到达率分别为 0.89 辆/0.5 min 和-0.67 辆/0.5 min。

② 问题 4 基于两种模型的求解。

· 第一种方法：非稳态排队论模型。

为方便计算，先计算出堵到路口需要的车辆。考虑到车队中直行车辆所占比例为 44%，占比最重，中间道路往往最长，所以 $S(t)=0.44Ml_0=140$，其中 $l_0=7$（m）为平均车距和平均车长之和，求出 $M=46$。考虑到系统的最大容量 $M_{max}=\dfrac{140\times3}{l_0}=60$，随着时间的变化，当概率 $P_{46}(t_1)=\max P_{46}(t)$ 的时候也就是排队最有可能排到路口的时候，因为超过这个时间点的时候，队长应该更长，所以概率会下降，在这个时间点之前，由于队长还不够，到达的概率就会低于这点的概率。

于是用 MatLab 做出 $P_{46}(t)=\sum\limits_{k=0}^{60}c_k e^{x_k t}r(k,46)$ 关于时间的图像，求出最大值时的 t 值就是

到达时间。其中：$\lambda = 25, \mu = 19.14$。

$$\begin{cases} x_0 = 0 \\ x_k = 2\sqrt{\lambda\mu}\cos\dfrac{k\prod}{n+1} - \lambda - \mu \end{cases} \quad (k > 0)$$

用 MatLab 可求得对应特征向量

$$\vec{r_j} = \begin{pmatrix} r_{(j,1)} \\ r_{(j,2)} \\ \cdots \\ r_{(j,n)} \end{pmatrix}$$

$$\begin{cases} 0 = c_0 r_{(0,0)} + c_1 r_{(1,0)} + \cdots + c_n r_{(n,0)} & (1) \\ \cdots \\ 1 = c_0 r_{(0,k)} + c_1 r_{(1,k)} + \cdots + c_n r_{(n,k)} & (k) \\ \cdots \\ 0 = c_0 r_{(0,n)} + c_1 r_{(1,n)} + \cdots + c_n r_{(n,n)} & (n) \end{cases}$$

* 第二种方法：分段差分方程模型。

针对红绿灯切换的情况，乐观估计当事故发生在红灯的时候。根据视频 1 的数据，将路段上游车流量为 1500 pcu/h（25 pcu/min），按视频 1 的红绿灯到达车流量比例分配为：

红灯到达率 $\lambda_1' = 1500\dfrac{1.61}{1.61+17.44} = 2.11$

绿灯到达率 $\lambda_2' = 1500\dfrac{17.44}{1.61+17.44} = 22.89$

则

$$s(t+\Delta t) - s(t) = \begin{cases} \lambda_1' - \mu - a_2 & [t \in (60k, 60k+30)] \\ \lambda_2' - \mu - a_2 & [t \in (60k+30, 60k+60)] \end{cases}$$

令 $\omega_1 = \lambda_1' - \mu - a_2, \omega_2 = \lambda_2' - \mu - a_2$。

解得：

$$s(t) = \begin{cases} s(0) + k(\omega_1 + \omega_2) + \omega_1(t-60k) & [t \in (60k, 60k+30)] \\ s(0) + k(\omega_1 + \omega_2) + \omega_1 + \omega_2(t-60k-30) & [t \in (60k+30, 60k+60)] \end{cases}$$

悲观估计当事故发生时，上游路口为绿灯的情况（耗时更长）：

$$s(t+\Delta t) - s(t) = \begin{cases} \lambda_2' - \mu - a_2 & [t \in (60k, 60k+30)] \\ \lambda_1' - \mu - a_2 & [t \in (60k+30, 60k+60)] \end{cases}$$

令　$\omega_1 = \lambda_2' - \mu - a_2, \omega_2 = \lambda_1' - \mu - a_2$。

解得：

$$s(t) = \begin{cases} s(0) + k(\omega_1' + \omega_2') + \omega_1'(t-60k) & [t \in (60k, 60k+30)] \\ s(0) + k(\omega_1' + \omega_2') + \omega_1' + \omega_2'(t-60k-30) & [t \in (60k+30, 60k+60)] \end{cases}$$

③ 问题 4 的解答。

对于排队论模型，用 MatLab 得出图 5-15 所示的经历时长（程序见附录 3）。可知当状态为 46 辆车时的最大概率在 6.656 min 到达，所以经过 6.656 min 车辆排队长度将到达上游路口。

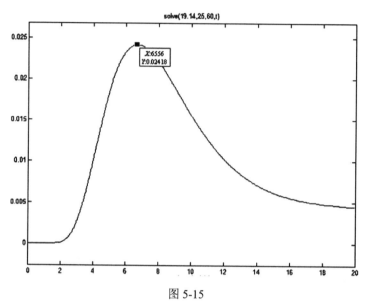

图 5-15

对于考虑红绿灯的分段差分方程模型，乐观估计当事故发生在红灯时，用 MatLab 得出图 5-16（程序见附件 3）。由图 5-16 可知，在 478.1 s 的时候，第一次到达 46 辆车，所以经过 7.97 min 车辆排队长度将到达上游路口。

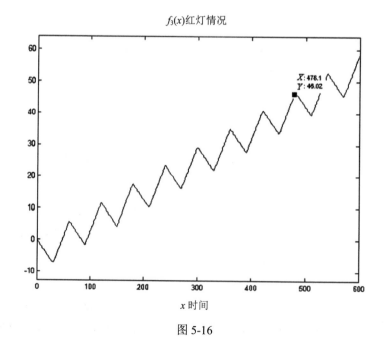

图 5-16

悲观估计当事故发生在绿灯时，用 MatLab 得出图 5-17（程序见附录 3）。由图可知，在 386.2 s 的时候，第一次到达 46 辆车，所以经过 6.42 min 车辆排队长度将到达上游路口。

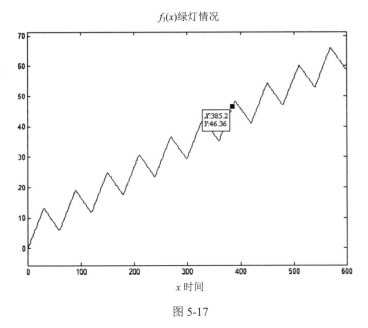

$f_3(x)$绿灯情况

x 时间

图 5-17

综上所述，根据排队论模型，从事故发生开始，经过 6.656 min，车辆排队长度将到达上游路口；根据差分方程模型，事故发生时上游路口刚好是绿灯时，需要经过 6.42 min，事故发生时上游路口刚好是红灯时，需要经过 7.97 min。

4. 论文中程序的解析

论文中所用的程序主要用 Excel 和 MatLab 实现，对问题的解答也主要是用 MatLab 作图来直观反映并解释问题。

（1）Gibbs 抽样仿真的实现。

问题 1 用 Excel 软件实现 Gibbs 抽样仿真，实现语句如下：

- 用 rand()语句得到 0-1 间随机分布的随机数。

- 再用如下语句实现 Gibbs 抽样仿真。

```
=IF(E2=1,IF(D3<0.0833,1,IF(D3<0.25,2,IF(D3<0.3333,3,
 IF(D3<0.5,4,IF(D3<0.6667,5,IF(D3<0.9167,6,IF(D3<1,7,8)))))))),
 IF(D3<0.0833,1,IF(D3<0.3333,2,IF(D3<0.4167,3,IF(D3<6667,4,
 IF(D3<0.8333,5,IF(D3<0.8333,6,IF(D3<0.9167,7,8)))))))))

=IF(E2=2,IF(D3<0.0833,1,IF(D3<0.25,2,IF(D3<0.3333,3,
 IF(D3<0.5,4,IF(D3<0.6667,5,IF(D3<0.9167,6,IF(D3<1,7,8)))))))),
 IF(D3<0.0833,1,IF(D3<0.3333,2,IF(D3<0.4167,3,IF(D3<6667,4,
 IF(D3<0.8333,5,IF(D3<0.8333,6,IF(D3<0.9167,7,8)))))))))
```

（2）排队情况的 MatLab 实现。

```
%调用 f 函数，输入命令 ezplot('f(t)',[0,600]);输出时间-队长曲线
%第三问视频 1 中的排队情况
function m=f(t)
y=0;
for k=0:20
    %时间上限为 20
    if t<(30+60*k)&&t>=(60*k)
        y=14+k*1.53-7.15*(t-60*k)/30;
        %14 是初始车辆数
    elseif t>=(30+60*k)&&t<(60*k+60)
        y=14+k*1.53-7.15+8.68*(t-30-60*k)/30;
    else
y=y;
    end
end
m=y;
end
```

（3）非稳态排队论和分段差分方程的 MatLab 程序。

问题 3、问题 4 建立了排队论模型和差分方程模型。

① 排队论模型的 MatLab 实现，输出为队长。MatLab 程序如下：

```
%调用 solve 函数用 ezplot 画曲线
%3.1 首先输入命令 ezplot('solve(x,25,46,5)',[10,30]);
%3.2 其次输入命令 ezplot('solve(19.14,x,46,5)',[10,40]);
%3.3 最后输入命令 ezplot('solve(19.14,25,46,t)',[0,20]);
%得到三张图表示路段车辆排队长度与事故横断面实际通行能力、事故持续时间、路段上游车流量间
的关系
function uu=solve1(u,w,n,t)
%输入参数的含义：
    %u 表示单位时间通过的车辆数 mu，即服务完成的对象个数.输入 19.14
    %w 表示单位时间到达车辆数 lambda.输入 25
    %n 表示排队长度。输入 46
    %t 表示排队时间
a0=1;
%赋初值
%通过大循环求解 a(n-1,,n)
for f=1:n
    e(f)=sqrt(4*w*u)*cos(f*pi/(n+1));
    a(1,f)=e(f)/(e(f)-u);
    for i=2:n-1
        a(i,f)=(w-e(f)-(w/a(i-1,f)))/(w+u-e(f)-(w/a(i-1,f)));
    end
    for i=2:n
        s=a0;
        p=1;
        for k=1:i-1
            s =a(k,f)*s ;
        end
```

```
        if i<n
        for o=1:i
            p =(a(o,f)-1)*p;
        end
        else
            for o=1:i-1
                p =(a(o,f)-1)*p;
            end
        end
        rr(i,f)=s/p;
    end
    rr(1,f)=a0/(a(1,f)-1);
end rr(n,:)=-rr(n,:);
```

%求解 x，已知矩阵 Q 的特征值
%构造矩阵 Q

```
Q=zeros(n+1,n+1); Q(1,1)=-w; Q(1,2)=u; Q(n+1,n)=w; Q(n+1,n+1)=-u;
for i=1:n-1
    Q(i+1,i)=w;
    Q(i+1,i+1)=-w-u;
    Q(i+1,i+2)=u;
end
```

%用 MatLab 工具箱函数 eig 求特征值 x，特征向量 r

```
x=eig(Q); [r,aa]=eig(Q);
```

%构造矩阵 B

```
B(1)=1; for i=1:n
    B(i+1)=0;
end B=B';
```

%解线性方程 r*c=B

```
c=r\B;
c=c';
```

%su=c(1)*(w/u)^n;
%循环求平均队长达到 n 值的概率

```
ss=0;
    for k=1:n+1
        ss=c(k)*2.718^(x(k)*t)*r(46,k)+ss;
    end
m=ss;
```

%得到结果，平均队长达到 n 值的概率为 m
%求平均队长

```
uu=0;
for i=1:n+1
    ss=0;
    for k=1:n+1
        ss=c(k)*2.718^(x(k)*t)*r(i,k)+ss;
    end
    uu=(i-1)*ss+uu;
end
end
```

② 排队论模型的 MatLab 实现，输出为概率。MatLab 程序如下：

```
%调用 solve1 函数用 ezplot 画曲线，输入命令 ezplot('solve2(19.14,25,46,t)',
[0,20]);
%得到车辆排队长度将到达上游路口的时间，即图像最高点
 function uu=solve2(u,w,n,t)
%输入参数的含义:
        %u 表示单位时间通过的车辆数 mu，即服
        务完成的对象个数.输入 19.14
        %w 表示单位时间到达车辆数 lambda.输入 25
        %n 表示排队长度。输入 46
        %t 表示排队时间
a0=1;
%赋初值
%通过大循环求解 a(n-1,,n)
for f=1:n
    e(f)=sqrt(4*w*u)*cos(f*pi/(n+1));
    a(1,f)=e(f)/(e(f)-u);
    for i=2:n-1
        a(i,f)=(w-e(f)-(w/a(i-1,f)))/(w+u-e(f)-(w/a(i-1,f)));
    end
    for i=2:n
         s=a0;
         p=1;
        for k=1:i-1
            s =a(k,f)*s ;
        end
        if i<n
        for o=1:i
            p =(a(o,f)-1)*p;
        end
        else
            for o=1:i-1
                p =(a(o,f)-1)*p;
            end
        end
        rr(i,f)=s/p;
    end
    rr(1,f)=a0/(a(1,f)-1);
end rr(n,:)=-rr(n,:);

%求解 x，已知矩阵 Q 的特征值
%构造矩阵 Q
Q=zeros(n+1,n+1); Q(1,1)=-w; Q(1,2)=u; Q(n+1,n)=w; Q(n+1,n+1)=-u;
for i=1:n-1
    Q(i+1,i)=w;
    Q(i+1,i+1)=-w-u;
    Q(i+1,i+2)=u;
end
```

```
%用MatLab工具箱函数eig求特征值x,特征向量r
x=eig(Q); [r,aa]=eig(Q);
%构造矩阵B
B(1)=1; for i=1:n
    B(i+1)=0;
end B=B';
%解线性方程r*c=B
c=r\B; c=c';
%su=c(1)*(w/u)^n;
%循环求平均队长达到n值的概率
ss=0;
    for k=1:n+1
        ss=c(k)*2.718^(x(k)*t)*r(46,k)+ss;
    end
m=ss;
%得到结果,平均队长达到n值的概率为m
```

③ 分段差分方程 MatLab 实现（绿灯）。MatLab 程序如下：

```
%调用f3函数,输入命令ezplot('f3(t)',[0,600]);输出时间-队长曲线
%第四问差分模型,求解当发生事故时上游路口恰好绿灯的情况下,车辆数目与时间的关系
%做出图像,通过车辆数目实际值的分析,得到车辆排队长度将到达上游路口的时间
function m=f3(t) y=0; for k=0:90
        %时间上限为90
    if t<(30+60*k)&&t>=(60*k)
        y=k*5.86+13.32*(t-60*k)/30;
    elseif t>=(30+60*k)&&t<(60*k+60)
        y=k*5.86+13.32-7.46*(t-30-60*k)/30;
        %13.32-7.46=5.82
        %其中22.86为绿灯时候每半分钟的到达的车辆,2.11为红灯时候每半分钟到达的车辆
        %半分钟的车辆通行能力为8.9辆,从小区离开的车辆每半分钟为0.67
        %2.11-8.9-0.67=-7.46,22.89-8.9-0.67=13.32
    else
        y=y;
    end
end
m=y;
end
```

④ 分段差分方程 MatLab 实现（红灯）。MatLab 程序如下：

```
%调用f2函数,输入命令ezplot('f2(t)',[0,600]);输出时间-队长曲线
%第四问差分模型,求解当发生事故时上游路口恰好红灯的情况下,车辆数目与时间的关系
%做出图像,通过车辆数目实际值的分析,得到车辆排队长度将到达上游路口的时间
function m=f2(t) y=0; for k=0:90
        %时间上限为90
    if t<(30+60*k)&&t>=(60*k)
```

```
        y=k*5.86-7.46*(t-60*k)/30;
    else
        if t>=(30+60*k)&&t<(60*k+60)
        y=k*5.86-7.46+13.32*(t-30-60*k)/30;
        %13.32-7.46=5.82
        %其中22.86为绿灯时候每半分钟的到的车辆,2.11为红灯时候每半分钟到达的车辆
        %半分钟的车辆通行能力为8.9辆,从小区离开的车辆每半分钟为0.67
        %2.11-8.9-0.67=-7.46,22.89-8.9-0.67=13.32
        else
            y=y;
        end
    end
m=y;
end
```

5.1.3 论文点评

1. 整体点评

本篇论文在问题分析方面表现突出，能够抓住问题本质和关键点，建立合适的模型，对题目提出的问题也给出了好的解答。论文概括分析如下：

针对问题 1，论文中通过对视频 1 中交通事故发生至撤离期间，各种数据的采集，确定了事故横断面实际通行能力，运用 Gibbs 抽样仿真方法，通过 Excel 软件解决数据缺失问题，并用 EViews 进行 ARMA 模型拟合，发现实际通行能力的变化过程为 $y_t = -2.0232 + \epsilon_t - 0.7243\epsilon_{t-1} - 0.2757\epsilon_{t-2}$。论文选用了合适的数据处理方法，并用简单的编程语言实现，再通过建模作图直观地回答了问题。

针对问题 2，论文结合视频 1，采用与问题 1 同样的方法对视频 2 进行了数据采集和分析，得到了横断面的实际通行能力，并将视频 1 和视频 2 仔细对比，通过视频 1 和视频 2 中对交通事故发生至撤离期间，事故所处横断面实际通行能力，运用 SPSS 软件进行两独立样本的曼-惠特尼 U 检验，再根据路段附近交通设置，车辆流向比例，司机心理，周围地形等因素，分析出产生差异的原因主要是在不同车道车辆流量的比例。

针对问题 3，通过分析视频 1 堵车情况，分别建立非稳态排队论模型和分段差分方程模型，并运用 MatLab 软件编程绘制图像，解释出视频 1 中路段车辆排队长度与事故横断面实际通行能力、事故持续时间、路段上游车流量间的关系为：实际通行能力越大交通事故所影响的路段车辆排队长度越小，或者说路段车辆排队长度增长越慢；路段上游车流量越大交通事故所影响的路段车辆排队长度越大，或者说路段车辆排队长度增长越快；事故持续时间越长，交通事故所影响的路段车辆排队长度越大。

针对问题 4，利用问题 3 所建立的模型和题目所给数据，如果采用非稳态排队论模型，运用 MatLab 软件求解，得出从事故发生开始，经过 6.656 min，车辆排队长度将到达上游路口；如果通过分段差分方程模型，事故发生时上游路口刚好是绿灯时需要经过 6.42 min，

事故发生时上游路口刚好是红灯时需要经过 7.97 min，与上一模型所得结果相吻合。说明两模型有很高的合理性和实用性。

2. 重点点评

对于论文中提出的主要问题，从不同的角度建立了两个模型来解释视频 1 中的车辆排队长度与其他三种因素之间的关系。首先，排队模型根据灭生原理合理地解释了因交通事故造成的堵塞问题，并且利用非稳态的解法求解出排队模型的通解。而且这种排队模型能够较好地考虑到当队长到达小区 1 路口时候，由于小区 1 的车辆无法进出而产生的另一种排队模型。另一种分段差分方程的模型则比较好地考虑了红绿灯周期的问题，根据红绿灯交替的周期建立了模型，并且在问题 4 求解的时候，考虑到最好和最差情况下所需要的时间，使得模型对问题的分析更全面，更科学，更严谨。

5.2　2011 CUMCM B[1]

5.2.1　问题综述

"有困难找警察"，是家喻户晓的一句流行语。警察肩负着刑事执法、治安管理、交通管理、服务群众四大职能。为了更有效地贯彻实施这些职能，需要在市区的一些交通要道和重要部位设置交巡警服务平台。每个交巡警服务平台的职能和警力配备基本相同。由于警务资源是有限的，如何根据城市的实际情况与需求合理地设置交巡警服务平台、分配各平台的管辖范围、调度警务资源是警务部门面临的一个实际课题。

试就某市设置交巡警服务平台的相关情况，建立数学模型分析研究下面的问题：

（1）附件 1（见原题）中的附图 1（见原题）给出了该市中心城区 A 的交通网络和现有的 20 个交巡警服务平台的设置情况示意图，相关的数据信息见附件 2。请为各交巡警服务平台分配管辖范围，使其在所管辖的范围内出现突发事件时，尽量能在 3 分钟内有交巡警（警车的时速为 60km/h）到达事发地。

对于重大突发事件，需要调度全区 20 个交巡警服务平台的警力资源，对进出该区的 13 条交通要道实现快速全封锁。实际中一个平台的警力最多封锁一个路口，请给出该区交巡警服务平台警力合理的调度方案。

根据现有交巡警服务平台的工作量不均衡和有些地方出警时间过长的实际情况，拟在该区内再增加 2 至 5 个平台，请确定需要增加平台的具体个数和位置。

（2）针对全市（主城六区 A，B，C，D，E，F）的具体情况，按照设置交巡警服务平台的原则和任务，分析研究该市现有交巡警服务平台设置方案（参见附件）的合理性。如果有明显不合理，请给出解决方案。

如果该市地点 P（第 32 个节点）处发生了重大刑事案件，在案发 3 分钟后接到报警，犯罪嫌疑人已驾车逃跑。为了快速搜捕嫌疑人，请给出调度全市交巡警服务平台警力资源的最佳围堵方案。

根据以上两大问题的题意分析，需要解决 5 个问题。

问题 1：给 20 个交巡警服务平台分配管辖范围，使其 3 分钟内可到达事发地点；

问题 2：如何对全市 13 条主要道路进行封堵；

问题 3：针对 6 城区的具体情况，分析现有服务平台的合理性；

问题 4：新增平台数量与设置；

问题 5：如地点 P 发生刑事案件，给出最佳围堵方案。

5.2.2 解答与程序

预备工作： Floyd 算法[2][3]计算任意两点最短路线。

① 根据已知的部分节点之间的连接信息，建立初始距离矩阵 $B(i,j)$，其中没有给出距离的赋予一个充分大的数值，以便于更新。

$$(i,j=1,2,\cdots,n)$$

② 进行迭代计算。对任意两点 (i,j)，若存在 k，使 $B(i,k)+B(k,j)<B(i,j)$，则更新 $B(i,j)=B(i,k)+B(k,j)$

③ 直到所有点的距离不再更新停止计算，则得到最短路线距离矩阵 $B(i,j)$，$(i,j=1,2,\cdots,n)$。

算法程序为：

```
for k=1:n
for i=1 :n
   for j=1:n
      t=B(i,k)+B(k,j);
      if t<B(i,j)  B(i,j)=t; end
      end
   end
end
```

1. 问题

对该问题的解决，我们先建立数学模型，将需要达到的目标，包括到达事发地的时间尽量短，各服务平台的工作量尽量均衡。用目标函数表达出来，同时将需要满足的约束也表达出来，构成合适的数学模型。然后讨论求解算法，最后给出具体的计算结果。

我们将路口管辖分配方案分为两步。

第一步：对 $T_j>3$ 的路口，分配给到达第 j 个路口时间最少的平台。

第二步：对 $T_j\leqslant3$ 的所有路口，根据使各平台分配的任务量尽量均衡的原则进行优化。

计算得到 3 分钟不能到达的路口及所属平台信息见表 5-8。

表 5-8

序　　号	路　　口	任 务 量	所属平台	最短时间（分钟）
1	28	1.3	15	4.75
2	29	1.4	15	5.70

（续表）

序　号	路　口	任 务 量	所属平台	最短时间（分钟）
3	38	1.2	16	3.41
4	39	1.4	2	3.68
5	61	0.6	7	4.19
6	92	0.8	20	3.60

我们将这 6 个路口分配给最近的平台，剩下的 86 个路口，则要求到达时间不超过 3 分钟，同时根据任务量尽量均衡的原则进行优化。

实现的 MatLab 程序[4]见附录 1 的 b2011_1.m，利用 Floyd 算法计算 92 个路口的最短路线矩阵，输出表 5-8 数据。输出 20 个平台和 92 路口的最短路线矩阵文件 dt1.txt，92 个路口的任务量文件 ft1.txt，以及 20 个平台和 13 个交通要道的距离矩阵文件 ds1.txt，该数据文件用于问题 2 计算。

模型建立。

设有 20 个平台，92 个路口。

d_{ij} 表示第 i 个平台与第 j 个交通要道之间的最短路线，由 Floyd 算法求得。

$$i = 1, 2, \cdots, 20; j = 1, 2, \cdots, 92$$

v 为警车行驶速度。这里取 $v = 60$ km / h=1000 m/min。

建立决策变量 $x_{ij} = \begin{cases} 1 & \text{第} j \text{个路口分配给第} i \text{个平台} \\ 0 & \text{第} j \text{个路口不分配给第} i \text{个平台} \end{cases}$

每个路口只分配给一个平台，有约束：

$$\sum_{i=1}^{20} x_{ij} = 1 \quad j = 1, 2, \cdots, 92$$

每个平台至少管理一个路口，有约束：

$$\sum_{j=1}^{92} x_{ij} \geqslant 1 \quad i = 1, 2, \cdots, 20$$

每个平台管理自己的路口，则有：

$$x_{ii} = 1, \quad i = 1, 2, \cdots, 20$$

同时对 6 个最近平台到达时间超过 3 分钟的路口选用最近平台，因此有：

$$x_{15,28} = 1, x_{15,29} = 1, x_{16,38} = 1, x_{2,39} = 1, x_{7,61} = 1, x_{20,92} = 1$$

第 j 个路口到指派的平台的时间为 t_j，满足：

$$t_j = \sum_{i=1}^{20} x_{ij}.d_{ij} / v \quad j = 1, 2, \cdots, 92$$

对剩余 86 个路口到达时间不超过 3 分钟，则有：

$$t_j \leqslant 3 \quad j = 1, 2, \cdots, 92; j \neq 28, 29, 38, 39, 61, 92$$

计算第 i 个平台分配的路口数的任务量。设已知第 j 个路口的任务量（平均每天的发生报警案件数量）为 f_j，$j = 1, 2, \cdots, 92$，则第 i 个平台已经分配到的任务量：

$$s_i = \sum_{j=1}^{92} x_{ij} \cdot f_j \qquad i = 1, 2, \cdots, 20$$

各平台分配的任务量平均值为：

$$\overline{s} = \frac{\sum\limits_{i=1}^{20} s_i}{20}$$

各平台分配的任务量的标准差尽量小，即：

$$\min Z = \sqrt{\frac{\sum\limits_{i=1}^{20}(s_i - \overline{s})^2}{20-1}}$$

因此得到的综合模型为：

$$\min Z = \sqrt{\frac{\sum\limits_{i=1}^{20}(s_i - \overline{s})^2}{20-1}}$$

$$s.t. \begin{cases} \sum\limits_{i=1}^{20} x_{ij} = 1 & j = 1, 2, \cdots, 92 \\ \sum\limits_{j=1}^{92} x_{ij} \geqslant 1 & i = 1, 2, \cdots, 20 \\ x_{ii} = 1 & i = 1, 2, \cdots, 20 \\ x_{15,28} = 1, x_{15,29} = 1, x_{16,38} = 1, x_{2,39} = 1, x_{7,61} = 1, x_{20,92} = 1 \\ t_j = \sum\limits_{i=1}^{20} x_{ij} \cdot d_{ij} / v & j = 1, 2, \cdots, 92; \\ t_j \leqslant 3 & j = 1, 2, \cdots, 92; j \neq 28, 29, 38, 39, 61, 92 \\ s_i = \sum\limits_{j=1}^{92} f_j x_{ij} & i = 1, 2, \cdots, 20 \\ \overline{s} = \dfrac{\sum\limits_{i=1}^{20} s_i}{20} \\ x_{ij} = 0或1 & i = 1, 2, \cdots, 20; j = 1, 2, \cdots, 92 \end{cases}$$

由于该目标函数是非线性的，求解不易，也可以设目标函数为：

$$\min Z = \max_{1 \leqslant i \leqslant 92} s_i$$

则该模型用线性表达为：

$$\min Z = TT$$

$$s.t.\begin{cases} \sum\limits_{i=1}^{20} x_{ij} = 1 \quad j = 1,2,\cdots,92 \\[2mm] \sum\limits_{j=1}^{92} x_{ij} \geqslant 1 \quad i = 1,2,\cdots,20 \\[2mm] x_{ii} = 1 \quad i = 1,2,\cdots,20 \\[2mm] x_{15,28}=1, x_{15,29}=1, x_{16,38}=1, x_{2,39}=1, x_{7,61}=1, x_{20,92}=1 \\[2mm] t_j = \sum\limits_{i=1}^{20} x_{ij} \cdot d_{ij}/v \quad j = 1,2,\cdots,92; \\[2mm] t_j \leqslant 3 \quad j = 1,2,\cdots,92; j \neq 28,29,38,39,61,92 \\[2mm] s_i = \sum\limits_{j=1}^{92} f_j \cdot x_{ij} \quad i = 1,2,\cdots,20 \\[2mm] s_i \leqslant TT \\[2mm] x_{ij} = 0或1 \quad i = 1,2,\cdots,20; j = 1,2,\cdots,92 \end{cases}$$

Lingo 程序[5]见附录 2 的 b2011_1.lg4。

采用 Lingo12 优化很快得到 $Z=1.75$，表示每个平台的任务量平均有 1.75 件的波动。

各平台管辖的路口分配及任务量分配方案见表 5-9。

表 5-9

平　　台	管辖的路口	总任务量	最长时间(分钟)
1	1,71,73,74,76,77,79	7.50	1.64
2	2,39,42,44,69	7.10	3.68
3	3,43,54,55,65,68	7.40	2.91
4	4,57,60,62,63,64,66	7.40	2.84
5	5,49,52,53,59	6.20	1.66
6	6,50,51,56,58	6.00	2.75
7	7,30,48,61	6.50	4.19
8	8,33,46,47	6.60	2.08
9	9,32,34,35	6.70	1.77
10	10,	1.60	0
11	11,26,27	4.60	1.64
12	12,25	4.00	1.79
13	13,21,22,23,24	8.50	2.71
14	14	2.50	0
15	15,28,29,31	6.40	5.70
16	16,36,37,38,45	6.40	3.41
17	17,40,41,70,72	7.30	2.69
18	18,83,85,88,89,90	7.20	2.25
19	19,67,75,78,80,81,82	7.50	2.78
20	20,84,86,87,91,92	7.10	3.60

2. 问题2

给出了该市中心城区 A 的交通网络和现有的 20 个交巡警服务平台的设置情况示意图，相关的数据信息见附件 2（见原题）。对于重大突发事件，需要调度全区 20 个交巡警服务平台的警力资源，对进出该区的 13 条交通要道实现快速全封锁。一个平台的警力最多封锁一个路口，我们的目的是给出该区交巡警服务平台警力合理的调度方案。

对该问题，我们先建立最优的调度模型，使各服务平台到达交通要道的时间尽量短。然后讨论求解算法，最后给出具体的计算结果。

（1）模型建立

对于重大突发事件，需要调度城市的交巡警服务平台的警力资源，对进出该区的多条交通要道实现快速全封锁。采用的模型如下。

设该市有 20 个平台，要封锁的交通要道有 13 个。

d_{ij} 表示 d_{ij} 第 i 个平台与第 j 个交通要道之间的最短路线，由 Floyd 算法求得。

v 为警车行驶速度，这里取 $v = 60$ km / h=1000 m /min

设 0-1 决策变量 $x_{ij} = \begin{cases} 1 & \text{第} j \text{个路口分配给第} i \text{个平台} \\ 0 & \text{第} j \text{个路口不分配给第} i \text{个平台} \end{cases}$

对每个交通要道，需要且只需要分配一个平台的警力，则有：

$$\sum_{i=1}^{20} x_{ij} = 1 \qquad j = 1, 2, \cdots, 13$$

每个交巡警服务平台的警力最多满足一个交通要道的围堵，因此有：

$$\sum_{j=1}^{13} x_{ij} \leqslant 1 \qquad i = 1, 2, \cdots, 20$$

设 T_j 表示到第 j 个路口的时间。则有：

$$T_j = \sum_{i=1}^{20} d_{ij} x_{ij} / v \qquad j = 1, 2, \cdots, 13$$

我们选取的第一目标是到交通要道的最长时间最小化，这样可使最长时间尽量小。则第一目标函数为：

$$\min Z_1 = \max_{1 \leqslant j \leqslant 13} T_j$$

当最长时间最小情况下，我们同时对小于最长时间的分配方式进行优化，使到达各交通要道的时间平均时间最小。则第二目标函数为：

$$\min Z_2 = \frac{\sum_{j=1}^{13} T_j}{13}$$

综合上述，我们建立的综合模型为：

$$\min Z_1 = \max_{1 \leqslant j \leqslant 13} T_j$$

$$\min Z_2 = \frac{\sum_{j=1}^{13} T_j}{13}$$

$$s.t. \begin{cases} \sum_{i=1}^{20} x_{ij} = 1 & j = 1, 2, \cdots, 13 \\ \sum_{j=1}^{13} x_{ij} \leqslant 1 & i = 1, 2, \cdots, 20 \\ T_j = \sum_{i=1}^{20} d_{ij} x_{ij} / v \\ x_{ij} = 0 \text{或} 1 \end{cases}$$

将第一目标转化为线性表达，便于 Lingo 求解，调整后模型为：

$$\min Z_1 = TT$$

$$\min Z_2 = \frac{\sum_{j=1}^{13} T_j}{13}$$

$$s.t. \begin{cases} \sum_{i=1}^{20} x_{ij} = 1 & j = 1, 2, \cdots, 13 \\ \sum_{j=1}^{13} x_{ij} \leqslant 1 & i = 1, 2, \cdots, 20 \\ T_j = \sum_{i=1}^{20} d_{ij} x_{ij} / v \\ T_j \leqslant TT & j = 1, 2, \cdots, 13 \\ x_{ij} = 0 \text{或} 1 \end{cases}$$

Lingo 程序见附录 3 的 b2011_2.lg4。可先优化第一目标，得到最短时间为 8.02 分钟。然后将 $Z_1 \leqslant 8.02$ 作为约束优化第二目标，得到最小的平均时间为 3.55 分钟。Lingo 求解的最优分配方案见表 5-10。

表 5-10

序　号	交通要道号	分配的平台号	到达时间（分钟）
1	12	12	0
2	14	16	6.74
3	16	9	1.53
4	21	14	3.26
5	22	10	7.71
6	23	13	0.5
7	24	11	3.81
8	28	15	4.75
9	29	7	8.02

（续表）

序　号	交通要道号	分配的平台号	到达时间（分钟）
10	30	8	3.06
11	38	2	3.98
12	48	5	2.48
13	62	4	0.35

由于该模型是非线性的，利用 Lingo 求解较为费时，通常也不能保证最优解。为此，我们也可以另外设计算法，便于快速求解，同时便于在后面的围堵问题中应用。

（2）算法设计。

我们的求解算法采用三步完成。第一步，先利用贪婪法尽量使各平台到达交通要道的时间尽量短。第二步，对到各交通要道的时间再进行调整，进一步优化，直到最长时间不能再减少为止。第三步，在保证最长时间不增大的情况下，对到各交通要道的平均时间进行调整，直到不再减小为止。

算法步骤：

① 先将 13 个交通要道依次分配给最近的平台。

② 将时间最长的要道与其余的要道分配的平台对换，若最长时间可以减少，则对换。实际中可在对换后，另一要道在剩余平台中选择最近的平台。

③ 重复②，直到最长时间不再减少为止。

对平均时间的减少采用同样的方法，直到总时间或平均时间不再减小结束。输出各路口对应平台及时间，平均时间。

采用步骤①中贪婪法求得最长时间为 13.67 分钟，平均时间为 3.95 分钟。采用步骤②中减少最长时间的算法，经过 5 次调整，最长时间达到最小。最长时间为 8.02 分钟，平均时间为 3.78 分钟。贪婪算法计算出的封堵方案结果见表 5-11。遗憾的是没有达到最小的 3.55 分钟。但该方法的优点是计算速度快。

表 5-11

序　号	交通要道号	分配的平台号	到达时间（min）
1	12	10	7.59
2	14	16	6.74
3	16	9	1.53
4	21	14	3.26
5	22	11	3.27
6	23	13	0.5
7	24	12	3.59
8	28	15	4.75
9	29	7	8.02
10	30	8	3.06
11	38	2	3.98
12	48	5	2.48
13	62	4	0.35

对全市所有路口的封堵，我们可建立同样模型，分别采用 Lingo 和我们提出的贪婪算法计算。

全市路口的封堵计算：（相关数据来自赛题中附件 1）

全市有交巡警平台 80 个，全市出入口位置有 17 个。要封锁的交通要道 $m = 17$ 个，其集合为 $J = \{151,153,177,202,203,264,317,325,328,332,362,387,418,483,541,572,578\}$。可供分配的平台 $n = 80$ 个，其集合为 P={1,2,3,4,5,6,7,8,9,10,11,12,13,14,15,16,17,18,19,20,93,94,95,96,97,98,99,100,166,167,168,169,170,171,172,173,174,175,176,177,178,179,180,181,182,320,321,322,323,324,325,326,327,328,372,373,374,375,376,377,378,379,380,381,382,383,384,385,386,475,476,477,478,479,480,481,482,483,484,485}。

采用步骤①中贪婪法求得最长时间为 12.68 分钟，平均时间为 5.07 分钟。该结果通过调整并不能减少最长时间，可以验证，该分配方案中，除 202 号交通要道外，其余各交通要道都分配了到达时间最短的平台。而到达 202 号交通要道的时间最少的平台为 177，次之为 175，177 号平台分配 177 号交通要道最佳，从而分配 175 号平台 202 号交通要道。总的计算结果是最长时间最小为 12.68 分钟，平均时间最小为 5.07 分钟。验证该结果即为最优结果，全市利用贪婪算法计算出的围堵方案结果见表 5-12。

表 5-12

序　　号	交通要道号	分配的平台号	到达时间(分钟)
1	151	96	3.19
2	153	99	4.47
3	177	177	0
4	202	175	11.62
5	203	178	4.45
6	264	166	6.62
7	317	181	5.48
8	325	325	0
9	328	328	0
10	332	386	7.62
11	362	323	8.11
12	387	100	12.68
13	418	379	7.419
14	483	483	0
15	541	484	7.04
16	572	485	1.66
17	578	479	5.76

该结果与 Lingo 求解结果一致，说明该方法有效。另外在最后一问计算围堵时，需要多次计算 80 个交巡警服务平台到包围圈（由路口组成）的最长时间，这时候采用贪婪法可实现快速计算，而且可离开 Lingo 环境直接利用 MatLab 编程计算。该方法的计算程序见附件 4 的 2011_4.m。可采用贪婪法计算 A 区 13 个交通要道和全区 17 个交通要道的围堵方案。

3. 问题 3

给出了该市中心城区 A 的交通网络和现有的 20 个交巡警服务平台的设置情况示意图，相关的数据信息见附件 2。根据现有交巡警服务平台的工作量不均衡和有些地方出警时间过长的实际情况，拟在该区内再增加 2 至 5 个平台，请确定需要增加平台的具体个数和位置。

对该问题，我们先建立最优的调度模型，使各服务平台到达交通要道的时间尽量短，各平台的任务量尽量均衡。然后讨论求解算法，最后给出具体的计算结果。

（1）模型建立。

根据现有交巡警服务平台的工作量不均衡和有些地方出警时间过长的实际情况，需要在一个区内新增加一些平台。我们需要确定新增加平台的具体个数和位置。

设该市要巡视的路口有 92 个，其序号为 $j = 1, 2, \cdots, 92$，已有交巡警服务平台 20 个，其序号为 $i = 1, 2, \cdots, 20$。

d_{ij} 表示第 i 个平台与第 j 个路口之间的最短路线径，由 Floyd 算法求得，v 为警车行驶速度，这里取 $v = 60$ km/h=1000 m/min。

设增加平台数为 k 个，则总共有平台 $20 + k$ 个。且所有平台都在 92 个路口中选取。每个路口的日平均案件量为 $f_i, i = 1, 2, \cdots, 92$。

下面我们建立新增平台的多目标规划模型。

设 0-1 变量 Y_j 表示哪些路口选作平台，设

$$Y_j = \begin{cases} 1 & \text{第}j\text{个路口选作平台} \\ 0 & \text{第}j\text{个路口不选作平台} \end{cases} \quad j = 1, 2, \cdots, 92$$

建立 0-1 决策变量 x_{ij} 表示平台处理路口的情况。设

$$x_{ij} = \begin{cases} 1 & \text{第}i\text{平台处理第}j\text{个路口} \\ 0 & \text{第}i\text{平台不处理第}j\text{个路口} \end{cases} \quad i, j = 1, 2, \cdots, 92$$

第 j 个路口需要而且只需要一个平台处理。则有：

$$\sum_{i=1}^{92} x_{ij} = 1 \quad j = 1, 2, \cdots, 92$$

平台数总共为 $n + k$ 个，则有：

$$\sum_{j=1}^{92} y_j = 20 + k$$

其中已经有 20 个平台，且为前 20 个，因此 $y_j = 1$，$j = 1, 2, \cdots, 20$。

只有当第 i 个路口选作平台才能去处理第 j 路口，因此有：

$$x_{ij} \leqslant y_i \quad i, j = 1, 2, \cdots, 92$$

考虑各平台警力到各路口的时间尽量小。我们计算到达路口 j 的时间为：

$$T_j = \sum_{i=1}^{92} x_{ij} \cdot d_{ij} / v \quad j = 1, 2, \cdots, 92$$

我们的目标是让最长时间最小，因此有：

$$\min Z_1 = \max_{1 \leqslant j \leqslant 92} T_j$$

对任务量，我们考虑将该点的发案数作为其度量值，则第 i 个平台处理的任务量为：

$$w_i = \sum_{j=1}^{92} x_{ij} \cdot f_j \quad i = 1, 2, \cdots, 92$$

当 $y_i = 0$ 时，所有 $x_{ij} = 0$，$j = 1, 2, \cdots, 92$。则 $w_i = 0$。即该点没有选作平台，其任务量为 0。

平均任务量为：

$$\bar{w} = \frac{\sum\limits_{i=1}^{92} w_i}{20 + k}$$

下面计算各平台任务量的离差平方和。在离差平方和中，其计算式为

$$S = \sum_{i=1}^{92} (w_i - \bar{w})^2$$

这里是对任务量 $w_i > 0$ 的 $20 + k$ 个平台计算其离差平方和，因此其计算式为：

$$S = \sum_{i=1}^{92} w_i^2 - (20 + k) \cdot \bar{w}^2$$

样本标准差为： $\sigma = \sqrt{S / (20 + k - 1)}$

我们的目标是尽量使各平台的任务量均衡，因此有：

$$\min Z_2 = \min \sqrt{S / (n + k - 1)}$$

综上所述。我们得到的总模型为：

$$\min Z_1 = TT$$
$$\min Z_2 = \sqrt{S / (n + k - 1)}$$

$$s.t. \begin{cases} \sum\limits_{i=1}^{92} x_{ij} = 1 & j = 1, 2, \cdots, 92 \\[2mm] \sum\limits_{i=1}^{92} y_i = 20 + k \\[2mm] w_i = \sum\limits_{j=1}^{92} x_{ij} \cdot f_j & i = 1, 2, \cdots, 92 \\[2mm] \bar{w} = \dfrac{\sum\limits_{i=1}^{92} w_i}{20 + k} \\[2mm] S = \sum\limits_{i=1}^{92} w_i^2 - (20 + k) \cdot \bar{w}^2 \\[2mm] T_j = \sum\limits_{i=1}^{92} x_{ij} \cdot d_{ij} / v & j = 1, 2, \cdots, 92 \\[2mm] T_j \leqslant TT & j = 1, 2, \cdots, 92 \\[2mm] x_{ij} \leqslant y_i & i, j = 1, 2, \cdots, 92 \\[2mm] y_i = 1, & i = 1, 2, \cdots, 20 \\[2mm] x_{ij} = 0 或 1 & i, j = 1, 2, \cdots, 92 \\[2mm] y_i = 0 或 1 & i = 21, \cdots, 92 \end{cases}$$

该模型 Lingo 实现程序为附件 5 的 b2011_3.lg4。

增加平台数 $k=4$，所增加平台最少时间为 2.7083 分钟，所选平台为 29,38,61,92。

另外也可考虑设计简单算法实现。

（2）贪婪法算法设计。

每次从超过 3 分钟的路口中选取使最长时间最小的路口作为平台，依次进行。直到每个路口到平台的时间都不超过 3 分钟为止。

计算程序为附件 6 中的 b2011_3.m。

对 A 区，路口数为 92，平台数为 20，超过 3 分钟的路口有 6 个。计算结果为：

$Kp=$ 1 Plat=28 max$T$=4.1902

$Kp=$ 2 Plat=61 max$T$=3.6822

$Kp=$ 3 Plat=38 max$T$=3.6013

$Kp=$ 4 Plat=92 max$T$=2.7083

增加 4 个平台最佳。

4. 问题 4

考虑全市 6 个区新增平台情形。

对 B 区，路口数为 73，平台数为 8，超过 3 分钟的路口有 6 个。

超过 3 分钟的路口,平台,时间

122　94　3.29

123　94　3.37

124　96　3.21

151　96　3.19

152　99　3.37

153　99　4.47

增加平台数，最长时间

$Kp=$ 1 Plat=151 max$T$=3.3653

$Kp=$ 2 Plat=122 max$T$=2.9863

对 B 区，增加两个平台，最长出警时间为 2.9863 分钟。

其他区也可采用该程序计算，只是要让最大出警时间不超过 3 分钟，需要增加平台数较多。

全区同时考虑，计算程序见附件 7 的 b2011_4.m。

全区，路口数为 582，平台数为 80，超过 3 分钟的路口有 138 个。

增加平台数，最长时间

$Kp=$ 1 Plat=389 max$T$=9.1609

$Kp=$ 2 Plat=329 max$T$=8.4671

$Kp=$ 3 Plat=387 max$T$=8.1188

$Kp=$ 4 Plat=417 max$T$=8.1069

$Kp=$ 5 Plat=362 max$T$=7.8085

Kp= 6 Plat=248 max*T* =7.0418

Kp= 7 Plat=540 max*T* =6.8605

Kp= 8 Plat=199 max*T* =6.6223

Kp= 9 Plat=259 max*T* =6.6068

Kp=10 Plat=505 max*T* =6.5832

Kp=11 Plat=569 max*T* =6.5686

Kp=12 Plat=28 max*T* =6.4259

Kp=13 Plat=369 max*T* =6.4152

Kp=14 Plat=261 max*T* =6.1636

Kp=15 Plat=574 max*T* =6.1112

Kp=16 Plat=200 max*T* =5.8259

Kp=17 Plat=29 max*T* =5.7575

Kp=18 Plat=578 max*T* =5.6953

Kp=19 Plat=239 max*T* =5.4752

Kp=20 Plat=300 max*T* =5.1506

Kp=21 Plat=418 max*T* =5.0529

Kp=22 Plat=370 max*T* =4.9555

增加平台时间及对应最大出警时间图形如图 5-18 所示。

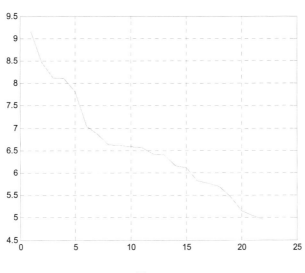

图 5-18

从该结果（图 5-18）来看，要让最大出警时间少于 3 分钟，需要增加很多平台。因此可考虑适合即可。

5. 问题 5 围堵方案的确定

首先确定是否一定可以将犯罪嫌疑人围堵成功。

首先计算犯罪嫌疑人逃跑到全区 17 个交通要道所花时间，以及各交巡警服务平台到达的时间。如果对每个交通要道，交巡警服务平台到达时间都比犯罪嫌疑人早，则一定可以成功围堵犯罪嫌疑人。计算结果见表 5-13。程序见附件 8 的 b2011_5_1.m 和附件 9 的 b2011_5_2.m。

表 5-13

序号	交通要道	平台号	封锁时间（分）	犯罪嫌疑人逃跑到该点时间（分）
1	151	96	6.19	44.02
2	153	99	7.47	44.41
3	177	177	3.00	28.28
4	202	175	14.62	30.88
5	203	178	7.45	24.82
6	264	166	9.62	29.97
7	317	181	8.48	28.15
8	325	325	3.00	39.53
9	328	328	3.00	40.52
10	332	386	10.62	39.37
11	362	323	11.11	38.58
12	387	100	15.68	55.08
13	418	379	10.42	35.23
14	483	483	3.00	30.04
15	541	484	10.04	27.86
16	572	485	4.66	24.75
17	578	479	8.76	33.81

从结果来看，尽管犯罪嫌疑人先跑 3 分钟，但 80 个平台选出 17 个进行封堵完成时间都比犯罪嫌疑人到达时间少，故一定可以将犯罪嫌疑人封堵，完成包围。该包围圈可以看作最大包围圈。其完成封堵时间为 15.68 分钟，封堵 17 个交通要道示意图如图 5-19 所示。

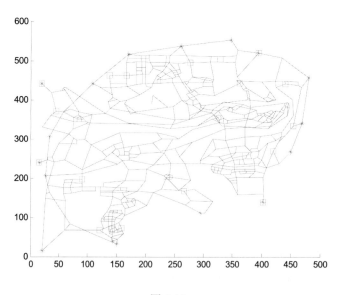

图 5-19

其中红色 O 为 P(32)点，红色*为交通要道，红色口为分配的平台。

下面我们讨论完成封堵的最小包围圈。

（1）给定时间 t 可以包围犯罪嫌疑人的最小包围圈的确定。

给定时间 t，给定犯罪嫌疑人逃跑的速度 v，计算出犯罪嫌疑人能逃跑的范围。这里我们采用点来表示其逃跑范围。计算其全市总路口 $N=581$ 个中犯罪嫌疑人在 t 分钟内能到达的点集合，设为 $A(t)$。计算公式为：

$$A(t) = \{i \mid \frac{D(i,32)}{v} \leqslant t, i = 1, 2, \cdots, 581\}$$

其中 32 点为案发现场，犯罪嫌疑人的逃跑开始点。$D(i,32)$ 为各点到 32 点的最短距离。同时计算与 $A(t)$ 相邻的点集合，设为 $B(t)$。

$$B(t) = \{j \mid P(i,j) = 1, i \in A(t)\}$$

其中 $P(i,j)=1$ 表示 i 与 j 直接相连；$P(i,j)=0$ 表示 i 与 j 不直接相连。该数据由附件 2 中全市交通路口的路线表单对应数据得到。

则可以包围犯罪嫌疑人逃跑区域 $A(t)$ 的最小闭包（用路口节点表示）为 $C(t)$：

$$C(t) = B(t) - A(t)$$

这里的减为集合之间的减法。即从点集合 $B(t)$ 中去掉 $A(t)$ 中已有的点。

$C(t)$ 就是给定时间可以包围犯罪嫌疑人的最小包围圈。

（2）警察在给定时间 t 能否到达包围圈的确定。

设 $C(t)$ 中节点个数为 L，可分配的平台为 $K=80$ 个。我们的目标是采用问题 2 中的模型对平台的警力进行分配的，求出到达各节点的最长时间 $T(t)$。$T(t)$ 为模型中(a)的最优值。

$$\min Z = \max_{j} T_j$$

$$s.t. \begin{cases} \sum_{j=1}^{L} x_{ij} \leqslant 1 & i = 1, 2, \cdots, 80 \\ \sum_{i=1}^{80} x_{ij} = 1 & j = 1, 2, \cdots, L \\ T_j = \sum_{i=1}^{80} d_{ij} x_{ij} / v \\ x_{ij} = 0\text{或}1 \end{cases}$$

若 $T(t) \leqslant t-3$，则警察可以完成包围圈 $C(t)$ 的包围。否则不能完成包围。$t-3$ 是因为犯罪嫌疑人先逃跑了 3 分钟。

我们的目标就是求出在最短时间完成对犯罪嫌疑人的包围。因此目标函数为：

$$\min Z = t$$

约束为 $T(t) \leqslant t - 3$ 。

因此总的模型为：

$$\min Z = t$$
$$s.t. \quad T(t) \leqslant t - 3$$

实际计算时，可以采用从 $t = 3$ 开始，每隔 30 s 进行计算，直到满足约束条件 $T(t) \leqslant t - 3$ 。

实际计算中平台数可以减少。若某平台的警力在 $t - 3$ 分钟内都不能到达包围圈 C_t 中任意点，则该平台删除。

即可选平台集合为：

$$. \text{Plat} = \{i \mid \text{Time}(i, j) < t - 3, \exists j \in C_t, i = 1, 2, \cdots, 80\}$$

这样可大大减少平台数，使问题规模减小，便于求解。

计算程序见附件 10 中的 b2011_5_3.m。计算得到的结果见围堵方案图 5-20 和围堵方案表 5-14。

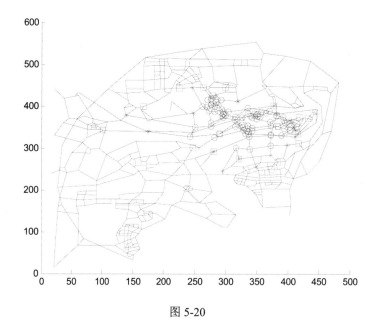

图 5-20

其中红色 O 为 P 点，蓝色 ○ 为内部点，红色 * 为包围点，红色 □ 为分配的平台。

表 5-14

序　号	包围点	平台号	封锁时间（分）	犯罪嫌疑人逃跑到该点时间（分）
1	14	14	3	10.0432
2	17	17	3	10.6504
3	26	11	3.9	9.72654
4	29	15	8.7005	9.15563
5	41	2	6.4411	10.5025
6	43	1	4.8001	9.38794
7	62	4	3.35	9.1319

（续表）

序　号	包围点	平台号	封锁时间（分）	犯罪嫌疑人逃跑到该点时间（分）
8	68	19	5.2384	9.15307
9	70	3	5.9719	9.44818
10	76	18	6.1328	9.23845
11	168	168	3	12.4791
12	215	171	6.6274	11.2542
13	217	172	3.9717	9.83724
14	218	170	6.2789	9.44592
15	227	174	6.6998	9.22363
16	240	173	9.6952	10.1541
17	248	167	6.6788	20.5237
18	273	182	5.1024	12.8088
19	371	320	10.361	15.894
20	482	482	3	11.1731
21	487	481	7.565	14.6402
22	549	476	6.0255	10.7206
23	558	475	5.0526	11.0991
24	562	480	4.9416	11.3988

警察在接到报案后，最长完成封锁时间为 $10.361 - 3 = 7.361$（min）。

点评：

在完成该题过程中，需要 MatLab 编程与 Lingo 编程相结合共同完成问题求解。利用 MatLab 可以进行数据预处理，根据 Floyd 算法进行最短路线计算，对包围路线作图，以及对自己设计的算法进行计算。Lingo 则可以根据模型进行优化计算，而其中使用的大量数据需要通过 MatLab 计算输出。这种通过 MatLab 和 Lingo 相互结合共同完成计算，是近年来在竞赛中经常使用的方法。

程序附录

附件 1　数据预处理及输出数据文件的 MatLab 程序 b2011_1.m。

```
%第一问
%初始数据处理,作图,并得到 92 个路口之间的最短路线 A(92,92),
%计算并输出 20 个平台与 13 个路口之间距离 dis1.txt
%输出 20 个路口到 92 个路口的距离矩阵 20*92,dt1.txt,92 个路口发案数 ft1.txt
%输出 92 个路口距离矩阵 92*92,dt2.txt

load DA.txt  %所有路口号(582 个)，x,y,区,发案率
%街道数据
load DB.txt; %连接线,928 条
DA=DA(1:92,:); %取前 92 个路口信息

[ma,na]=size(DA);
[mb,nb]=size(DB);
```

```
pos=[12,14,16,21,22,23,24,28,29,30,38,48,62];%A区出入口位置,13个交通要道

%1--20平台

k=20;
x=DA(:,2);   y=DA(:,3);  f=DA(:,5);%分别获得92个路口的x坐标,y坐标,发案数

plot(x,y,'bo',x(1:k),y(1:k),'g*');  %作图,蓝色为所有路口,绿色为前20个平台


kp=0;  %统计A区街道数
LineA=zeros(200,2);

for i=1:mb
   if DB(i,1)<=92&&DB(i,2)<=92     %只考虑A区的连接
      kp=kp+1;
      LineA(kp,1)=DB(i,1);
      LineA(kp,2)=DB(i,2);
        end
end   %将A区街道的起始点和终点分别放在数组LineA(kp,1)和LineA(kp,2)中

hold on
fprintf('A区街道数%2d\n',kp);

px=zeros(2,1);  py=zeros(2,1);

for i=1:kp
px(1)=x(LineA(i,1));  py(1)=y(LineA(i,1))  ;
px(2)=x(LineA(i,2));  py(2)=y(LineA(i,2))  ;
 plot(px,py);    %将A区所有街道连线
end


%利用Floyd算法求任意两点之间最短路线

v=1000;  %每分钟速度
n=92;  %A区路口数为92

A=zeros(n,n);  %存储任意两点最短路线

for i=1:n
   for j=1:n
     if(i==j) A(i,j)=0;
     else A(i,j)=1000000;
     end
   end
end

for i=1:kp  %给每条线路赋予距离
  point1=LineA(i,1);  point2=LineA(i,2);
```

```
p1x=x(point1); p1y=y(point1);
p2x=x(point2); p2y=y(point2);
d=sqrt((p1x-p2x)^2+(p1y-p2y)^2);
 A(point1,point2)=d;
 A(point2,point1)=d;
end

U=A; %原始矩阵

%1.1 利用 Floyd 算法计算最短距离矩阵
 for k=1:n
for i=1 :n
   for j=1:n
        t=A(i,k)+A(k,j);
        if t<A(i,j)  A(i,j)=t; end
      end     %end for j
      end  %end for i
end   %end for k

A=100*A; %每毫米代表 100 米,得到以米为单位的距离

Dis=zeros(20,13); %存储 20 个平台和 13 个交通要道的距离
  for i=1:20
    for j=1:13
        ip=i;  %第 ip 个平台
        jp=pos(j); %第 jp 个路口
        Dis(i,j)=A(ip,jp);
      end
  end %获得 20 个平台和 13 个交通要道（路口）的距离矩阵

%输出 20 个平台与 13 个路口之间距离
  fid=fopen('d:\lingo12\dat\ds1.txt','w');
  for i=1:20
     for j=1:13
        fprintf(fid,'%6.2f ',Dis(i,j));
      end
      fprintf(fid,'\r\n');
   end

  fclose(fid);

 n=92; %路口数
 m=20;  %平台数
Plat=1:m; %平台

 T=zeros(1,n); %存储到各路口的时间
 S=zeros(1,n); %存储到各路口时间最少的平台号

 %求到各路口的最短时间和对应的平台号
```

```
for j=1:n
   jp=j;  %路口
     mint=1000;
   for i=1:m
       ip=Plat(i);  %平台
     t=A(ip,jp)/v;
     if t<mint mint=t; xu=ip; end
   end

   T(j)=mint;  %到第 j 个路口的最短时间
   S(j)=xu;  %到第 j 个路口的时间最短的平台号
end

%计算各路口到平台的最短时间
fprintf('到平台超过 3 分钟的路口信息.\n');
fprintf('路口, 平台, 最短时间,任务量\n');
 U=ones(1,n);
for j=1:n
  if T(j)>3.0  U(j)=0;  fprintf('%2d  %2d  %6.2f %6.2f\n',j,S(j),T(j),f(j));
end
end %输出超过 3 分钟到达的路口


 fid=fopen('d:\lingo12\dat\dt1.txt','w');  %输出 20*92 的距离矩阵
   for i=1:20
       for j=1:92
           fprintf(fid,'%6.1f ',A(i,j));
       end
       fprintf(fid,'\r\n');
   end
   fclose(fid);

   fid=fopen('d:\lingo12\dat\dt2.txt','w');  %输出 A 区 92*92 的距离矩阵
   for i=1:92
       for j=1:92
           fprintf(fid,'%6.1f ',A(i,j));
       end
       fprintf(fid,'\r\n');
   end
   fclose(fid);

   fid=fopen('d:\lingo12\dat\ft1.txt','w');  %输出剩余 92 个路口的任务量
   for j=1:92
       fprintf(fid,'%5.1f\r\n', f(j));
   end
   fclose(fid);

   %此段程序对 Lingo 程序 b2011_1.lg4 计算结果进行整理, 开始时不需要
   TEST=1;  %当 TEST=1, 对 Lingo 计算结果进行规范输出, 便于阅读和写作
```

```
    if TEST==1
        %对 Lingo 求解结果进行整合，重新按照规范格式输出
        x=zeros(92,92);
%将 Lingo 计算结果复制在下面
x(1,1)=1 ;x(1,71)=1 ;x(1,73)=1 ;x(1,74)=1 ;x(1,76)=1 ;x(1,77)=1 ;x(1,79)=1 ;
x(2,2)=1 ;x(2,39)=1 ;x(2,42)=1 ;x(2,44)=1 ;x(2,69)=1 ;x(3,3)=1 ;x(3,43)=1 ;
x(3,54)=1 ;x(3,55)=1 ;x(3,65)=1 ;x(3,68)=1 ;x(4,4)=1 ;x(4,57)=1 ;x(4,60)=1 ;
x(4,62)=1 ;x(4,63)=1 ;x(4,64)=1 ;x(4,66)=1 ;x(5,5)=1 ;x(5,49)=1 ;x(5,52)=1 ;
x(5,53)=1 ;x(5,59)=1 ;x(6,6)=1 ;x(6,50)=1 ;x(6,51)=1 ;x(6,56)=1 ;x(6,58)=1 ;
x(7,7)=1 ;x(7,30)=1 ;x(7,48)=1 ;x(7,61)=1 ;x(8,8)=1 ;x(8,33)=1 ;x(8,46)=1 ;
x(8,47)=1 ;x(9,9)=1 ;x(9,32)=1 ;x(9,34)=1 ;x(9,35)=1 ;x(10,10)=1 ;x(11,
11)=1 ;
x(11,26)=1 ;x(11,27)=1 ;x(12,12)=1 ;x(12,25)=1 ;x(13,13)=1 ;x(13,21)=1 ;
x(13,22)=1 ;x(13,23)=1 ;x(13,24)=1 ;x(14,14)=1 ;x(15,15)=1 ;x(15,28)=1 ;
x(15,29)=1 ;x(15,31)=1 ;x(16,16)=1 ;x(16,36)=1 ;x(16,37)=1 ;x(16,38)=1 ;
x(16,45)=1 ;x(17,17)=1 ;x(17,40)=1 ;x(17,41)=1 ;x(17,70)=1 ;x(17,72)=1 ;
x(18,18)=1 ;x(18,83)=1 ;x(18,85)=1 ;x(18,88)=1 ;x(18,89)=1 ;x(18,90)=1 ;
x(19,19)=1 ;x(19,67)=1 ;x(19,75)=1 ;x(19,78)=1 ;x(19,80)=1 ;x(19,81)=1 ;
x(19,82)=1 ;x(20,20)=1 ;x(20,84)=1 ;x(20,86)=1 ;x(20,87)=1 ;x(20,91)=1 ;
x(20,92)=1;

%输出每个平台管辖的路口,任务量,最长时间
fprintf('\n 第一问 Lingo 求解结果的输出.\n');
fprintf('平台,管理的路口,   任务量,    最长时间:\n');

TT=zeros(20,1);
W=zeros(20,1);
 for i=1:20
     fprintf('%2d:',i);  %平台

     TT(i)=0;
     s1=0;

     for j=1:92
         if x(i,j)==1
             s1=s1+f(j);
             t=A(i,j)/v;
             if t>TT(i) TT(i)=t;end
             fprintf('%2d,',j);   %管理的路口
         end
         W(i)=s1;
     end %end j
     fprintf(' W=%5.2f T=%5.2f\n',W(i),TT(i));   %输出该平台的任务量及最长时间
 end    %end i
    end
```

附件 2　问题 1 的 Lingo12 程序 b2011_1.lg4。

该程序对 92 个路口进行分派，所使用的数据文件 dt1.txt 和 ft1.txt 由 MatLab 程序

b2011_1.m 生成。Lingo 程序的计算结果可直接复制到 b2011_1.m 中最后相应位置，重新按照规范格式输出。在 b2011_1.m 中设置 TEST=1 控制输出。Lingo 程序如下：

```
!问题 1 的 Lingo 程序;
!chap1 问题求解, 92 个路口管理程序;
model:
sets:
Plat/1..20/:s;
Kou/1..92/:T,f;
Assign(Plat,Kou):dis,x;
endsets
data:
v=1000;
n=20;
dis=@file('d:\lingo12\dat\dt1.txt');   !20*92 距离矩阵;
f=@file('d:\lingo12\dat\ft1.txt');      !92 个路口任务量;
@text()=@writefor(Assign(i,j)|x(i,j)#GT#0:';x(',i,',',j,')=',x(i,j),'
');
!w=0,1.4,0,0,0,0,0.6,0,0,0,0,0,0,0,2.7,1.2,0,0,0,0.8;
enddata

min=sig;
sig=@sqrt(@sum(Plat(i):(s(i)-sv)^2)/(n-1));
@for(Kou(j):@sum(Plat(i):x(i,j))=1); !每个路口恰好有一个平台;
@for(Plat(i):@sum(Kou(j):x(i,j))>=1);!每个平台至少管理一个路口;
@for(Kou(j):T(j)=@sum(Plat(i):x(i,j)*dis(i,j)/v)); !第 j 个路口的处理时间;
@for(Kou(j)|j#NE#28#and#j#NE#29#and#j#NE#38#and#j#NE#39#and#j#NE#61#and
#j#ne#92:T(j)<=3);   !除 6 个路口外到达时间少于 3 分钟;
@for(Plat(i):x(i,i)=1); !每个平台管理自己的路口;
x(15,28)=1;  x(15,29)=1;
x(16,38)=1;  x(2,39)=1;
x(7,61)=1;   x(20,92)=1;
@for(Plat(i):s(i)=@sum(Kou(j):f(j)*x(i,j))); !计算各平台管辖的路口的任务量;
sv=@sum(Plat(i):s(i))/n; !平均路口数;
@for(Assign(i,j):@bin(x(i,j)));
end

或采用最大最小目标计算:
!chap1 问题求解, 92 个路口管理程序;
model:
sets:
Plat/1..20/:s;
Kou/1..92/:T,f;
Assign(Plat,Kou):dis,x;
endsets
data:
v=1000;
n=20;
dis=@file('d:\lingo12\dat\dt1.txt');   !20*92 距离矩阵;
f=@file('d:\lingo12\dat\ft1.txt');      !92 个路口任务量;
```

```
@text()=@writefor(Assign(i,j)|x(i,j)#GT#0:';x(',i,',',j,')=',x(i,j),'
');
!w=0,1.4,0,0,0,0,0.6,0,0,0,0,0,0,0,2.7,1.2,0,0,0,0.8;
enddata

min=TT;
@for(Kou(j):@sum(Plat(i):x(i,j))=1);  !每个路口恰好有一个平台;
@for(Plat(i):@sum(Kou(j):x(i,j))>=1);!每个平台至少管理一个路口;
@for(Kou(j):T(j)=@sum(Plat(i):x(i,j)*dis(i,j)/v));  !第j个路口的处理时间;
@for(Kou(j)|j#NE#28#and#j#NE#29#and#j#NE#38#and#j#NE#39#and#j#NE#61#and
#j#ne#92:T(j)<=3);   !除6个个路口外到达时间少于3分钟;
@for(Plat(i):x(i,i)=1);  !每个平台管理自己的路口;
x(15,28)=1;  x(15,29)=1;
x(16,38)=1;  x(2,39)=1;
x(7,61)=1;   x(20,92)=1;
@for(Plat(i):s(i)=@sum(Kou(j):f(j)*x(i,j)));  !计算各平台管辖的路口的任务量;
@for(Plat(i):s(i)<=TT);
@for(Assign(i,j):@bin(x(i,j)));
end
```

附件 3　问题 2 的 Lingo12 程序 b2011_2.lg4。

该程序对 13 个交通要道的围堵问题优化求解。Lingo 程序如下：

```
model:
sets:
Plat/1..20/;
Kou/1..13/:T;
Assign(Plat,Kou):dis,x,Time;
endsets
data:
v=1000;
dis=@file('d:\lingo12\dat\ds1.txt');  !打开平台和路口的距离矩阵;
@text()=@writefor(Assign(i,j)|x(i,j)#GT#0:'x(',i,',',j,')=',x(i,j),';');

enddata

! min=aver;
min=TT;
aver=@sum(Kou(j):T(j))/@size(Kou);!平均时间;
!TT<=8.0156;
@for(kou(j):T(j)=@sum(Plat(i):x(i,j)*dis(i,j))/v);!到第j个路口的时间;
@for(kou(j):T(j)<=TT);
@for(Plat(i):@sum(Kou(j):x(i,j))<=1);   !第i个平台最多到一个路口;
@for(Kou(j):@sum(Plat(i):x(i,j))=1);  !第j个路口恰好有一个平台到达;
@for(Assign(i,j):@bin(x(i,j)));
end
```

附件 4　采用贪婪法计算 A 区和全区围堵最小时间程序 b2011_2.m

Lingo 程序如下：

```
%先运行 b2011_5_1.m,获得全区最短路线矩阵
%All=0,计算 A 区 13 个交通要道(路口)到对应平台的最小时间,采用贪婪法及动态调整得到最优
解
%All=1,计算全区 17 个交通要道(路口)到对应平台的最小时间,采用贪婪法及动态调整得到最优
解
All=1;  %1--全区; 0----A 区

if All==0
Pt=1:20; %A 区平台
Ct=[12,14,16,21,22,23,24,28,29,30,38,48,62]; %A 区路口
end

if All==1 %全区情形
Pt=DC; %全部平台,先要先运行 b2011_5_1 计算所有点之间的最短路线矩阵 A(582,582)
Ct=[151,153,177,202,203,264,317,325,328,332,362,387,418,483,541,572,578
]; %全区路口
end

 np=length(Pt); %平台数
 nu=length(Ct); %路口数

  v=1000; %速度
Lu=zeros(length(Ct),1); %路口
Plat=zeros(length(Ct),1); %平台
Time=zeros(length(Ct),1); %时间
Style=zeros(length(Ct),2);
U=zeros(length(Pt),1);
YuPt=zeros(length(Pt)-length(Plat)+1,1); %剩余平台


dis=zeros(np,nu);
for i=1:np
    for j=1:nu
        ip=Pt(i); %获得平台号
        jp=Ct(j); %获得路口号
        dis(i,j)=A(ip,jp); %获得平台到路口的距离,该距离在内存中.对 A 区路口,先运行
b2011_1.m 可获得 A
        %对全市路口,先运行 b2011_5_1.m 可获得 A
    end
end

 if All==1 %全区则输出 80 个平台到 17 个路口距离矩阵
fid=fopen('d:\lingo12\dat\ds2.txt','w');  %输出平台到路口的距离矩阵
for i=1:np
    for j=1:nu
        fprintf(fid,'%5.2f ',dis(i,j));
```

```
    end
    fprintf(fid,'\r\n');
end
fclose(fid);
end


%Ct 为路口集合
%Plat 为平台集合
%step1  贪婪法求得到达各路口的最小时间及相应平台
for i=1:length(Ct);
    ip=Ct(i); %路口号
    mind=10000000;
    for j=1:length(Pt);
        jp=Pt(j); %平台号
       if A(ip,jp)<mind && U(j)==0 mind=A(ip,jp); temp=j; end
       %从未选择的平台中寻找到 ip 路口距离最短的平台, U(j)=0 表示该平台还未选择
    end
      Time(i)=mind/v;  %到达地 i 个路口的最少时间
      U(temp)=1;  %第 i 个路口对应平台标志为 1, 表示已选择
      Lu(i)=ip; %记录对应第 i 个路口的序号
      Plat(i)=Pt(temp);  %记录对应第 i 个路口的平台序号
end

maxt=max(Time); %获得当前的最长时间
  fprintf('初始到达各路口的最长时间为%6.2f\n',maxt);
  Info=[Lu,Plat,Time];%依次存储路口序号, 平台序号及到达时间
    fprintf('初始到达各路口分配方案:\n');
    fprintf('路口,平台,时间.\n');
    for i=1:length(Ct)
        fprintf('%2d %2d %6.2f\n',Info(i,1),Info(i,2),Info(i,3));
    end  %输出初次结果


    %Pt---总平台
    %Plat---已选平台
    %YuPt---剩余平台
    Times=6;  %设定合适的调整次数
  for K=1:Times
      number=0;
    for i=1:length(Pt)
      ip=Pt(i);
        symbol=1;
      for j=1:length(Plat)
          jp=Plat(j);
         if jp==ip  symbol=0; break; end
      end
      if symbol==1 number=number+1; YuPt(number)=ip; end %获得一个剩余平台
    end
    %该段程序计算得到所有剩余平台, 存放于 YuPt 中, 数量为 number 个
```

```
%step2 动态调整求时间最小值
    [t,index]=max(Time); %获得最长时间及对应的路口
    success=0;
  for i=1:length(Ct)
      p1=Lu(index);
      p2=Plat(i);
      k=length(YuPt);
      YuPt(k)=Plat(index); %最后一个专门用于存放时间最长路口对应的平台
      tt1=A(p1,p2)/v;
      if tt1<maxt
        ip=Lu(i);
        mind=10000000;
        %求被替换的平台 i 对应路口 ip 的平台
        for j=1:length(YuPt)
         jp=YuPt(j);
         if A(ip,jp)<mind  mind=A(ip,jp);temp=j; end
         end
        tt2=mind/v;
        if tt2<maxt
          Plat(index)=Plat(i); Time(index)=tt1;
          Plat(i)=YuPt(temp);     Time(i)=tt2;
          success=1; %成功重选平台
        end % end if tt2<maxt
      end  %end if tt1<maxt
      if success==1 break; end
    end
    maxt=max(Time);
  fprintf('第 Times=%2d 此调整,到达路口的最长时间为%6.2f\n',K,maxt);
end

    Info1=[Lu,Plat,Time];
    fprintf('最终到达各路口分配方案:\n');
        fprintf('路口,平台,时间.\n');
    for i=1:length(Ct)
        fprintf('%2d %2d %6.2f\n',Info1(i,1),Info1(i,2),Info1(i,3));
    end

 % XLSWRITE('res3.xls.',Info1,'E1:G13');

%Step3 再调整平台,使到各路口的平均时间尽量小
 MT=mean(Time);
 fprintf('初始平均时间%4.2f 分\n',MT);
   Times=5; %合理设定调整时间最小的次数
   for K=1:Times
     success=0;
   for i1=1:length(Ct)
    for i2=1:length(Ct)

        %路口 i1 使用路口 i2 的平台,路口 i2 在剩余平台中选择最好的平台
```

```
        if i1~=i2
        p1=Lu(i1);
        p2=Plat(i2);

        k=length(YuPt);
        YuPt(k)=Plat(i1);  %最后一个专门用于存放路口 i1 对应的平台
         tt1=A(p1,p2)/v;  %路口 i1 使用路口 i2 的平台所花时间
            ip=Lu(i2);
          mind=10000000;
          %求被替换的平台 i 对应路口 ip 的平台
           for j=1:length(YuPt)
            jp=YuPt(j);
           if A(ip,jp)<mind  mind=A(ip,jp);temp=j; end
           end
         tt2=mind/v;   %路口 i2 使用剩余平台的最少时间
         if tt1<=maxt && tt2<=maxt && (tt1+tt2)<(Time(i1)+Time(i2))
            Plat(i1)=Plat(i2); Time(i1)=tt1;
            Plat(i2)=YuPt(temp);      Time(i2)=tt2;
            success=1; %成功重选平台
         end % end if tt1,tt2
      end  %end if i1~=i2

      if success==1 break; end
      end %end i2
    end %end i1
    maxt=max(Time);
    MT=mean(Time);
 fprintf('Times=%2d 到达路口的最长时间为%6.2f,平均时间%4.2f\n',K,maxt,MT);
    end

    Info2=[Lu,Plat,Time];
    fprintf('最终到达各路口分配方案:\n');
        fprintf('路口,平台,时间.\n');
    for i=1:length(Ct)
      fprintf('%2d %2d %6.2f\n',Info2(i,1),Info2(i,2),Info2(i,3));
    end
```

附件 4　问题 3 的 Lingo12 程序 b2011_3.lg4。k 为增加平台数

```
model:
sets:
Plat/1..92/:Y;
Kou/1..92/:T;
Assign(Plat,Kou):dis,x;
endsets
data:
v=1000;
dis=@file('d:\lingo12\dat\dt2.txt'); !打开 92*92 个路口间的距离矩阵;
@text()=@writefor(Plat(i)|Y(i)#GT#0:'Y(',i,')=',Y(i),';');
```

```
@text()=@writefor(Assign(i,j)|x(i,j)#GT#0:'x(',i,',',j,')=',x(i,j),';');
k=4;  !增加平台数;
enddata

min=TT;
!TT<=12.69;
@for(kou(j):T(j)=@sum(Plat(i):x(i,j)*dis(i,j))/v);!到第 j 个路口的时间;
@for(kou(j):T(j)<=TT);
@for(Plat(i):@for(Kou(j):x(i,j)<=Y(i)));  !第 i 个平台最多到一个路口;
@for(Kou(j):@sum(Plat(i):x(i,j))=1);  !第 j 个路口恰好有一个平台到达;
@for(Plat(i)|i#LE#20:Y(i)=1);  !前 20 个路口已经为平台;
@sum(Plat(i):Y(i))=20+k;
@for(Assign(i,j):@bin(x(i,j)));
@for(Plat(i):@bin(Y(i)));

end
```

附件 5 b2011 问题 3 新增平台(各区)的算法程序 b2011_3.m

```
%A(582,582)任意两点之间的最短距离,先运行 b2011_5_1.m 获得最短距离矩阵 A(582,582)
%采用单选法,每次从超过 3 分钟的路口中选取 1 个降低最长时间最多的路口
%考察 B 区
Qu=1; %1(A 区);2(B 区),3(C 区),4(D 区),5（E 区）,6(F 区)
%输出不同区号可计算不同区增加平台情形

load DC.txt; %平台号(80 个),所属区
K=length(DC);
  Plat=[]; %存储某区平台
   n=0; %统计某区已有平台数
 for i=1:K
     Belong=DC(i,2); %1(A 区);2(B 区),3(C 区),4(D 区),5（E 区）,6(F 区)
     if Belong==Qu Plat=[Plat,DC(i,1)]; n=n+1;end
 end
 load DA.txt;  %路口号(92 个),x,y,区,发案率
 Lu=[];  % 存储某区路口数
 fz=[];  %存储发案率

 L=length(DA);

 m=0; %统计某区已有路口数
 for i=1:L
     Belong=DA(i,4); %路口号(92 个), x,y,区,发案率
     if Belong==Qu Lu=[Lu,DA(i,1)]; fz=[fz,DA(i,5)]; m=m+1;end
 end

%计算各路口到各平台的最短时间
%1.初始情形:
x=zeros(1,m);%确定每个路口受管辖的平台
```

```
T=zeros(1,m);%每个路口到所管辖平台的时间
v=1000; %速度

for i=1:m
      tmin=100;
   for j=1:n
       ip-Lu(i);  %路口号
       jp=Plat(j); %平台号
       t=A(ip,jp)/v;
       if t<tmin tmin=t; pj=jp; end
   end
   x(i)=pj; %第 i 个路口受管辖的平台
   T(i)=tmin; %第 i 个路口到所管辖平台的时间

end

fprintf('路口,平台，时间:\n');

for i=1:m
  fprintf('%2d  %2d %5.2f\n',Lu(i),x(i),T(i));
end

%获得超过 3 分钟的路口,平台,时间
S=zeros(40,3);
  p=0;
for i=1:m
   if T(i)>3
       p=p+1;
       S(p,1)=i; S(p,2)=x(i);  S(p,3)=T(i);
   end
end
  fprintf('区号%2d, 路口数%2d,平台数%2d, 超过 3 分钟的路口%2d\n',Qu,m,n,p);
fprintf('超过 3 分钟的路口,平台,时间\n');
for i=1:p
   fprintf('%2d  %2d  %5.2f\n',Lu(S(i,1)),S(i,2),S(i,3));
end

maxT=max(T); %最长时间

 fprintf('增加平台数,最长时间\n');
%方法,每次从超过 3 分钟的路口中选取 1 个降低最长时间最多的路口

Temp_Plat=zeros(1,m);
Have_Plat=zeros(1,m);
Yu=zeros(1,m); %剩余平台
for i=n+1:m
   Yu(i)=1;
end %获得当前剩余的平台
for i=1:n
   Temp_Plat(i)=Plat(i);
```

```
        Have_Plat(i)=Plat(i);  %已经选定的平台
end

for Kp=1:22  %增加平台数,22 为最多增加数量

    flag=0;

    for k=1:p
     sel=S(k,1);   %选取 1 个超过 3 分钟的平台序号
     Temp_Plat(n+Kp)=Lu(sel);

      for i=1:m
       tmin=100;
     for j=1:n+Kp  %平台数
        ip=Lu(i);
        jp=Temp_Plat(j);
        t=A(ip,jp)/v;
        if t<tmin tmin=t; pj=j; end
    end  %end for j

    x(i)=pj; %第 i 个路口受管辖的平台
    T(i)=tmin; %第 i 个路口到所管辖平台的时间

        end  %end for i

       maxT1=max(T);
      if maxT1<maxT  maxT=maxT1; Add_Plat=sel; flag=1; end

    end %end for k

    if flag==1    %Add_Plat 为平台在路口中的序号
     Temp_Plat(n+Kp)=Lu(Add_Plat);   Have_Plat(n+Kp)=Lu(Add_Plat);
     Yu(Add_Plat)=0;
     flag=0;

    for i=1:m
       tmin=100;
    for j=1:n+Kp
        ip=Lu(i);
        jp=Have_Plat(j);
        t=A(ip,jp)/v;
        if t<tmin tmin=t; pj=j; end
     end %end for j
     x(i)=pj; %第 i 个路口受管辖的平台
     T(i)=tmin; %第 i 个路口到所管辖平台的时间
    end  %end for i

    fprintf('Kp=%2d Plat=%2d maxT=%5.4f\n',Kp,Lu(Add_Plat),max(T));
    end %end if flag==1
end  %end for Kp
```

当对 A 区计算，结果为：

```
增加平台数,最长时间
Kp= 1  Plat=28  maxT=4.1902
Kp= 2  Plat=61  maxT=3.6822
Kp= 3  Plat=38  maxT=3.6013
Kp= 4  Plat=92  maxT=2.7083
```

附件 7　全区新增平台程序 b2011_4.m

```
%b2011 问题 3 新增平台的算法程序
%A(582,582)任意两点之间的最短距离,先运行 b2011_5_1.m 计算得到
%采用单选法
%方法 1,每次从超过 3 分钟的路口中选取 1 个降低最长时间最多的路口

%考察全区

load DC.txt; %平台号(80 个),所属区

 K=length(DC);
  Plat=zeros(K,1); %存储某区平台

 for i=1:K
     Plat(i)=DC(i,1);
 end

 load DA.txt;  %路口号(582 个),x,y,区,发案率

 L=length(DA);
 Lu=zeros(L,1);  % 存储某区路口数
 fz=zeros(L,1);   %存储发案率

 m=0; %统计某区已有路口数
 for i=1:L
     Lu(i)=DA(i,1); %路口号(92 个),x,y,区,发案率
     fz(i)=DA(i,5);
 end

%计算各路口到各平台的最短时间

%1.初始情形:
x=zeros(1,L);%确定每个路口受管辖的平台
T=zeros(1,L);%每个路口到所管辖平台的时间
v=1000; %速度

for i=1:L
     tmin=100;
```

```
        for j=1:K
            ip=Lu(i);   %路口号
            jp=Plat(j); %平台号
            t=A(ip,jp)/v;
            if t<tmin tmin=t; pj=jp; end
        end

        x(i)=pj;  %第 i 个路口受管辖的平台
        T(i)=tmin; %第 i 个路口到所管辖平台的时间


end

%获得超过 3 分钟的路口,平台,时间
S=zeros(140,3);
  p=0;
for i=1:L
    if T(i)>3
        p=p+1;
        S(p,1)=i; S(p,2)=x(i);  S(p,3)=T(i);
    end
end

  fprintf('全区,路口数%2d,平台数%2d, 超过 3 分钟的路口%2d\n',L,K,p);
fprintf('超过 3 分钟的路口,平台,时间\n');
for i=1:p
    fprintf('%2d  %2d  %5.2f\n',Lu(S(i,1)),S(i,2),S(i,3));
end

maxT=max(T);  %最长时间


  fprintf('增加平台数,最长时间\n');
%方法 1,每次从超过 3 分钟的路口中选取 1 个降低最长时间最多的路口
Temp_Plat=zeros(1,K);
Have_Plat=zeros(1,K);
Yu=zeros(1,K);  %剩余平台
n=K;
for i=n+1:L
    Yu(i)=1;
end %获得当前剩余的平台

for i=1:n
    Temp_Plat(i)=Plat(i);
    Have_Plat(i)=Plat(i);  %已经选定的平台
end

  GT=zeros(21,1);
for Kp=1:22  %增加平台数
```

```
    flag=0;
    for k=1:p
     sel=S(k,1);   %选取 1 个超过 3 分钟的平台序号
     Temp_Plat(n+Kp)=Lu(sel);

      for i=1:L
        tmin=100;
     for j=1:n+Kp   %平台数
        ip=Lu(i);
        jp=Temp_Plat(j);
        t=A(ip,jp)/v;
        if t<tmin tmin=t; pj=j; end
     end   %end for j

    x(i)=pj; %第 i 个路口受管辖的平台
    T(i)=tmin; %第 i 个路口到所管辖平台的时间
         end %end for i
         maxT1=max(T);

      if maxT1<maxT  maxT=maxT1; Add_Plat=sel; flag=1; end
    end %end for k

    if flag==1   %Add_Plat 为平台在路口中的序号
     Temp_Plat(n+Kp)=Lu(Add_Plat);  Have_Plat(n+Kp)=Lu(Add_Plat);
     Yu(Add_Plat)=0;
     flag=0;

    for i=1:L
       tmin=100;
    for j=1:n+Kp
       ip=Lu(i);
       jp=Have_Plat(j);
       t=A(ip,jp)/v;
       if t<tmin tmin=t; pj=j; end
    end %end for j
    x(i)=pj; %第 i 个路口受管辖的平台
    T(i)=tmin; %第 i 个路口到所管辖平台的时间

  end  %end for i
  fprintf('Kp=%2d Plat=%2d maxT=%5.4f\n',Kp,Lu(Add_Plat),max(T));
   GT(Kp)=max(T);
   end %end if flag==1
end  %end for Kp
plot(1:22,GT);
```

附件 8　求取最短距离矩阵 A(582,582)的程序 b2011_5_1.m

```
clear;
load DA.txt; %路口号(92 个)，x,y,区,发案率
load DB.txt; %连接线  928 条
```

```
load DC.txt; %平台号，80 个
load DD.txt; %全市出入市区路口号（17 个）
x=DA(:,2); y=DA(:,3);
b=DA(:,4); %所属区 s
f=DA(:,5); %发案率
[ma,na]=size(DA);
[mb,nb]=size(DB);
kp=length(DB); %连接线总数
px=zeros(2,1); py=zeros(2,1);
hold on
for i=1:kp
px(1)=x(DB(i,1)); py(1)=y(DB(i,1)) ;
px(2)=x(DB(i,2)); py(2)=y(DB(i,2)) ;
%sfprintf('(%5.0f,%5.0f)--(%5.0f,%5.0f)\n',px(1),py(1),px(2),py(2));
 plot(px,py);   %画原始点及线路
end


%形成线的 0-1 邻接矩阵 P
 P=zeros(kp,kp);
 for i=1:kp
  i1=DB(i,1); j1=DB(i,2);
  P(i1,j1)=1;
  P(j1,i1)=1;
 end
  pos=32;  %犯罪嫌疑人逃跑点
plot(x(pos),y(pos),'ro');
%利用 Flod 算法求任意两点之间最短路线
 v1=1000; %犯罪嫌疑人逃跑速度
 n=ma;  %582
A=zeros(n,n); %存储任意两点最短路线
for i=1:n
   for j=1:n
     if(i==j) A(i,j)=0;
     else A(i,j)=1000000;
     end
   end
end
for i=1:kp  %给每条线路赋予距离
  point1=DB(i,1); point2=DB(i,2);
p1x=x(point1); p1y=y(point1)   ;
p2x=x(point2); p2y=y(point2);
d=sqrt((p1x-p2x)^2+(p1y-p2y)^2);
 A(point1,point2)=d;
 A(point2,point1)=d;
end

U=A; %原始矩阵
%1.1 利用 Flod 算法计算最短距离矩阵
 for k=1:n
for i=1 :n
```

```
    for j=1:n
        t=A(i,k)+A(k,j);
        if t<A(i,j)  A(i,j)=t; end
          end       %end for j
    end  %end for i
end    %end for k
A=100*A;  %每毫米代表 100 米
%获得 A(582,582)为任意两点之间的最短距离
```

附件 9　完成围堵全区 17 个路口的程序 b2011_5_2.m。

```
%先运行 b2011_5_1.m 文件，获得全区任意两点距离矩阵 A(582,582)
%计算从 P=32 点到全区 17 个交通要道所花时间；以及全区 80 个交巡警平台到达 17 个交通要道所
花时间，以判断犯罪嫌疑人时候一定被围堵住
load DC.txt;
Pt=DC(:,1);  %全区平台
m=length(Pt);

Ct=[151,153,177,202,203,264,317,325,328,332,362,387,418,483,541,572,578
];  %全区路口
n=length(Ct);
Lu=zeros(n,1);  %存储每个路口号
Plat=zeros(n,1);  %存储每个路口分配的平台号
v=1000;  %速度
  %1.分配各交通要道由最近平台围堵
  T1=zeros(n,1);  %存储各最近平台到交通要道的时间
  U=zeros(m,1);   %0 表示尚未分配
for i=1:length(Ct);
    ip=Ct(i);  %交通要道号(路口)
   mind=10000000;
    for j=1:length(Pt);
        jp=Pt(j);  %平台号
     if A(ip,jp)<mind && U(j)==0 mind=A(ip,jp); temp=j; end
    %从未选择的平台中寻找到 ip 路口距离最短的平台，U(j)=0 表示该平台还未选择
    end
    T1(i)=mind/v+3;  %到达第 i 个路口的最少时间，平台晚出发 3 分钟
    U(temp)=1;  %第 i 个路口对应平台标志为 1，表示已选择
    Lu(i)=ip;  %记录对应第 i 个路口的序号
    Plat(i)=Pt(temp);  %记录对应第 i 个路口的平台序号
end
%2.计算从案发点 32 到全区交通要道各点所花时间
 T2=zeros(n,1);  %存储犯罪嫌疑人到交通要道的时间
  for i=1:n
    k=Ct(i);
    T2(i)=A(32,k)/v+3;
  end
  hold on
kp=length(DB);  %连接线总数
px=zeros(2,1); py=zeros(2,1);
```

```
hold on
for i=1:kp
px(1)=x(DB(i,1)); py(1)=y(DB(i,1))  ;
px(2)=x(DB(i,2)); py(2)=y(DB(i,2))  ;
 plot(px,py);    %画原始点及线路
end
   pos=32;  %犯罪嫌疑人逃跑点
plot(x(pos),y(pos),'ro');
for i=1:length(Ct)
 plot(x(Ct(i)),y(Ct(i)),'r*');    %画交通要道点
  end
for i=1:length(Plat)
 plot(x(Plat(i)),y(Plat(i)),'rs');    %画平台点
   end
%fprintf('初始到达各路口的最长时间为%6.2f\n',maxt);
   Info=[Lu,Plat,T1,T2];%依次存储路口序号，平台序号几到达时间
    fprintf('交通要道,平台,平台时间,犯罪嫌疑人时间.\n');
     for i=1:length(Ct)

fprintf('%5d  %3d %6.2f %6.2f\n',Info(i,1),Info(i,2),Info(i,3),Info(i,4)
);
   end  %输出初次结果
```

附件 10 完成围堵犯罪嫌疑人最小包围圈的程序 b2011_5_3.m。

```
%先运行b2011_5_1.m区出任意两点之间的最短距离A(582,582)
%求给定t时的集合At,Bt,Ct,Pt(可选平台集合)
  %给定时间t时
v=1000; %犯罪嫌疑人速度

 t=9.1;  %给定时间
At=[];
num1=0;
%step1  求t分钟内形成的范围At
for i=1:582
   if A(i,pos)/v1<t
       num1=num1+1;
       At=[At,i];
   end
end

hold on
for i=1:num1
 plot(x(At(i)),y(At(i)),'bo');    %画At点
end

%step2 求与At相邻的点Bt
Bt=[];
U=zeros(582,1);
for i=1:num1
```

```
    i1=At(i);
    for j=1:582
        if P(i1,j)==1 U(j)=1; end   %找出与At(i)相连的点
    end
end

 for i=1:582
    if U(i)==1 Bt=[Bt,i]; end
 end
 num2=length(Bt);
 %step3 求C(t)=B(t)-A(t)
  U=zeros(582,1);

 for i=1:num1
    k=At(i);
    U(k)=1;
 end
  Ct=[];
 for i=1:num2
    i1=Bt(i);
    if U(i1)==0 Ct=[Ct,i1]; end
 end

 kp=length(DB);   %连接线总数
px=zeros(2,1); py=zeros(2,1);
hold on

for i=1:kp
px(1)=x(DB(i,1)); py(1)=y(DB(i,1))  ;
px(2)=x(DB(i,2)); py(2)=y(DB(i,2))  ;
 plot(px,py);     %画原始点及线路
end

 pos=32;    %犯罪嫌疑人逃跑点
plot(x(pos),y(pos),'bo');
%求到包围点最近的平台
kp=length(DC);
U=zeros(kp,1);
Dp=zeros(length(Ct),1);  %包围点获得指定的平台
TT=zeros(length(Ct),1);  %存储平台到包围点的时间
for i=1:length(Ct);
    tmin=1000;
    for j=1:length(DC);
        tt=A(Ct(i),DC(j,1))/v;
        if tt<tmin &&U(j)==0 s=j; tmin=tt; end
    end
    TT(i)=tmin; U(s)=1; Dp(i)=DC(s,1);
end
for i=1:length(Ct);
    T1(i)=A(Dp(i),Ct(i))/v;
```

```
    T2(i)=A(pos,Ct(i))/v;
end
 for i=1:length(Ct)
 plot(x(Ct(i)),y(Ct(i)),'ro');    %画包围圈点
 end
    for i=1:length(Dp)
 plot(x(Dp(i)),y(Dp(i)),'bs');    %画平台点
   end
     fprintf('序号 新包围点,平台，封锁时间,犯罪嫌疑人到达时间\n');
for i=1:length(Ct)

fprintf('%4d %4d  %4d   %6.4f    %6.4f\n',i,Ct(i),Dp(i),TT(i)+3,T2(i));
end
  Info=zeros(length(Ct),4);
for i=1:length(Ct)
  Info(i,1)=i;Info(i,2)=Ct(i);    Info(i,3)=Dp(i);    Info(i,4)=TT(i)+3;
Info(i,5)=T2(i);
end
XLSWRITE('rest.xls.',Info,'A1:E24');  %输出到 XLS 文件中
```

5.2.3 论文参考文献

[1] 2011 年中国大学生数学建模竞赛 B 题[EB/OL]．http://mcm.edu.cn

[2] 卢开澄等．图论及其应用[M]，北京：清华大学出版社，1995.

[3] 姜启源等，数学模型[M]，第 4 版．北京：高等教育出版社，2011.

[4] 薛定宇，陈阳泉．高等应用数学问题的 Matlab 求解答[M]．北京：清华大学出版社，2004.

[5] 谢金星，薛毅．优化建模与 LINDO/LINGO 软件[M]．北京：清华大学出版社，2005.

5.3 2014 MCM A

5.3.1 引言

1. 问题综述

"2014 年美国大学生数学建模竞赛 A 题《除非超车否则靠右行驶的交通规则》"是典型的交通问题。有关交通方面的问题在近些年来的数学建模比赛中经常出现。这类问题大多数都是要求参赛者在宏观上探讨车流流量、流速和密度之间的关系，在微观上研究车与车之间的相互作用及不同外界环境（路段、信号、规则）的影响，以求减少交通时间的延误，事故的发生和提高道路交通设施通行[1]。以下列出了近 10 年来数学建模比赛中出现过的涉及交通的问题。

- 2005 年美国大学生数学建模竞赛 B 题：Tollbooths [2]。

- 2009 年美国大学生数学建模竞赛 A 题：Designing a Traffic Circle [3]。
- 2013 年中国大学生数学建模竞赛 A 题：车道被占用对城市道路通行能力的影响[4]。
- 2014 年美国大学生数学建模竞赛 A 题：The Keep-Right-Except-To-Pass Rule [5]。

由于交通问题存在很多共性，因此对于 2014 年的美国大学生数学建模竞赛，参加过 2013 年中国大学生数学建模竞赛并且做 A 题《车道被占用对城市道路通行能力的影响》的参赛者会有少许优势。至少在前期的调研，基本交通理论的学习，以及模拟方法的选择和实现方面要轻松得多。常用的交通流模型主要有宏观模型和微观模型[6, 7]。宏观模型将交通流比拟为连续的流体，类比于流体力学的相关理论；微观模型则运用动力学方法从微观角度研究车辆列队在无法超车的单一车道上的行驶状态和规律[7]。在数学建模比赛中，微观模型更为常用，经常被用来模拟不同的交通问题。

本文主要对交通问题常用的微观模型，特别是多车道下换道模型做基本的介绍及展示。并以 2014 美国大学生数学建模竞赛 A 题的一篇特等奖论文为例进行简要分析。

2014 年的美国大学生数学建模竞赛 A 题要求考虑在多车道情况下，分析靠右行驶规则在交通流畅时和在交通拥挤时的性能表现（交通流量及安全性），并与改进的交通规则或靠左行驶规则做对比，最终还要求参赛者在模型基础上，提出一种不依赖人判断的智能控制系统。赛题原文[5]如下：

2014 MCM Problem A：The Keep-Right-Except-To-Pass Rule

In countries where driving automobiles on the right is the rule (that is, USA, China and most other countries except for Great Britain, Australia, and some former British colonies), multilane freeways often employ a rule that requires drivers to drive in the right-most lane unless they are passing another vehicle, in which case they move one lane to the left, pass, and return to their former travel lane.

Build and analyze a mathematical model to analyze the performance of this rule in light and heavy traffic. You may wish to examine tradeoffs between traffic flow and safety, the role of under- or over-posted speed limits (that is, speed limits that are too low or too high), and/or other factors that may not be explicitly called out in this problem statement. Is this rule effective in promoting better traffic flow？ If not, suggest and analyze alternatives (to include possibly no rule of this kind at all) that might promote greater traffic flow, safety, and/or other factors that you deem important.

In countries where driving automobiles on the left is the norm, argue whether or not your solution can be carried over with a simple change of orientation, or would additional requirements be needed.

Lastly, the rule as stated above relies upon human judgment for compliance. If vehicle transportation on the same roadway was fully under the control of an intelligent system – either part of the road network or imbedded in the design of all vehicles using the roadway – to what extent would this change the results of your earlier analysis？

在 2014 年的美国大学生数学建模竞赛中共计有 6755 个参赛队成功提交了 MCM 参赛作品，其中 A 题有 6 队获得了特等奖。这 6 队分别来自上海交通大学、清华大学、南京大学、浙江大学、北京师范大学和 Tufts University。值得一提的是，6 篇特等奖论文全部采用了元胞自动机模型。

2. 交通流的元胞自动机模型

元胞自动机模型及单车道 NS 元胞自动机模型在本书的第 4 章中已经做了较为详细的介绍，这里不再重复。基于单车道 NS 元胞自动机模型，加入适当的换道规则，就可以模拟双车道或多车道情况。本节主要讨论双车道情况。在多车道 NS 模型中，各条车道上行驶的车辆遵守 NS 规则，在进行车道变换时满足变道规则。很多学者提出了不同的换道规则[8,9]，大部分规则都是从左往右和从右往左同时进行的，但也有个别文献的规则不同，比如文献[8]中提出的换道规则是偶数步执行从右往左换，奇数步执行从左往右换。本文以 Nagel 等[10]提出的右行规则为例进行介绍。具体规则如图 5-21 所示（以红车为例）：

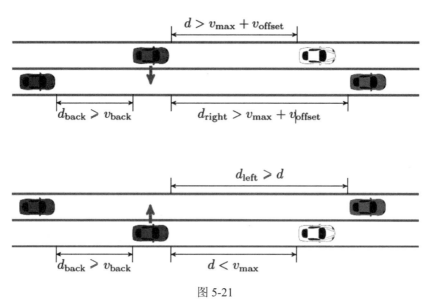

图 5-21

① 从右往左换：如果右车道上的红车到前方车辆的间距 $d < v_{max}$，并且对于左车道上前方的车辆间距 $d_{left} \geqslant d$，则此时红车想要换到左车道。

② 从左往右换：从左往右换与从右往左换稍有不同（如果相同，则是两车道等价的情况），如果处于左车道的红车满足 $d > v_{max} + v_{offset}$，$d_{right} > v_{max} + v_{offset}$，则此时红车想要换到右车道。$v_{offset}$ 是一个控制参数，用来控制非对称换道规则的。具体引入方式见文献[9,10]。

③ 为保证变换车道后，不造成后方车辆的追尾，还需保证 $d_{back} \geqslant v_{back}$。在此前提下以一定概率（$p_{l2r}$ 及 p_{r2l}）换道。

通过简单的分析不难发现，以上规则具有一定的限制性，在密度比较大的情况下，大部分车辆都集中在左车道，右车道甚至可能出现没有车的情况。

对于左右道等同的情况比较简单，只需将从左往右换的规则改成与从右往左换的规则相同即可，比赛中最好对这种情况也模拟一下，这样右行规则才有对比的参照。对于三车道及更多车道的交通规则，类似双车道，可以参考文献[11]。

接下来本文应用 NS 规则及上述右行换道规则对双车道进行模拟。在一条长为 $L=100\text{m}$ 的封闭环形车道上（相当于周期性直行车道），改变车流密度 $\rho \in [0,1]$，在每种密度的情况下进行多次模拟，测试不同密度情况下的平均流量和平均速度。车辆的最大速度 $v_{\max}=5\text{ m/s}$，为消除随机因素，测试中本文将随机减速的概率设为 $v_{\text{brake}}=0$，换道概率 $p_{12r}=p_{21r}=1$。

图 5-22 为单车道 NS 规则模拟的效果图（为了出图效果，效果图中的道路长度被降为36m）。图中右道红色格子中的车是静止的，以模拟某车道被占用的情况。值得注意的是，车道被占用正是 2013 年中国大学生数学建模竞赛 A 题。在模拟中，其他车辆会通过换行到左道来绕过右车道上的故障车辆，绕过故障车辆后，如果满足回到右道的条件时又会换回到右道。然而经过更多的测试，可发现一些现象：

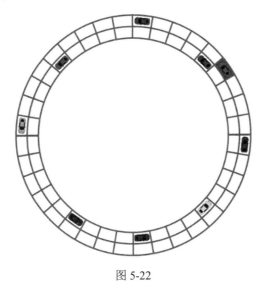

图 5-22

- 当密度小于 0.2 时，左道上几乎没有车。这是合理的，密度比较小时，所有车都是自由行驶，无须换道。
- 对于密度大于 0.7 时，几乎所有车辆都集中在左车道，右车道出现了没有车的情况。这显然与实际情况不符。这是由这个模型本身的限制造成的。

以上第二种情况的缺陷，可以通过简单的改进模型来消除：在模型中加入一条规则，如果右车道有足够的空间的话，左车就以一定的概率换回到右车道上。并将 p_{12r} 设置的远小于 p_{r21}，比如文献[9]中设置 $p_{12r}=0.05$，$p_{r21}=0.2$。有关双车道右行规则模拟得到的结果（密度-流量图，密度-速度图……），这里不再一一展示。

单车道 NS 元胞自动机模型的 MatLab 实现方法在本书的第 4 章已经做了详细的介绍。在此基础上，双环形车道交通流的元胞自动机 NS 模型也比较容易实现，可以定义如下函数来实现 NS 模型。相关参数比如平均流量，可以参照单车道 NS 元胞自动机模型的计算方法适当添加代码。下面给出双环形车道交通流的元胞自动机 NS 主程序。

```
1 function ns(rho , p, L, tmax , pchange)
2 % rho = 0.15; p = 0.25; L = 100; tmax = 5000; pchange = 0.5;
3
4 vmax = 5; % 车辆最大行驶速度
5 ncar = round(L*2* rho); % 根据密度 ρ 计算系统中车辆数 ncar =[L·ρ]
6 rho = ncar /2/L;
7
8 xy = randperm (2*L,ncar);
9 [y,x] = ind2sub ([2, L], xy); % 车辆的位置. y 表示车道：1 左, 2 右.
10 v = vmax * ones(1,ncar); % 速度向量：初始化所有车辆的速度为 vmax
11
12 voffset = 1; % 换道参数
13 vback = 1; % 给后方车辆的预留速度
14
15 for t = 1:tmax
16   [gaps , gapfront , gapback] = gaplength(x,y,L);
17
18   % 左换右 & 右换左
19   l2r = find(y==1 & gaps >vmax+voffset & gapfront >vmax+voffset &...
20   gapback >= vback);
21   r2l = find(y==2 & gaps <vmax & gapfront >gaps &...
22   gapback >= vback & rand(size(y))<pchange);
23   y(l2r) = 2;
24   y(r2l) = 1;
25
26   v = min(v+1, vmax); % 加速规则
27
28   gaps = gaplength(x,y,L);
29
30   v = min(v, gaps -1); % 防止碰撞
31
32   vdrops = ( rand(1,ncar)<p );
33   v = max(v-vdrops ,0); % 随机减速
34
35   x = x + v; % 位置更新
36   x(x>L) = x(x>L) - L; % 周期边界
37 end
```

在结构上，以上程序与 4.4 节中单车道 NS 元胞自动机模型的 MatLab 程序基本相同。需要说明的是：

- 第 16 行：车辆之间距离的函数 gaplength 返回了三个参数：gap 为与同车道上前车距离；gapfront 为与另一车道前车距离；gapback 为与另一车道后车距离。
- 第 19 行：左车道上满足条件的车换到右车道。类似的，第 21 行为右车道换到左车道。

以上 NS 主程序还调用了函数 gaplength 来分别计算当前车辆与同车道上前车距离、与另一车道前车距离和与另一车道后车距离。函数 gaplength 的代码如下：

```
1function [gap , gapfront , gapback] = gaplength(x,y,L)
2% 输入：x- 位置；y- 车道；L- 环形车道长度
3% 输出：gap - 与同车道上前车距离；
4% gapfront - 与另一车道前车距离；gapback - 与另一车道后车距离
5
6ncar = length(x);
7
8% 初始化每辆车的 gap, gapfront, gapback 为无穷大
9gap = inf*ones(1, ncar);
10gapfront = inf*ones(1, ncar);
11gapback = inf*ones(1, ncar)
12
13index = 1:ncar;
14for i = index
15   j1 = index(index~=i&y==y(i)); % 找出和自己在同一车道上的车
16   if ~isempty(j1) % 是否存在这样的车
17      d1 = x(j1) - x(i); % 计算与前车距离
18      d1(d1 <0) = d1(d1 <0) + L; % 周期边界条件
19      gap(i) = min(d1); % 找出最近的距离
20   end
21
22   j2 = index(index ~ =i&y ~ =y(i)); % 找出和自己不在同一车道上的车
23   if ~isempty(j2) % 是否存在这样的车
24      d2 = x(j2) - x(i); % 计算与前车距离
25      d2(d2 <0) = d2(d2 <0) + L; % 周期边界条件
26      gapfront(i) = min(d2); % 找出最近的距离
27
28      d3 = x(i) - x(j2); % 计算与后车距离
29      d3(d3 <0) = d3(d3 <0) + L; % 周期边界条件
30      gapback(i) = min(d3); % 找出最近的距离
31   end
32end
```

3. 交通流的粒子方法模型

虽然元胞自动机方法非常简单，并且在一定程度上能较好地模拟交通问题，但元胞自动机模拟交通流存在一些缺点，比如空间离散，时间离散带来的不确定性，每个格子与真实对应多大的物理空间？每个时间步对应多长的物理时间？这些都不是很容易精确的。而且也很难清楚地表示不同尺寸，不同速度的车辆。因此本节中，再介绍一种基于粒子方法模拟实现单车道和多车道的交通流模拟。粒子方法把车辆看成一个粒子（有尺寸），在一维或二维的空间上连续的运动。本文主要介绍 IDM 跟驰模型[12, 13]和 MOBIL 换道模型[14]，并用粒子方法实现模拟。在交通流模型中，智能驾驶员车辆跟驰模型（intelligent driver model，下文称 CIDM）模型是一个空间连续、时间也连续的仿真方法，它既适用于高速公路，也适用于城市交通网络。是由 Treiber，Hennecke 和 Helbing[12, 15]在 2000 年假设加速度受到期望速度和期望跟驰距离的影响下提出的。

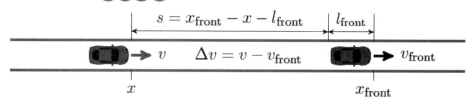

图 5-23

在 IDM 模型中，车辆的状态由确定的时间、位置、速度及所在车道描述，任何车辆的加速度只取决于它自身的速度以及离它最近的前方车辆。加速度是速度 v，间距 S 与前车的相对速度 Δv（接近速度）的连续函数：

$$\frac{\mathrm{d}v}{\mathrm{d}t} = a\left[1 - \left(\frac{v}{v_0}\right)^{\delta} - \left(\frac{S^*}{S}\right)^2\right] \qquad (1)$$

其中 S^* 为期望跟驰距离

$$S^* = S_0 + \left(vT + \frac{v\Delta v}{2\sqrt{ab}}\right) \qquad (2)$$

上式（1）和（2）中的各参数定义如下：

v_0：车辆自由行驶的速度，或可理解为车辆允许达到的最大速度。

T：为期望（最短）车头时距，车头时距为当前车辆以当前速度到达当前该前方车辆位置所需要的时间。

a：最大舒适加速度。

b：最大舒适减速度。

S_0：最短跟驰距离。

δ：加速度指数。

下面简单地分析一下这个模型：车辆的加速度可以分解为两个部分，第一项是趋向自由行驶部分的加速度 $a\left[1 - (v/v_0)^{\delta}\right]$；第二项是受前车影响部分的减速度 $-a\left[1 - (S^*/S)^2\right]$。当实际的跟驰距离 S 小于期望跟驰距离 S^* 时，第二项成为加速度的主要部分。

对于单车道 IDM 跟驰模型模拟，本文没有做过多的参数分析，主要以动画展示。图 5-24 所示为模拟结果，其中圆环的半径为 120m，车长为 6m，IDM 模型中的参数取值分别为：$v_0 = 120\mathrm{km/h} = 6\mathrm{m/s}$，$a = 0.5\mathrm{m/s}$，$b = 3\mathrm{m/s}$，$S_0 = 2\mathrm{m}$，$T = 1.5\mathrm{s}$。仿真时间步长为 0.2 s。环道上有一辆车在前 40 s 内速度为 0，从 40 s 后开始行驶，模拟前方的红绿灯由红灯变为了绿灯。

图 5-25 中小车的颜色表示的是速度。通过模拟还可以得到更多有趣的结果，比如流量和时空轨迹等。另外要说明一下的是，2009 年的交通环岛问题可以在此基础上加入几个进口和出口来进行模拟。

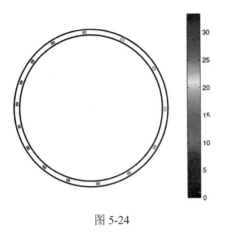

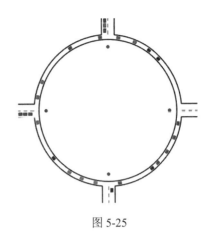

图 5-24　　　　　　　　　　　　　　　　　　图 5-25

上文中介绍了单车道 IDM 跟驰模型，接下来将介绍双车道换道模型。这里，只以 Minimizing Overall Braking decelerations Induced by Lane changes（下文简称为 MOBIL）[14,17] 模型为例。如图 5-26 所示，红车作为当前被考虑是否从右道换往左道的车，标记为 c，作为换道前后旧的和新的后方车辆，被分别标记为 o 和 n。在 MOBIL 模型中，车辆要换道，首先得满足安全条件：换完车道后不能使后方车辆跟自己追尾。若红车 c 想换道，则换道后必须满足：

$$\bar{a}_n \geqslant -b_{\text{safe}}$$

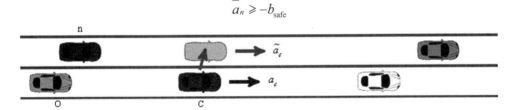

图 5-26

其中 $\bar{a}_n$ 为红车 c 换道后灰车 n 的加速度（可能为负），b_{safe} 为最大减速度。这表示换完道后不能让后方车辆减速超出最大减速度。在满足安全条件的情况下，对于对称换道（左右车道等同）和（非对称换道比如右行规则）分别有：

① 对称换道：换道的目的通常是为了让自己及自己周围的交通情况变得更好，特别是能让自己以一个更快的加速度或速度行驶。对于对称换道规则中，车辆换道还需满足：

$$\bar{a}_c - a_c + p\left(\bar{a}_n - a_n + \bar{a}_o - a_o\right) > \Delta a_{\text{th}}$$

上式中的三小块分别是 c 车换道前后，引起的自身和紧随其后两个车辆加速度的变化值。其中 p 为参数。如果 $p=1$，则上式为 c 车换道前后引起自身和紧随其后两个车辆加速度的变化值的总和；如果 $p=0$，$\Delta a_{\text{th}}=0$，则表示，如果换完车道后，只要当发现自己的加速度变大，就换道，这看起来不太礼貌，不顾及身后其他车辆的感受，因此 p 被称为礼貌系数（politeness factor）。

② 非对称换道（右行规则）：在对称换道的基础上，引入一个 Δa_{bias} 附加到 Δa_{th} 上即可。从左往右换及从右往左换分别满足以下两式：

右换左：$\overline{a}_c - a_c + p\left(\overline{a}_o - a_o\right) > \Delta a_{th} - \Delta a_{bias}$

左换右：$\overline{a}_c - a_c + p\left(\overline{a}_o - a_o\right) > \Delta a_{th} - \Delta a_{bias}$

以上就是 MOBIL 模型的主要规则，想要了解更多细节，可以参考文献[17,14,18]。结合 IDM 跟驰模型和 MOBIL 换道模型，可以模拟多车道下的交通流问题。本文展示两个例子。这两个例子的有关 IDM 模型的参数基本与图模拟所使用的一致。其他有关 MOBIL 参数分别为 $b_{safe} = 12$，$\Delta a_{th} = 0.3$，$p = 0.2$。图 5-27 所示的是由 IDM 跟驰模型和 MOBIL 换道模型实现的双车道右行规则的模拟。在右车道上有一辆速度较慢的卡车，后方的车辆不得不经超车道超越卡车。图 5-28 所示的是由 IDM 跟驰模型和 MOBIL 换道模型实现的双车道对称规则的模拟。系统中共有三辆速度较慢的卡车，后方的车辆不得不左右交替换道以超越三辆卡车。

有关 IDE 和 MOBIL 模型的程序实现代码这里不再细述，有兴趣的读者可以从 http://www.traffic-simulation.de/[19]下载相关代码。

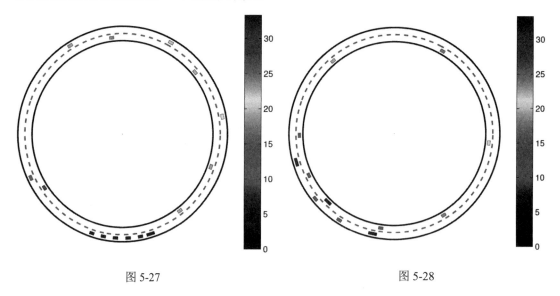

图 5-27   图 5-28

5.3.2　2014 MCM A 题特等奖论文

对于 2014 MCM A 题，本节给出一篇来自 Tufts University 的特等奖论文 "Rules of the Road: Using adaptations of Nagel-Schreckenberg Cellular Automaton Traffic Simulations to valuate Passing Rules for Multi-Lane Freeways"，并作简要评点。之所以选择这篇特等奖论文，一方面是这篇论文模型简单，并且存在很多明显缺点，却能获得特等奖，足见其有过人之处，另一方面这篇特等奖论文是唯一一篇美国本土参赛队的特等奖，有利于学习美国人的建模和写作思维。

1. 引言

由于高速公路上车辆的行驶速度很高，出于最大限度地提高安全性和通行效率的目的，运输监管机构通过交通规则限制多车道高速公路上任何时候司机的行为。比如有这样一条在汽车靠右行驶的国家普遍使用的交通规则：除非司机正试图超越前方的一辆车，否则必须在公路的最右车道上行驶。想要超车的车辆必须安全地换到左边，超过　个或多个要超过的车辆后，再回到原来所在的车道上。英国和澳大利亚等一些国家，使用了一个类似的规则：汽车靠路的左侧行驶。

本文尝试回答这样一个问题："不超车就得靠右行驶"的规则是否是一个安全和有效的公路交通控制方法。其他三种潜在的规则分别称为："无规则""禁止换道"和"居中行驶"；它们分别对应着允许车辆在各车道间自由换道行驶，随机分配车道并且禁止更换车道行驶和可自由超车，但超过后再回到中间车道行驶。

在不同的交通条件下，包括较高和较低的车辆密度，较大和较小的限速，以及三种不同的事故发生率，以上三种规则都在相同的元胞自动机交通控制模型中实施，元胞自动机交通控制模型是基于 Nagel 和 Schreckenberg[20]提出的一种模型。对于每种规则和交通条件，事故数量和交通流量的数据是在 100 个单元区域，2 到 6 条车道上经过 250 个时间步长的统计得到的。这些模拟的结果以及模型的局限性和假设合理性的讨论如下文所述。

2. 前人工作

（1）交通问题的不同方法。

交通流建模不是一个新问题，目前已经有很多模型被用来描述和模拟不同类型道路（从城市道路到高速公路）的交通流。维基百科上"交通流"[21]的页面单独列出了大量已被用于描述交通流的模型和参数，这些交通流的模型既有离散模型，也有连续模型。其中一种由 Doboszczak 和 Forstall[22]提出的模型用偏微分方程组来模拟基于平均密度的交通流量，而不是着眼于每个汽车。这种类型的模型用基本的方程组和假设来取代更复杂的数学描述。另一个模型由麻省理工学院的一个研究小组通过研究幽灵堵塞[23]现象建立，他们通过观察一组汽车并观测交通流量的行为，然后经验性地建立了规则来描述他们观察到的现象。

（2）Nagel-Schreckenberg 模型。

本文所应用的模型是源于 Kai Nagel 和 Michael Schreckenberg[20]在 1992 年发表的原创性工作，在他们的模型中，车辆被放置在一维的阵列中，阵列中的每一个元胞被车辆占据（非空），或者为空，每个非空元胞中的车辆都配有相应的速度，速度被限定在零到系统的最大限速之间。通常同一个元胞是不能同时被多个车辆占据的，这个模型中每一个循环都同时执行四种基本的操作支配。这四种基本操作分别为：

① 加速：

对于所有速度未达到最大值 v_{max}（道路的最大限速）的车辆，并且如果车辆前方有超过 $v+1$ 个空元胞，则其速度增加一个单位，$v \rightarrow v+1$。

② 减速以防止碰撞：

如果一辆车的前方有 d 个空元胞，且该车在下一时间步的速度超 d，则该车必须减速至 $v \to \min(d, v)$

③ 随机化：

对于任何速度大于 0 的车辆，其速度将以一定的概率 p 减小一个单位，$v \to v-1$。

④ 前进：

对执行以上①～③步操作后，根据当前速度 v 对所有车辆指定一个新的位置 x，$x \to x+v$。

驾驶员只关心其目的地，在这个层面上每一辆车的行为是独立的，但是任何一辆给定的车辆的行为又取决于它对周围车辆的响应。这个模型假定任何一位驾驶员都期望以最快的速度行驶，但同时又希望避免事故。这个模型也引入了一个不完美的因素来控制驾驶员随机降低他们所驾驶车辆的速度。值得注意的是：与车辆为避免和其前方车辆碰撞而强制减速类似，这种随机的减速同样不会造成任何事故的发生。同样需要注意的是这个模型是为单车道交通系统设计的，因此，如果不作改进来考虑变道的可能，该模型并不能用来解决本文所需要解决的问题。

3. 模型建立

（1）简化性的假设。

- 用少量车辆在一个预先定义好的较小的区域上的模拟，可以被认为是一条完整高速公路的表示。
- 在每次模拟中，没有任何车辆进入或离开高速公路，也就是说，对于任何一次模拟，车辆的总数不变，因此，在整个模拟过程中，所研究区域的车辆密度保持不变。
- 所有车辆都是相同的，并且它们在空间位置上相差车长的整数倍数。
- 可以通过修改事故发生的概率来考虑不同的天气状况（对交通的影响）。
- 驾驶员对即将发生事故的反应时间是因人而异的，这里我们取随机值。
- 任何事故都发生在两辆车之间，并且任何一个事故对其所在车道上的交通流的影响是相同的。发生事故的车辆在事故处理完后都将回到公路系统中（继续前进）。

第一个假设是必要的，这是因为模拟大量的车辆在一个较长的距离上（的行为）计算的开销是非常昂贵的（主要是指费时间），并且还需要一个复杂的、可能会显著依赖区域长度的体系来衡量交通流。这一假设在之前 Courage 等人[24]的论文中就被提出并被讨论过，在他们的论文中，车辆被看成是一小排区域上一起行驶的单元。第二和第三个假设是作为本文基础的 Nagel-Schreckenberg 模型本身所固有的，并且由于计算能力的限制，这两个假设也是必要的。每次模拟都对不同元胞长度，不同车辆密度及车辆总数进行计算，对于这种模型，这将会极度消耗资源。

第四个假设是由于本文的模型并没有明确考虑不同的天气条件对高速公路上的事故发生率的影响，尽管天气条件的确会改变与大量事故相关的行车条件。如果要求具体描述各种交通规则在大雨或暴雪天气中的表现，我们将通过在某种较大的事故率条件下来测试其（规则）表现来解决这个问题。

第五个假设是用来允许车内驾驶员防止事故的发生。必须存在一个固定的反应时间值

来防止危险的加速，因此将在任一步长内，对每一个驾驶员随机的指定一个反应时间。在
Benekohal 和 Treiterer 1988 年的论文里，他们在 CARSIM 模型[25]中给出了一个使用随机反
应时间的理由。虽然他们对指定随机反应时间的模型和参数远比我们的复杂，但（我们和
他们）使用随机反应时间的原因是一样的。

第六个即最后一个假设也是另一个能有效地降低每次模拟所需的时间的假设。虽然一
辆车撞上已经和其他车辆发生碰撞的车是有可能的，即三辆车连环碰撞。但这里我们假设
不存在三辆车同时发生碰撞，并且假设车辆不会与另一条车道上的车辆发生碰撞。这个假
设的细节将在后面讨论模型的局限性时具体讨论。

（2）模型。

本文的模型应用 Nagel-Schreckenberg 模型中元胞的概念，并在其基础上进行添加以满
足我们的需求，设计这个模型的目的是用来比较不同驾驶习惯的效力。本文对不同行车条
件的模拟，是通过对一个 $n \times 3$ 的矩阵进行一系列的操作，其中 n 是模拟中车辆数。矩阵中
的每一行表示一辆车，其中第一列中的数字表示车所在位置的元胞标号，第二列中的数字
表示车辆所在的车道，第三列中的数字表示车辆的当前速度，如图 5-29 所示。

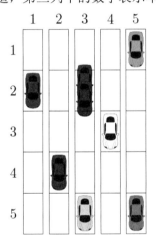 

图 5-29

在 Nagel-Schreckenberg 系统基础上做的最大的改进是多车道系统的建模，这对于比较
不同的换道策略是必要的。这使得多个车辆可能具有相同的元胞标号，如果它们的车道标
号不一样。车辆运动的研究是在只含 100 个元胞的短区域上进行的，并包含一种机制来统
计那些超出第 100 个元胞区域的车辆数，并使这些车辆返回到第 1 个元胞区域[①]。一个独
立的系统来统计在一次模拟中的某个时间步内事故发生的数量，并且锁定车道上事故后方
的车辆，强制其他车辆换道或者停止以等待事故现场的清理。

事故的出现是随机化操作导致的，这个随机化是由 Nagel-Schreckenberg 模型中的随机
操作修改得到的。在原始的随机化操作中每一辆车有一个固定的随机减速的概率，前面已

---

① **笔者点评**：原文作者将超出第 100 个元胞区域的车辆返回到第 1 个元胞区域，这无形在强制所有
车辆都必须经过第 1 个元胞区域，笔者认为更合理的做法是使用周期性边界条件，使 100 个元胞构成
一个环道。

经提及，这种方式不会在系统中模拟出交通事故。在本文的模型中，车辆有一个固定的随机加速的概率，这导致它们可能会与它们前方的车辆追尾。此外，正如在上节中所述的那样，所有驾驶员会对潜在的事故做出随机反应，当然这种反应可能会成功地防止事故的发生，也有可能失败。

本文的模型中，虽然对不同的交通规则有不同的一系列操作，但正如先前所述，每一个操作都是对 n 行 3 列的矩阵进行修改，本文中元胞自动机的交通流模拟一般操作如下：

① 加速：

对于所有速度未达到最大值 v_{max}（道路的最大限速）的车辆，如果车辆前方有超过 $v+1$ 个空元胞，则其速度增加一个单位。$v \to v+1$。

② 换道：

对于允许变道的交通规则，如果一辆车的前方有 d 个空元胞，经过第一个操作后速度大于 d，且附近没有车辆阻碍其变道，那么这辆车就移到另一车道上，然后重复这个步骤，直到没有更好的车道可供移占。对于车辆靠右行驶的规则系统中，在这一步操作中，车辆只能往左边车道上移。而对于无规则和居中行驶的系统中，车辆可以不受限地向左或右车道移。

③ 减速以防止碰撞：

如果一辆车的前方有 d 个空元胞，且该车在下一时间步的速度超 d，则该车必须减速至 $d \to \min(d,v)$。

④ 随机化：

对于任何速度小于 v_{max} 的车辆，其速度将以一定的概率 p 增加一个单位，$v \to v+1$。

⑤ 前进：

对执行以上①～③步操作后，根据当前速度 v 对所有车辆指定一个新的位置 x，$x \to x+v$。

⑥ 经过出口的车辆数及车辆的循环：

如果某辆车在前进后，其元胞标号大于 100，而在前进前，元胞标号是小于或等于 100 的，通过这个系统的车辆数将增加 1，同时如果有车道标号为 1 的元胞为空，那么这辆车将被移到这个车道标号为 1 的元胞的位置上。如果不存在这样的车道，这个车将在下一个时间步再回到起点。Throughput $\to$ Throughput+1，Cell $\to$ Cell+1。

⑦ 检查并处理事故：

如果发现两辆车在同一个条车道且具有相同的元胞标号，事故的计数就加 1，并且这两辆车的速度设为不同的两个负值。对于具有负速度的车辆，跳过除了"加速"操作外的所有其他操作，这将使涉事车辆在一段固定的时间内被冻结在事故发生的位置，以模拟清理事故现场并使涉事车辆重回道路所需的时间，Accidents→Accidents+1，$v \to v-1$ 或 -5。

⑧ 回到最初指定的车道：

本操作步只在靠右行驶和居中行驶的规则系统中执行。对于每一辆车，都会检查这辆车是否在其所指定的初始车道上，1 表示靠右行驶规则，2 或 3 则表示居中行驶规则，如果某辆车不在其指定的车道上，并且在朝着其指定车道方向上的侧边车道上没有车辆，那么该车将向着其指定车道方向移动一个车道。这个操作将被重复直到不能再靠近指定车道为止，Lane → Lane±1。

这个模型是在 MatLab 环境下，通过执行上述功能的一系列脚本建立的，每一个时间步至少执行一个脚本，在不同的交通规则系统中，执行不同组合的脚本，这些脚本可以以模块的方式插入到一个函数中，以方便建立一个能运行多次并对 4 种交通规则系统中的每种的结果数据求平均的函数。

4．结果

（1）参数及术语。

所有展示的数据都是本文对每种规则的模型模拟 10 次的平均结果。每一次模拟都是在 100 个元胞的区域上，250 个时间步长内。驾驶员避免事故所需的反应时间是固定的，使得每个驾驶员在某次潜在事故中成功避免的可能为 30%。所有其他的参数都被认为是可以变化的，测试所有可能的条件组合的情形。

① 最大速度，v_{max}（公路的限速）。

快——对大限速情况，设置 v_{max} 等于 6 元胞/时间步。

慢——对小限速情况，设置 v_{max} 等于 2 元胞/时间步。

② 引起事故的随机加速概率。

智能-速度随机改变的概率被人为地设置为 0，这意味着发生事故的概率也为 0。

冲动-任何一辆给定的车的在任何给定的时间步中随机加速的概率被设置为 0.3。

正常-任何一辆给定的车的在任何给定的时间步中随机加速的概率被设置为 0.01。

③ 交通密度。

高-在模拟区域放置有大量的车辆，这里我们定义为 100 辆。

低-在模拟区域放置有少量的车辆，这里我们定义为 30 辆。

对于 4 种交通规则系统中的任一种，5 条车道中的任一条的"平均流量"的计算都是通过统计模拟期间通过模拟区域的车辆总数（模拟十次求平均），用这个总数除以模拟的总时间步数，即 250 步。"平均事故量"为一次模拟中事故发生的总数，也是 10 次模拟的平均值。

（2）图。

接下来的几页中展示的图汇总了分别从 4 种交通规则的模拟中获得的数据，每一种交通规则的模拟都涵盖了不同的限速、事故发生率、交通密度、车道数情况。这些图是按照交通规则分别展示的，每一张图都附有该规则模拟条件（这里的条件指限速，事故发生率，交通密度，车道数）的简要说明。

（3）靠右行驶。

靠右行驶规则表示右车道用于行驶，左车道用于超车。所有的车辆都是从最右边的车道上开始行驶的，就像所有的车都刚刚进入高速公路一样。然后这些车为了超过慢车而分散开来，但是一有机会这些车就会试图回到最右边的行车道上。靠右行驶规则的平均流量和事故量如图 5-25 和图 5-26 所示。

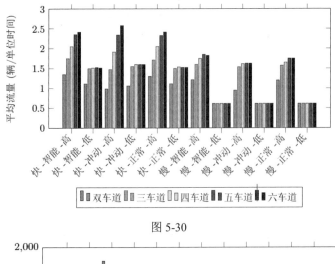

图 5-30

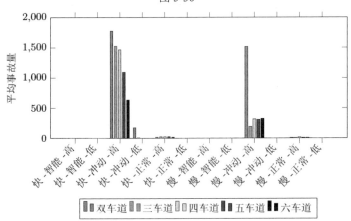

图 5-31

（4）无规则。

无规则是指不将向左换道和向右换道区分优先次序的规则。在这种规则的模拟中，车辆初始被设置在随机的车道上，并且只有当它们要超车时才会换到别的车道上。无规则行驶的平均流量和平均事故量如图 5-32 和图 5-33 所示。

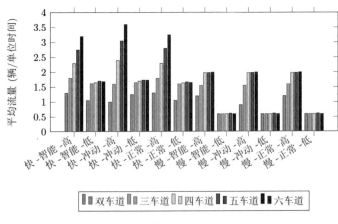

图 5-32

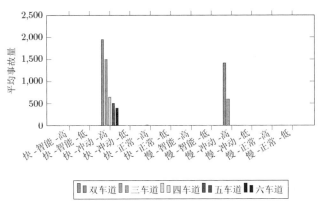

图 5-33

（5）禁止换道。

禁止换道是指完全不允许任何车辆改变其车道的规则。这种规则下不存在超车，所有车的初始车道都是随机生成的，就如同它们进入高速公路中的一条随机的车道，并且它们必须留在这一条车道上直到它们离开高速公路。所有换道的操作步骤都被忽略。禁止换道规则的平均流量和平均事故流量如图 5-34 和图 5-35 所示。

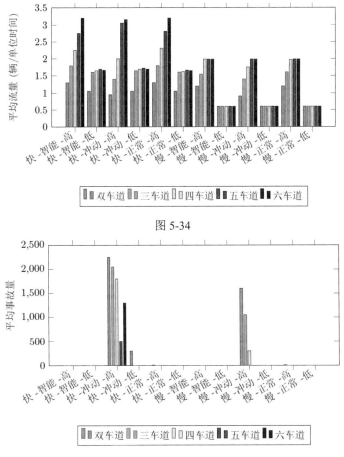

图 5-34

图 5-35

（6）居中行驶。

居中行驶规则中，所有车道初始都被放置在高速公路的最中间车道上，然后它们散开以超过别的车辆。超车的机制类似于"无规则"，车辆可以从左车道或者右车道超车，但超完车后，这些车辆始终会尝试寻找高速公路上中间车道上的空位（换回中间车道）。居中行驶规则的平均流量和平均事故量如图5-36和图5-37所示。

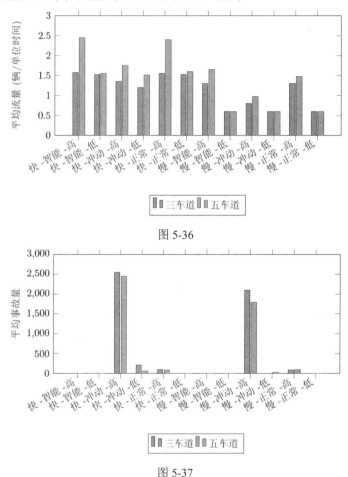

图 5-36

图 5-37

（7）不同交通规则的比较。

靠右行驶规则是美国标准的交通规则，与之相比较的规则有以下三种不同的交通规则。

● 无规则。

无规则模拟允许驾驶员从公路左右两边的任一条车道上超车，且可以留在任意车道上行驶。与其他所有规则相比，这个规则给出了最大交通流量，不过在车道数较少时，相比于靠右行驶规则（RHR）有那么一点点不安全。无规则具有最大的流量并不完全出人意料，这因为无规则并不像禁止换道规则，它允许所有车辆做任何可以使自己加速的事，并且允许换道以越过一个交通事故。无规则模型中的车辆不会在任何循环的最后尝试回到最初的车道上，这允许它们占用任何可用的车道以获得更快的速度，这也是该规则在车道数较多的模拟中能够获得较大的交通流量的原因。在车道数较少时，相比于靠右行驶规则（RHR）

会多引起那么一点点的事故，这可能是因为车辆频繁地在其他车辆前面换来换去导致的。不过，当车道数较多时，相比于靠右行驶规则（RHR），无规则会表现得更安全，在靠右行驶规则中，车辆强制自己尽可能靠右行驶，因此增加了事故发生的可能性。

- 禁止换道。

禁止换道规则是所有规则中最简单的，这个规则在初始时生成一个固定数量的车辆随机分布在各条车道上，在整个模拟中车辆都将保持在自己的车道上（行驶），其实质是同时运行了多条一维的 NS 模型。这个模型给出了交通流量第二大的结果，但却也是最危险的规则。

模拟中车辆的运动是分解为离散操作步骤完成的，其中有一个步骤是随机加速。当一个事故发生在禁止换道的模型中，事故后方的车辆不能换道以越过事故，而其他所有规则的模型却可以。这个事实导致的结果是：当随机加速的概率和车辆密度同时较大时，单个交通事故将导致其后大量的车辆卡住并在五个时间步长内保持速度为 0。由于较大的事故发生率，某一辆车经过随机加速后，与前方车辆发生碰撞，引起了事故，最终导致了连锁反应。这一点可以从居中行驶中的第二幅图中看出，"Accident-Prone Heavy Traffic" 的模拟结果显示出事故量非常大。在同一张图中，随机加速概率为 0 或者 0.01 的模拟表现出较少或没有事故。

有趣的是，国家生物技术信息中心的 Alexander 在其博客[26]里用自己改进的 NS 模型的模拟结果显示："待在自己现在的车道"的规则系统比车辆往速度快的车道上换能获得更大的平均速度。他只讨论了这两种方式，"换到快速的车道"的规则系统并不直接与"无规则"系统类似，他的模型是在一个真正的环道上实施的，但他并没有尝试计算事故的发生率。但是，他的结论提供了一个有趣的对"禁止换道"规则性能的重新审视：相比于换到更快车道的规则系统，"禁止换道"规则系统总体上为交通系统保持了一个相对较大的交通流量。尽管他的模型有很多不同，但是他的模型仍然支持了由本节的数据得到的结论，相对于其他的换道系统，一个从来不换车道的交通系统会使所有车辆都较快地行驶。

禁止换道是本节所提供的最不切实际的规则，这是因为它根本不允许驾驶员换道，甚至在发生交通事故时。但这一规则仍然是有用的，它可以作为一个参照来评价其他模型的性能，估计其他换道规则对系统的交通流量的总体效果。

- 居中行驶。

在所有模型中，居中行驶规则表现为流量最小，同时也表现为最大的事故率。由于偶数车道的高速公路并没有单个的最中间的车道，这个规则的数据是从三条和五条车道的高速公路的模拟中收集到的，收集到的数据强有力证明：这个规则可引起较大的事故发生率，并且相比于所研究的其他交通规则，该规则下通过整个区域的车辆总数最小。居中行驶和靠右行驶规则非常相似，从三条车道增加至五条车道并不会像无规则和禁止换道规则那样大幅度地降低事故发生率。在被研究的 4 种交通规则中，居中行驶被认为是目前为止最差的一个。

5. 讨论

（1）模型的局限性。

由于这里的假设和算法建立的方式，在模型中很多因素无法正确地考虑，故这里的模型是分步执行的，这意味着模拟中所有的车都是独立的，车辆并不同时移动。因而展示的模型完全是基于 NS 模型建立的，而 NS 模型的等时间步长的不确定也被带到了我们的模型设计中。本文模型的一个缺点就是算法中的每一操作步骤都是逐个执行的（例如车辆是一个一个地移到左边，然后一个一个地检查是否安全）[①]。只有在加速操作过程中，当一辆车与前方车辆碰撞时才会发生事故，这意味着将所有的交通事故都归为追尾事故，且车辆在换道时不会发生任何事故。

事实上并不是这样，事故可以发生在任何方向上，但是这些都源自所有事故都是随机发生的假设。

模型中计算事故数量的方式依赖于随机数的产生。车辆的加速或减速取决于产生的随机数是否小于模型中某一指定的参数，如果随机生成的驾驶员反应时间不是足够的短就会发生事故。我们构造了一种完美的驾驶方式（即智能驾车）用于模拟，因此我们假设驾驶员完全掌握周围的交通信息，进而他们随机加速的概率为 0。对于"正常"情况的模拟，我们设置事故发生的概率低至 0.01。即假设驾驶员会控制他们的车辆并且会及时刹车，很少或者完全不会在驾车时分心。在本文冲动驾车模式的模拟中，随机加速的概率被设置为 0.3，在任何情况下，（这么大的概率都表明）驾驶员明显很少控制他们的车辆。在任何情况下，我们都没有更改为避免事故所需的反应时间。不同的天气状况需要不同的反应时间，以及不同的随机加速概率。路面有冰的情况要比大风时候更危险。我们并不研究有关天气对交通影响的更多细节，而用冲动模式的模拟来涵盖所有这些情形。

在我们的模型中，当矩阵 Car_Matrix 中出现两辆车具有相同车道和相同位置值时表示发生了事故。这将引起同一条车道上事故后方的车辆停滞，以模拟整个交通的减慢。然而，在一些模拟中，某些确定的交通事故会连锁反应地引起更多的交通事故。这是由本文添加的随机加速引起的，当车辆被连续地排列在各自的车道上，如果事故后方存在多辆等待事故现场清理的车，并且发生了随机加速（这种事在事故模拟中很常见），随之而来的就是另一场事故并继续阻碍车道上的交通。在禁止换道的模拟中，当发生事故后车辆不能离开自己的车道，这确实是一个相当大的问题，这导致了更多的事故出现在禁止换道的模拟中。

车辆及其行为是由矩阵 Car_Matrix 来模拟的，借助 MatLab 编程，用矩阵来模拟的一个主要限制是：矩阵中车辆数不能超过表示高速公路车道元胞的行数。因此，我们不能正确地模拟完全阻塞的网格，以及真实的交通车辆密度。这个限制在多条车道的高速公路的模拟结果中更为显著。对于不同车道数的模拟中，车辆数保持为常数，格子里的车辆密度

---

① **笔者点评**：由于算法中的每一操作步骤都是逐个执行的，计算机循环是有方向的，因此换道也有优先次序，这也是本文的一大缺点，不过这完全可以用很简单的方法解决：对要换道的车辆进行随机排序，再按随机顺序依次换道。

随着我们增加车道数而减小，即便是在被认为"交通堵塞"的情况下，这也意味着交通越来越畅通，由于车辆之间的相互作用越来越少使得通行无阻，因此事故的发生量减小，并且车流量增加。尽管如此，这个模型仍然是可用的，因为随着循环的增加，由于要前进，车辆间将会越来越近，因此在元胞组成的网格的顶部会出现车辆聚集，这形成了一种伪堵塞。另外，由于在所有模型中车辆密度都是以相同的速率减少，所有模拟中得到的所有数据都经过了同样条件的变化。

模拟过程中，没有新的车辆进入或离开高速公路系统。此外，车辆初始进入高速公路时要么全部分布在同一条车道上，要么根据模拟需要随机分布于每条车道上。然后所有的车都待在高速公路系统中，并且只向前移动。实际上高速公路上不停地有车进入或离开，这意味着车辆有理由越过车道，而不是强制地服从交通规则。如果汽车经过出口，那么它将更可能发生事故，相比于本文的任何模拟，车辆会更大程度地分散在元胞网格上。

（2）模型的总结。

本文模型中所有的交通规则都可以容易地过渡到靠左行车的交通系统中。在那些靠左行驶的国家，车辆的驾驶员座位在另一边，因此司机的能见度是一样的，并且我们的规则同样适用，因为我们的模型中只用了整数来表示不同的车道，位置和速度，而且本质上我们的算法是对称的（即左右没差别）。因此我们可以通过重新反向给矩阵 Car_Matrix 中的车道编号来模拟车辆靠左行驶，用 $n:1$ 取代 $1:n$，而模型中的算法仍然有效。

（3）灵敏性分析。

在任何一个特定的模拟中，本文的模型似乎都对车道数敏感，这时由于在高速公路区域上生成车辆的功能不能生成超过元胞数量的车数，即便在多条车道的模拟中。这个限制由 MatLab 的 Randperm 函数（Randperm 是 MatLab 函数，功能是随机打乱一个数字序列）造成的，并且无法在本模型范围内避免[①]。这也导致了在车道数较多时，两种不指定初始车道的规则（无规则和禁止换道）表示为非常安全，虽然在车道数较少时并不是太安全。这也同样导致了对于六条车道的高速公路平均每 6 个元胞才出现一辆车，因此对于那些能够将车辆分散在所有车道上的规则，车辆密度变得非常小，而对于那些强制车辆回到某个指定车道上的规则，车辆密度则保持相对较高。

模型中另一个相对较为灵敏的因素是控制模拟中事故发生率的概率。虽然这个参数只测试了三种值，但仍可以观察出事故数量与控制事故发生率的概率呈非线性关系。模拟中一旦有少量的事故发生，它们似乎还会导致更多的事故发生。这种现象在车辆密度较大，限速较高及随机加速概率较大的所有模拟中都会导致极高的事故率，远高于基于其他条件导致的事故量的期望。其部分原因可能是：为了模拟最坏交通行驶条件的情况，这些模拟

---

① **笔者点评**：原文作者把模型的限制部分归结为 MatLab 中的函数 randperm，笔者不以为然。randperm 是 MatLab 中生成随机排列序列的函数，randperm 函数有两种用法：
- 第一种：如 randperm(6)则可生成 1~6 到的随机排列，结果可能为[2 4 5 6 1 3];
- 第二种：如 randperm(6,3)则是从 1~6 个数中随机选三个，结果可能为[4 2 5].

原文作者一定是 randperm(100,n)来生成 n 个车的初始位置。一条车道上格子的个数为 100，因此 n 必然是小于 100。因此对于多条车道，系统中车量数最多也只能是 100。这就是作者说的灵敏性的原因所在。

中我们设置了非常大的随机加速概率。但是这不能完全解释我们所看到的数据结果，这里面一定还有部分原因是事故的连锁反应。

（4）结论。

基于呈现在我们面前的所有数据，可以得到这样一个结论：现在使用的靠右行驶的交通规则是最安全的一种驾驶方式。我们的数据还向我们显示了：允许向两个方向换道，或者完全不允许换道将带来更大的交通流量，但比靠右行驶危险。由于我们优先考虑安全驾驶并到达他们的目的地，因此我们认为无规则和禁止换道以增加事故的数量为代价，增加交通流量是不值得的。

5.3.3 程序实现

在本书的第 4 章中已经介绍了单车道 NS 元胞自动机模型的 MatLab 实现方法，在本章中，还介绍了双环形车道交通流的元胞自动机 NS 模型的 MatLab 实现方法。这里给出包含事故的单车道 NS 模型的仿真程序。程序和不含事故的单车道 NS 模型的仿真程序非常类似，主要是增加了一个函数 accident 来产生和计算事故率。MatLab 主程序如下：

```
1function Nacdnts = nsacdnt(rho, p, L, tmax , pacdnt)
2% 输入: rho - 密度; p- 随机减速概率; L- 环形车道长; tmax - 模拟总时间步数
3% pacdnt - 随机加速概率
4% rho = 0.25; p = 0.25; L = 100; tmax = 200; pacdnt = 0.001;
5% 输出: Nacdnts - 事故量
6
7vmax = 5; % 车辆最大行驶速度
8ncar = round(L*rho); % 根据密度计算系统中车辆数
9
10x = sort(randperm(L, ncar));
11v = vmax * ones(1,ncar); % 速度向量: 初始化所有车辆的速度为 vmax
12isacdnt = zeros(size(x));
13
14Nacdnts = 0;
15for t = 1:tmax
16    v = min(v+1, vmax); % 加速规则
17
18    gaps = gaplength(x,L);
19    v = min(v, gaps -1); % 防止碰撞
20
21    vdrops = ( rand(1,ncar)<p & v>0);
22    v = v-vdrops; % 随机减速
23
24    vadds = ( rand(1,ncar)<pacdnt & v>=0);
25    v = min(v+vadds ,vmax); % 随机加度
26
27    x(v>0) = x(v>0) + v(v>0); % 位置更新
28    x(x>L) = x(x>L) - L; % 周期边界
29
```

```
30   [isacdnt , v, nacdnt] = accident(isacdnt , v, x);
31   Nacdnts = Nacdnts + nacdnt;
32end
```

以上主程序 nsacdnt 的第 24 行和第 25 行是随机加速规则，这与 NS 规则中随机减速实现方式类似。第 30 行调用 accident 函数，函数 accident 是用来构造事故的，在随机加速后，可以出现两辆车在同车道相同位置，accident 函数将这样的车辆的速度设为负。而第 30 行位置的更新只更新速度大于零的车辆，因此必须经过数次加速直到使事故车辆速度大于零才前进，以模拟出处理事故所需的时间。accident 函数的代码如下：

```
1function [isacdnt , v, nacdnt] = accident(isacdnt , v, x)
2% 输入：isacdnt - 表示车辆是否处于事故状态的变量
3% 输出：nacdnt - 处理事故的车辆数
4for xi = unique(x);
5   tot = find(x==xi); % 所有发生事故的车
6   old = find(x==xi&isacdnt ==1); % 之前未处理完的事故车辆
7   new = find(x==xi&isacdnt ==0); % 新发生事故的车辆
8   if length(tot) >=2 % 发现两辆以上的车处同一位置
9     if isempty(old) && ～ isempty(new) % 全部是新事故车辆
10        vmin = -1;
11        v(new) = vmin - 5*[0: length(new) -1];
12     else % 有之前未处理完的事故车辆,也可能有新事故车辆
13        vmin = min(-1,min(v(old)));
14        v(new) = vmin - 5*[1: length(new)];
15     end
16     isacdnt(tot) = 1; % 标记事故车辆
17   end
18end
19isacdnt(v>0) = 0; % 取消处理完事故车辆的标记
20nacdnt = sum(isacdnt); % 计算当然处理事故中的车辆数
```

函数 accident 中 isacdnt 是一个向量，该向量中每个元素对应着一辆车，若该向量中某元素为 1，则表示其对应的车辆处理事故。函数 accident 中第 5 行中 tot 表示处于 xi 位置的所有车辆；第 6 行中 old 表示处于 xi 位置之前未处理完的事故车辆；第 7 行中 new 则表示新发生事故的车辆；第 8 行表示如果处于同一位置 xi 的车辆数大于 2，则表示有车辆处于事故状态。有车辆处于事故状态又分为两种情况：

- 第 9～11 行，表示如果处于事故状态车辆都是本时间步新发生事故的车辆，则将处于事故状态、车辆速度分别设为-1 和-6。
- 第 12～15 行，表示如果处于事故状态车辆有之前未处理完的事故车辆，也可能有新事故车辆，则将处于事故状态、车辆速度分别设为 vmin、vmin-5、vmin-10…

5.3.4 论文点评

下面就这篇特等奖论文作简要点评。这篇特等奖论文的模型描述得非常清楚，虽然没有任何插图，但读者仍然能清楚地了解到模型的全部。虽然论文的模型仍有不少局限性（这些局限性在前面已进行了详细讨论），但模型的可操作性非常强。

这篇特等奖论文的最大创新点是事故的构造。NS 模型并不容易直接计算事故的发生率，比如清华大学的特等奖论文就采用了间接的做法：用急刹车的频率来间接反映事故的发生率，在防止碰撞规则中，统计车辆速度降低 2 以上的频率。清华大学的特等奖论文认为车辆在急刹车的状况下，显然更容易造成一个现实中的事故。而本篇特等奖论文将 NS 规则中的随机减速改为了随机加速，自然引入了交通事故。

在写作上，这篇特等奖论文对各规则的流量和事故率分别做了分析和对比，讨论部分也非常精彩，很客观的评述了模型的优缺点。并分析了造成缺点的原因。

5.3.5 论文参考文献

[1] Traffic flow - wikipedia, the free encyclopedia. http://en.wikipedia.org/wiki/Traffic_flow.

[2] 2005 MCM problems. http://www.comap.com/undergraduate/ contests/mcm/ contests/2005/problems.

[3] 2009 MCM problems. http://www.comap.com/undergraduate/contests/mcm/contests/2009/problems.

[4] 2009 CUMCM problem. http://en.mcm.edu.cn/problem/2013/2013_en.html.

[5] 2014 MCM problems. http://www.comap.com/ undergraduate/contests/mcm/contests/2014/problems.

[6] Traffic simulation - wikipedia, the free encyclopedia. http://en.wikipedia.org/wiki/Traffic_simulation.

[7] Microsimulation - wikipedia, the free encyclopedia. Available at http://en.wikipedia.org/wiki/Microsimulation.

[8] Kai Nagel, Dietrich E. Wolf, Peter Wagner, and Patrice Simon. Two-lane traffic rules for ellular automata：A systematic approach. 58(2):1425–1437. http://arxiv.org/ pdf/ cond-mat/9712196.pdf.

[9] Ning WU and Werner Brilon. Cellular automata for highway traffic flow simulation. II. http://homepage.rub.de/ning.wu/pdf/ca_14isttt.pdf.

[10] Peter Wagner, Kai Nagel, and Dietrich E. Wolf. Realistic multi-lane traffic rules for cellular utomata. 234(3):687–698. http://e-archive.informatik.uni-koeln.de/238/1/zpr96-238.ps.

[11] Modeling traffic flow for two and three lanes through cellular automata. http://www.m-hikari.com/imf/imf-2013/21-24-2013/martinezIMF21-24-2013.pdf.

[12] Intelligent driver model - wikipedia, the free encyclopedia. http://en.wikipedia.org/

wiki/ Intelligent_driver_model.

[13] Longitudinal traffic model：The IDM. Available at http://www.vwi.tu-dresden.de/∼treiber/MicroApplet/IDM.html.

[14] Arne Kesting, Martin Treiber, and Dirk Helbing. General lane-changing model MOBILfor car-following models. Transportation Research Record, 1999(1):86–94, January 2007, http://www.akesting.de/download/MOBIL_TRR_2007.pdf.

[15] Martin Treiber, Ansgar Hennecke, and Dirk Helbing. Congested traffic states in empirical observations and microscopic simulations. Physical Review E, 62(2):1805, 2000. http://arxiv.org/pdf/cond-mat/0002177.pdf.

[16] Aaron Abromowitz, Andrea Levy, and Russell Melick. One ring to rule them all：The optimization of traffic circles. The UMAP Journal, 30(3):247–260, 2009. Available at http://www.cs.hmc.edu/∼rmelick/docs/MCMPaper.pdf.

[17] The lane-change model MOBIL. http://www.vwi.tu-dresden.de/∼treiber/MicroApplet/MOBIL.html.

[18] Martin Treiber and Arne Kesting. Modeling lane-changing decisions with MOBIL. In Cécile Appert-Rolland, François Chevoir, Philippe Gondret, Sylvain Lassarre, Jean-Patrick Lebacque, and Michael Schreckenberg, editors, Traffic and Granular Flow '07, pages 211–221. Springer Berlin Heidelberg, January 2009. http://link.springer.com/chapter/10.1007%2F978-3-540-77074-9_19#page-1.

[19] Microsimulation of road traffic flow. http://www.traffic-simulation.de/.

[20] M. Schreckenberg, A. Schadschneider, K. Nagel, and N. Ito. Discrete stochastic models for traffic flow. Physical Review E, 51(4):2939–2949, April 1995. arXiv：cond-mat/9412045.

[21] Traffic flow, June 2014. https://en.wikipedia.org/wiki/Traffic_flow.

[22] Doboszczak, Stefan and Virginia Forstall. Mathematical modeling by differential Equations. http://www.norbertwiener.umd.edu/Education/m3cdocs/Presentation2.pdf.

[23] Mit mathematics | traffic modeling. http://math.mit.edu/projects/traffic/.

[24] Kenneth G. Courage, Charles E. Wallace, and Rafiq Alqasem. modeling the effect of traffic signal progression on delay. Transportation Research Record, (1194), 1988. http://trid.trb.org/view.aspx？id=302135.

[25] R. F. Benekohal and Joseph Treiterer. Carsim：car- following model for simulation of traffic in normal and stop-and-go conditions. Transportation Research Record, (1194), 1988.

[26]Should you switch lanes in traffic? | what can scientific models tell us about the world? http://playingwithmodels.wordpress.com/2010/06/24/should-you-switch-lanes-in-traffic.

5.4　2017 MCM B

2017 美国大学生数学建模竞赛 B 题 O 奖论文解析：仿蜂窝式新型收费站

　　笔者获得 2017 年美国大学生数学建模竞赛特等奖（Outstanding Winner）并兼获 Frank Giordano Award。Frank Giordano Award 奖项始于 2012 年，该奖项授予模型在实际应用中可能会有显著效果的参赛队伍。此论文也是 2017 年 B 题唯一入选官方杂志 The UMAP Journal 的论文。

Merge After Toll

　　Multi-lane divided limited-access toll highways use "ramp tolls" and "barrier tolls" to collect tolls from motorists. A ramp toll is a collection mechanism at an entrance or exit ramp to the highway and these do not concern us here. A barrier toll is a row of tollbooths placed across the highway, perpendicular to the direction of traffic flow. There are usually (always) more tollbooths than there are incoming lanes of traffic (see former 2005 MCM Problem B). So when exiting the tollbooths in a barrier toll, vehicles must "fan in" from the larger number of tollbooth egress lanes to the smaller number of regular travel lanes. A toll plaza is the area of the highway needed to facilitate the barrier toll, consisting of the fan-out area before the barrier toll, the toll barrier itself, and the fan-in area after the toll barrier. For example, a three-lane highway (one direction) may use 8 tollbooths in a barrier toll. After paying toll, the vehicles continue on their journey on a highway having the same number of lanes as had entered the toll plaza (three, in this example).

　　Consider a toll highway having L lanes of travel in each direction and a barrier toll containing B tollbooths (B > L) in each direction. Determine the shape, size, and merging pattern of the area following the toll barrier in which vehicles fan in from B tollbooth egress lanes down to L lanes of traffic. Important considerations to incorporate in your model include accident prevention, throughput (number of vehicles per hour passing the point where the end of the plaza joins the L outgoing traffic lanes), and cost (land and road construction are expensive). In particular, this problem does not ask for merely a performance analysis of any particular toll plaza design that may already be implemented. The point is to determine if there are better solutions (shape, size, and merging pattern) than any in common use.

　　Determine the performance of your solution in light and heavy traffic. How does your solution change as more autonomous (self-driving) vehicles are added to the traffic mix? How is your solution affected by the proportions of conventional (human-staffed) tollbooths, exact-change (automated) tollbooths, and electronic toll collection booths (such as electronic toll collection via a transponder in the vehicle)?

　　Your MCM submission should consist of a 1 page Summary Sheet, a 1-2 page letter to the

New Jersey Turnpike Authority, and your solution (not to exceed 20 pages) for a maximum of 23 pages. Note: The appendix and references do not count toward the 23 page limit.

高速路的收费站会通过"匝道收费"和"过卡收费"两种方式来收取车辆的高速通行费。匝道收费是一种在入口和出口的匝道处设立的收费站,但是今天这个不在我们的讨论范围之列。过卡收费是一排垂直于高速路行驶方向设立的许多收费亭。而这些收费窗口通常都会比车道条数多(详情参见 2005 年 MCM 的 B 题)。因此,当汽车驶出收费站之后,车流必须从较宽的收费站"扇入"到车道较少的常规机动车道。收费广场是为改善过卡时的拥堵状况建立的,由收费前的扇出区、收费屏障本身和收费后的扇入区组成。举个例子,一条单向的三车道高速路可以使用 8 个收费窗口,在支付高速费后,驾驶员可以继续在进入收费广场之前的相同车道数目(三条车道)的道路上继续前行。

考虑一个在每个通行方向都有 L 个车道的高速公路和有 B 个($B>L$)收费亭的收费站,确定你设计的收费区域的形状,大小以及汽车从有 B 个收费亭的收费站缴费后如何汇聚到 L 条车道上的方式。在你的模型中需要考虑的重要因素包括事故预防、吞吐量(即每小时有多少车辆从收费广场驶入 L 条车道)和成本(人工费用及公路建设的费用很昂贵),问题的重点并非只是对现有的收费广场进行性能分析。请试着探索是否有比现今采用的更好的收费解决方案(包括形状,大小以及汇聚模式)。

确定你的解决方案在小车流量和大车流量下的性能表现。随着越来越多的自动驾驶车的加入,你的解决方案会有什么改变呢?你设计的收费站中的传统(人工)收费亭、自动收费亭和电子收费亭(例如通过车辆中的应答器进行电子收费【译者注:也就是 ETC】)的比例如何影响你的解决方案?

你提交的 MCM 文章应包括 1 页摘要表,1~2 页提交给新泽西州收费公路管理局的信件,以及您设计的解决方案(不超过 20 页),最多 23 页。注:附录和参考文献不计入 23 页之内。

5.4.1 引言

1. 问题背景

近年来,随着经济的发展,车辆增多,高速公路流量呈现快速的增长趋势,高速公路收费站拥堵问题日益突出,收费站设计不合理、节假日车流量过大等原因均会导致高速公路收费站附近道路行车速度降低和延误增大。相关研究发现,车辆在高速公路停车收费而造成的延误时间占总行程时间的 36%[1]。同时,高速公路收费站作为车辆密集地段,因驾驶员操作不当或疲劳驾驶也成为事故多发路段[2]。

ETC and E-ZPass 等技术的广泛使用,有效提高了人工收费效率,缓解了收费站车流拥堵的状况,使用 ETC 技术,汽车在驶过收费站的速度高于传统的收费方式,因此在车流汇聚时产生冲突的概率较大。综合以上诸多因素,需要对传统的收费站进行改进,以提高收费站的运作效率,降低收费站的建设运维成本。

为解决上述传统收费站诸多问题，我们设计了基于仿生学的收费站模型，该模型将收费站模拟成蜂巢的正六边形排布结构（图 5-38），将汽车经过收费站缴费的行为模拟为汽车在蜂巢中沿边行进的过程。蜂巢式结构在生活的许多方面均有广泛的应用，例如：蜂巢网络，因为蜂窝结构是覆盖二维平面的最佳拓扑结构。

图 5-38

2. 符号描述

- 总时间成本：车辆从检测区域起点到检测区域终点的平均时间间隔为总时间成本。
- 理论时间成本：如果系统中只有一辆车，且该车不受控制信号的限制，则该车从检测区域的起点到检测区域的终点的时间间隔为理论时间成本。
- 延迟时间：总时间成本与理论时间成本之差即为延迟时间。
- l：公路每个方向的车道数。
- b：每个方向的收费站总数。

3. 我们的工作

随着 ETC 设备和自动驾驶车辆的普及，未来每个收费站的车辆通行能力将大幅提升，降低出行时间成本。

目前，传统的收费站设计占地面积大，建设成本高。随着车速的提高，合流点会出现拥堵，增加事故发生的可能性。

- 设计一个移动收费站模型，对其形状、尺寸和汇聚方式进行了设计。为了使收费站更适应实际应用，我们从面积、吞吐量、事故预防、混合车道和 ETC 车道、自动驾驶等方面进行了考虑。
- 通过对收费站面积模型的分析，量化出可以减少多少收费站面积。
- 利用 VISSIM 软件模拟移动收费站是否可以有效的分散交通流量，减少车辆合并的平均行驶时间和平均延误时间。
- 采用 VISSIM 软件对收费站在大流量和小流量两种情况下的通行能力进行分析。
- 从 3 个方面改进了设计。
- 分析交通流量对收费站通行能力的影响。
- 分析收费站是否能满足自动驾驶车辆的需要。

图 5-39 显示了我们的工作过程。

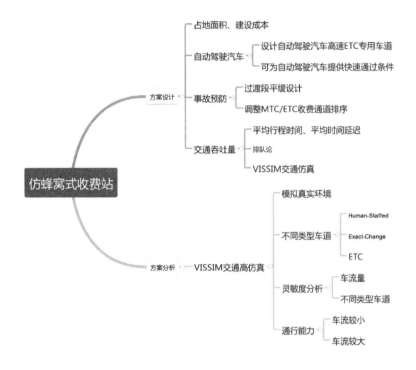

图 5-39

5.4.2　问题假设

- 车辆到达收费系统服从 Poisson 分布。
- 一般来讲，ETC 收费站通行量应该远远高于混合式收费站的通行量。
- 所有的收费站都有 ETC 或 E-ZPass，除非有特殊说明。
- 收费站附近没有斜坡或出口。我们不考虑额外车辆进入的可能性，只考虑已经在主道路上的车辆。
- 收费站的服务程序和收费站后的车辆合并程序均为排队系统。且它们遵循先来先服务的原则。

5.4.3　仿蜂巢式收费站设计方案

　　传统收费站设计中，收费口的数目往往比进入收费站的车道数要多，所以需要将公路的少量车道分流为较多车道。收费广场由收费障碍前的扇形区域、收费障碍本身以及收费障碍后的扇形区域组成。收费障碍与交通流方向垂直，收费广场占地面积也非常大。为了减小收费广场的占地面积，进一步节省建设成本，我们设计了一个基于蜂窝结构的新型收费广场。此外，通过将车流合并的程序分为两个阶段，并可以降低车辆碰撞的概率。我们设计的收费站演变图如图 5-40 所示。这里采用平滑的过度来防止车辆急转弯造成的危险，并在中间设置直行的 ETC 车道和自动驾驶车道。

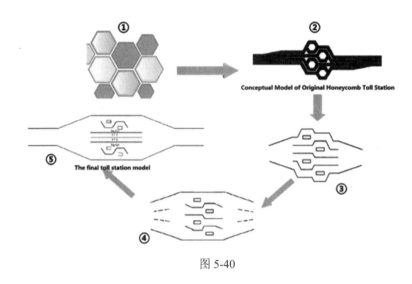

图 5-40

5.4.4　模型设计

1.　收费站建设成本评估（以土地和公路建设费用为主）[①]

收费站建设成本主要包括路面建设成本和收费站建设成本。我们评估它的面积并尽量减少它。收费亭总面积 Sn_t 可分为过渡区面积和收费区面积。

我们假设收费亭的数量是 n_t，公路的车道数是 n_1，车道的宽度是 w_1，切向偏移宽度是 w_o，速度是 v，过渡区的长度是 l_t，收费站的宽度是 w_t，传统收费站的面积分别是 S_{T1} 和 S_{C1}，过渡区的面积分别是 S_{T2} 和 S_{C2}。

收费广场的总面积为如图 5-41 所示的黑色区域中。

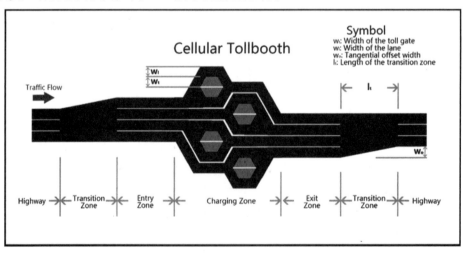

图 5-41

注①：这里省略了作者对传统收费广场和蜂窝收费广场几何区域的计算。

与传统的收费广场相比,蜂窝收费广场可以明显节省空间,效果可以在图 5-42 中看到。

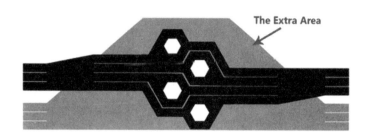

图 5-42

2. 理论衡量蜂巢式收费站的吞吐量

在这个模型中,我们将通过收费站的整个过程看作是一个整体排队系统中两个子排队系统的串联运作,首先是将车辆经过每个收费亭,以及在收费亭前排队的过程视为一个子排队系统,然后将每辆车经过收费站出口到车道合流点处的过程视为一个子排队系统,下面从排队论开始对我们的模型进行简要介绍。

（1）排队论的简单介绍。

排队论是队列中的数学研究。在排队论中,构建模型以便可以预测队列长度和等待时间。排队论通常被认为是运筹学研究的一个分支,因为结果通常用于在提供服务所需资源的业务决策时使用[1]。

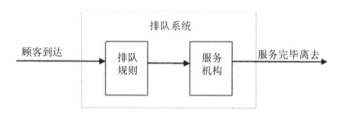

图 5-43

（2）收费口排队子系统。

现实中,车辆在进入收费站入口时,司机会根据一定的原则确定将要驶向哪个收费口,比如距离,正在排队的车辆数等。而在我们的模型假设下,每个收费口前车辆到达的间隔将服从指数分布。同时,每个收费口对过往车辆收费的耗时也服从指数分布,即便当下电子收费系统的普及使得收费速度相比以往人工收费时有了极大提升,但为了使我们的模型更具有一般性,同时也是为了简化第二个子模型的处理,我们依然认为收费口的服务耗时遵循指数分布,即——Poisson 过程。此外,由于每个收费口只能同时处理一条车道的车辆,这样虽然收费站有多个收费口,但是对于每个收费口仍然只有一套收费设施。在我们的模型中将会采用一个收费岛上建设两个收费口的策略,但这并不与前述原理违背。

综上,我们认为,对于每个收费口,可以将其视为一个 M/M/1 排队模型。

（3）合并点排队子系统。

根据 Burke 的理论，如果一个 M/M/1 排队模型的到达时间和服务时间都是一个参数为 λ 的 Poisson 过程，则该排队模型的离开过程也是一个参数为 λ 的 Poisson 过程[5]。这里收费口的输出是一个 Poisson 过程，则与之串联的车道合并点的到达时间也将是同样的 Poisson 分布。

现行的道路设计指南规定，车道合并只能从车辆行驶方向的右侧开始合并，并且每次只能合并一个车道[6]。根据这条规定，同时也为了简化模型，我们可以将驶出收费口的车辆划分为两类，一类车驶出收费口后可以不经过任何车道合并点直接驶向公路，另一类则需要经过车道合并点才能驶向公路。值得注意的是，如果有 L 条公路车道，则属于第一类的只有 $L-1$ 条，因为靠近右侧的那一条需要和其右侧的车道进行合并，也就是说这条车道需要经过一个车道合并点。

对于第一类车道，车辆可以直接驶过，我们认为其在合并点排队子系统中的总耗时为 $(B-L)*(1/u_0)=(B-L)/\mu_0$ 和 $(B/2-L)*(1/u_0)=(B-2L)/2\mu_0$，其中 B 为收费口数，L 为公路车道数，μ_0 为经过一个合并点时没有发生两车汇聚现象时的车辆通过速率。这些车道被选中的概率对于传统收费站是 $(L-1)/B$，对于蜂巢式收费站是 $(L-1)/(B/2)$。

而对于第二类车道，车辆驶入的概率对传统和蜂巢式收费站分别为 $(B-L+1)/B$ 和 $(B-2L+2)/B$，其中 B 和 L 的定义同前述。此外，对于第 k 个合并点，其到达概率应为单条车道的概率与第 $k-1$ 个合并点概率之和 $(k+1)/B$ 和 $2(k+1)/B$，以图 5-44 所示的传统收费站出口过渡区为例，到达 Merging Point1 的概率和 Line 1+Line2 的概率相等为 $1/B+1/B=2/B$，而 Merging Point 2 和 Line3+Merging Point 1 相等，为 $1/B+2/B=3/B$。而对于交通流量，第 k 个合并点也类似的有 $(k+1)\Phi/B$，其中 Φ 为整体的交通流量。

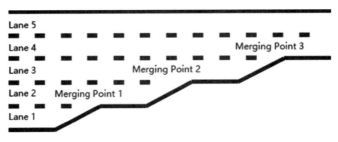

图 5-44

为了简化模型，我们不区分一个合并点连接的两个车道，即车辆通过单一合并点的时间与其所处车道无关，仅与另一车道状态有关，如果另一条车道没有车或有车但另一车停车让道，则该车可以不减速直接完成合并，耗时为 $1/\mu_0$；否则，该车需暂时停车，等待另一车完成车道合并后才能继续行驶，这个耗时定义为 $1/\mu_1$。

综上，合并点排队子系统的车辆到达遵循指数分布（即一个 Poisson 过程），而合并点的服务率为一般函数，故其为 M/G/1 排队模型。

3. 计算

从上一节中，我们已经得到了对应于整个设计的排队模型，下面，我们将其中的参量代入具体数值，以求得经过传统收费站和蜂巢式收费站的平均合计用时，并以此对比两种收费站的吞吐量。

（1）参量赋值。

- B：收费口数目

现实中，收费站中收费口的数量应当由经过该处的车流量，车型等因素决定，这里我们暂定为 8。需要注意的是，虽然蜂巢式收费站采用一个收费岛上设置两个收费口（收费亭）的策略和提前合流的策略，使得进入合流过渡区的车道数减半，但这并不影响收费口的数目，即最大化同时服务的车辆数。

- L：高速公路道路数

收费站出口合流过渡区直接与公路相连，为了在面对蜂巢式收费站时，合流过渡区也能有其存在意义，我们取 L 的值为 3。

- μ_T：收费站服务率

目前，电子收费系统在不断普及，为了使我们的系统能够适应电子收费系统，我们取其服务率 1200 辆/h[1]。

[1] Manual H C. Highway capacity manual[J]. Washington, DC, 2000.

- μ_0：在合并点处未发生合并冲突时的服务率

μ_0 为在合并点未发生合并冲突，或发生合并冲突但另一车停车等待时的服务率，同时我们也将之作为车辆从收费站出口没有经过任何合并点的情况下服务率，公路上车辆的平均速度为 60mph[7]，合并点的大小应当为一普通车辆的长度加一段安全距离，这里安全距离应为 6 倍车长[7]，故合并点长度为15ft+6×15ft=105ft，这样车辆经过合并点的平均用时为合并点长度除以车速，即105ft÷60mph=1.1932 s，取其倒数值并折算为一个小时作为 μ_0 的值，即3600(s/h)÷1.1932 s =3017.1veh/h。

- μ_1：在合并点处发生合并冲突时的服务率

适用于两辆车同时到达合并点时停车避让的车辆。避让的车辆将暂时停车，等待前车经过合并点之后，才再次加速使车辆继续前进，再次启动时，车辆初速度将从 0 开始，这时车辆安全距离仅为 1 倍车距，同时根据位移公式 $s=0.5at^2$，可以推出 $t=\sqrt{2s/a}$，一般车辆的平均加速度为6.5ft/s^2[7]，代入参数得 $\sqrt{2(15ft+15ft)÷6.5(ft/s^2)}$=3.0382 s，同样取其倒数并折算为一小时作为 μ_1 的值，即3600(s/h)/3.0382 s=1184.9veh/h。

（2）在收费口中耗费的时间。

根据上文中给出的每条车道的车辆到达率计算公式，我们可以根据公式算出每辆车在收费口中耗费的时间的平均值[8]，对于传统收费站，下式是显然的；对于蜂巢式收费站，由于进入每个收费口之前会进行一次车道分流，因而每个收费口旁的车道所面对的交通流量和传统收费站的一条车道是相同的，公式如下：

$$W_T=\frac{1}{\mu_T-\frac{\Phi}{B}}$$

- W_T=经过收费口耗费时间
- μ_T=收费站服务率(service rate of the tollbooth)

- Φ=车流量(traffic flow)
- B=收费口数量(the number of tollbooths)

（3）在合并点耗费的时间。

过程状态转移示意图如图 5-45 所示。

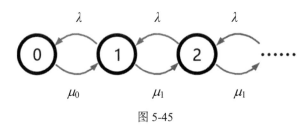

图 5-45

在各个合并点的合并过程实质上是一个 Birth-Death Process，图 5-45 以马尔可夫链形式描述了这个过程的状态转移，在此，每个状态都遵循转入概率之和等于转出概率之和[5]，同时，所有事件的概率和为 1，由此，我们可以得到如下方程组：

$$\begin{cases} \lambda P_0 = \mu_0 P_1 \\ \lambda P_1 + \mu_0 P_1 = \lambda P_0 + \mu_1 P_2 \\ \lambda P_n + \mu_1 P_n = \lambda P_{n-1} + \mu_1 P_{n+1}, n \geq 2 \\ \sum_{i=0}^{\infty} P_i = 1 \end{cases}$$

其中：

- P_n, $n \in N$，为系统中有 n 辆车的概率
- λ=车辆到达合并点的到达率
- μ_0=没有发生合并时的合并点服务率
- μ_1=发生合并时的合并点服务率

解上述方程组，我们得到如下的一组等式：

$$\begin{cases} P_0 = \left(1 + \dfrac{\lambda}{\mu_0} + \dfrac{2\lambda\mu_1}{\mu_0^2\mu_1 - \lambda\mu_0^2 + \lambda\mu_0\mu_1 - \lambda^2\mu_0}\right)^{-1} \\ P_1 = \dfrac{\lambda}{\mu_0} P_0 \\ P_n = \dfrac{2\lambda^2}{\mu_0^2 + \lambda\mu_0}\left(\dfrac{\lambda}{\mu_1}\right)^{n-2} P_0, n \geq 2 \end{cases}$$

根据上面得到的概率，可以算出整个排队系统中车辆的期望值：

$$L_s(\lambda) = \sum_{i=1}^{\infty} iP_i = \frac{\lambda}{\mu_1 - \lambda} + \frac{\lambda\mu_1 - \lambda\mu_0}{\lambda\mu_1 - \lambda\mu_0 + \mu_0\mu_1}$$

其中：$L_s(\lambda)$=系统中车辆的期望值，也称平均队长。

根据 Little's Law[1]

[1] Gross D. Fundamentals of queueing theory[M]. John Wiley & Sons, 2008.

$$L_s = \lambda W_s$$

我们可以得到排队系统中车辆的平均逗留时间为：

$$W_s(\lambda) = \frac{L_s}{\lambda} = \frac{1}{\mu_1 - \lambda} + \frac{\mu_1 - \mu_0}{\lambda \mu_1 - \lambda \mu_0 + \mu_0 \mu_1}$$

其中：$W_s(\lambda)$=系统中车辆在一个合并点的平均等待时间。

（4）耗费时间合计。

按照我们之前的假设，传统收费站的第 k 个合并点处的交通流量为：

$$\frac{(k+1)\Phi}{B}, k = 1, 2, \cdots, B-L+1$$

对应的第 k 个合并点有车到达的概率为：

$$\frac{k+1}{B}, k = 1, 2, \cdots, B-L+1$$

这样根据前面的公式，在合并点花费的时间合计为：

$$W_{MT} = \frac{L-1}{B} \cdot \frac{B-L}{\mu_0} + \frac{B-L+1}{B} \sum_{k=1}^{B-L} \frac{k+1}{B} W_s\left(\frac{k+1}{B}\Phi\right)$$

- W_{MT}=传统收费站中每辆车在合并点耗费的时间合计的平均值。
- L=公路车道数（$B>L$，对蜂巢式则 $B/2>L$）。

加上上文中得到的经过收费口的耗时 W_T，便得到每辆车经过传统收费站的平均耗时 W_{AT}：

$$W_{AT} = W_T + W_{MT} = \frac{1}{\mu_T - \frac{\Phi}{B}} + \frac{L-1}{B} \cdot \frac{B-L}{\mu_0} + \frac{B-L+1}{B} \sum_{k=1}^{B-L} \frac{k+1}{B} W_s\left(\frac{k+1}{B}\Phi\right)$$

- W_{AT}=每辆车经过整个收费站耗时平均值。

而我们的设计中，由于车流提前完成了一次合并，故每条车道的车流量变为一条车道两倍，而车道数减少一半，为便于计算，我们不妨假设 B 总是偶数，这样第 k 个合并点处的交通流量为：

$$\frac{2(k+1)\Phi}{B}, k = 1, 2, \cdots, \frac{B}{2}-L+1$$

对应的第 k 个合并点有车到达的概率为：

$$\frac{2(k+1)}{B}, k = 1, 2, \ldots, \frac{\mathbf{B}}{2}-L+1$$

则时间合计为：

$$W_{MI} = \frac{2L-2}{B} \cdot \frac{B-2L}{2\mu_0} + \frac{B-2L+2}{B} \sum_{k=1}^{\frac{B}{2}-L} \frac{2(k+1)}{B} W_s\left(\frac{2(k+1)}{B}\Phi\right)$$

- W_{MI}=蜂巢式收费站中每辆车在合并点耗费的时间合计的平均值（单位：h）

对于蜂巢式收费站，所有车道都将进行提前合并，还应加上提前进行车道合并时的用时 W_{Ex}。

$$W_{Ex} = W\left(\frac{2\Phi}{B}\right)$$

同样，加上上文中得到的收费口耗时，得到每辆车经过整个蜂巢式收费站的平均耗时：

$$W_{AI}=W_T+W_{MI}+W_{Ex}$$

即

$$W_{AI}=\frac{1}{\mu_T-\dfrac{\Phi}{B}}+\frac{2L-2}{B}\cdot\frac{B-2L}{2\mu_0}+\frac{B-2L+2}{B}\sum_{k=1}^{\frac{B}{2}-L}\frac{2(k+1)}{B}W_s\left(\frac{2(k+1)}{B}\Phi\right)+W_s\left(\frac{2\Phi}{B}\right)$$

将上述W_{MI}和W_{AI}中代入具体参数计算，并作图，对比结果如图 5-46 所示：

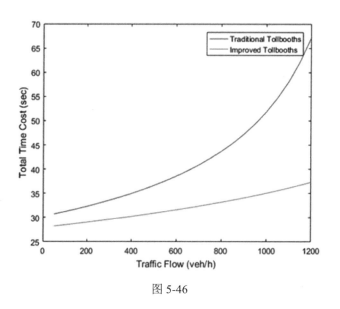

图 5-46

4. 提高蜂巢式收费站事故预防能力

（1）分层 Merge 模式。

因车辆在缴费过程中大多数时间在蜂巢式收费站的内部，存在弯道，车速较慢，并在"蜂巢"内部分批次完成合并，避免了原有收费站的两种交通事故：

- 车速过快导致的交通事故；
- 合并时过于拥堵导致的交通事故。

图 5-47 显示了我们的安全性更高的预合并模式，图 5-48 所示是传统的单一合并模式。

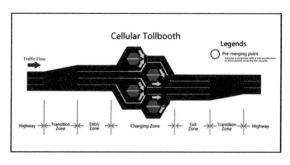

图 5-47

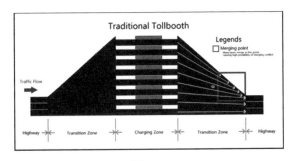

图 5-48

（2）过渡段平缓设计。

封闭式收费广场一般均设在互通立交匝道上，即车辆驶入和驶出收费站的区段。车辆进入区段到达收费亭之前进行减速和离开收费亭后为车辆提供的过渡段，匝道宽度到收费站断面的渐变率长度（1∶n）不能太大，美国推荐最大为 1∶20，最小 1∶8[9]。

因此我们进一步改进模型，通过改变进出收费站的断面渐变率，以提高安全性，改进后模型 I 如图 5-49 所示：

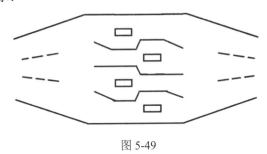

图 5-49

（3）根据不同收费站的排列顺序提高收费站安全性。

高速公路收费站一般包括一组不同类型的收费模式：题干中提到有 conventional (human-staffed) tollbooths, exact-change (automated) tollbooths, and electronic toll collection booths 这几种。接近收费广场的车辆经常会因选择不同的通道遇到交通事故，不同类型的收费站的位置设置对于安全也是至关重要的。

由于 ETC 技术的大规模推广，车辆进出收费站的方式和经过收费站的速度与传统的收费模式有很大的不同，这很容易造成冲突。计算实验表明，与更高风险的交通流相关的关口，例如 ETC 通道，其速度显著高于平均值，应该将其设置在中间位置[14]。因此我们在新的收费站中间加入两个 ETC 通道，改进模型 II 如图 5-50 所示。

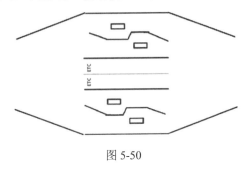

图 5-50

5. 自动驾驶车辆的影响

相对于传统收费站，蜂巢式收费站更能贴合智能车的需求。在本节，我们先分析智能车的原理和特点，然后根据智能车的原理和特点优化了蜂巢式收费站模型。

（1）分析自动驾驶交通工具的特点。

① 由于自动驾驶车辆是无人控制的，在车的配置上，必须配备自动缴费系统，也就是 ETC 车载器，采用电子收费的方式，能够以较快的速度通过收费站。

② 自动驾驶车辆可以提高道路交通的安全系数。自动驾驶车辆配备车载传感系统，感知道路环境，根据所获得的道路、车辆位置和障碍物信息控制车辆的转向和速度，保留一定的车间距，减少突然刹车次数，比正常人驾驶习惯要好很多，可以减少在蜂巢式收费站中交通事故的发生。自动驾驶车不需要人的控制，开车者自身因素（如不良情绪、与收费站服务人员发生争执等）不会影响到车辆的行驶[11]。

③ 在蜂巢式收费站的汇合路口能够更加有序，避免拥堵的发生，最大程度上提高收费站的效率。

（2）我们的解决方案。

① 因无人驾驶交通工具均装有 ETC 装置，未来的蜂巢式收费站必须增加自动收费通道的数目，减少人工收费通道数目，最大程度提高效率。我们设计了为无人驾驶交通工具提供完美服务的下一代蜂巢式收费站，如图 5-51。该设计中，将人工收费置于收费站的最两端，并且在中间设置专用于大型车辆的直行通道，减少大型车辆转弯所带来的不便，同时由于自动驾驶车辆转弯方便，不会给人带来麻烦，剩余车道均为 ETC 车道。

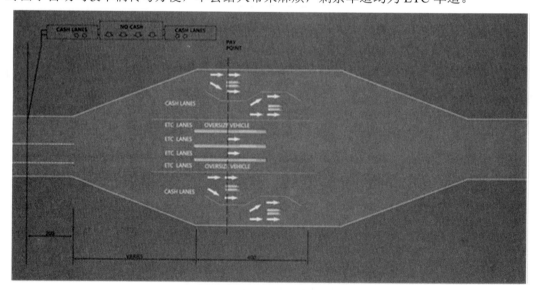

图 5-51

② 根据排队模型和 VISSIM 仿真结果，蜂巢式收费站 ETC 车道越多，现金收费车道越少，收费站的吞吐量越大。由于自动驾驶车辆都是非现金支付，相较于传统收费站，蜂巢式收费站更能贴合智能车的需求。

5.4.5　模型分析

1.　VISSIM 仿真验证在实际情况下蜂巢式收费站与原有收费站的吞吐量差距

（1）仿真基础数据。

此次仿真使用 4.3 版本的 VSIIM 软件，由于其他交通仿真设计（如道路连线、汽车路线选择、减速带、收费站设计）均无特殊配置，所以不再详叙述，在设置汽车通过 ETC 减速带时的车速为 24km/h，减速过程的加速度为 2m/s$^{2[12]}$，根据参考文献[13]所述：The vehicles speed reduces to 24km/h when passing ETC lane.。

① 建立 VISSIM 底板。概念收费站设计模型和仿真路径如图 5-53 所示。

图 5-52

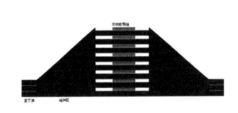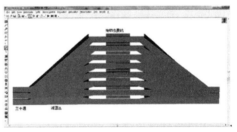

图 5-53

② 设计交通组成及比例。

交通组成和车辆速度分布如图 5-54 所示。

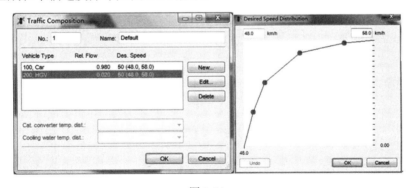

图 5-54

③ 其他重要说明。

共进行两次交通仿真，具体细节见表 5-15。

表 5-15

仿真次数	第一次仿真		第二次仿真	
收费站类型	普通收费站	蜂巢式收费站	普通收费站	蜂巢式收费站
主干道数	3	3	3	3
收费车道	8	8	8	8
ETC 自动收费数目	2	2	0	0
ETC 车道位置	最下方两个车道	最中心两个车道	0	0

Q：为什么在仿真中仅仅考虑 ETC 和人工收费，却不考虑投币收费的情况？

A：根据文献[17]所述，"美国各种类型收费占系统中一条收费车道的通行能力：人工收费（只收预售票）车道的道路通行能力为 500veh/h，硬币收费机（收部分硬币）车道的道路通行能力为 500veh/h。"本次仅仿真该情况，若考虑全部收费系统的收费模式过于复杂。具体讨论参考本文 5.7.5。

Q：为什么不考虑自动车？

A：因自动汽车无驾驶员，目前主要解决方案为在自动汽车上加装可透支的 ETC 装置，则该车在通过收费站与驾驶员操作差距较小，故在仿真中忽略，具体无人驾驶汽车对本收费站的影响参考本文 5.7.4 第五节。

Q：如何解释该模型的结果与 VISSIM 仿真结果之间的巨大差异？

A：VISSIM 软件考虑了非常多的因素。因此，与纯理论推导相比，VISSIM 更实用。

Q：如何解释交通流量的巨大变化——2000veh/h。

A：这两种收费站都有最大容量。因此，总的时间成本和时间延迟会有很大的变化。我们不能消除 VISSIM 和现实之间的误差，但这不会影响我们的分析。

（2）仿真结论。

① 蜂巢式收费站对车流量的灵敏度分析。

全 ETC 的蜂巢式收费站和传统收费站随车流量增大通行能力的变化图如图 5-55 所示。根据图 5-55 可知，相对于传统收费站，蜂巢式收费站在[0,2000]区间的车流量（单位：Veh/h）和平均通行时间基本不会变化，说明该模型对车流量变化不敏感，具有极强鲁棒性，适合实际建设。

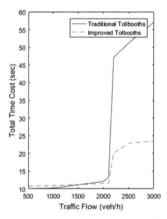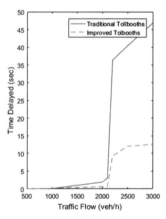

图 5-55

蜂巢式收费站只有 ETC 车道见表 5-16。

表 5-16

每车道车流量 （单位 veh/h）	该路段单车平均 行程时间（单位 s）	平均每车道通行车数量 （单位 veh）	平均每车道延误 时间	平均每车停车 时间	平均每车停车 次数
500	10.778	42.778	0.056	0.000	0.000
1000	10.900	88.222	0.144	0.000	0.000
2000	11.500	180.111	0.633	0.000	0.006
2100	11.567	189.556	0.667	0.000	0.001
2200	20.133	173.778	9.256	2.700	0.541
2500	22.878	184.556	12.033	3.933	0.621
3000	23.444	177.000	12.578	4.522	0.723

传统收费站-只有 ETC 车道见表 5-17。

表 5-17

每车道车流量 （单位 veh/h）	该路段单车平均 行程时间（单位 s）	平均每车道通行车数量 （单位 veh）	平均每车道延误 时间	平均每车停车 时间	平均每车停车 次数
500	10.078	43.000	0.056	0.000	0.000
1000	10.200	88.444	0.100	0.000	0.000
2000	12.078	174.556	1.911	0.767	0.173
2100	13.267	179.667	3.078	1.378	0.283
2200	47.178	146.889	36.422	22.567	1.944
2500	51.222	145.000	40.444	24.367	2.331
3000	57.100	151.333	46.933	30.878	2.201

② 当收费站配置为全 ETC 车道时，分析图 5-55 发现：

- 车流量较小时两种收费站的吞吐量几乎相同。
- 当车流量较大时蜂窝式明显优于传统收费站。当车流量为 2500veh/h 时，VISSIM 显示仿蜂巢式收费站比传统收费站吞吐量大 55%，时间延迟低 70%。
- 此仿真完全符合排队论的模型结果。

说明排队论模型用于衡量仿蜂巢式收费站的吞吐量非常合理。

有 2 个 ETC、6 个人工收费站流量对照图如图 5-56 所示。

③ 当收费站配置为 2ETC 和 6 人工收费车道时，根据分析图 5-56 发现：

- 在较小车流（<400veh/h）的情况下，蜂巢式的通行能力与传统收费站几乎没有差别。
- 当车流较大（>900veh/h）时，混合蜂巢式的通行能力将大大降低，传统收费站会出现长时间拥堵现象，通过平均时间和平均时延也极高。
- 在车流量为 400veh/h 到 900veh/h 之间时，仿蜂巢式收费站的通行能力高于传统收费站。

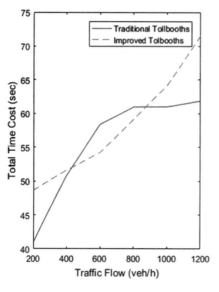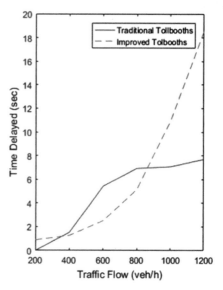

图 5-56

蜂巢式收费站（2ETC-6 人工）见表 5-18。

表 5-18

每车道车流量（单位 veh/h）	该路段单车平均行程时间（单位 s）	平均每车道通行车数量（单位 veh）	平均每车道延误时间	平均每车停车时间	平均每车停车次数
200.000	48.622	16.444	0.889	0.100	0.031
400.000	51.600	32.000	1.267	0.178	0.058
600.000	54.211	48.667	2.511	0.411	0.108
800.000	59.144	65.222	5.156	1.144	0.259
1000.000	64.111	78.778	10.900	2.922	0.573
1200.000	71.567	84.889	18.556	5.644	0.986

传统收费站（2ETC、6 人工）见表 5-19。

表 5-19

每车道车流量（单位 veh/h）	该路段单车平均行程时间（单位 s）	平均每车道通行车数量（单位 veh）	平均每车道延误时间	平均每车停车时间	平均每车停车次数
200.000	40.922	16.111	0.000	0.056	0.042
400.000	50.822	32.111	1.522	0.322	0.159
600.000	58.389	44.000	5.433	0.600	0.220
800.000	60.967	43.889	6.922	0.422	0.176
1000.000	60.989	43.778	7.056	0.367	0.148
1200.000	61.867	43.889	7.689	0.456	0.169

（3）　仿真样例。

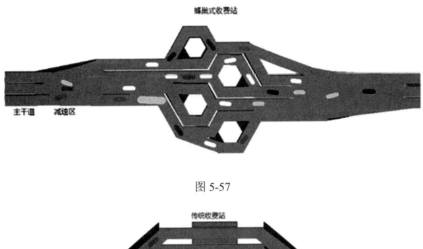

图 5-57

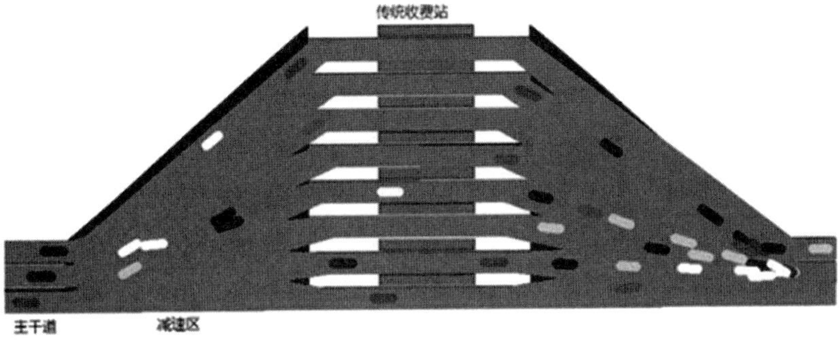

图 5-58

2. 不同收费站比例的影响

（1）模型简化。

根据文献[14]中的数据可知，人工收费与硬币收费机这两种收费方式对于该车道的通行能力影响差距较小，在实际研究中可忽略该差距。因此，本文将"人工收费、零钱收费和 ETC 收费对于蜂巢式收费站的影响"简化为"现金收费和 ETC 收费对于蜂巢式收费站的影响"，合理简化数学模型。

美国各类型收费系统中一条收费车道的通行能力[11]见表 5-20。

表 5-20

收费系统类型	每条收费车道的通行能力（辆/h）
人工收费（找零钱+只收预售票）	425
硬币收费机	500
低速自动车辆辨认收费系统	1200
高速自动车辆辨认收费系统	1800

（2）结论分析：

① 蜂巢式收费站对 ETC 所占比例较敏感，极可能会出现较多 ETC 通道时不易拥堵，

当减少 ETC 时就会出现拥堵的情况。随自动车辆辨认收费系统所占比例增大对于蜂巢式收费站吞吐量如图 5-59 所示。

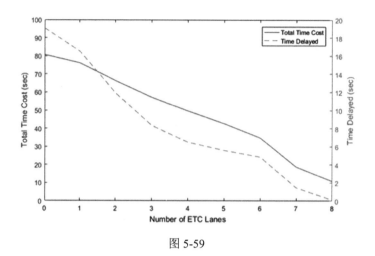

图 5-59

不同 ETC 数目的比较见表 5-21。

表 5-21

ETC/现金收费	该路段单车平均行程时间（单位 s）	平均每车道通行车数量（单位 veh）	平均每车道延误时间	平均每车停车时间	平均每车停车次数
0\8	80.689	276.111	19.078	4.089	0.712
1\7	76.111	283.556	16.500	4.622	0.744
2\6	66.378	286.667	11.922	3.344	0.586
3\5	57.167	288.889	8.311	2.011	0.386
4\4	49.633	289.333	6.478	1.544	0.308
5\3	42.611	290.111	5.578	1.278	0.259
6\2	34.722	290.667	4.844	0.633	0.111
7\1	18.778	292.111	1.456	0.467	0.071
8\0	10.822	292.667	0.111	0.000	0.000

② 现金收费所占比例越低，平均通行时间和平均时延越小，吞吐量越高。

③ 随着 ETC 车道的增多，每条车道平均通行车的数量同时增多，提高了道路利用率。

④ 当开放 8 个 ETC 通道时，蜂巢式收费站可以使在该车道上通行的全部汽车无须停车等待直接驶过。

⑥ 全 ETC 车道比全现金收费车道行驶时间缩短 8 倍。

3. 优点和缺点分析

（1）优点。

① 蜂巢式收费站极大节约土地面积，并减少建造费用。

② 蜂巢式收费站提前分流和合流，防止出现传统收费站一个窄口同时合流。

③ 蜂巢式收费站可以强制减速，防止 ETC 车速过快与在收费站附近的较慢的人工缴费汽车发生事故。

④ 通过大量的 VISSIM 交通仿真数据，得到仿真结果，其结果与排队论理论分析的结果是一致的。仿真结果表明，理想的蜂巢式收费站与传统收费站相比，效果更好，尤其是交通流量较大时，平均通过时间减少约 55%，每条车道平均延误时间减少约 70%。

⑤ 通过 VISSIM 仿真，我们得到了不能从埋论模型中直接得到的结果，例如当收费站全部是 ETC 或 MTC 的时候。

（2）缺点。

① 仿蜂窝收费站的设计，必须严格考虑车辆长度的选择，因为过长的汽车无法通过蜂巢式收费站的内部。

② 由于 VISSIM 4.3 中没有收费站模型，我们查阅参考大量文献，确定车辆通过收费站时的平均速度，通过减速带模型模拟该过程，存在一定的误差。

③ 因为确切的交通组成比例、实际数据、速度和加速度等不容易获得，导致交通仿真可能不够贴近现实。

④ 在仿真中忽略了零钱收费车道和人工收费车道的区别。

5.4.6　结论

随着 ETC 设备和自动驾驶车辆的增加，未来 20 年，ETC 车道将完全取代传统收费车道，提高车辆通过收费站的通行能力，降低车辆的时间成本。

目前，传统收费站设计占地面积大，建设成本高。随着车辆行驶速度的提高，合并点拥挤，这会增加发生事故的可能性。

为了解决这些问题，我们提出了一种新的蜂巢式收费站的设计方案。这个设计灵感来源于蜂巢。该收费站位于每个蜂巢正六边形的中心。由于这种特殊的结构，可以大大降低建筑成本。同时，通过在收费站内部对车辆进行预合并，可以大大减少合并过程中车辆所需的时间成本。此外，通过适当的设计，可以减少在合并点处发生碰撞的概率。

5.4.7　论文参考文献

[1]　王殿海主编. 交通流理论[M]. 北京：人民交通出版社，2002.

[2]　吴晓武. 高速公路收费站交通安全研究[D].长安大学，2004.

[3]　Honeycomb. https://en.wikipedia.org/wiki/Honeycomb

[4]　 Queueing theory. https://en.wikipedia.org/wiki/Queueing_theory.

[5]　Gross D. Fundamentals of queueing theory[M]. John Wiley & Sons, 2008.

[6]　The Washington State Department of Transportation design manual, chapter 1210, Geometric Plan Elements.

[7]　Manual H C. Highway capacity manual[J]. Washington, DC, 2000.

[8]　Hock, Ng Chee, Queueing Modeling Fundamentals, Wiley, New York, 1996.

[9] Cheng J, Jiang P. Design of Toll Collection Station for Quanzhou to Xiamen Freeway[J]. Journal of Highway & Transportation Reseach Andk Development, 1995.

[10] Pratelli A, Schoen F. Multi-Toll-Type Motorway Stations Optimal Layout[C]// Urban Transport XII. Urban Transport and the Environment in the 21st Century. 2006.

[11] Sivak M, Schoettle B. Road safety with self-driving vehicles: General limitations and road sharing with conventional vehicles[J]. 2015.

[12] PTV Vissim. http://vision-traffic.ptvgroup.com/en-us/products/ptv-vissim/.

[13] Liu L, Weng J, Rong J. Simulation Based Mixed ETC/MTC Freeway Toll Station Capacity[C]// 19th ITS World Congress. 2012.

[14] 丁创新.高等级公路收费站通行能力研究[D].昆明理工大学，2005.

5.5　2017 MCM D

2017 美国大学生数学建模竞赛 D 题特等奖论文解析：
减少机场安全等待时间

"优化机场安检口旅客通行（Optimizing the Passenger Throughput at an Airport Security Checkpoint）"是 2017 年美国大学生数学建模竞赛 D 题，是一道典型的排队问题。有关排队方面的问题在数学建模比赛中经常出现。这类问题大多都是要求参赛者在改进服务系统的结构或重新组织被服务对象，使得服务系统既能满足服务对象的需要，又能使机构的费用最经济或某些指标最优。在 2017 年的 MCM/ICM 比赛中共计有 16928 个参赛队成功提交了 MCM/ICM 参赛作品。其中选择 D 题的有 3664 支队伍，产生了 5 个特等奖。这 5 支队伍分别来自上海交通大学、清华大学、浙江大学、布朗大学（Brown University）和北卡数理高中（NC School of Science and Mathematics）。

对于 2017 美国大学生数学建模竞赛 D 题，本章给出一篇来自布朗大学（Brown University）Sovijja Pou, Daniel Kunin 和 Daniel Xiang 的特等奖论文"Reducing Wait Times at Airport Security"，并作简要点评。之所以选择这篇特等奖论文，一方面是这篇论文模型简单，此论文虽然不乏一些缺点，却仍能获得特等奖，足见其有过人之处；另一方面这篇特等奖论文是为数不多的美国本土参赛队的特等奖论文之一，有利于了解美国人的建模和写作思维。

2017 年的美国大学生数学建模竞赛 D 题是优化机场安检口旅客通行的问题，要求分析旅客通过安检口的流量，确定瓶颈，并提出改进以提高旅客通行，减少等待时间。题目还要求参赛者考虑不同文化差异的影响。赛题原文如下：

Optimizing the Passenger Throughput at an Airport Security Checkpoint

Airports have security checkpoints, where passengers and their baggage are screened for explosives and other dangerous items. The goals of these security measures are to prevent passengers from hijacking or destroying aircraft and to keep all passengers safe during their travel. However, airlines have a vested interest in maintaining a positive flying experience for passengers by minimizing the time they spend waiting in line at a security checkpoint and waiting for their flight. Therefore, there is a tension between desires to maximize security while minimizing inconvenience to passengers.

During 2016, the U.S. Transportation Security Agency (TSA) came under sharp criticism for extremely long lines, in particular at Chicago's O'Hare international airport. Following this public attention, the TSA invested in several modifications to their checkpoint equipment and procedures and increased staffing in the more highly congested airports. While these modifications were somewhat successful in reducing waiting times, it is unclear how much cost the TSA incurred to implement the new measures and increase staffing. In addition to the issues at O'Hare, there have also been incidents of unexplained and unpredicted long lines at other airports, including airports that normally have short wait times. This high variance in checkpoint lines can be extremely costly to passengers as they decide between arriving unnecessarily early or potentially missing their scheduled flight. Numerous news articles, including [1,2,3,4,5], describe some of the issues associated with airport security checkpoints.

Your Internal Control Management (ICM) team has been contracted by the TSA to review airport security checkpoints and staffing to identify potential bottlenecks that disrupt passenger throughput. They are especially interested in creative solutions that both increase checkpoint throughput and reduce variance in wait time, all while maintaining the same standards of safety and security.

The current process for a US airport security checkpoint is displayed in Figure 5-56.

- Zone A: Passengers randomly arrive at the checkpoint and wait in a queue until a security officer can inspect their identification and boarding documents.
- Zone B:
  - The passengers then move to a subsequent queue for an open screening line; depending on the anticipated activity level at the airport, more or less lines may be open.
  - Once the passengers reach the front of this queue, they prepare all of their belongings for X-ray screening. Passengers must remove shoes, belts, jackets,

metal objects, electronics, and containers with liquids, placing them in a bin to be X-rayed separately; laptops and some medical equipment also need to be removed from their bags and placed in a separate bin.

- All of their belongings, including the bins containing the aforementioned items, are moved by conveyor belt through an X-ray machine, where some items are flagged for additional search or screening by a security officer (Zone D).

- Meanwhile the passengers process through either a millimeter wave scanner or metal detector.

- Passengers that fail this step receive a pat-down inspection by a security officer (Zone D).

- Zone C: The passengers then proceed to the conveyor belt on the other side of the X-ray scanner to collect their belongings and depart the checkpoint area.

Approximately 45% of passengers enroll in a program called Pre-Check for trusted travelers. These passengers pay $85 to receive a background check and enjoy a separate screening process for five years. There is often one Pre-Check lane open for every three regular lanes, despite the fact that more passengers use the Pre-Check process. Pre-Check passengers and their bags go through the same screening process with a few modifications designed to expedite screening. Pre-Check passengers must still remove metal and electronic items for scanning as well as any liquids, but are not required to remove shoes, belts, or light jackets; they also do not need to remove their computers from their bags.

Data has been collected about how passengers proceed through each step of the security screening process. Click here to view the Excel data.

Your specific tasks are:

1.Develop one or more model(s) that allow(s) you to explore the flow of passengers through a security check point and identify bottlenecks. Clearly identify where problem areas exist in the current process.

2.Develop two or more potential modifications to the current process to improve passenger throughput and reduce variance in wait time. Model these changes to demonstrate how your modifications impact the process.

3.It is well known that different parts of the world have their own cultural norms that shape the local rules of social interaction. Consider how these cultural norms might impact your model. For example, Americans are known for deeply respecting and prioritizing the personal space of others, and there is a social stigma against "cutting" in front of others. Meanwhile, the Swiss are known for their emphasis on collective efficiency, and the Chinese are known for prioritizing individual efficiency. Consider how cultural differences may impact the way in which passenger's process through checkpoints as a sensitivity

analysis. The cultural differences you apply to your sensitivity analysis can be based on real cultural differences, or you can simulate different traveler styles that are not associated with any particular culture (e.g., a slower traveler). How can the security system accommodate these differences in a manner that expedites passenger throughput and reduces variance?

4.Propose policy and procedural recommendations for the security managers based on your model. These policies may be globally applicable, or may be tailored for specific cultures and/or traveler types.

In addition to developing and implementing your model(s) to address this problem, your team should validate your model(s), assess strengths and weaknesses, and propose ideas for improvement (future work).

Your ICM submission should consist of a 1 page Summary Sheet and your solution cannot exceed 20 pages for a maximum of 21 pages. Note: The appendix and references do not count toward the 20 page limit.

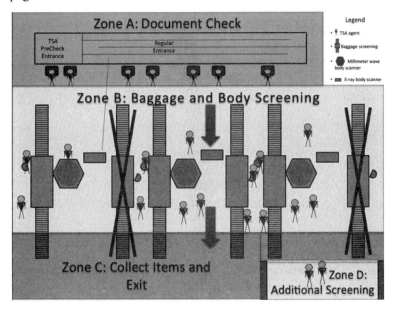

图 5-60

赛题参考翻译：在机场安全检查站优化乘客吞吐量

机场设有安全检查站，乘客及其行李通过安检时将被检查是否含有爆炸物和其他危险物品。这些安全措施的目的是防止乘客劫持或摧毁飞机，并在飞行期间保持所有乘客的安全。然而，航空公司希望通过尽量减少在安全检查站排队等待飞行的时间，为乘客提供良好的飞行体验。因此，需要在安全性最大化与对乘客的不便最小化之间寻找某种平衡关系。

在 2016 年，美国运输安全局（TSA）由于机场安检队列过长而受到了严厉批评，特别是芝加哥的奥黑尔国际机场。在公众关注之后，TSA 针对其检查点设备和程序进行了若干修改，并在高度拥堵的机场中增加了人员配置。虽然这些修改在减少等待时间方面有一定的作用，但 TSA 在实施新措施和增加人员配置方面的成本尚不清楚。除了奥黑尔国际机场之外，其他机场也发生了无法解释和不可预测的过长安检队列事件，包括通常等待时间较短的机场。安检队列的这种高度差异对于乘客来说可能是极其不便的，因为他们不得不决定要尽早到达，否则可能错过他们的预定航班。许多新闻包括报道了与机场安全检查相关的问题[1,2,3,4,5]。

TSA 已与其内部控制管理（ICM）团队签订合同，审查机场安全检查点和人员配置，以确定可能影响旅客吞吐量的瓶颈。 他们对既能提高检查点的吞吐量，又能减少旅客等待时间，同时保持相同的安全标准的创造性解决方案特别感兴趣。

美国机场安全检查点的当前流程如图 5-60 所示。

- 区域 A：

乘客随机到达检查站，并排队等候，直到安检员检查他们的身份证明和登机文件。

- 区域 B：

- 乘客进入扫描安检队列的队尾；扫描安检的队列数由机场的预期活动水平决定。

- 一旦乘客到达这个队列的前面，他们就准备好了自己的物品用于 X 光筛查。乘客必须将鞋子，皮带，夹克，金属物体，电子设备和装有液体的容器放入安检筐中，以便分别进行 X 光检查；笔记本电脑和一些医疗设备也需要从包裹中取出并放入单独的安检筐中。

- 乘客的所有物品，包括装有上述物品的安检筐，由传送带传送通过 X 光机，其中一些物品被标记，供安全人员（D 区）进行额外的筛查。

- 同时乘客通过毫米波扫描仪或金属探测器的安全检查。

- 未能通过此步骤的乘客将接受安检员（D 区）的搜身检查。

- C 区：

乘客前往 X 射线扫描仪另一侧的传送带，收集他们的物品并离开检查站区域。

大约 45%的乘客报名参加了一个称为预检查信任乘客计划。这些乘客需支付 85 美元并接受背景调查，以享受五年的独立安检程序。尽管一些乘客使用预检查过程，但是每三条常规安检通道通常只对应一个预检查通道。预检查乘客和他们的行李经过相同的安检流程，这些安检流程经过一些改进，以加快安检速度。预检查乘客仍然必须移除金属、电子物品和任何液体以进行扫描，但不需要脱去鞋子，皮带或轻便夹克;他们也不需要从包里取出电脑。

已经收集了乘客通过安检流程每一步的数据。单击此处查看 Excel 数据。

你们队的任务是：

a. 建立一个或多个模型，使你们队可以研究通过安全检查点的乘客流量，并识别瓶颈。清楚地确定当前流程中存在哪些问题。

b. 对当前流程进行两个或更多的潜在改进，以提高旅客吞吐量并减少等待时间的差异。对这些差异进行建模以演示你们的改进如何影响安检流程。

c. 众所周知，世界各地都有自己的文化规范，这些规范塑造了当地的社会交往规则。

考虑这些文化规范如何影响你的模型。例如，美国人以尊重他人的个人空间和优先考虑他人而闻名，插队被认为是一种社会耻辱；瑞士人以强调集体效率而闻名；中国人以优先考虑个人效率而闻名。以文化差异如何影响乘客通过检查站的过程作为灵敏度分析。用于灵敏度分析的文化差异可以基于真实的文化差异，或者模拟与任何特定文化无关的不同旅行者风格（例如，较慢的旅行者）。安检系统如何以一种能够加快旅客吞吐量并减少差异的方式来适应这些差异？

d. 根据您的模型为安全管理者提出政策和程序建议。这些建议可以是全球适用的，也可以针对特定文化和/或旅行者类型来定制。

除了建立和应用你们的模型来解决这个问题，你们团队还应该验证你们的模型，评估优缺点，并提出改进建议（未来的工作）。

你提交的论文应包括 1 页的摘要和最多 20 页的解决方案，所以总共最多 21 页。注意：附录和参考文献不计在 20 页的限制之内。

5.5.1 摘要

旅客以看似随机的时间到达 TSA 安全服务台，由于旅客这种到达时间的不确定性以及 TSA 安检效率的低下而有可能会导致较长且不确定的等待时间。TSA 机构必须面对的主要问题是提高旅客吞吐量，同时保持严格的安全标准。我们的解决方案由四个主要部分组成：一个描述安检的排队模型，一个可验证理论的测试模拟方法，将这些结果应用于成本效益分析，以及对模型进行修改以考虑不同旅客特征。

我们认为，TSA 效率的合理衡量标准是旅客排队等待的平均时间。排队模型是通过依次表示出旅客在队列中等待时间之间的关系而建立的。我们使用核密度估计和指数拟合来估计模型中涉及的随机变量的分布。我们获得了旅客等待时间的明确表达式，并以此推断旅客数量和到达率变化时系统的行为。

基于上述框架，我们建立了一种仿真方法，使用动态规划对旅客在安检系统内的到达时间进行抽样。该模拟以数值的方式验证了理论结果，并允许用不同的参数进行进一步的测试。这些测试的结果为我们提供了 TSA 安检过程可以优化的地方以及改善旅客体验的建议。

我们将成本效益分析应用于 TSA 在员工聘用和旅客安检时必须考虑的效率-成本权衡。通过对 TSA 员工的不同配置绘制利润目标函数并最大化利润率，我们找到了一个最优化的资源配置。

最后，我们考虑了旅客之间的差异，以及他们如何影响排队系统的行为和彼此的等待时间。我们研究了旅客按照其他方式排队，并发现这种方式不像我们预期的那样成功。

通过多种方法，我们能够成功地模拟旅客通过机场安检的行为，找出安检过程中的瓶颈，并建议改进目前的安检流程。随着我们的世界相互联系变得更加紧密，航空公司的航班增加，TSA 将不得不面对如何提高旅客吞吐量的问题。数学模型的使用无疑将成为在保持旅客安全的同时优化效率的有效工具。

5.5.2 引言

在这份报告中，针对在旅客吞吐量和等待时间差异方面，我们提出了一个模型来模拟优化 TSA 安全过程。具体而言，我们研究了身份检查服务台和安检扫描服务台的数量与到达率之间的关系，以确定安检过程中的瓶颈。我们还定义了一个成本度量来确定服务台的最佳数量。此外，我们研究了"虚拟队列"的执行并改变旅客的到达率，以及它们如何影响这些瓶颈。我们的模型为 TSA 提供了有价值的信息：在保持相同的安检标准下减少安检流程的等待时间及方差。

1. 概述

我们的目标是建立一个模型并应用该模型研究乘客通过机场安检的流程，找出当前过程中的瓶颈，并提出改进建议。为了实现这一目标，我们将按以下步骤进行：

- 建立一个排队模型，研究乘客等待时间（乘客等待时间是安检效率的一个衡量标准）。
- 执行模拟方法来验证理论框架并进行测试，以获得更深层次的见解。
- 根据成本效益分析，分析模拟结果以确定资源的最佳分配。
- 根据成本收益分析和文化差异对模型进行修改。在模型中加入更多的复杂性来考虑这些因素。

2. 主要假设

排队系统本质上是概率性的，因此难以描述和预测。为了量化等待时间的不确定性，有必要做一些简化的假设。下面列出了与问题相关的几个主要假设。其他额外的相关假设，我们将会在本文用到的部分再介绍。

- 服务台和队列之间的步行时间可以忽略不计。我们假设从一个队列移动到一个服务台或一个服务台移到一个队列的时间可以忽略。这是一个合理的假设，因为大多数 TSA 安检服务台都比较紧凑。
- 队列在"先到先服务"（FIFO）规则下运行。这个原则规定第一个到达队列的旅客将第一个接受服务。
- 所有员工的工作能力都是一致的。我们假设所有 TSA 员工都有同样的能力。这不是完全现实的，因为每个员工的工作能力是有差异的，然而，这个区别并不能为这个问题提供任何更有意义的见解。
- 乘客等待时间是吞吐量效率的准确度量。较长的乘客排队等待时间是 TSA 安检过程效率低下的结果。旅客吞吐量（以单位时间内旅客的数量计算）与每位乘客在系统中所花费的时间成反比。因此，旅客吞吐量的最大化基本等价于等待时间的最小化。

5.5.3 排队模型

我们将机场安检流程模拟为 2 个几乎相同的并行 FIFO 排队系统，其中 FIFO 规则如图所示。具有绿色实体的排队系统对应于 TSA 预检通道，具有蓝色实体的排队系统对应于常规通道中的乘客。两个系统都由一个队列 Q_1 连接一个服务台 S_1（身份检查服务台），通过时间分别是 S_1^{pre} 和 S_1^{reg}；再连接一个队列 Q_2，最后连接一个服务台 S_2（扫描服务台，其中包括微波扫描，行李扫描，以及必要时进行的额外扫描）组成的，通过时间分别是 S_2^{pre} 和 S_2^{reg}。预先确定的一小部分旅客将在预检通道中排队，而其余部分旅客将在常规通道中排队，上标"pre"和"reg"分别代表"顶检旅客"和"常规旅客"。

排队模型的示意图如图 5-61 所示。

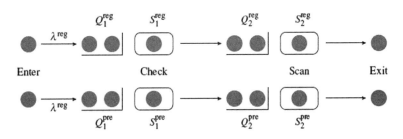

图 5-61

假设 1. 在额外的扫描（D）中花费的时间包含在给定数据文件中的"取到扫描物品的时间"列中。**说明：** 数据给出的是直到取回扫描的物品的总时间（H 列），这包含了在 D 区额外的扫描时间。这意味着 H 中的时间包含了在 D 区花费的任何时间。

假设 2. 对于我们模型的第一个版本，我们假设系统只包括图 5-61 中的第一行，并且在 S_1（身份检查服务台）和 S_2（扫描服务台）中的每一个处仅有一个服务台。稍后我们将去掉这个假设。

说明： 为了明确地解决我们后来发展的复发关系，假设服务台 S_1 和 S_2 每一次只能服务一个实体。当我们最终采取动态编程的方法时，将改变身份检查服务台和扫描服务台的数量，并选择一个优化成本效益权衡的配置（参见"成本效益分析"部分）。

1. 获得概率密度

（1）指数拟合。

图 5-62 描述的是从给定数据文件中提取的乘客到达时间间隔的直方图。预检（左）和常规（右）旅客的到达间隔时间的指数拟合（使用 MatLab expfit 函数）曲线重叠在相应的直方图上。它们非常类似于指数概率密度的形状，这启发了我们做出下一个关键假设。

假设 3. 到达时间间隔服从参数为 $\lambda^{reg}=12.9$（s／人）和 $\lambda^{per}=9.2$（s／人）的指数分布。

说明： 我们选择 Poisson 过程来模拟旅客的到达过程，因为到达时间间隔的直方图类似于指数分布，这符合 Poisson 过程对到达间隔时间的定义特征。由于样本均值就是 Poisson 分布参数的最大似然估计[1]，我们使用的速率参数的估计值是到达时间的样本均值。

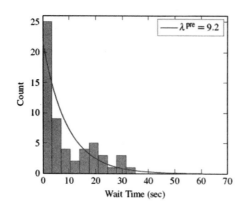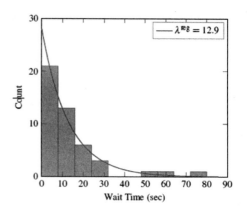

图 5-62

（2）核密度估计。

我们定义下面的随机变量。

$$T_{total}^{(j)} \doteq 乘客 j 在 TSA 检查中花费的总时间$$

$$T_{Qj}^{(j)} \doteq 乘客 j 在队列 i 中的等待时间$$

$$S_i^{(j)} \doteq 乘客 j 花在服务 i 上的时间$$

$$A_j \doteq 乘客 j 的到达时间$$

$$I_j \doteq 乘客 j-1 \ 和 j 之间的到达时间间隔$$

A_j 可以写成前 j 个到达间隔时间的总和，我们假定这个时间间隔是服从指数分布。为了找到 $S_i^{(i)}$ 的分布，我们使用 MatLab 的 ksdensity 函数对给定数据进行核密度估计，以估计支撑集为正实数集的密度。

图 5-63 为常规和预检旅客在服务台 1（身份检查）花费时间的核密度估计曲线重叠在相应的直方图。

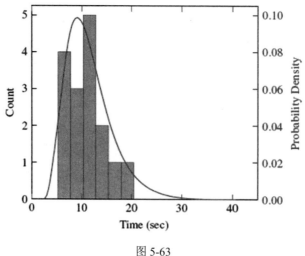

图 5-63

假设 4. 由于无须移除尽可能多的私人物品，所以在扫描站中预检旅客花费的时间更短。

图 5-64 为预检（左）与常规（右）旅客在服务台 2（扫描）花费时间的核密度估计。

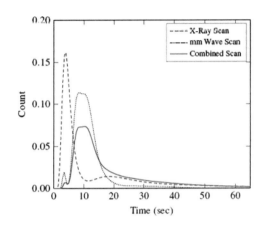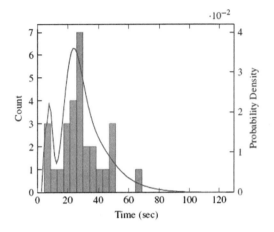

图 5-64

说明： 这是一个合理的假设，因为预检旅客为了行使这种特权而支付了额外的费用。

为了得到预检旅客在服务台 2（扫描）花费的时间分布，我们注意到，由于不需要移除个人物品，他们在扫描服务台花费的时间 S_2^{pre} 是在微波扫描中花费的时间和在行李扫描上花费的时间的最大值。例如，如果行李先完成扫描，那么一旦乘客离开微波扫描，他们可以立即拿起行李走人。

$X \approx$ 在微波扫描花费的时间。

$W \approx$ 扫描一件行李的时间。

$$Y \approx 2.26 \cdot W$$

$$S_2^{pre} \approx \max(X, Y)$$

由于提供的数据文件给出了每件行李退出扫描机器的时间，因此我们必须将表示这一时间的随机变量乘以旅客平均携带的行李数量。根据 TSA 的报道，一名乘客平均携带 2.26 个行李[2]。

假设 5. X 和 Y 是相互独立的。

说明： 这是一个合理的假设，因为行李扫描仪和微波扫描仪的扫描时间不会相互影响。

我们使用核密度估计来估计 X 和 Y 的分布（在图 5 的左图中用虚线表示密度）。获得 S_2^{pre} 的分布：

$$F_s(s) \approx P(S_2^{pre} \leqslant s) = P(\max(X,Y) \leqslant s) = P(X \leqslant s, Y \leqslant s) = F_X(s)F_Y(s)$$

最后等号是基于 X 和 Y 是相互独立的。取导数得到 S_2^{pre} 的密度分布：

$$f_S(s) \approx \frac{d}{ds}F_S(s) = f_X(s)F_Y(s) + f_Y(s)F_X(s)$$

计算该密度并将其绘制成黑色实线，并与 fx 和 fw 的核密度估计值一同绘制于图 5 左图中。

2. 写出递推关系

（1）定义和推导。

我们将乘客 n 在系统中花费的总时间定义为排队和在服务台花费的时间总和。

$$T_{\text{total}}^{(n)} = T_{Q_1}^{(n)} + T_{Q_2}(n) + S_1^{(n)} + S_2^{(n)} \tag{1}$$

我们在第一个队列中顺序地定义等待时间 $\{T_{Q_1}^{(i)}\}_{i \geqslant 1}$。乘客 i 在队列 1 中花费的时间等于其到达的时刻减去乘客 $i-1$ 离开第一个服务台的时刻。后面乘客的数量可以写成之前乘客的以下数量的总和：到达时刻，排队花费的时间、接受服务花费的时间。这个递推关系如下所示：

$$\begin{aligned} T_{Q_1}^{(1)} &= 0 \\ T_{Q_1}^{(2)} &= A_1 + T_{Q_1}^{(1)} + S_1^{(1)} - A_2 \\ &\vdots \\ T_{Q1}^{(n)} &= A_{n-1} + T_{Q1}^{(n-1)} + S_1^{(n-1)} - A_n \end{aligned}$$

假设 6. 当乘客到达任何一个队列时，总是有人排队等待（除了第一个乘客到达的情况）。

说明： 在对 $T_{Q_1}^{(i)}$ 的定义中，我们应该取上面显示的表达式的最大值和 0，因为我们可能有 $A_i > A_{i-1} + T_{Q_1}^{(i-1)} + S_1^{(i-1)}$，即乘客 i 在乘客 $i-1$ 离开服务站之后才到达。这会导致负的等待时间。然而，省略取最大值操作 max 允许显式的求解递推 $T_{Q_1}^{(n)}$ 并且极大地简化了计算。稍后我们将去掉这个假设。

通过解决递推问题，我们获得了在队列 1 中乘客 n 等待时间的明确形式

$$T_{Q_1}{}^n = \left(\sum_{i=1}^{n-1} S_1^{(i)}\right) - A_n + A_i$$

请注意，A_n 可以写为服从指数 (λ) 分布的到达间隔时间 $\{I_j\}_{j=1}^n$ 和的形式，所以 $T_{Q_1}^{(n)}$ 的期望可由下式给出

$$\begin{aligned} E(T_{Q1}^{(n)}) &= E\left(A_1 - A_n + \sum_{i=1}^{n-1} S_1^{(i)}\right) = E\left(A_1 - \sum_{i=1}^{n-1} S_1^{(i)}\right) \\ &= \lambda - \sum_{i=1}^{n} \lambda + \sum_{i=1}^{n-1} E(S_1^{(i)}) = \lambda(1-n) + E(S_1^{(i)})(n-1) \end{aligned}$$

其中第三个等式遵循期望值可线性叠加，并且由于 A_1 和 I_i 服从 $\exp(\lambda)$ 分布。通过简化，我们有

$$E(T_{Q1}^{(n)}) = (n-1)(E(S_1^{(1)}) - \lambda) \tag{2}$$

说明. 这个表达式是直观的，因为如果每个乘客的期望服务时间 $E(S_1^{(1)})$ 大于乘客到达

时间间隔,那么就会形成队列,所以在第一个队列中等待时间的期望值随乘客人数 n 增加。我们也注意到表达方式的不一致性,也就是说,它可能是现在写出来的形式的负值。事实上,时间永远不会是负的。这个负值情况是假设 6 的一个结果,因为在计算中我们没有在数值和 0 之间取最大值。此说明适用于所有带方框的方程(5)、(6)和(7)。一旦在小节 5.6.4 中删除假设 6,时间将严格为非负数。

同样,我们可以递推地表示出在队列 2 中等待的时间,并求解出 $T_{Q_2}^{(n)}$。该过程与 $T_{Q_1}^{(n)}$ 非常相似,所以我们省略了计算并直接给出了最终表达式。

$$T_{Q_2}^{(n)} = \sum_{i=1}^{n-1} S_2^{(i)} - (T_{Q_1}^{n} + A_n + S_1^{(n)}) + (A_1 + S_1^{(1)})$$

通过期望的可线性叠加以及 $S_1^{(1)} \stackrel{(d)}{=} S_1^{(n)}$

$$E(T_{Q_2}^{(n)}) = \sum_{i=1}^{n-1} E(S_2^{(i)}) - E(T_{Q_1}^{(n)}) + \lambda(1-n)$$

代入式(2)中的 $E(T_{Q_1}^{(n)})$,并使用 $S_2^{(i)}$ 服从独立同分布的假设简化,得出:

$$E(T_{Q_2}^{(n)}) = (n-1)(E(S_2^{(1)}) - E(S_1^{(1)})) \tag{3}$$

因此,乘客 i 在 TSA 安检全过程中花费的期望总时间是:

$$E(T_{\text{total}}^{(n)}) = E(T_{Q_1}^{(n)}) + E(T_{Q_2}^{(n)}) + E(S_1^{(n)}) + E(S_2^{(n)}) \tag{4}$$

其中 $E(T_{Q_1}^{(n)})$ 和 $E(T_{Q_2}^{(n)})$ 由式(2)和(3)给出。

(1)平均等待时间。

为了计算任意乘客在队列 1 中等待的平均时间,我们取所有乘客等待时间的平均值。以随机变量 $T_{Q_1}^{\text{avg}}$ 的形式产生一个表达式。然后,我们取其期望值来得到队列中的平均等待时间:

$$T_{Q_1}^{\text{avg}} \doteq E\left(\frac{1}{n} \sum_{i=1}^{n} T_{Q_1}^{(i)}\right) = \frac{1}{n} \sum_{i=1}^{n} (i-1)(E(S_1^{(1)}) - \lambda)$$

其中后一个等式来自式(2)。通过简化,得出:

$$T_{Q_1}^{\text{avg}} = \frac{n-1}{2}(E(S_1^{(1)}) - \lambda) \tag{5}$$

类似计算可以给出队列 2 中的平均等待时间:

$$T_{Q_2}^{\text{avg}} = \frac{n-1}{2}(E(S_2^{(1)}) - E(S_1^{(1)})) \tag{6}$$

为了得到总的平均等待时间,我们将式(5)和式(6)的平均等待时间与式(1)结合起来,得到:

$$T_{\text{total}}^{\text{avg}} = T_{Q_1}^{\text{avg}} + T_{Q_2}^{\text{avg}} + E(S_1^{(1)}) + E(S_2^{(1)}) \tag{7}$$

计算带方框的表达式(5)、(6)和(7)来与下一小节的模拟进行比较,将有助于验证我们的模拟方法。

5.5.4 模拟

1. 一种动态规划方法

在上一节中，为了简化计算，对身份检查和扫描服务台的数目进行了假设。结果，我们得到了解析的公式。在接下来的小节中，我们不再做这个简化假设，而是表示为：

$$C \approx 身份检查服务台的数量$$
$$K \approx 扫描服务台的数量$$
$$n \approx 乘客数量$$

我们的模型不限于任何有限数量的乘客。为了仿真，我们抽样 n 个乘客，其中 n 可以任意大。

每个乘客都有到达时刻，身份检查过程的开始/结束时刻，以及扫描过程的开始/结束时刻。由于我们对这些时刻的表达是递推的，所以采用了一种动态规划的方法来填充一个二维数组，其行代表时间事件，列代表乘客。

由于到达时间间隔服从指数分布 (λ)，我们用指数分布随机数的总和来模拟到达时刻。由于身份检查有 c 个服务台，我们查看前面 c 个乘客接受身份检查的离开时间，以确定哪个服务台是最先可用的。如果当前乘客的到达时刻晚于服务台的可用时刻（即空闲时刻），则乘客可以直接进入其中一个空闲的身份检查服务台。否则，他们必须等到一个服务台重新开放。扫描过程开始时刻的计算与身份检查类似，使用 k（扫描服务台的数量）代替 c。两种服务台的结束时刻是通过从服务时间的核密度估计抽样并将其加到开始时刻来计算的。

为了计算平均等待时间，我们考虑服务开始时刻和乘客开始等待时刻之间的时间差，乘客开始等的时刻可以是他们到达时刻或者他们的身份检查结束的时刻，这取决于他们所在的队列。然后我们取所有乘客的平均值并返回这个结果。下面以伪代码的形式给出一组更简洁的指令。

1. 伪代码

结果：一个表示在队列和整个系统中花费的平均时间的矢量。

首先，初始化一个 5 行 $\max(c, k) + n$ 列的二维数组。每一行代表一个乘客到达时间、进入身份检查服务台的时刻、离开身份检查服务台的时刻、进入扫描服务台的时刻、退出扫描服务台的时间（完成）。

for $i \in \{\max(c,k),\cdots,n\}$ do

　　到达$^{(i)}$ = 到达$^{(i-1)}$ + sample$_{\exp(\lambda)}$

　　检查$^{(i)}_{开始}$ = max$\{$到达$^{(i)}$, min(检查$^{(i-c)}_{结束}$,$\cdots$,检查$^{(i-1)}_{结束}$)$\}$

　　检查$^{(i)}_{结束}$ = 检查$^{(i)}_{开始}$ + sample$_{检查}$

　　扫描$_{(i)}^{开始}$ = max$\{$检查$_{(i)}^{结束}$, min(扫描$^{(i-k)}_{结束}$,$\cdots$,扫描$^{(i-1)}_{结束}$)$\}$

　　扫描$^{(i)}_{结束}$ = 扫描$^{(i)}_{开始}$ + sample$_{扫描}$

end　for

$$T_{Q1}{}^{avg} = \frac{1}{n}\text{sum}(检查_{开始} - 到达)$$

$$T_{Q2}{}^{avg} = \frac{1}{n}\text{sum}(扫描_{开始} - 检查_{开始})$$

$$T_{total}{}^{avg} = \frac{1}{n}\text{sum}(扫描_{结束} - 到达)$$

return$(T_{Q_1}{}^{avg}, T_{Q_2}{}^{avg}, T_{total}{}^{avg})$

2. 与模型的比较

我们在 MatLab 中实现了上面所描述的模拟，并将模拟的平均等待时间与上一小节中推导出的平均等待时间公式，即表达式（3）（6）和（7）进行比较。图 5-65 为在队列 1（左）和队列 2（右）花费的平均时间模型计算结果与模拟结果图，模拟时间和理论时间平均值分别用蓝色和橙色表示。

从图中可以看到，当旅客人数从 50 人增加到 4050 人时，它们似乎也遵循相同的趋势。最终，我们更倾向于相信使用我们的模拟测试所得到的结果。对于在队列 1 中的等待时间，模拟似乎与理论结果有较大差异。但是，考虑这些被画出的等待时间的量级，我们推断我们看到的这个相对大的差异的原因是队列 1 的等待时间在数量级上要小于队列 2。在系统中花费的总时间的模拟值与理论值的图被省略，因为它基本上是上述两个图的总和，因此，系统中花费的总时间遵循相同的趋势。

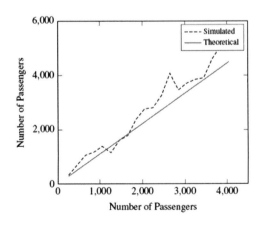
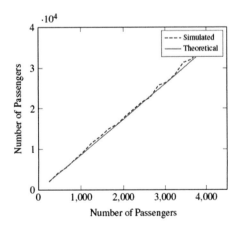

图 5-65

5.5.5　评价/结果

1.　旅客吞吐量瓶颈

通过模型，我们确定了乘客通过机场安检的两个主要瓶颈：身份检查服务台和扫描服务台。通过模拟，我们研究出每种服务台的数量如何影响乘客等待的总时间。

（1）身份检查服务台。

身份检查服务台是乘客在抵达机场安检时遇到的第一个瓶颈。TSA 预检乘客和普通乘客都是以同样的速度从服务台接收服务，因此在研究这个瓶颈时，我们只考虑一种服务时长分布。然而，TSA 预检和普通乘客以不同的速率到达该服务台，因此我们研究了不同的到达率和检查服务台的数量将如何影响检查队列中的等待时间。在 c（左）和 k（右）的各种值中花费在 ID 检查队列中的等待时间图如图 5-66 所示。

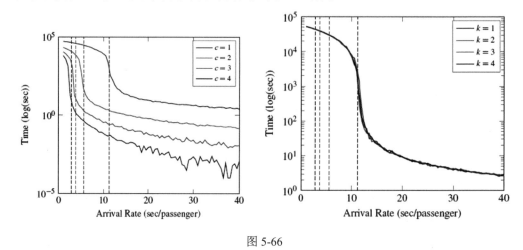

图 5-66

显然，身份检查队列中乘客的平均等待时间似乎与扫描服务台的数量 k 无关。然而，身份检查服务台的开放数量 c 与身份检查队列中的乘客的平均等待时间之间有明确的关系。等待时间经历了显著的转变，随着乘客到达速率的减缓（λ 增加）而急剧下降。使用之前给出的排队模型，可以通过以下关系来估计发生该转变的 λ 值：

$$\lambda = \frac{E(S_1^{(i)})}{c} \tag{8}$$

说明：这个关系可以理解为当平均到达率（λ）等于平均服务率（$E(S_1^{(i)})/c$）的条件。当乘客的到达速率快于在身份检查服务台的处理速度时，就会形成一个队列，造成乘客吞吐量的瓶颈。相反，当乘客接受服务的时长比抵达的时间间隔更短时，则不太可能形成队列。在 $c = 1$ 的情况下，这相当于将由式（2）给出的 Q_1 中的等待时间期望设置为 0。

由式（8）给出的 λ 转变值的估计在图 5-66 中绘制为垂直线。可以看到，这些点非常接近我们模拟观察到的转变。

（1）扫描服务台。

扫描服务台是旅客在机场安检中遇到的第二个瓶颈。我们进行了一个类似于我们在第一个瓶颈上进行的分析。与身份检查服务台不同，TSA 预检和普通乘客在本服务台遇到不同的服务率；不过，总的趋势依然如此。在 c（左）和 k（右）不同值的不同到达率下在正常扫描队列中花费的平均时间图如图 5-67 所示。

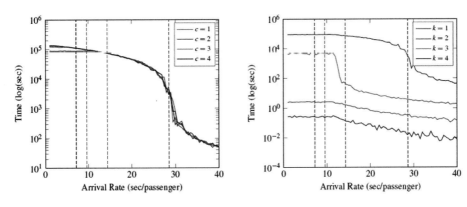

图 5-67

扫描站中乘客的平均等待时间取决于 c 和 k。我们观察到 λ 过渡值的概念，在上面讨论的第一个瓶颈中是重要的，因为它们标记了 $T_{Q2}^{(n)}$ 中的显示过渡，其中类似的值为：

$$\lambda = \frac{E(S_2^{(i)})}{c}$$

2. 乘客等待时间的方差

提高旅客吞吐量和减少等待时间只是提高机场安检效率的一部分。同样重要的是减少乘客等待时间的方差，以确保乘客通常知道安检将会需要多长时间。使用我们的模拟，我们研究了身份检查服务台数量（c）和扫描服务台数量（k）是如何影响队列中乘客等待时间的方差的。我们发现身份检查服务台的数量对两个队列中等待时间的变化影响比扫描服务台的数量的影响更大。固定 $k = 1$ 并改变 c 时，乘客在身份检查队列（左）和扫描队列（右）中花费的时间方差图，如图 5-68 所示。

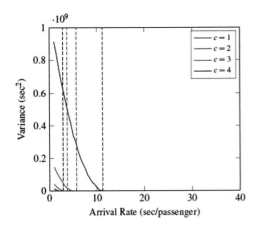 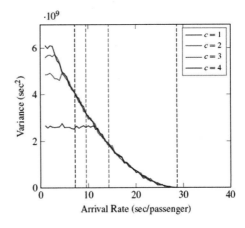

图 5-68

如图 5-68 所示，每个队列中乘客等待时间的方差随着到达率的增加而降低。主要转变发生在由式（8）给出的相同的 λ 转变值处。

3. 对模型的修改

（1）成本效益分析。

在本小节，我们要面对平衡雇用 TSA 工作人员的成本和增加乘客吞吐量的优化问题。"9·11"事件之后，TSA 在 2017 年开始收取包括每单程 6.60 美元的安检费[3]。这笔费用用于资助 TSA 的机场安保措施。换句话说，增加旅客吞吐量同时限制安检成本对于 TSA 来说可能是有利的。为了研究这种关系，我们使用以下变量描述 TSA 利润的目标函数。

$C_p \approx$ "9·11"单程费用；

$C_t \approx$ 安检员工（TSO）的成本；

$T_{total} \approx$ 从进入系统到离开的平均时间。

说明：在 ATL Hartsfield-Jackson 机场，一个 TSO 平均每小时工资 18.5 美元。把这个工资换算成与我们计算相关的单位，TSO 平均每秒工资为 0.0005139 美元[4]。另外，我们假设一个身份检查服务台需要 1 个 TSO 操作，而一个扫描服务台需要 3 个 TSO 操作：一个用于微波扫描，一个用于 X 射线，另一个用于辅助。

假设 7. 运行 TSA 安检服务台的唯一成本是聘用 TSA 工作人员。

说明：还有其他一些成本，包括管理、机器维护和 TSO 培训，但这些成本与员工工资相比是微不足道的。

最后，我们将 TSA 利润率 P 定义为 TSA 通过"9·11"费用获得的收益率与 TSA 雇员的费用率之差。以这种方式结合上面定义的术语可以得出一个利润的衡量标准，单位是美元/秒如图 5-69。

$$P = \frac{C_p}{T_{total}} - (c + 3k) \cdot C_t$$

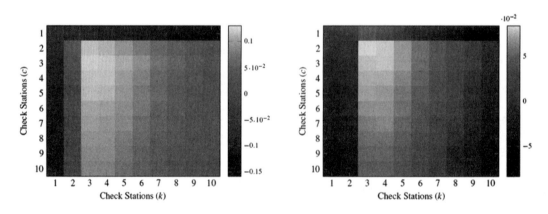

图 5-69

如第 5.6.4 小节所述，c 和 k 分别是指身份检查服务台和扫描服务台的数量。我们希望找到使这个目标函数最大化的参数 c 和 k。使用第 5.6.4 节中描述的动态规划方法，我们对 T_{total} 进行采样，对于 c 和 k 的不同值计算 P，并绘制出图。

对于 TSA 预检通道，最具成本效益的设置是具有 3 个身份检查服务台和 3 个扫描服务台，此时利率可以达到每秒 $P=0.140$ 美元。对于常规的安检通道，最具成本效益的设置是具有 2 个身份检查服务台和 3 个扫描服务台，此时利率可以达到 $P=0.083\$/s$。与常规安检相比，每位使用 TSA 预检通道的乘客都能使 TSA 的收入增加 68.6%。

（2）灵敏度分析。

另一项修改是引入了虚拟排队，这种方法首先在呼叫中心实施，以最大限度地减少感知的等待时间[5]。在乘客办理登机手续后，航空公司会在这段时间内为他们指定抵达时间和窗口，以进入安检程序。指定的登机时间提示乘客何时到达第一个队列，乘客现在有更多的空闲时间在机场的商店购物，而不是排队等候。虚拟排队不仅可以减少等待时间，还可以实现非 FIFO 规则。

我们区分两种类型的旅客：慢速和快速（缺乏经验和有经验的），其服务时间乘以预设的因子。我们定义了一个新的方式，即"优先级"来描述使用虚拟队列将相似经验水平的乘客分组在一起，以便所有慢速乘客先行，然后是快速乘客。这是与之前的方式不同的，之前的方式是不同速度的乘客随机到达。

在图 5-70 中，我们绘制了等待时间与慢速乘客的比例关系，即等待时间（左）及方差（右）与优先快速乘客比例（红色）和 FIFO 规则（蓝色）的关系图。与我们最初的假设相反，优先规则通常导致平均总等待时间和方差更高。一个可能的解释是，如果慢的人先行，他们会造成快速乘客的排队等候，增加平均等待时间。

事实上，没有经验的乘客（慢）更容易早到，因为他们是安检过程的新手，而经验丰富的乘客（快）很可能迟到。因此，他们自然会组成类似于我们优先规则的模拟条件。因为我们的模拟表明，这会降低旅客吞吐量，机场可以使用虚拟排队和新的规则，以确保更均匀的乘客分布来避免瓶颈。

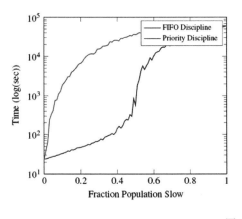 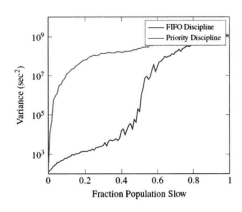

图 5-70

5.5.6　改进模型

1.　旅客特征

在前面的模型和改进中，我们只根据旅行经验来考虑我们认为缓慢和快速到达的旅客。

其实，我们可以通过创建一个基于各种特征（如年龄、行走速度、家庭等）的系统来获得更多可靠的结果。也许针对不同类型的旅客设计不同的安检通道将是最佳的解决方案。

2. 不同的排队规则

在我们的模拟中只考虑了 FIFO 和优先级规则，我们可以进一步研究新的乘客排队方式，这些排队方式可能会给出更有效的虚拟队列。

3. 到达率调控

由于机场调度的性质，到达率在整个一天的过程中遵循一致的 Poisson 分布是不太可能的[6]。虚拟排队使我们能够更好地控制到达率（λ）的变化，因为我们设置了乘客到达时刻。在我们的模拟中，显示出总等待时间及其方差主要是以 λ 的波动为特征的。因此，我们可以研究如何来调整到达率，同时确保所有的乘客及时登机。

4. 提高利润措施

我们模型中忽略了很多成本和收入的来源。比如机器的维护，员工的管理和乘客等待时间的变化。

5.5.7 结论

解决机场安检等待时间过长的问题需要使用统计学和计算机科学领域的多种技术。TSA 安检的动态不确定性由排队网络描述，并使用动态规划进行模拟。我们的模拟结果有助于确定最佳的安检工作人员数量，以使利润最大化。而灵敏度分析表明，我们最初的基于乘客经验的排队方式的想法是有缺陷的。我们通过考虑旅行者特征、制定排队规则和调控乘客到达时刻等因素，找到了可以让我们的模型更强大的地方。现实世界继续呈现各种有趣的问题，以供人类思考并开发数学工具来解决。我们试图紧接着这篇论文继续深入了解这个问题，说明和验证了理论应用和好奇心对探索的重要性。

5.5.8 附录

A MatLab 程序代码

readata.m

```
function [dt, name] = readata(type)
% READATE read time data from Data.xlsx file, converts to seconds, and then
% computes interarrival times. ICM 2017 Problem D.
%
% A TSA PreCheck Arrival Times    (PreArrT): Airport checkpoint recoding
%   individuals entering the pre-check queue.
% B Regular Arrival Times         (RegArrT): Airport checkpoint recoding
%   individuals entering the regular queue.
% C ID Check TSA officer 1        (IdChkT1): The time the arrival of the
%   passenger to the ID check station until the TSA officer calls the next
%   passenger forward.
```

```
% D ID Check TSA officer 2           (IdChkT2): Same as column C, but for a
%    different TSA officer.
% E mm wave scan times:              (MMScanT): Time stamps as passenger exited
%    the milimeter wave scanner.
% F X-Ray Scan Time 1                (XRayST1): Time stamps as bags exited the
%    x-ray screening.
% G X-Ray Scan Time 2                (XRayST2): Same as column F, but for a
%    different TSA officer.
% H Time to get scanned property (GetProT): Time it takes people from
%    arriving at the belt to place items to be scanned, until they retrieved
%    their items off the post-xray belt.
%
% Zhou Lvwen: zhou.lv.wen@gmail.com
% January 8, 2018


d2s = 24 * 3600;

switch type
    case{'A','PreArrT','TSA PreCheck Arrival Times'}
        column = 'A'; isinter = 0; name = 'TSA PreCheck Arrival Times';
    case{'B','RegArrT','Regular Arrival Times'}
        column = 'B'; isinter = 0; name = 'Regular Arrival Times';
    case{'C','IdChkT1','ID Check TSA officer 1'}
        column = 'C'; isinter = 1; name = 'ID Check TSA officer 1';
    case{'D','IdChkT2','ID Check TSA officer 2'}
        column = 'D'; isinter = 1; name = 'ID Check TSA officer 2';
    case{'CD','IdChkT','IdChkT12','ID Check TSA officer 1 & 2'}
        dt = [readata('IdChkT1'); readata('IdChkT2')];
        name = 'ID Check TSA officer 1 & 2';
        return
    case{'E','MMScanT','mm wave scan times'}
        column = 'E'; isinter = 0; name = 'mm wave scan times';
    case{'F','XRayST1','X-Ray Scan Time 1'}
        column = 'F'; isinter = 0; name = 'X-Ray Scan Time 1';
    case{'G','XRayST2','X-Ray Scan Time 2'}
        column = 'G'; isinter = 0; name = 'X-Ray Scan Time 2';
    case{'FG','XRayST','XRayST12','X-Ray Scan Time 1 & 2'}
        dt = [readata('XRayST1'); readata('XRayST2')];
        name = 'X-Ray Scan Time 1 & 2';
        return
    case{'H','GetProT','Time to get scanned property'}
        column = 'H'; isinter = 1; d2s = 24 * 60;
        name = 'Time to get scanned property';
    otherwise
        error(['No data named ', type]);
end

data = xlsread('Data.xlsx',[column,':',column]) * d2s;

if isinter; dt = data; else; dt = diff(data); end
```

ArrivalTFit.m

```
function [lambdaPre, lambdaReg] = ArrivalTFit(isplot)
% The exponential fit to the interarrival times of precheck (left) and
% regular (right) passengers.
%
% Reference: Sovijja Pou, Daniel Kunin, Daniel Xiang. Brown University. ICM
% 2017 Problem D. Outstanding: Reducing Wait Times at Airport Security.
%
% Zhou Lvwen: zhou.lv.wen@gmail.com
% January 8, 2018

if nargin==0; isplot = 1; end

[PreArrT, PreName] = readata('PreArrT');
[RegArrT, RegName] = readata('RegArrT');

% Average inter-arrival time of precheck and regular passengers
lambdaPre = expfit(PreArrT); % [sec/passenger]
lambdaReg = expfit(RegArrT); % [sec/passenger]


%
--------------------------------------------------------------------------
--

if ~isplot; return; end
figure('position',[100,100,1000,450]);  % Figure 2

% Interarrival histogram (Regular PAX)
subplot(1,2,1);
hPre = histfit(PreArrT,10,'exponential');
legend(hPre(2),['Exponential Fit: lambda = ',num2str(lambdaPre)]);
xlabel('Wait time [sec]'); ylabel('Count'); title(PreName);

% Interarrival histogram (Precheck)
subplot(1,2,2);
hReg = histfit(RegArrT,10,'exponential');
legend(hReg(2),['Exponential Fit: lambda = ',num2str(lambdaReg)]);
xlabel('Wait time [sec]'); ylabel('Count'); title(RegName);
```

IDChkPdf.m

```
function [ti, fi] = IDChkPdf(isplot)
%
% Reference: Sovijja Pou, Daniel Kunin, Daniel Xiang. Brown University. ICM
% 2017 Problem D. Outstanding: Reducing Wait Times at Airport Security.
%
% Zhou Lvwen: zhou.lv.wen@gmail.com
% January 8, 2018
```

```
if nargin==0; isplot = 1; end

IdChkT = readata('IdChkT');
[fi, ti] = ksdensity(IdChkT,'Support','positive');

%
-------------------------------------------------------------------
--

if ~isplot; return; end
% Plots of ID Check process times 1 and 2
figure                       % Figure 3
hist(IdChkT,6); hold on
ax = plotyy(NaN,NaN, ti,fi,'plot');
xlim([0,45])

set(get(ax(1),'Ylabel'),'String','Count')
set(get(ax(2),'Ylabel'),'String','Probability Density')
xlabel('Time (sec)')
```

ScanPdf.m

```
function [xi, fiPre, fiReg] = ScanPdf(isplot)
% The kernel density estimate of precheck and regular passenger time spent
% in service station 2 (scanning).
%
% Reference: Sovijja Pou, Daniel Kunin, Daniel Xiang. Brown University. ICM
% 2017 Problem D. Outstanding: Reducing Wait Times at Airport Security.
%
% Zhou Lvwen: zhou.lv.wen@gmail.com
% January 8, 2018

if nargin==0; isplot = 1; end

Nbags = 2.26; % A passenger brings 2.26 bags on average

MMScanT = readata('MMScanT');
XRaySTs = readata('XRayST') * Nbags;

dx = 0.5; xi = 0:dx:120;
fiM = ksdensity(MMScanT, xi, 'Support', 'positive'); ciM = cumsum(fiM)*dx;
fiX = ksdensity(XRaySTs, xi, 'Support', 'positive'); ciX = cumsum(fiX)*dx;
fiPre = fiX.*ciM + fiM.*ciX;

GetProT = readata('GetProT');
fiReg = ksdensity(GetProT, xi, 'Support', 'positive');

%
-------------------------------------------------------------------
--
```

```
if ~isplot; return; end
% Plots of X ray scan time 1 and 2 combined
figure('position',[100,100,1000,450]);  % Figure 4
subplot(1,2,1);
plot(xi,fiM, ':r', xi, fiX, '--b', xi, fiPre, '-k','linewidth',2)
legend('mm Wave Scan','X-Ray Scan','Combined Scan')

subplot(1,2,2);
hist(GetProT,15); hold on
ax = plotyy(NaN,NaN, xi,fiReg,'plot');
set(get(ax(1),'Ylabel'),'String','Count')
set(get(ax(2),'Ylabel'),'String','Probability Density')
xlabel('Time (sec)')
```

simQ.m

```
function                 [Tq1,Tq2,Ttot,Vq1,Vq2,Vtot,P]                =
simQ(lambda,n,c,k,tc,pdfc,ts,pdfs,mode,p)
% TSA Security Simulation
%    lambda = the rate for the arrival process
%         n = the number of people that will arrive
%         c = is the number of id checkers
%         k = the number of x ray conveyor belts
%         p = the proportion of passangers that are slow
%      mode = 'none', 'FIFO' or 'priority'
%
% Reference: Sovijja Pou, Daniel Kunin, Daniel Xiang. Brown University. ICM
% 2017 Problem D. Outstanding: Reducing Wait Times at Airport Security.
%
% Zhou Lvwen: zhou.lv.wen@gmail.com
% January 8, 2018

if nargin<9; mode='none'; end

n = n + max(c,k);
slow = 2; fast = 0.5;

switch mode
    case 'FIFO'    % First In First Out
        nslow = round(n*p); % the number of passangers that are slow
        fac = fast*ones(1,n); fac(randperm(n,nslow)) = slow;
    case 'priority' % slow first, followed by the quick passengers.
        nslow = round(n*p); % the number of passangers that are slow
        fac = fast*ones(1,n); fac(1:nslow) = slow;
    otherwise      % mode = 'none'
        fac = ones(1,n);
end

[Arrival, ChkSta, ChkEnd, ScnSta, ScnEnd] = deal(zeros(n,1));
```

```
Csample = fac.*datasample(tc,n,'Weights',pdfc);
Ssample = fac.*datasample(ts,n,'Weights',pdfs);
Asample = exprnd(lambda,n,1);

for i = max(c,k)+1:n
    Arrival(i) = Arrival(i-1) + Asample(i);          % Arrival time
    ChkSta(i) = max( Arrival(i), min(ChkEnd(i-c:i-1)) );% Time start check
    ChkEnd(i) = ChkSta(i) + Csample(i);              % Time end check
    ScnSta(i) = max( ChkEnd(i), min(ScnEnd(i-k:i-1)) );% Time start scan
    ScnEnd(i) = ScnSta(i) + Ssample(i);              % Time end scan
end

Tq1  = mean(ChkSta - Arrival); % Average wait time in queue 1
Tq2  = mean(ScnSta - ChkEnd);  % Average wait time in queue 2
Ttot = mean(ScnEnd - Arrival); % Average total waiting time

Vq1  = var(ChkSta - Arrival);  % Variance of wait time in queue 1
Vq2  = var(ScnSta - ChkEnd );  % Variance of wait time in queue 2
Vtot = var(ScnEnd - Arrival);  % Variance of total wait time

Cp = 6.60;     % Fee per one-way-trip
Ct = 18.5/3600; % The cost of a Transportation Security Officer (TSO)
P = Cp / Ttot - (c + 3 * k) * Ct;
```

theoQ.m

```
function [Tq1, Tq2, Ttot] = theoQ(lambda, n)
%
% Reference: Sovijja Pou, Daniel Kunin, Daniel Xiang. Brown University. ICM
% 2017 Problem D. Outstanding: Reducing Wait Times at Airport Security.
%
% Zhou Lvwen: zhou.lv.wen@gmail.com
% January 8, 2018

tc = readata('IdChkT');
ts = readata('GetProT');


Tq1 = (n-1)/2 * (mean(tc) - lambda  );
Tq2 = (n-1)/2 * (mean(ts) - mean(tc));

Ttot = Tq1 + mean(tc) + Tq2 + mean(ts);
```

SimTheo.m

```
% Reference: Sovijja Pou, Daniel Kunin, Daniel Xiang. Brown University. ICM
% 2017 Problem D. Outstanding: Reducing Wait Times at Airport Security.
%
% Zhou Lvwen: zhou.lv.wen@gmail.com
```

```
% January 8, 2018
%
% rand('seed',0)

npass = 50 + 200*[1:20];
lambda = 9;
[simQ1, theoQ1, simQ2, theoQ2] = deal(zeros(size(npass)));

[tc,   pdfc] = IDChkPdf(0);
[ts, ~, pdfs] = ScanPdf(0);

for i = 1:length(npass)
    [simQ1(i),   simQ2(i)] = simQ(9, npass(i),1,1,tc,pdfc,ts,pdfs);
    [theoQ1(i), theoQ2(i)] = theoQ(lambda, npass(i));
end

figure('position',[100,100,1000,450]);  % Figure 5

subplot(1,2,1)  % Q1
plot(npass,simQ1,npass,theoQ1, 'linewidth',2)
xlabel('Number of Passengers'); ylabel('Time Spent in Q1 (sec)');
legend('Simulated', 'Theoretical')

subplot(1,2,2)  % Q2
plot(npass,simQ2,npass,theoQ2, 'linewidth',2)
xlabel('Number of Passengers'); ylabel('Time Spent in Q2 (sec)');
legend('Simulated', 'Theoretical')
```

QTcVar.m

```
% Plots of time in Queues as function of arrival rate with constant k
%
% Reference: Sovijja Pou, Daniel Kunin, Daniel Xiang. Brown University. ICM
% 2017 Problem D. Outstanding: Reducing Wait Times at Airport Security.
%
% Zhou Lvwen: zhou.lv.wen@gmail.com
% January 8, 2018

n = 40; m = 4; k = 1;

lambda = 1:0.5:n;

[tq1,tq2,vq1,vq2] = deal(zeros(m,length(lambda)));

[tc,   pdfc] = IDChkPdf(0);
[ts, ~, pdfs] = ScanPdf(0);

hbar = waitbar(0,'Please wait...');
```

```
for i = 1:length(lambda)
    waitbar(lambda(i)/n,hbar);
    for c = 1:m
        [tq1(c,i),tq2(c,i),~,vq1(c,i),vq2(c,i)] = simQ(lambda(i),1e4,...
                                    c,k,tc,pdfc,ts,pdfs);
    end;
end
close(hbar)

% Mean and Variance of time in queue 1

muIdChk = mean(readata('IdChkT') );
muScan  = mean(readata('GetProT'));

figure('position',[100,100,1000,450]);
subplot(1,2,1)
semilogy(lambda,tq1,'LineWidth',3)
xlabel('Arrival Rate (sec/passenger)'); ylabel('Time (log(sec))');
legend('c = 1', 'c = 2', 'c = 3', 'c = 4')
hold on
plot(muIdChk*1./[1:4;1:4]',get(gca,'ylim'))

subplot(1,2,2)
plot(lambda,vq1,'LineWidth',3)
xlabel('Arrival Rate (sec/passenger)'); ylabel('Variance (sec^2)');
legend('c = 1', 'c = 2', 'c = 3', 'c = 4')
hold on
plot(muIdChk*1./[1:4;1:4]',get(gca,'ylim'))

% Mean and Variance of time in queue 2
figure('position',[100,100,1000,450]);
subplot(1,2,1)
semilogy(lambda,tq2,'LineWidth',3)
xlabel('Arrival Rate (sec/passenger)'); ylabel('Time (log(sec))');
legend('c = 1', 'c = 2', 'c = 3', 'c = 4')
hold on
plot(muScan*1./[1:4;1:4]',get(gca,'ylim'))

subplot(1,2,2)
plot(lambda,vq2,'LineWidth',3)
xlabel('Arrival Rate (sec/passenger)'); ylabel('Variance (sec^2)');
legend('c = 1', 'c = 2', 'c = 3', 'c = 4')
hold on
plot(muScan*1./[1:4;1:4]',get(gca,'ylim'))
```

QTkVar.m

```
% Plots of time in Queues as function of arrival rate with constant c
%
```

```
% Reference: Sovijja Pou, Daniel Kunin, Daniel Xiang. Brown University. ICM
% 2017 Problem D. Outstanding: Reducing Wait Times at Airport Security.
%
% Zhou Lvwen: zhou.lv.wen@gmail.com
% January 8, 2018

n = 40; m = 4; c = 1;

lambda = 1:0.5:n;

[tq1,tq2,vq1,vq2] = deal(zeros(m,length(lambda)));

[tc,   pdfc] = IDChkPdf(0);
[ts, ~, pdfs] = ScanPdf(0);

hbar = waitbar(0,'Please wait...');
for i = 1:length(lambda)
    waitbar(lambda(i)/n,hbar);
    for k = 1:m
        [tq1(k,i),tq2(k,i),~,vq1(k,i),vq2(k,i)] = simQ(lambda(i),1e4,...
                                    c,k,tc,pdfc,ts,pdfs);
    end
end
close(hbar)

% Time spent in Queue 1 and Queue 2

muIdChk = mean(readata('IdChkT') );
muScan  = mean(readata('GetProT'));

figure('position',[100,100,1000,450]);
subplot(1,2,1)
semilogy(lambda,tq1,'LineWidth',2)
xlabel('Arrival Rate (sec/passenger)'); ylabel('Time (log(sec))')
legend('k = 1', 'k = 2', 'k = 3', 'k = 4')
hold on
plot(muIdChk*1./[1:4;1:4]',get(gca,'ylim'))

subplot(1,2,2)
semilogy(lambda,tq2,'LineWidth',2)
xlabel('Arrival Rate (sec/passenger)'); ylabel('Time (log(sec))')
legend('k = 1', 'k = 2', 'k = 3', 'k = 4')
hold on
plot(muScan*1./[1:4;1:4]',get(gca,'ylim'))
```

profit.m

```
% Plot of cost of system as a function of c, k
%
```

```
% Reference: Sovijja Pou, Daniel Kunin, Daniel Xiang. Brown University. ICM
% 2017 Problem D. Outstanding: Reducing Wait Times at Airport Security.
%
% Zhou Lvwen: zhou.lv.wen@gmail.com
% January 8, 2018

rand('seed',2)
[lambdaPre, lambdaReg] = ArrivalTFit(0);
[tc,    pdfc] = IDChkPdf(0);
[ts, pdfp, pdfs] = ScanPdf(0);

n = 10;
[Ppre, Preg] = deal(zeros(n));

hbar = waitbar(0,'Please wait...');
for c = 1:n
    for k = 1:n
        waitbar((c-1)/n+k/n^2,hbar);
        [~,~,~,~,~,~,Ppre(c,k)] = simQ(lambdaPre,1e4,c,k,tc,pdfc, ts,
pdfp);
        [~,~,~,~,~,~,Preg(c,k)] = simQ(lambdaReg,1e4,c,k,tc,pdfc, ts,
pdfs);
    end
end
close(hbar)

% pre
[i,j] = find(Ppre == max(Ppre(:)));
fprintf('The  optimal  precheck  cost  is  %d  with  c  =  %d  and  k
= %d\n',Ppre(i,j),i,j);
% regular
[i,j] = find(Preg == max(Preg(:)));
fprintf('The  optimal  regular  cost  is  %d  with  c  =  %d  and  k  =  %d\n',
Preg(i,j),i,j);

figure('position',[100,100,1000,450]);
subplot(1,2,1) % pre
imagesc(Ppre)
h = colorbar; xlabel(h,'$/sec')
ylabel('Check Stations (c)'); xlabel('Scan Stations (k)')
set(gca,'YDir','normal'); axis([0.5,c,0.5,k])

subplot(1,2,2) % regular
imagesc(Preg)
h = colorbar; xlabel(h,'$/sec')
ylabel('Check Stations (c)'); xlabel('Scan Stations (k)')
set(gca,'YDir','normal'); axis([0.5,c,0.5,k])
```

FifoPrio.m

```matlab
% Plots of time in System as function of proportion slow
%
% Reference: Sovijja Pou, Daniel Kunin, Daniel Xiang. Brown University. ICM
% 2017 Problem D. Outstanding: Reducing Wait Times at Airport Security.
%
% Zhou Lvwen: zhou.lv.wen@gmail.com
% January 8, 2018

p = 0:0.01:1;
c = 2; k = 2;

[~, lambda] = ArrivalTFit(0);

[tsys, vsys] = deal(zeros(2,length(p)));

[tc,   pdfc] = IDChkPdf(0);
[ts, ~, pdfs] = ScanPdf(0);

hbar = waitbar(0,'Please wait...');
for i = 1:length(p)
    waitbar(p(i),hbar);
    [~,~,tsys(1,i),~,~,vsys(1,i)] = simQ(lambda,1e4,c,k,tc,pdfc, ,...
                                        ts,pdfs,'FIFO',p(i));
    [~,~,tsys(2,i),~,~,vsys(2,i)] = simQ(lambda,1e4,c,k,tc,pdfc, ,...
                                        ts,pdfs,'priority',p(i));
end
close(hbar)

% Time
figure
semilogy(p,tsys,'LineWidth',3)
legend('FIFO Discipline','Priority Discipline')
xlabel('Fraction Population Slow')
ylabel('Time (log(sec))')
set(gca,'fontsize',14)

% Variance
figure
semilogy(p,vsys,'LineWidth',3)
legend('FIFO Discipline','Priority Discipline')
xlabel('Fraction Population Slow')
ylabel('Variance (sec^2)')
set(gca,'fontsize',14)
```

5.5.9　论文参考文献

[1]　George Casella and Roger L Berger.Statistical inference,volume 2.Duxbury Pacific Grove,CA, 2002.

[2]　Transportation Security Administration. Tsa releases 2015 statistics.Web. 21 Jan. 2017.

[3]　David Gillen and William G Morrison.Aviation security: Costing, pricing, finance and performance. Journal of Air Transport Management, 48:1－12, 2015.

[4]　USAJOBS.Transportation security officer (TSO) job offering.Web.21 Jan. 2017.

[5]　Robert De Lange, Ilya Samoilovich, and Bo van der Rhee.Virtual queuing at airport security lanes. European Journal of Operational Research, 225(1):153－165, 2013.

[6]　Stephen Louis Dorton. Analysis of airport security screening checkpoints using queuing networks and discrete event simulation: a theoretical and empirical approach. 2011.

第6章　经验分享：做一名成功的指导者和参赛者

数学建模竞赛不单单是能力的大比拼，也是参赛经验的较量。本章通过具备多年数学建模指导经验的老师以及多次参赛经验的学生的自述，向读者传授数学建模的指导经验和参赛经验。

6.1　优秀指导教师讲数学建模

"中国大学生数学建模竞赛优秀指导教师"大连大学谭欣欣老师、西北工业大学肖华勇老师都具备 20 年以上的数学建模指导经历，曾经多次带领队伍参加中国大学生数学建模竞赛以及美国大学生数学建模竞赛，获奖无数。他们用自己的亲身经历讲述如何成为一名成功的数学建模指导教师。

6.1.1　数学建模活动是培养大学生创新能力的有效途径

我是大连大学的数学建模指导教师谭欣欣，我的数学建模历程起始于 1998 年，至今已有 20 年了。1999 年，第一次组织学生参加中国大学生数学建模竞赛，5 个代表队，只有一名指导教师，但却成为大连大学数学建模活动的卷首和开篇。首战告捷，给了全校师生巨大的鼓舞。

至今我们已连续 20 年组织学生参加中国大学生数学建模竞赛，连续 18 年组织学生参加国际大学生数学建模竞赛。为使更多的学生了解数学建模，参与数学建模，进而受益于数学建模。2000 年起，我校又开展了"大连大学数学建模竞赛"总计先后有 3 万余人参加了各类数学建模课程学习、国内外数学建模培训和竞赛以及数学建模工作室活动，累计获得 111 个国际奖，42 个全国奖，180 个辽宁省奖。无论是受益面还是竞赛成绩均位于辽宁省普通高校前列。"一次参赛，终身受益"已成为所有参赛同学的共识。

自 1998 年大连大学第一批教改项目——"数学建模的教学与实践"的启动，我们开始迈入了数学建模的教学与实践的领域。由于数学建模教学与系列实践活动涉及的知识领域广泛，在地方综合性大学中对学生进行知识、能力、素质培养中发挥的独特作用，得到广大学生的认同与喜爱、学校各级领导的重视与支持。

1.　建立数学建模教学体系，探索教育教学模式改革

在多年的实践探索中，结合学校实际，逐步建立起数学建模教学体系，整体设计课内外、校内外教学活动，以此推动传统的教育教学模式的改革。

数学建模教学体系与框架如图 6-1 所示。

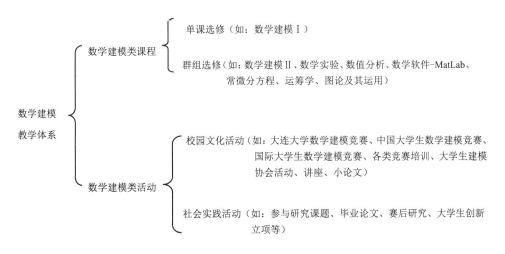

图 6-1

（1）课程体系层次丰富，课程内容结合实际。

针对不同专业的学生，开设既有共性又各具特色的不同类别的数学建模课程，包括：本科数学类专业、本科理工类专业、本科管理类专业等，满足不同学生的需求。结合竞赛，每年开设数学建模普及性讲座 3～4 次，每次 2～4 周，主要面向 1 年级学生；对 2～3 年级学生，开设多个层次的数学建模必修课和全校性公共选修课，并将数学建模的思想渗透到"常微分方程""概率论与数理统计""高等数学"等课程中；还在数学教育、信息与计算科学、计算机教育等专业，精选数学建模类问题，在学生的毕业论文中继续研究。

根据教学与实践积累，编写了《导航——数学建模教程》作为数学建模类课程的主要教材，除了介绍数学建模的基本方法外，还结合社会现实，选择热点问题作为每一章的案例精选：结合北约与南联盟之战的实际，讲授了战争模型、核武器竞赛问题；结合我国长江防汛，讲授了大坝的空洞探测问题；以及如何预报人口的增长、公平的席位分配、森林救火等。并不断更新教学内容。近年来又增加了 SARS 流行病、HINI、AIDS 等预测、航空公司的超员订票、居民小区的治安防范以及大学生学习水平的评判、公务员招聘的双向选择、酒后驾车等，使学生将抽象的数学理论与生动的实际问题联系起来，促进他们更好地应用数学、品位数学、理解数学和热爱数学，激发学生参与探索的兴趣和学习数学解决实际问题的愿望，在知识、能力及素质三方面迅速成长。

（2）教学方法生动活泼，课程考核形式多样。

我们还在每一单元增加一次由学生主讲的专题讨论课。题目在平时讲课时布置，适当引入校园实际问题，如：拥挤的水房、大学生学习水平测评等，建立了"以教师为主导，学生为主体"的实践教学方式，形成师生互动，学生互动的氛围。我们还将每年一次的校内数学建模竞赛的讲座、撰写论文作为学生数学建模课程课堂实践内容之一，并将所提交的竞赛论文和平日的课堂讨论一起作为总成绩的一部分。这样，课堂讲授、问题讨论与课外练习并重，给学生具体的实战机会去参与解决实际问题的全过程。特别是讨论式的教学、使学生变被动学习为主动学习，调动了学生的主观能动性。这样的学习方式，受到了越来越多同学的欢迎。

2. 建立数学建模实践基地，为大学生的创新能力培养提供平台

我校将数学建模教学与实践活动列入学校创新教育工程中，贯穿于大学教育的全过程。学校拨专款建立数学建模实践基地——数学建模工作室，为开展大学生课外科技活动、促进学生的个性发展、培养创新型人才提供了条件和保障。现在，它已成为国家级的大学生创新实践活动基地。在我校的创新型、应用型人才培养中起到了重要的作用。

经过长期的学习实践，我们发现，指导教师和学生一起进行赛后研究，对学生的能力提高是最快的。在 2014 年的一年内，工作室就组织全校范围内的针对国内外数学建模赛题研讨 40 多场。目前，包括"A Cost-Sharing Model of Agricultural Disaster Insurance""Prediction Model for Law Enforcement Agencies on the Serial Criminals""网络排名算法在提高个人影响力方面的应用""基于模拟退火算法的碎纸片拼接技术研究"在内的 18 篇论文已在《大连理工大学学报》等全国核心期刊上发表。同时，我们还将元胞自动机、排队论等专题研讨、讲座内容整理分类，所有活动及资料面向全校同学开放。

以三大竞赛为契机，数学建模工作室面向全校，常年举办数学建模讲座。每年四月，东北联赛之前，工作室同学分别到信息、机械、经管、建工、医学等 8 大学院针对全体新生进行数学建模宣传讲座活动。之后，再面向全校举办数学建模讲座。我们精心设计讲座内容，让一年级新生在学完微积分的基础上就能听懂。目前正在进行的讲座内容包括：统计回归、最优化理论、评价方法微分方程在数学建模中的应用、科技论文文献检索、排版、如何撰写数学建模竞赛论文、数学软件 MatLab、Lingo 初步及应用、蒙特卡洛模拟算法，以及《高等教育学费标准探讨》等 5 篇数学建模优秀论文赏析。每年数学建模工作室都面向全校举办这样的讲座 30 余场，容纳 400 余人的教室几乎场场爆满。

我校拥有 11 大学科门类，61 个本科专业，数学建模工作室吸纳了来自理、工、医、管理、经济、教育各学科的同学参与。数学建模涉及自然界与社会经济各方面千姿百态的实际问题，来自不同专业的同学在一起交流、碰撞，延伸了大学生的知识结构。在数学建模教学实践过程中，我们敢于打破常规，不受习俗束缚，勇于独辟蹊径，使工作室不仅作为知识传授的场所，而且成为各种新观念、新想法萌生、涌动、交流和碰撞的园地。学生们说：这种思维碰撞所带来的快乐是无穷的。剑桥大学许多诺贝尔奖不正是教授们在一起喝下午茶时，思维碰撞出来的吗？三个人依据自己的思维提出设想，有时你情不自禁为队友的创造性思路兴奋不已。数学建模工作室已成为我校大学生课外科技活动的重要场所。以数学建模工作室为基地，教师带领学生这种小组讨论式的研究，张扬了学生的个性、激发了学生的潜能，让学生的精神世界的独特性得到尊重，使他们不仅在实际问题研究中得到数学科学素质的训练和各种能力的提高，而且得到数学文化的陶冶和启迪，在科学真理与完善人格两方面得到收获。

近年来，数学建模工作室的学生已在国内核心期刊发表论文 20 余篇。并有多人获辽宁省三好学生标兵、辽宁省高等学校优秀毕业生、"挑战杯"辽宁省创业设计大赛金奖、"东软杯"中国大学生软件之星大赛奖等称号。

2003 年，我校 6 名学生获教育部首批"国家一等奖学金"，其中 3 名学生来自数学建模工作室。2004 年，大连大学首届荣获"毕业生十佳创新奖"的 10 人中，有 7 名学生来自数学建模工作室；2008 年参加数学建模工作室的 9 名毕业生中，6 名学生分别考取了中国药品生物制品检定所、大连理工大学、成都电子科技大学等硕士研究生；从 2004 年至 2014 年的十年，大连大学共有 100 名毕业生荣获"大连大学十佳创新奖"，其中 42 名学生来自数学建模工作室。

事实表明：以工作室为基地，以数学建模活动为载体的创新教育模式，提高了学生的综合素质。不仅培养了大批应用型人才，使众多学生受益，同时使大批优秀学生脱颖而出。通过几年的努力，数学建模工作室这一素质教育实践基地已成为培养高素质、创新型大学生的摇篮。

3. 我的体会

（1）数学建模活动使学生、教师、学校三方共赢。

第一，这项活动培养了学生综合运用知识的能力和创新精神。将通常一门课一门课地孤立的学习，转化为用数学、计算机以及各个实际应用领域中的知识，融合起来共同完成题目的资料收集、方案论证和撰写论文。这样的培养模式在正常的大学生学习阶段是不多见的。数学建模问题大都是以前很少接触到的实际问题，同学们参加数学建模竞赛时，必须开动脑筋、拓宽思路，充分发挥创造力和想象力。因此，数学建模培养了学生的创新精神；同时，还培养了学生们的团结合作与相互协调的能力。在学校里，学生通常是自己一个人看书和做题，几个人在一起活动的机会并不多，特别是不同专业的学生在一起研究讨论问题的机会就更少了，而数学建模要三个同学共同完成一篇论文！他们在研究与竞赛中要互相讨论、分工合作，既有相互启发、相互学习，也有相互争论，这就需要同学们学会相互协调，求同存异，这种团队精神与协调能力在他们毕业后的工作中，以至对于他们一生的发展都是非常重要的。

第二，通过数学建模所进行的大学生创新精神、综合素质的培养是一种学生和教师间的双向活动。通过数学建模教学与竞赛，我们把学生生命中的探索欲望燃烧起来，创造的潜能释放出来。教师们在付出的同时，接受了对自己能力与人格的挑战，体会着与学生共同成长的欢悦，共同收获的满足。在促进教师水平的提高和知识面扩大的同时，造就了一批有奉献精神、勇于探索教学改革新思路的师资队伍。指导教师从最初只有我 1 人，发展到今天已有 5 名，其中 3 位已完成了在读博士的学习；主持和参与国家自然科学基金、省科研项目、教改项目等 19 项；发表论文 50 余篇；编写了由高等教育出版社与施普林格出版社联合出版的《实验微积分》等 7 部著作；获"中国大学生数学建模竞赛优秀指导教师"、大连市人民政府颁发的"科学技术进步二等奖""课堂教学最受学生欢迎的教师"等荣誉称号 28 项；编写了《导航——数学建模竞赛教程》《导航——数学建模教程》等 5 部讲义。

从事数学建模教学和竞赛工作二十年来，有拼搏的快乐，也有奋斗的艰辛。为使更多的学生受益于数学建模，使其素质及能力得到提高，无论数学建模工作室的研讨还是国内外竞赛的讲座、辅导，我都安排在晚上 6 点以后，20 年来，年年如此；每年有 3 次竞赛，次次如此。指导教师在阶梯教室、数学建模工作室和学生们切磋、交流，常常到晚上九点多钟，学生们还不肯离去。这样方便了学生，可老师们回到家里，已是晚上十点钟了。看到老师为了他们如此辛苦，学生们感到了老师对他们的爱，懂得了回报。为我校夺得国际竞赛一等奖的物理系 04 届董翔宇同学，毕业近十年来，每次竞赛前都主动回到学校，在数学建模工作室带领低年级同学进行课题研究，辅导 MatLab 软件；在华锐风电任现场经理兼项目经理的李高强同学，把一年的年假集中到国际竞赛前的寒假，回校培训学弟学妹；工商管理专业毕业的徐鹏同学，推迟了去软件公司就业的时间，毕业论文答辩之后送给工作室一个礼物——校内数学建模竞赛网上报名系统和数学建模工作室网站。徐鹏同学说：是大连大学，是大连大学的数学建模工作室，使他由一个文科学生，掌握了连理科学生都望尘莫及的多项技能，并在《东北财经大学学报》上发表了用元胞自动机进行虚拟经济对我国经济影响的定量化研究的相关论文；计算机科学与技术专业的刘奇奇同学，利用业余时间撰写了《元胞自动机学习及编程实例简要教程》、进行神经网络算法研究的；正在中国科学院攻读硕士学位的周吕文同学，毕业后一直都在通过网络辅导工作室的学弟学妹们……

最令我们欣慰的是，数学建模课程、数学建模竞赛对学生能力的培养，对他们一生有如此大的影响。借此机会，我要感谢多年来一起拼搏奋斗的同学，是他们对知识的渴望、对数学建模活动的热情，督促着我一直坚守在数学建模工作第一线。

第三，我们立足于大连大学，辐射于省内其他高校。我们编写的著作、教程及光盘等使许多兄弟院校受益；曾被邀请到多所省内高校进行专题讲座；中国教育报、中国大学生数学建模竞赛通信、大连晚报、大连开发区报、大连大学报三十余次报道了我校有关数学建模教学与竞赛的信息；在第八届全国数学建模教学及应用会议上交流了我校开展数学建模教学与实践的经验；我也多次代表辽宁赛区出席全国数学建模工作及颁奖大会。原大连大学校长赵亚平为数学建模活动题词：综合各学科知识，感受实际，体验创造，健全个性——数学建模活动对大连大学的综合素质教育功不可没！

全国数学建模组委会秘书长、清华大学姜启源教授评价我校的数学建模教改项目："基础扎实，成果突出，效果显著，在数学建模教学与实践改革上特色鲜明，该项目对高等院校特别是地方高等院校探索大学生创新教育的有效途径，具有明显的示范作用"。大连大学的数学建模扩大了大连大学在国内外的影响。

（2）学校的支持是数学建模活动得以顺利进行的保障。

大连大学能够在国内外大学生课外活动最重大的赛事中榜上有名，培养了大批优秀学生，我校数学建模的受益面也跃居东北地区地方高校前列，这绝不仅仅是几个人努力的结果。大连大学良好的文化氛围，优良的制度体系，是数学建模教学与实践得以顺利进行的保障。校领导的远见卓识，积极支持，同学们的踊跃参与，激发了指导教师忘我的热情以及为人民教育事业努力工作的责任感。忘不了，大年三十，电话里传来校长的亲切问候；

教务处领导的探望和关怀，在寒冷的严冬，给参加国际竞赛的师生送来暖暖春意，使我们备受鼓舞；忘不了，信息工程学院为参赛师生准备了最好的计算机及场地，为指导教师的学习及工作提供了极大的便利。借此机会，我们深表感激。能够用辛勤的劳动为教育改革、培养 21 世纪高素质人才以及大连大学的腾飞发挥一点点光和热，我们感到莫大的欣慰和荣光。

我只是做了一个教师应该做的事，但却得到了许多荣誉：大连大学教学名师、大连市劳动模范、全国大学生优秀指导教师……我深知，最好的感谢方式就是将大学生课外科技活动更好地开展下去。比赛不可能年年获奖，但通过数学建模教学活动对同学们的能力培养及素质教育所起的作用是有目共睹的：在教师的指导下，学习一门计算机语言；几天的业余时间，三人合作完成一篇论文，初步解决一个实际问题，这在以前同学们是想也不敢想的。"一次参赛，终身受益"，已成为所有学生的共识。三人一组所做的建模论文，使学生们真正懂得了社会需要的不仅仅是优秀的学习成绩，更需要有宽广的知识面，应用数学知识创造地解决实际问题的能力以及团队精神，合作意识，从而激发了进一步学好数学的热情以及解决实际问题的强烈愿望。

在大连大学不断融合、改革、发展的风雨历程中，自强不息的"连大精神"给我们心中注入了坚强的生命底蕴。我们今天的成绩绝非仅得力于参赛技巧，而在于"连大精神"对师生产生强大的吸引力和凝聚力。

6.1.2　谈谈我的数学建模路

我是西北工业大学理学院的数学建模指导教师肖华勇，带队参加数学建模比赛已经有 20 个年头了。作为我个人来讲，我非常喜欢数学建模。我喜欢设计算法和编写程序去求解一个个的问题或建立的模型，也喜欢对许多实际问题甚至日常的生活问题利用数学建模的方法去思考。就连我特别喜欢的乒乓球运动，我也喜欢从建模的角度去考虑如何提高技术和比赛水平。从某个角度讲，多年的数学建模思维，建模已经深入到我的血液里去了。

我也特别喜欢带队参加比赛，喜欢在课堂上讲解数学建模。我先后在西安多所高校讲解过数学建模，特别擅长详细讲解数学建模竞赛赛题，提高了很多学校的参赛水平。在讲解中，我不但讲解模型的建立过程，而且还编写程序或使用软件详细演示计算求解过程，使学生清晰的明白每个结果是如何计算出来的。学生都特别喜欢这种十分实用的讲解方法。

在数学建模方面，经过多年努力，我也取得了一些成绩。2008 年参与全国数学建模竞赛的征题活动，有幸成为该年 C 题命题人。总结多年教学和竞赛的经验，我独立编写了数学建模方面的教材《实用数学建模与软件应用》《基于 MatLab 和 Lingo 的数学实验》《统计计算与软件应用》《数学建模竞赛优秀论文精选与点评》《实用数学建模与软件应用》（修订版），参与编写《随机数学基础》《数学建模简明教程》《美国大学生数学建模竞赛题解析与研究》等。到 2017 年为止，我带队共获得国际竞赛特等奖 1 项，一等奖 12 项，二等奖 11 项；获得全国数学建模竞赛一等奖 9 项，二等奖 3 项，省一等奖 15 项。取得了较好的成绩。下面我结合三个方面谈谈我的数学建模路。

1. 选择数学建模队伍

作为教练，我谈谈自己选择数学建模队员的一些经历和感受。记得很多年前，我们教练团队采用的是集体培训队员，培训完后按照合适的方式将队员每三人组成一个队，并由抽签的方式来决定每人所带的团队。有时候运气好，抽到一个特别强的队你就走运了。比如 2001 年我第一次带国际数学建模竞赛，我就抽到一个能力很强的队。那年我们做的是 ICM，那时候 ICM 是两个教练带一个队。我和另一个教练搭档，我们俩也配合得特别好，刚好我擅长作方向性的决策，搭档擅长细节思考。而队员们能充分懂得教练意图并建立好模型，负责计算的队员能计算得又快又好，负责写作的是一个女生，特别能写，能很快懂得模型和计算结果，并用英文很好地表达出来。结果那年我们队的论文只写了 13 页，却拿了个国际一等奖。然而这样的运气只偶尔才有，我从 1997 年开始带队，到 2002 年在全国竞赛中一直没有拿过全国奖，总是在省一等奖上徘徊。那时候觉得，拿一个全国奖真的是太难了！另外在带队中，我也发现队员的能力并非一个常数，他们也需要特别的培训和参赛经验的积累才能提高参赛水平。怎么才能突破自己，带队拿到全国奖呢？我觉得办法只有一个，一是提高自己的水平，二是提高队员的水平。单靠抽签选到队员后进行训练是远远不够的。于是我给负责数学建模的老师建议大家可以自由选拔队员，并培训自己的队员。这个建议逐渐被负责老师和教练们接受下来，于是抽签这种方式被废除了。教练可以根据自己的眼光自由选拔合适的队员，并培养出自己的参赛队伍。

这样教练们有时候在上课过程中发现有优秀的苗子就动员来参加数学建模。有一次我给数学系上概率课，要求学生对一个比较难算的问题做一个计算机模拟，一个同学上讲台来把他的思路讲解了，并给出了模拟结果，思路很清晰，结果也正确。我当时一下觉得这个学生特别适合做数学建模的编程，他不但有数学思想，而且程序实现能力很强。我就动员他来参加数学建模，结果他跟我做过两次数学建模，竞赛中表现的能力很强，最后拿到了一次全国一等奖和一次国际一等奖。后来毕业后读研，参加过研究生数学建模竞赛，也拿到了全国一等奖。在上课过程中，不管是给工科学生上公共课，还是给数学系学生上数学课，教练们都喜欢给学生讲讲数学建模和数学建模竞赛，这大大激发了学生对数学建模的兴趣，让报名参加数学建模竞赛的同学越来越多。

后来，我们的教练团队逐渐形成了比较系统的选拔队员的方式。我们学校每年"五一"都会举行校内数学建模竞赛，参加的人数达到近四千人。我们学校学生对数学建模竞赛的热情是很高的。我们选拔队员首先要求队员参加校内竞赛拿到一等奖，有比较高的数学成绩，国际竞赛还要比较好的英语成绩。当然偶尔对成绩一般，但有特殊才能如编程特别好的队员可以例外。队员报名后，组织统一的选拔考试，报名做编程的同学就参加编程考试，老师出一道编程题，参加选拔的同学现场上机编程，按照做出正确答案的顺序给出排名顺序供教练挑选编程队员。对参加建模的队员，则给出几个问题供参赛者建模，三小时后交卷，看参加选拔者能做出多少东西出来，供教练选择建模队员时参考。参加国际竞赛时对写作队员的选拔，是给一两篇科技论文，参加选拔者尽自己能力翻译，看规定的时间内完成的翻译量及翻译的水平，供教练挑选写作队员参考。当然，队员以前是否参加过数学建模竞赛，如全国数学建模竞赛，国际数学建模竞赛，或者电工杯数学建模竞赛，数学建模网络挑战赛等，在教练选拔队员时也显得十分重要。因为数学建模竞赛不但要求有能力，也希望有参赛经验，拿过奖的更代表水平。好多教练带的队员跟着他们做过多次竞赛。我有一次带一个队就参加过两次全国竞赛和两次国际竞赛，结果拿到一次全国一等，一次全国二等，两次国际一等。队员越做越有经验，就是队员和教练之间的默契和配合。另外在带队中，我们一个教练通常带两个队，老队员和新队员一块训练、讨论和竞赛，这对新队员也起了一个很好的引领作用。以老带新，让新队员得到更快的成长。新队员往往第一次参赛拿到省一等，第二次参赛就可以拿到全国奖了。

2. 赛前指导

选拔好队员后，我们通常采用先进行基础培训，由各教练分别讲解不同的建模基础知识，如线性规划、回归分析、微分方程、图论与应用、软件使用、数据拟合等，培训时间选择在周末。等基础培训完成后，就进行赛题练习。这时候将所有的队分成几个大组，每组由四到五位教练组成，每组训练队有 10 个左右，由一位教练选择一道合适的赛题，这道赛题可能是以前的全中国大学生数学建模竞赛题（国际赛就采用以前的国际赛题）、或其他学校赛题目、或教练自己出的题目，每队拿到题后，花上约一个星期时间，在课余时间查找资料，相互讨论，建立模型和编程计算，最后提交论文，并在统一的时间集中在一起，由每个组上讲台报告，坐在台下的教练和同学可以提出质疑，进行深一步的讨论。各教练对自己的团队做的情况不满意的，可以让他们再进一步完成该论文。这样可以最大程度地达到训练效果。

这样在整个培训中，既有基础知识的培训，也有类似真实竞赛的实战训练。特别是赛题培训过程中，各教练对自己队伍论文不满意的，可以指出修改意见反复修改，这样队员通过这样一种训练，知道了怎样写好论文，到了真正的竞赛，只要建好模型并编程计算出来，就能把论文写好。

在这种良好的选拔机制和培训机制下，我们的许多教练带的队伍多次获得了国际竞赛和全国竞赛的大奖，取得了丰硕的成果。

3. 赛后交流

参赛完后，组织队员交流讨论，总结竞赛中的得失。我们学校几乎每年竞赛结束后所有教练都会组织在一起开一个小范围的研讨会，总结竞赛中的经验与教练，并讨论下一年数学建模活动的开展。对全国竞赛，每年竞赛完后都有一个全国研讨会，教练会去参加研讨，回来后再和队员仔细研究讨论赛题，分析竞赛中哪些方面做得好，哪些方面有缺失。这样把做过的赛题分析透彻，不知不觉就提高了队员的参赛水平，下一次竞赛就可以做得更好。记得 2011 年我带的队参加国际数学建模竞赛获得了特等奖（Outstanding Winner），这在西北地区 20 多年是第一次，学校很重视，在我们学校召开的数学建模总结会上，特意让我介绍了指导经验，而我们的队员，也被不少院系请去介绍竞赛经验，让新参加和准备参加竞赛的同学获得许多竞赛经验和知识。

6.2 获奖之路

一个成功的数学建模团队，不仅需要优秀的数学建模指导教师，更需要优秀的数学建模参赛者。作为数学建模竞赛的参与者，数学建模前辈的经验显得格外有价值。每一位成功者的背后，都有一段令人心酸的奋斗故事。本节的主人翁为 2013 年中国大学生数学建模竞赛 IBM SPSS 创新奖得主周登岳和 2014 年美国大学生数学建模竞赛 O 奖以及 Frank Giordano Award 获得者熊风。

6.2.1 成长比成功更重要

各位读者，大家好！我是北京理工大学的周登岳，2013 年中国大学生数学建模竞赛已经过去很久了，其实我一直想写这样一篇文章，但却一直拖着没写，一方面是因为繁重的课业，另一方面也是因为自己文笔不好，怕写出东西来让大家笑话。直到来了德国，几个老师联系我的时候，我才骤然想起那一段无法忘却的青春，所以非常感谢各位老师给了我这次机会，而我也想借这次机会讲讲这一次比赛的经历，更想与大家分享这几年我的成长，我所走过的路。

我刚刚接触数学建模竞赛要追溯到大一下学期。那时学校要组织校内选拔赛，其实我本来没有打算参加，后来，因为之前课外德语班上认识的一位女同学叶子（孔垂烨）给我打的电话，她说她们组已经有两个女生了，还差一个人，问我想不想参加。我一听，抱着"可以多认识几个女生"这么一个最简单的想法开始了我两年多的数学建模之旅。

当时我们的队长潘登非常要强，对我们要求也特别严格，每周都会给我们开会，规定一部分内容要求我们必须学会，下次开会的时候直接拿来分析问题。那段时间每周压力很大，我经常一个人在教学楼里看书到很晚。不过也多亏了潘登队长，那半年也是我进步最快的半年，数学建模更成为我生活的主旋律，每天除了上课，其余时间基本都在做建模。从排队论到马氏链模型，从蒙特卡罗仿真到神经网络，几乎所有数学建模常用的工具我们都学了一遍。还好我们队参加校内选拔赛的时候成绩确实不错，3 次校内赛的总评在全校 200 多队中列第 7 名，且前 10 名只有我们是大一的。

也许正是校内赛的成绩让我们看到了希望，于是我们定下了一个目标，全国一等奖，当时在我们的眼中，即使拿全国二等奖也不算是成功。也正是在这个目标的推动下我们三个人几乎拿出了整个暑假来准备比赛，每天都在反复地看各种模型、各种算法和各种优秀论文。2012 年 9 月 10 日，那是我们组队第一次参加正式比赛，当时我们队的分工是爬爬主要建模、叶子编程、我负责写作，我们可以说是"势在必得"。当时我们选的题目是葡萄酒的评价一题，简单地说就是根据葡萄酒的一些指标，比如说色调、澄清度、纯正度等建立一套评价体系对葡萄酒进行评价与分级。但一切没有我们想象的那么顺利，第一天我们建立了一个我们自我感觉比较漂亮的模型，但模型特别复杂，非常不好求解，当时通宵，72 个小时里我们只睡了 8 个小时，一直在用 MatLab、Excel、SPSS 编程、处理数据，光 SPSS 结果文件就生成了一百多个，以至于耗费的时间过多，导致最后一问草草收尾，原本我们幻想这样的付出可以为我们带来回报。可是我们错了，那次中国大学生数学建模竞赛，北京理工大学一共有 72 支队伍拿到了市级以上的奖，我们队却什么奖也没有拿到，这对于目标是中国大学生数学建模竞赛一等奖的我们无疑是一个巨大的打击。

中国大学生数学建模竞赛之后，队长因为个人原因离队了，于是我就承担起了建模的责任，我们补充了新队员并开始准备 2013 年的美国大学生数学建模竞赛。我们选的是一个热学的问题，烤布朗尼蛋糕，尽管我们做好了一切可以做的准备，模型、程序、论文，我们把每一个环节做到最好，即使到现在那篇论文也是自我感觉完成得最好的论文之一；可是最后我们只得到了参与奖……直到现在我还清楚地记得得知结果的那天晚上，队友叶子一边哭一边跟我讲："她从来没有学过建模的同学第一次参赛就拿到了美国大学生数学建模竞赛 M 奖，而我们为什么都一年了还什么也没有。"我的心里其实也特别难受，我一边强忍住眼泪一边安慰她……一整年夜以继日的付出，两次大赛都未能取得好的成绩，而当初和自己一块儿开始参加数字建模竞赛的小伙伴基本都已经有了奖项，我想换谁心里都不会好受。

"还要不要继续参加？"美国大学生数学建模竞赛后叶子问我。我说："要，无论如何也要争一口气，不然对不起过去的一整年。"就这样，我们继续踏上了征程。

我们首先总结了过去一年比赛的经验教训，认真分析了优秀获奖论文和我们所写的论文，并反复讨论。我们发现一到大赛就颗粒无收的尴尬结果并不是因为我们掌握的建模知识不够，也不是因为我们所建立的模型不科学，而主要在于以下两方面原因。

1. 心态问题

前两次参加大赛的过程中，无论赛前还是赛中，我们都把结果看得太重，甚至认为比赛就是为了获奖，我们的目标定位没有放在如何完成一篇优秀的论文上，而是直接以几等奖来量化。我还记得 2013 年美国大学生数学建模竞赛比赛期间我们自我感觉过于良好，不止一次地幻想我们的论文万一获得大奖怎么办……这种心态导致是我们忽略了过程，我们没有拿出所有精力去把论文中的每一个细节做到最好，而是花了大把的时间和精力来模仿特等奖论文的行文、表达方式甚至插图等相对次要的事情上。这就好比一个美丽的泡沫，看上去很像是特等奖论文，但却没有与之相对应的严谨的论述与推导，又怎能得到评委的认同。

2. 写最合理的论文，而非最复杂的论文

我之前做建模有一个非常错误的观念就是觉得模型越复杂水平越高，别人越看不懂说明论文写得就越高深，其实并不是那样。尤其是对于我们大学生而言，即使平时拿出大部分课余时间来学习相关知识，我们所掌握的也都是有限的，甚至很多时候在赛场上用到的知识也都是比赛的时候现学的，即使能在短时间内搞清楚一个复杂理论的基本原理，要像在该领域专家一样灵活自如地运用这些新学到的复杂公式也显得非常困难，所以我们很难像各领域专家一样把问题的所有情况都计算在内，更无法消除所有误差。很多时候我们只能照抄所查阅到的文献中的解决套路，然后换几个数，而这种生搬硬套式的解决方案往往会暴露出一系列问题来，或者应用情况不符，或者缺失先决条件，总之归根结底就是不合

理！因此这种生硬的论文自然无法得到评委老师的青睐。在这种情况下，如何对手头问题进行简化就显得尤为重要。我的观点是，合理的简化很重要一点就是要量力而为，量力而为不是妄自菲薄，而是对题目的难度、团队的实力、每个人所擅长的模型和工具进行一个合理的分析与评估，根据评估结果将问题简化到一个经过团队的努力可以在 3 天内进行完整的建模、求解、写作，并可以将论文的细节做到最完美的程度。这样，就不会出现在比赛初期建立了一个无比复杂的模型，但随着问题的求解却发现困难重重想要简化却发现已经无法回头的尴尬局面。因此只有在简化后题目的难度与团队的能力契合的情况下才能写出最合理的论文。

总结会之后，我们开始了新的征程。我们的心态不一样了，从原本势在必得的豪气变得对结果不再看重，我们只是因为喜欢建模在准备比赛。而事实上，因为我的专业原因，大二一年我阅读了大量的汽车动力学、车辆仿真相关的论文，也正是对专业领域论文的研读，我从中发现了数学建模的思想与科研的巨大联系，比如轮胎模型的发展过程就与建模思想有着密切的联系。

于是，2013 年中国大学生数学建模竞赛的备赛阶段我们并没有像上一次在中国大学生数学建模竞赛那样拿出大块的时间来准备比赛，也没有拿出大量的时间来学习各种模型、阅读各种论文，而只是拿出平时课余的零碎时间来准备比赛，并将主要时间放在了问题的分析上。我们分析了之前接触过的各种题目，曾经阅读过的论文，对之前犯过的错误进行了反思，并思考如果在赛场上遇到这类题目该如何处理。值得一提的是，在这段备赛过程中，我们还对周吕文老师的网络课程的课件和录音进行了细致的研究，不仅把模型和程序全部吃透，还尝试将题目变形并求解。也正是这次钻研对我们的中国大学生数学建模竞赛起到了巨大的帮助，这是后话。

2013 年 9 月，离我们首次参赛时隔一年，我们再一次参加了中国大学生数学建模竞赛，和前两次参加大赛犹如打仗一般紧张的气氛不同的是：这次比赛我们都非常放松。

第一天上午，那天我和周晨阳（外号人马，那次比赛中我们的队长）上午还在进行金属工艺实习，当时其他参加中国大学生数学建模竞赛的同学都直接调课了，但我们俩觉得不差这几分钟（当时太放松了，其实不应该这样！）。上午 8 点赛题发布后我们仅仅把两个题目迅速看了一遍就去上课了，直到把锤子加工好到中午 11 点多才回来，中间一直是叶子在下载 A 题视频，据说当时同时下载的人太多导致网络比较卡，我们回来的时候刚好下载完成。三个人都到齐后开始分析选题，A 题题目是《车道被占用对城市道路通行能力的影响》，需要我们根据两个交通事故的视频正确估算车道被占用对城市道路通行能力的影响程度；B 题题目是《碎纸片的拼接复原》，则要求我们开发一种碎纸片的自动拼接技术，将碎纸片复原，主要是图像处理算法和编程。我们并没有纠结于选题，简短讨论后我们就做出了决定——A 题。很重要的一个原因就是，备赛时我们在研究周老师精讲过的论文时曾经系统地总结过交通类的相关问题，无论是 2005 年美国大学生数学建模竞赛 B 题的"收费亭最有数量"问题还是 2009 年美国大学生数学建模竞赛 A 题的"交通环岛问题"，都属于这类问题，我们对这类问题可以应用的模型和程序都有比较成熟的想法，无论是排队论还是元胞自动机我们都可以迅速上手编程求解。

得出这一结论来，我们的精神一下子振奋了起来，开始了对 A 题题目的细致分析。经过分析我们发现，虽然同属于交通类问题，2013 年中国大学生数学建模竞赛题目所涉及的情况还是和那两届的美国大学生数学建模竞赛的题目有着比较大的差异。首先各车道的车速、车流量不同，而 2005 年和 2009 年的题目都可以假设所有汽车有着相同的车速，其次车的种类不同，这次的视频录像中有着轿车、公共汽车、客车等多种车型，并且不同车型对道路通行能力的影响是不同的。总之，这次的题目要比之前的交通类题目更加复杂，需要对之前总结的模型和方法进行大幅度修改才能够应用于这次的题目。此外，视频的数据挖掘及错误处理和题干中几个关键概念的定义（如实际通行能力）都成为 A 题的难点。

明确了需要解决的问题之后，我们分工进行有针对性的文献查阅，也是因为我们之前有经验、手头有资料的原因，往届比赛阅读分析文献的时间至少需要半天，而这次我们并没有花费太长的时间在文献阅读上，当天下午三点左右就结束了。

然后我们聚在一起讨论大方案，首先我们发现题干给我们挖了好几个陷阱。

第一个陷阱就是实际通行能力的定义。按照文献中对实际通行能力的定义，它只是根据车型、车道宽度和驾驶员等信息对基本通行能力的修正，而基本通行能力只与交通道路的设计标准有关，也就是说，按照大多数文献中的定义，实际通行能力与视频中的车流数据没关系？！如果没有关系那就没有出题的必要了，所以这里的实际通行能力其实是让我们自己去定义的，于是我们根据所查到的资料并结合题目的信息对实际通行能力进行了重新定义，并对视频进行了处理，从而可以用最大通行能力来替代实际通行能力。

第二个陷阱是两段交通事故视频，存在太多的 BUG 了，不仅画面各种缺失跳跃而且非常不清楚。事实上这两段视频的各种 BUG 其实是出题人故意留给我们，考验我们的应变能力的。我们当时的处理方法是在将缺失错误的视频部分予以剔除的基础上对视频进行分段，按照视频中每次显示 120m 的时刻为分界点，将视频分为了六次排队事件，从而将视频缺失错误的影响降低到最小。从中我们也可以看出，中国大学生数学建模竞赛已经不仅仅考察我们在已知条件完整的情况下处理问题的能力了，而是逐渐开始考察我们从不完整条件及包含错误的数据中提取有用信息的能力。

我们第一天剩余时间的工作重点主要在第一、第二问上面。这两问从表面上看只需要依据视频中的车流数据对其加以描述就可以，但作为全国级别的建模竞赛，我们认为只用文字进行描述是不够的，打算对视频数据进行细致处理并建模分析，更加直观地描述问题。

第一步工作是每个选择 A 题的都比较无力但又无法逃避的——对视频中的车流数据进行挖掘。所谓通行能力，字面理解也就是单位时间通过的车的数量，最开始想到的是像数绵羊一般地去数那些通过的车辆，第一工作量太大，第二我们总觉得出题方应该不是为了考察我们的数数能力，于是我们开始想其他的办法。经过商量，我们决定采用之前学智能车的时候学到的图像处理方法，即基于像素灰度的跳变式边沿检测与阈值算法，通过不断对比每一帧每一个像素点的灰度变化来计算通过某一个截面的车辆，因为有源程序所以进展比较快。这里需要提到的是，题目给的几个图片附件其实蕴含了极大的信息量，这正是体现出题者意图的地方。比如其中提到红绿灯交替时间，很容易发现，视频中的车辆是一波一波来的，每一次绿灯放行的时候便是最容易堵车或者堵车情况加重的时候，因此红绿灯的影响必须要加到模型中去。此外，下游路口的车辆在不同车道上的分配也是一个重要原因。如何根据视频实际反映的情况以及题目要求，去提取合理的建模元素并引入到我们的模型中去便是我们首要的任务。

完成数据挖掘工作后，我们就对数据进行了细致的处理和分析，并开始对第一、二问的写作，与此同时我们还开始了第三、四问的建模工作。第三问需要导出一个关系，经讨论后，我们决定从我们比较熟悉的排队论和元胞自动机两套解决方案入手对交通情况进行计算模拟。首先，元胞自动机模型本身便可以相对全面地动态逼真地模拟出整个交通的变化情况（最开始的预期），另外，建立元胞自动机的过程便是解决该问题的过程，因此这个模型的构建是第三问的灵魂。而第四问则运用第三问的模型进行多次模拟就可以得到计算结果。

其实元胞自动机对于从来没有接触过的同学可能难度比较大，建模、编程都需要耗费比较长的时间，但我们在参加周老师网络课程的时候曾经系统地学习过这个方法，并在赛前运用元胞自动机进行了实战演练，无论程序还是论文都有现成的，对于不同的情况我们直接进行修改即可，所以对于这个方法我们做得得心应手。

确定了三、四问的大方案之后已经 12 点了，意味着第一天已经结束了，我们各回各家休息。第二天一大早我们就开始分头工作，我开始写第一、二问的论文，人马和叶子则开始讨论元胞自动机的建模细节，虽说编程是叶子负责，但是我们需要把我们建立的模型要求告诉她，而这个要求的合理性需要我们提前预知，否则造成编程过于困难以至于难以求解的话将会极大地浪费时间，因此组内每个人都应该对元胞自动机的机制以及编程实现掌握清楚。此时，我们的心态越来越放松，可以说我们已经把建模当成一个类似日常的任务去做，但是放松归放松，效率不能丢。不时进行小组讨论是非常重要的，我们每得到一个结论或者大致结构后都会让每个成员知道，为的是保持成员之间的沟通绝对畅通。而现在回想起来这是非常必要的。

问题三的基本模型构建结束后，叶子就根据我们的要求开始对已有的元胞自动机模型进行修改。我们两个则负责查阅相关文献了解各个术语，偶尔我们也会到网上论坛看看大家的思维，为的是拓展一下思路。对于查阅相关文献的事情，作为数学建模比赛的参赛者来说，最先要明白的一点就是，不可能有任何专业性质的文献能够直接拿来进行建模。一方面，这次比赛毕竟是全国性的，而题目肯定是某一个行业的具体问题，如果需要专业知识才能建模的话，那么这种不公平性一定是赛事组织方不愿意见到的。另一方面，建模比赛比的就是建模能力，并不是专业能力。所以，对于查阅到的文献，我们最多的用处便是帮助理解题目中的专业名词，另外拓展一下思维，不至于陷入自己的小圈子，而对于那些看起来特别有用的论文，则是完全不可以直接带入的。

在问题三建模编程的同时，问题一、二的论文已经写出来初稿了，遇到了很多困难。第一问中，我们对于实际通行能力的确定，在前文的"陷阱"中已有叙述，我们着实费了一番功夫，文献上的定义可以说对我们产生了极大的误导，一方面所谓的基本通行能力的定义比较混乱，各个文献之间甚至有冲突，另一方面所谓的修正系数更是需要专业知识才能保证准确，纠结了好久我们才决定放弃各种论文里的计算公式，按照本身词语的含义进行计算：所谓实际通行能力，就是单位时间内的最大通行量。什么才能叫作最大通行量呢，就是车辆一辆接着一辆的连续不断地通过。针对视频，我们很容易发现有时候可以达到，有时候则是空空荡荡等待车的来临。因此便有了我们第一问对视频的不同时间段的分类。对于第二问，开始走了一些弯路，总感觉要建立一个模型去分析，于是费了好大一番功夫仍没有什么好的结果，最后我们只好妥协，决定只根据数据对其进行文字描述。

第三问中，为了辅助元胞自动机的模型，我们在初步建立起排队论模型对问题进行初步探究，描述了各个因素对排队长度的影响，不过总体上还是以元胞自动机作为工作的重心。建立元胞自动机模型，我们需要提取视频中的各种各样的信息。虽然说这次题目中可以说是没有给任何直接的信息，但是一个视频足以让我们反复观看直到做梦都是你在看监控录像……当然提取出大量的信息后还是需要进行筛选，比如说事故路段出租车的问题，经常会有出租车开到一半停下来，其实这对车道也算是一种短时间的占用，思索再三，再加上时间原因，我们决定舍弃这个因素，仅仅是提一下，本身出租车也算是小型车辆，而且停靠的话大部分时间和大部分位置都是在非拥挤路段。另一个角度，出租车短时间停车也是交通法规允许的，这也可以证明这种行为不会对交通产生大的影响。经过一番考虑，我们初步决定要将车辆类别、车流量的变化、车流量在不同车道的分配、车速、路段下游方向需求等因素加入模型。其中，车流量在不同车道的分配是一个难点，从视频的统计来看，上游的不同车道的来车和下游车辆的分配有很大的差别，在这一点上其实费了好长时间，但最终看到官方的解析时也并未能让我们完全信服。遇到这一点时，我们给出的解决方案便是：尽可能按照题目的意图来，但是不要让这个条件太影响模型。这样一来，一方面可以防止模型中忽略重要条件，另一方面也避免了由于一个条件而导致模型的偏离。

然后我们需要考虑元胞自动机的各个因素。首先，车辆类别，这一点可以从查到的文献中得到，对于不同大小的车辆通过换算系数换算成类似标准当量一样的结果，这便是题目中 pcu/h 中 pcu 这个单位的来源。对于这个方面，我们后来在网上看论坛贴吧里讨论的时候，发现竟然有这么多种换算方法，最开始我们也是吃了一惊，害怕自己的换算方法有问题，不过后来等到我们也查到好多换算方法时，我们便放松了许多。毕竟这么多计算方法，组委会也不可能给出一个标准去限定什么，而从最后的官方解析也可以看到，根本没有对这方面的很细致的要求。但是换算只是解决前两问的方法，元胞自动机里可没法换算，如何把原来只有一个单位大小的元胞换成两个单位大小的元胞，这个问题说起来容易，其实这是我们在编程方面遇到的第一个耗时比较多的地方。不仅仅是一个变两个，另一方面在运动时需要作为一个整体运动，或者也可能是因为还是没有完全重新熟悉这个模型的原因吧，我们三个人都想了一些方法，不过最终还是叶子同学搞定了这个问题。

其次，车辆在不同车道的分配，这一点对于整个模型的建立非常重要。更何况题目中明显说明了路段下游车辆的分配情况，显然我们应该将这个作为重点观察对象。在万般无奈的情况下，大家一起抱着屏幕把一个一个车辆数完以后，我们发现上游来的车辆和下游车辆的分配比例有很大的差距。这和我们最初的预期截然相反，后来从司机的角度仔细想想，其实完全没必要在一开始就进入正确的车道，更何况司机看到前方有事故，一定是找最不堵的车道先走，过了事故区后再回到正确的车道上。于是我们决定一方面加入概率机制，使车辆按照统计出来的规律出现在路段最开始处，在通过事故截面后，将车辆变道概率按照下游车辆分配规律进行修正。

下面一个因素是车速。由于交通事故，司机在看到事故后一定会减速，并以极低的速度通过事故横断面，在通过横断面后，又会提速离开。另外，在不同车道上的车速也是不尽相同，内车道的车速显然快于外车道，这一点也可以通过第二问反映出来。元胞自动机里，由于元胞的运动是以元胞的状态切换实现的，是一种非连续的量，针对这个题目我们可以这样表述：元胞所代表的汽车只能从一个格子跳到另一个格子里去，而这两个之间相隔的数量则是我们自己定义的。这就需要根据视频来进行换算了，从视频中估算出车辆的速度以及大致的速度变化，并换算到元胞自动机模型中去。

把这些因素加进去以后，整个元胞自动机便初具雏形了，我们也是相当兴奋。当然，以上说的这些内容并不是我们在第一天就搞定的，其中有很多曲折、多次修改和否定，我们大部分时间都是边做边改（也许这是一个不错的方法），不断修正最终才达到一个好的模拟效果。这里提到了一个好的模拟效果，如何验证一个好的模拟效果，当然是要和视频进行比对，而比对的结果如何以一种绝对有说服力的方式展现出来呢？我们想到了显著性检验，利用 SPSS 能够很容易进行这个操作：将建立出来的模型进行模拟仿真，从排队长度、达到特定排队长度所需的时间点两个方面进行检验。当然模型并不是一次性通过验证的，我们后来又对一些系数进行了匹配修改，才可以达到比较逼真地模拟效果。通过验证以后便直接可以拿来用在第四问了，类似多次试验求取平均值一样的那么轻松愉快。

上面主要是建模分析过程，在整个过程中，我们也进行了许许多多的其他工作，例如查阅文献、编程处理数据、做统计表格、反反复复一遍又一遍地看视频……怎么说呢，这其实是一个特别痛苦的过程，而且当时我们对自己所做的一切也没有很大的把握。

到第三天，该有的模型、仿真都已经做好，剩下的工作就是论文的写作，总体进行得也比较顺利，凌晨 4 点左右终于定稿了。

论文打印并提交后，与之前赛后相同的是，仍然感觉五味杂陈；但和前两次大赛不同的是，内心已经少了对获奖的希冀与渴望，更多的是感受到我们团队完成了一次出色的配合，这就够了。赛后别人问起来感觉能拿什么奖啊，我都笑着回答，"争取拿到北京市二等奖吧。"

在一个不眠之夜，我接到了队友的来电。那几天我正在襄阳参加 2013 年全国大学生方程式汽车大赛，电话里得知我们的论文以北京理工大学第一名的成绩报送到全国阅卷的时候，我和小伙伴们都惊呆了，因为这个结果远远超出了预期，激动的我在本来就没法睡觉的夜晚更加兴奋了。再后来我们被通知去中科院数学所参加特等奖答辩。前一天晚上把答辩 PPT 做出来，第二天我们三个身着正装给几个老师讲了一个多小时，讲完后一个教授对我们说，看到这篇论文让他很惊讶，因为他觉得这篇论文不像是三个本科生完成的，就是数学专业的研究生在三天时间内也很难做到。听了教授的话后我特别感动，因为我们的论文得到了老师的肯定。

最后，我们的论文拿到了首届 IBM SPSS 创新奖及全国一等奖，真的无法用语言描述在知晓结果时的心情。再后来，我们团队参加了 2014 年的美国大学生数学建模竞赛，几乎没有做任何准备直接参赛就拿到了 M 奖。比赛往往是这样的，希望越大，失望越大；而越放得开，越能得到意想不到的结果。

最后回到这篇文章的标题，"成长比成功更重要"，这句话是我高中的时候最喜欢看的一本书的名字。我之所以以这句话为标题，是因为我觉得这几年所走过的建模之路正是这句话的真实写照，当我们过分渴望成功的时候，往往不能得偿所愿；而当我们放下对成功的奢望，专心走好脚下的每一步时，成功往往会不期而至。

如果说成功是一颗钻石，那么成长就是一条充满荆棘的道路。很多人为了那一颗钻石而患得患失，却不知享受自己不断超越阻碍奔向成功的成长之路，其实在追求成功的过程中，最重要的并不是"打败别人"，而是做一个"最好的自己"。当我们用心品味我们在成长中的点点滴滴，所有的成功都随之而来。

6.2.2　如何准备美国大学生数学建模竞赛

我是华中科技大学的熊风，在这里，我结合几次数学建模比赛的经验，来谈谈怎么准备数学建模竞赛，尤其是美国大学生数学建模竞赛。

1.　一些必要的科普美国大学生数学建模竞赛与中国大学生数学建模竞赛的区别

这一部分主要讲数学建模中国大学生数学建模竞赛与美国大学生数学建模竞赛的区别。虽然对于数学建模老队员来说，这些应该是常识性的内容；但考虑到不少人对美国大学生数学建模竞赛并不是太了解，这里还是科普一下。

我参加过一次中国大学生数学建模竞赛，两次美国大学生数学建模竞赛。成绩分别是 2012 年中国大学生数学建模竞赛国家二等奖，2013 年美国大学生数学建模竞赛 ICM 一等奖，2014 年美国大学生数学建模竞赛 MCM 特等奖。所以相对中国大学生数学建模竞赛来说，我对美国大学生数学建模竞赛更为熟悉一些。总结一下美国大学生数学建模竞赛的几个特点。

（1）美国大学生数学建模竞赛的准备周期比中国大学生数学建模竞赛短，参加门槛要低。

在我们学校（华中科技大学）要想参加中国大学生数学建模竞赛，需要通过数学建模基地的选拔，参加为期一个暑假的培训，时间成本较大；而参加美国大学生数学建模竞赛就没这个要求了，原则上只要报名就可以。所以，中国大学生数学建模竞赛的准备周期一般是整个暑假，而美国大学生数学建模竞赛的准备周期就短得多。美国大学生数学建模竞赛的时间一般是春节前后，所以当你结束一个学期的所有考试后，剩下来专心准备的时间一般还不到一个月，在有些年份甚至只有两个星期。比如在 2013 年的时候，当我结束最后一门考试时，离美国大学生数学建模竞赛开始只有 10 天。

因此，如果你想充分准备美国大学生数学建模竞赛，建议在中国大学生数学建模竞赛后就开始准备。因为在临近美国大学生数学建模竞赛的时候，你要把更多时间花到准备大学期末考试上；即使有些年份美国大学生数学建模竞赛开始的时间比较晚，你也会受到春节的影响。所以我的建议是尽早开始准备。

而美国大学生数学建模竞赛的参赛门槛确实很低。美国数学建模组委会对参赛队体基本没任何限制，只要交 100 美金的参赛费就可以参加。甚至一些高中生已开始组队参加了，曾经也有高中生参赛队实现了斩获 Outstanding 的壮举。

（2）美国大学生数学建模竞赛的获奖比中国大学生数学建模竞赛要更容易。

总的来说，数学建模竞赛是一个相对容易获奖的比赛。对于不少人来说，一般两三个月时间的认真准备，就能够从新手进阶到中国大学生数学建模竞赛一等奖的实力；美国大学生数学建模竞赛一等奖相对来说更容易，身边很多没经过数学建模训练的同学，只是临时组队去参加也拿到过美国大学生数学建模竞赛一等奖。而相比起来，其他的一些比赛（比如 ACM），获奖实在要难太多。

我说这些并非贬低数学建模竞赛获奖的含金量，只是想说数学建模本质上是一个门槛比较低的比赛。几乎所有的理工科学生都可以无障碍地参加，大家不要把这个比赛想得过度困难。

下面分析一下美国大学生数学建模竞赛的获奖比例。美国大学生数学建模竞赛的结果分为几种：

Outstanding Winners　通常翻译为特等奖；

Finalist Winners　通常翻译为特等奖入围奖；

Meritorious Winners　通常翻译为一等奖；

Honorable Mentions　通常翻译为二等奖；

Successful Participants　通常翻译为三等奖。

一般来说，只要提交完整的、没跑题的论文，就至少是 Successful Participants。也就是说只要你坚持完成比赛，就至少有三等奖。每年 Successful Participants 的比例大概有 50%～60%。至于 Unsuccessful Participants（未成功参赛）的情况，是非常稀少的，我在身边的人中从来没见过。

而二等奖 Honorable Mentions 的比例大概是 30%～35%，一等奖 Meritorious Winners 的比例大概是 10%～15%。从这个比例中可以看出，美国大学生数学建模竞赛获奖确实比中国大学生数学建模竞赛容易一些。在中国大学生数学建模竞赛中，国家一等奖和国家二等奖的比例加起来不超过 8%，而美国大学生数学建模竞赛一等奖的比例很多时候就超过 10% 了。

所以很多人诟病数学美国大学生数学建模竞赛获奖的含金量，因为太容易获奖了。从比例来说，这些诟病其实是有道理的。这也和国内对比赛奖项的翻译有关。Honorable Mentions 的直译是荣誉提名奖，在很多比赛的奖项设置里，三等奖之后才是 Honorable Mentions，但在中国竟然被翻译成二等奖；Successful Participants 的直译是成功参赛奖，但在中国竟然被翻译成三等奖。

所以我想对每个打算认真参加数学建模美国大学生数学建模竞赛的同学说，请至少把目标定为 Meritorious Winners。这也是一个认真准备就可以实现的目标。至于更上一层的

Finalist Winners 和 Outstanding Winners，每个题目都只有几个获奖者，难度比 Meritorious Winners 大了很多。要取得这样的成绩还是非常需要运气和实力的。

（3）美国大学生数学建模竞赛比中国大学生数学建模竞赛更灵活，更适合自由发挥。

一般中国大学生数学建模竞赛的题目是这样的：一个长长的 Word 文档，一个或者几个庞大的 Excel 表格。它一般有好几个问题，需要你针对每一个问题严格作答；它还提供了大量的数据，需要你对这些数据进行处理。

而美国大学生数学建模竞赛的题目风格完全不一样。美国大学生数学建模竞赛的题目分为 MCM 和 ICM。MCM 翻译为美国大学生数学建模竞赛，对应着 A 题和 B 题，题目就一两百个单词，不会提供任何数据；ICM 翻译为美国大学生交叉学科竞赛，题目比较长，相当于一篇英文论文，而且往往会提供部分数据和一些参考文献。

这样对比，你会发现中国大学生数学建模竞赛的题目比较具体，比较精确；美国大学生数学建模竞赛的题目比较抽象，需要自己去拓展，去发挥。

2. 赛前准备

（1）组队。

一支参赛队一般由三个人组成，比较理想的情况是有人擅长建模，有人擅长编程，有人擅长英文写作。这也是传统的数学建模比赛分工。但是在正式比赛中，分工往往不会这么死板。负责建模的同学可能也需要编程来处理一些数据；负责编程的同学往往需要写一部分论文来分担队友的工作量。所以，我的建议是，每个人都尽量让自己全能一点，一定不能抱着"不在其位，不谋其职"的态度。不是自己负责的部分就一概不管，这种态度是相当有害的。即使自己能力很弱，在比赛过程中也一定要有担当，不能老想着把麻烦的事推给队友。我们队在比赛的过程中效率高的原因，很大一部分是每个人都很有责任心，都想着尽力帮队友分担任务。这种主人翁意识能让团队的战斗力更强，使比赛过程轻松愉快。

组队是一个很重要的环节，会受环境和人脉的限制，很多时候无法按照心意组一支理想的队伍。所以，我觉得在这里写太多经验也没多大意义。我只强调一点，队友可以没有经验，可以能力弱一些，但一定要有认真的态度。数学建模比赛是一个需要参赛期间全身心投入的比赛，如果队友无法做到全力以赴和全神贯注，绝对是一个大坑。我自己组队的原则就是队友不需要是高手，但一定要靠谱。所以希望大家组队的时候一定要找靠谱的人，在这个基础上再看能不能找到大神。

（2）建模。

在这里，我要强调数学建模比赛一个很重要的特点：有广度，无深度。因为没深度，所以门槛低，三个综合素质比较高的人组队，即使没经过任何数学建模训练，也能做出一个不错的结果。他们可以在比赛过程中查找资料，自学需要的模型和算法，写出像样的论文。因为有广度，即使是那些 Outstanding 得主甚至数学建模老师，也无法通晓比赛中可能涉及的模型和算法。

所以，即使你是从未参加过比赛的新手，面对比赛也不用心虚，"兵来将挡，水来土掩"碰到没学过的东西不用怕，你可以现学嘛；即使你是拿过无数大奖的老手，也不要自满，因为你掌握的东西仅仅是数学建模中的沧海一粟。

既然数学建模的范围这么广，那我们还需要准备吗？答案是当然需要。

如果你要系统地准备数学建模，我推荐的资料是网上一套叫《数学建模算法大全》的教程，这套资料我也不知道出自何处，但确实写得非常好，对于准备比赛来说比较合适。每一章都讲得简单易懂，适合入门，同时也有 MatLab 和 Lingo 代码，适合学习。

如果你的准备时间很短，没有时间系统地学习那个教程里面的各种算法。那我给个建议，数学建模中的问题通常分为这么几个大类：优化、预测、分类、评价。最好保证能大概清楚每一个大类里有哪些常用的模型和算法，并且至少熟悉其中的一种。

在建模方面，我推荐 DC 学长的一篇博文《数学建模中国大学生数学建模竞赛前一天总结》。DC 学长获得过中国大学生数学建模竞赛的国家一等奖，这篇博文是他赛前准备工作的清单，甚至还列出了部分代码清单。如果你们队准备到这个程度，那应该也可以对比赛胸有成竹。

（3）编程。

编程是高手各显神通的环节了。比赛没有任何限制，你可以使用你熟悉的任何编程语言。但是依照我的经验，在绝大多数情况下，MatLab 足以解决问题。所以数学建模中编程语言首选 MatLab。下面分析一下 MatLab 的优缺点以及它为什么适合数学建模比赛。

优点：

① 各种函数和工具箱。基本上数学建模中所需要用到的成熟算法都能在 MatLab 中找到函数和工具箱。比如拟合之类的问题，使用 MatLab 工具箱简直轻松愉快。所以，熟练使用 MatLab 会大大提高数学建模中的编程效率。

② 画图功能非常强大。在数学建模比赛中，需要画大量的图形。用 MatLab 再合适不过了，很容易用 MatLab 画出各种高大上的图形。

缺点：

效率低，计算慢。我觉得这点在数学建模比赛中甚至算不上缺点。因为比赛对程序时限要求不高，只要能出结果就行了。即使 MatLab 花一分钟才能算出 C 语言几秒就算出的东西，也没多大关系。

但还是有极少数的一些情况，可能用别的语言或者工具比较合适。比如对于一些其他格式的数据（带有文字）进行读入或者转换的时候，我更习惯用 C++或者 python。比如规划问题，虽然 MatLab 的工具箱已经足够强大；但 Lingo 这样的工具更为简便。学会使用 Lingo 大概只需要几个小时，所以还是建议学一下。比如一些统计方面的问题，用 SPSS 和 EViews 更加方便。这些也建议一支队伍中的三个人至少有一个人会，毕竟这些都比较容易学，并且技多不压身嘛。

另外在比赛的过程中，可能一些题目需要用到比较小众的软件。遇到这种情况不要慌，要相信自己的自学能力。比如图 6-2 所示为犯罪关系网络示意图，是 2012 年 ICM 华科 Outstanding 论文中的图形。如果比赛中需要画这样的图，你打算怎么画呢？这显然不是用 MatLab 和 office 系列工具可以有效解决的，需要自己学习一些比较小众的软件。

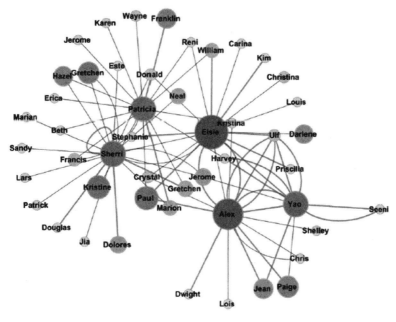

图 6-2

总结一下我觉得数学建模中负责编程的同学需要会的技能。

基本：能熟练使用 Word、Excel、Visio 这些基本软件进行数据处理和画图，熟悉 MatLab 的基本编程，可以写程序处理数据和画各种图形。

进阶：熟悉 MatLab 的一些常用函数和工具箱，熟悉 Lingo。在数学建模中遇到拟合、回归、规划以及其他调用函数就能解决的问题，能够迅速用 MatLab 这种工具有效地求解。

高级：遇到求解方面的问题，能通过各种手段（不管是自己写代码还是用 MatLab 工具箱或是用小众软件）迅速解决。

另外，对于常见的模型和算法，建议在平时准备好代码，等到比赛时再到处找代码、写代码，那就比较费时间了。好的习惯就是平时将各种代码搜集整理好，并且保证自己调试过。这里说一个血的教训，我们队在中国大学生数学建模竞赛的时候需要用到主成分分析这种方法。但我平时准备的主成分分析代码是从网上下载的，并没有用过；在比赛中使用的时候发现代码出现了问题，在这个本应该几分钟解决的问题上耗费了几个小时。

总的来说，数学建模中的编程并不需要非常强的编程能力，很多时候甚至不需要自己写多少代码，更重要的是能熟练使用各种工具迅速解决问题。我个人认为有过 ACM 经验（即使还没到铜牌水平）的同学承担数学建模中的编程任务已经绰绰有余了。

（4）写作。

因为评委们看不到你们辛辛苦苦推导公式的过程，也看不到你们精妙的代码，他们能看到的只有呈现在眼前的一篇论文，所以论文的写作非常重要。

我见过很多实力很强的队伍，模型和求解都非常漂亮，但是论文没写好，最终结果不如意。这是相当遗憾的一件事。所以一定不要忽视论文的写作，尤其是摘要的写作。

第一个问题，美国大学生数学建模竞赛中用 LaTeX 还是用 Word？我觉得都可以。虽然熟悉 LaTeX 之后效率会很高，但我觉得如果没时间学 LaTeX 或者不想学 LaTeX，用 Word 也没问题。我们队就是老老实实用 Word。

第二个问题，关于论文的格式和排版。这些东西一定要提前准备好模板，不要拖到比赛的时候去做，太浪费时间了。队伍里负责写作的同学，一定要非常熟悉 LaTeX 或者 Word 的操作，尽量不要在比赛的过程中遇到不会解决的排版问题。负责排版的同学一定要细心，保证精益求精。我们在比赛中拿到 Outstanding，很大程度是因为有一个强迫症队友。他对细节的追求可谓苛刻，他无法容忍任何一个地方排版不好看，哪里多了一个空格，哪里行距看着不舒服，哪里的公式格式不太对，他都会精心改正。在数学建模比赛中，这是非常烦琐的工作，但是确实需要有人去做。

第三个问题，关于英语论文的写作和表达。大家不要过于心虚，我觉得写好一篇数学建模论文并不需要太高超的英语能力。说实话，我们队的英语能力就不是太好，写英文论文的过程相当煎熬，对着有道翻译，写得非常慢。一些数学建模里常用的专业术语，建议平时要积累。如果一个人的英语水平有限，最好每个队友都检查一下，确认没有语病，语句是通顺的。

如果有时间，最好在赛前每天练习一下英语阅读和写作。阅读的材料可以是以前的优秀论文，收集一些比较好的表达句式和方法。总之，论文的写作非常重要，一篇条理清晰、语言流畅的论文奖项上升一个档次。

（5）一些建议。

赛前需要准备好的一些东西：

- 比赛报名：请一定确认报名成功；
- 比赛场地：三个人在一个房间，便于交流；网络流畅，室内温暖，可以通宵使用（一般最后一个晚上都要通宵的）；
- 自己的电脑：准备好各种工具软件；可以翻墙；有登录数据库查论文的途径；
- 论文写作的模板：Word 或者 LaTeX；
- 常用算法的代码（见前文）。

3. 比赛过程

比赛的时间长达四天四夜，所以比赛的节奏是很重要的。这也是队长应该重点控制的。

首先，我不建议拼得太凶，比如有些队四天只睡 10 个小时之类的，我觉得太辛苦了，也没太大必要。美国大学生数学建模竞赛还是更看重方法和效率的，很多问题不是靠打疲劳战就可以解决的。我建议的作息方式还是正常作息，只不过最后一天要通宵。我们队在 2014 年美国大学生数学建模竞赛的过程中，每天大概都是 8 点左右起床，上午 9 点开始干活，晚上 9 点半收工回寝室，回寝室后再忙自己这部分的工作，12 点前睡觉。

（1）比赛第一天。

上午最好完成选题的工作，最迟也要在晚饭前确定。很多人选题太过谨慎，患得患失，耗费了太多时间。我觉得不是太有必要，我们队选题完全凭感觉，看哪一道题顺眼就选哪道题。但是有一个原则：一旦选中，就再也不悔改了。不然会浪费大量时间，影响士气。

下午这段时间属于头脑风暴，每个人根据自己的理解去尝试建一下模型，查一下资料。然后约定个时间进行讨论，经过三个人的确认，最终得到一个初步的方向。

晚上就是具体建模了。比较理想的进度是能在第一天晚上就完成大部分建模的工作，对之后的工作有方向上的把握。

（2）比赛第二天。

继续建模，最好能在中午确定大概的模型。接着就需要分工了，如果题目需要查数据查资料，让一个人查数据；同时写论文的同学开始写论文的整体的构架；编程的同学也可以初步进行编程求解了。

晚上最好能出一个初步的结果，得到部分数据，对自己的模型有一个大概的评估。如果结果实在不好的话，可以考虑调整自己的模型。这一天我建议一定要把建模部分的工作全部完成，如果建模没搞定，要适当熬一下夜。

（3）比赛第三天。

编程求解的工作基本应该完成，应该能得到所有结果的初步数据。而论文的写作也可以同步进行。这一天很关键，如果求解结果很 nice 的话，说明进度控制得不错。

这一天最好不要熬夜，因为最后一天是肯定要通宵的。建议这天好好睡一觉来迎接最后的战斗。

（4）比赛第四天。

可以说是最关键的一天。比较理想的进度是吃午饭之前完成所有的编程求解部分的工作，然后下午开始做模型部分的分析。我觉得分析是一个很重要的部分，可以让自己的论文提升一个档次。如果没思路，至少可以做一些敏感性分析，深入地分析自己的模型，并且画一些图；如果有灵感，想想如何增添亮点。

比较理想的进度是在晚上 12 点前完成论文的初稿。

接下来，一支队伍要花大概两三个小时的时间写好摘要。摘要这一关实在是太重要了。要知道，那些拿到 Successful Participants 的论文，全部是在摘要这一关被刷下去的。可以这样说，摘要写得不好，肯定只有 SP；摘要写好了，至少也是 H 奖。所以写摘要实在是论文写作中最需要投入的事了。由于我们队的英语都不是太好，所以摘要是一起写的，每一句都经过了反复修改。最后得出完整稿的时候，我们还重读了很多遍，做出了很多修改。

把摘要写完，基本就可以得到最终稿了。剩下的就是一遍遍读论文，检查论文，最终确定无误后就可以提交了。恭喜你们，完成了整个美国大学生数学建模竞赛之旅。

当然，以上只是我们的进度参考。在比赛的过程中，什么事都有可能发生；灵活制订自己队伍的策略，才是王道。

4. 总结与感想

我对美国大学生数学建模竞赛的情感比较复杂，它带给了我很多，但同时也让我看到了数学建模竞赛的局限性，让我更清楚自己以后要走的路。我自己的数学建模竞赛之路走到了终点，虽然有遗憾，但总体上还是满意的。希望后继的人们能享受数学建模的旅程，取得自己满意的成绩。

6.3　本章小结

　　无论是指导教师的多年经历，还是优秀获奖者的奋斗历程，都验证了一句话"没有经历过失败，哪有资格接受成功！"我们的数学建模之路终将结束，但是数学建模带给我们的难忘经历，以及赋予我们的能力将永远伴随着我们，在今后的学习和生活中，请大家始终记住下面这句话："有些事不是看到了希望才去坚持，而是坚持了才会看到希望！"